"十三五"国家重点出版物出版规划项目

南海天然气水合物勘查理论与实践丛书

主　编　梁金强　　副主编　苏丕波

# 南海天然气水合物富集区冷泉系统地质地球化学特征

# Geological and Geochemical Characteristics of Cold Seep System in Gas Hydrate-Rich Areas of the South China Sea

梁金强　冯俊熙　苏丕波 等　著

科 学 出 版 社

北　京

## 内 容 简 介

本书系统介绍了南海北部冷泉系统中的生物地球化学过程、元素异常机制与循环规律，以及冷泉活动特征的创新性研究成果，详细论述了国际上和南海北部冷泉系统自生沉积的矿物学与地球化学研究现状，南海北部冷泉系统地质背景、冷泉流体、冷泉自生碳酸盐岩、自生硫化物、自生石膏及单质硫的矿物学和地球化学特征，建立用于识别冷泉系统的生物地球化学过程和活动规律的新指标，对理解与认识冷泉系统生物地球化学过程和天然气水合物系统成藏演化具有重要意义。

本书可供从事天然气水合物勘查、冷泉系统自生沉积研究的相关人员阅读，也可供高校相关专业师生参考。

**图书在版编目（CIP）数据**

南海天然气水合物富集区冷泉系统地质地球化学特征/梁金强等著. —北京：科学出版社，2024.6

（南海天然气水合物勘查理论与实践丛书）

ISBN 978-7-03-072074-0

Ⅰ. ①南… Ⅱ. ①梁… Ⅲ. ①南海–天然气水合物–油气藏形成–地球化学分析 Ⅳ. ①P618.130.2

中国版本图书馆 CIP 数据核字（2022）第 059810 号

责任编辑：万群霞 冯晓利 / 责任校对：王萌萌
责任印制：师艳茹 / 封面设计：无极书装

科学出版社出版
北京东黄城根北街 16 号
邮政编码：100717
http://www.sciencep.com
涿州市般润文化传播有限公司印刷
科学出版社发行 各地新华书店经销
*
2024 年 6 月第 一 版 开本：787×1092 1/16
2024 年 6 月第一次印刷 印张：15 1/2
字数：365 000

**定价：228.00 元**

## “南海天然气水合物勘查理论与实践丛书”编委会



## 《南海天然气水合物富集区冷泉系统地质地球化学特征》

参与撰写人员

(按姓氏拼音排序)

方允鑫　冯俊熙　郭依群　蒋少涌　梁金强
梁前勇　林　杞　林志勇　刘佳睿　芦　阳
尚久靖　苏丕波　孙晓明　王家生　杨　涛
叶　鸿　张　美

# 丛书序一

南海天然气水合物成藏条件独特而复杂，自然资源部中国地质调查局广州海洋地质调查局经过近20年的系统勘查，先后通过6次钻探在南海北部不同区域发现并获取了大量块状、脉状、层状和分散状天然气水合物样品。这些不同类型天然气水合物形成的地质过程、成藏机制及富集规律都是需要深入研究的问题。开展南海天然气水合物成藏研究对认识天然气水合物分布规律，揭示天然气水合物资源富集机制具有十分重要的理论意义和实际应用价值。

我国南海海域天然气水合物研究工作始于1995年，虽然我国天然气水合物调查研究起步较晚，但在国家高度重视和自然资源部（原国土资源部）的全力推动下，开展了大量调查评价工作，圈定了我国陆域和海域天然气水合物的成矿区带，在南海钻探发现2个超千亿立方米级天然气资源量的天然气水合物矿藏富集区，取得了一系列重大找矿成果。2017年，我国成功在南海神狐海域实施了天然气水合物试采，取得了巨大成功，标志着我国天然气水合物资源勘查水平已步入世界先进行列。

“南海天然气水合物勘查理论与实践丛书”是广州海洋地质调查局联合国内相关高校及科研院所等单位近百位中青年学者和研究生们完成的重大科技成果，该套丛书阐述了我国天然气水合物勘查及成藏研究相关领域的重要进展，其中包括南海北部天然气水合物成藏的气体来源、地质要素和温压场条件、天然气水合物勘查识别技术、天然气水合物富集区冷泉系统、南海多类型天然气水合物成藏机理、天然气水合物成藏系统理论与资源评价方法等。针对我国南海北部陆坡天然气水合物资源禀赋和地质条件，通过理论创新，系统形成了天然气水合物控矿、成矿、找矿理论，初步认识了南海天然气水合物成藏规律，创新提出南海天然气水合物成藏系统理论，建立起一套精准高效的资源勘查、找矿预测及评价方法技术体系，并多次在我国南海北部天然气水合物钻探中得到验证。

作为南海海域天然气水合物调查研究工作的参与者，我十分高兴地看到“南海天然气水合物勘查理论与实践丛书”即将付印。我们有充分的理由相信，该套丛书的出版将为我国乃至世界天然气水合物勘探事业的发展做出更大贡献。

中国科学院院士 （签名）

2020年6月

# 丛书序二

天然气水合物作为一种特殊的油气资源，资源潜力大、能量密度高、燃烧高效清洁，是非常理想的接替能源。我国高度重视这种新型战略资源，21世纪初设立国家层面的专项，开始系统调查我国南海海域天然气水合物资源情况。经过近20年的努力，已经取得了不少发现和成果，2017年还在南海神狐海域成功进行了试采，显示出南海巨大的天然气水合物资源潜力。

对于一种能源资源，深入认识其理论基础，建立完善的勘查技术体系及科学的资源评估体系十分重要。天然气水合物的物理化学性质及其在地层中的赋存特征与常规能源矿产相比具有特殊性，人们对其勘探程度和认识还不够深入。因而其目前的理论认识、勘查技术及资源评价工作尚处于探索之中。在这种情况下，结合我国南海近20年的勘查实践，系统梳理南海天然气水合物的理论认识、勘查技术及评价方法，我认为十分必要。

该套丛书作者梁金强、苏丕波等是我国天然气水合物地质学领域为数不多的中青年专家，几十年来承担了多项国家天然气水合物勘查项目，长期奔波在生产科研一线，对我国天然气水合物的资源禀赋情况十分熟悉。作者在编写书稿期间与我有较多交流讨论。在翻阅书稿时，我欣喜地看到该套丛书至少体现出这几方面的特点：第一，该套丛书是我国第一套系统阐述天然气水合物资源勘查技术、成藏理论与评价方法方面的系列专著，首创性和时效性强；第二，该套丛书是基于近20年来的第一手实际调查资料在实践中总结出来的理论成果，资料基础坚实、十分难得；第三，该套丛书较完整梳理了国内外天然气水合物工作的历史和现状，理清了脉络，对于读者了解全貌很有帮助；第四，该套丛书将实地资料和理论提升进行了较好结合，既有大量一手野外资料为基础，又有对实际资料加工后的理论升华，对于天然气水合物的研究具有重要参考价值；第五，该套丛书在分析对比国内外天然气水合物成藏地质条件及成藏特征的基础上，提出了适合于我国南海海域天然气水合物自身特点的勘查技术、成藏理论及评价方法，为今后我国海域天然气水合物下一步的勘查研究奠定了坚实的基础。

在该套丛书付梓之际，我十分高兴地将其推荐给对天然气水合物事业感兴趣的广大读者，衷心祝愿该套丛书早日出版，相信它一定能对我国在天然气水合物理论研究领域的人才培养和勘查评价工作起到积极的推动作用。与此同时，我还想提醒各位读者，天然气水合物地质勘查与研究是一个循序渐进的过程，随着资源勘查程度的提高，人们的认识也在不断提升。希望读者不要拘泥于该书提出的理论、方法和技术，应该在前人基础上，大胆探索天然气水合物新的理论认识、新的勘查技术和新的评价方法。

中国工程院院士

2020年5月

# 丛书序三

能源是人类赖以生存和发展的重要资源，随着我国国民经济的快速发展，能源保障问题愈受关注。据公布的《中国油气产业发展分析与展望报告蓝皮书(2018—2019)》，我国天然气进口对外依赖度已于2018～2019年连续两年超过40%，预计2020年度将达到41.2%，国家能源安全问题十分突出。为了解决我国能源供需矛盾，寻找可接替能源资源显得十分迫切。天然气水合物因其资源量巨大、分布广泛，被视为未来石油、天然气的替代能源。据估算，全球天然气水合物的气体资源量达$2.0\times10^{16}m^3$，其蕴藏的碳总量是已探明的煤炭、石油和天然气的2倍，其中，98%分布于海洋，2%分布于陆地永久冻土带。因此，世界主要国家竞相抢占天然气水合物的开发利用先机，美国、日本、韩国、印度等国家都将其列入国家重点能源发展战略，并投入巨资开展勘查开发及科学研究。我国天然气水合物调查研究工作虽起步较晚，但经过20多年的追赶，相继于2017年、2020年成功实施海域天然气水合物试采，奠定了我国在天然气水合物领域的优势地位。

我国1999年首次在南海发现了天然气水合物赋存的地球物理标志——似海底反射面(bottom simulating reflector，BSR)，拉开了我国天然气水合物步入实质性调查研究的序幕。2001年开始，我国设立专项开展天然气水合物资源调查，为加强海域天然气水合物基础研究，相继设立了“我国海域天然气水合物资源综合评价及勘探开发战略研究(2001—2010年)”及“南海天然气水合物成矿理论及分布预测研究(2011—2015年)”项目，充分发挥产学研相结合的优势，形成多方参与的综合性研究平台，持续推进南海天然气水合物基础研究。项目的主要目标是在充分调研国外天然气水合物勘查开发进展及理论技术研究的基础上，结合我国南海天然气水合物勘查实践，系统开展天然气水合物地质学、地球物理学、地球化学、地质微生物学等综合研究；深入分析天然气水合物的成藏地质条件、成藏特征及成藏机制；发展形成南海天然气水合物地质成藏理论和勘查评价方法，为我国海域天然气资源勘查评价提供支撑。项目承担单位为广州海洋地质调查局，参加项目研究工作的单位有中国地质大学(北京)、中国科学院地质与地球物理研究所、中国科学院海洋研究所、南京大学、中国地质大学、中国地质科学院矿产资源研究所、中国海洋大学、同济大学、中国科学院广州地球化学研究所、中山大学、中国石油大学(北京)、中国矿业大学(北京)、中国科学院南海海洋研究所、中国石油科学技术研究院等。项目团队是我国最早从事天然气水合物资源勘查研究的团队，相继发表了一批原创性成果，在国内外产生了广泛影响。

两个项目先后设立16个课题、7个专题开展攻关研究，研究人员逾100人。研究工作突出新理论、新技术、新方法，多学科相互渗透，集中国内优势力量，联合攻关，力求在天然气水合物成藏理论、勘查技术及评价方法等方向获得高水平的研究成果，其研究内容及成果如下。

(1)系统开展了天然气水合物成藏地质的控制因素研究,在南海北部天然气水合物成藏地质条件和控制因素、温压场特征及稳定带演变、气体来源及富集规律等方面取得了创新性认识。

(2)系统开展了南海天然气水合物地质、地球物理、地球化学、地质微生物响应特征及识别技术研究,形成了一套有效的天然气水合物多学科综合找矿方法及指标体系。

(3)形成了天然气水合物储层评价及资源量计算方法、资源分级评价体系和多参量矿体目标优选技术,为南海天然气水合物资源勘查突破提供支撑。

(4)建立了天然气水合物成藏系统分析方法,初步揭示了南海典型天然气水合物富集区“气体来源→流体运移→富集成藏→时空演变”的系统成藏特征。

(5)初步形成了南海北部天然气水合物成藏区带理论认识,系统分析了南海北部多类型天然气水合物成藏原理、成因模式及分布规律。

(6)建立了天然气水合物勘探及评价数据库,全面实现数据管理、数据查询及可视化等应用。

(7)通过广泛的文献资料调研,系统总结国际天然气水合物资源勘查开发进展、基础研究及技术研发成果,科学提出我国天然气水合物勘查开发战略。

为了更全面、系统地反映项目的研究成果,推动天然气水合物地质及成藏机制研究,决定出版“南海天然气水合物勘查理论与实践丛书”,在本丛书编委会及各卷作者的共同努力下,经过三年多的梳理编写工作,终于与大家见面了。本丛书反映了项目主要成果及近20年来作者对海域天然气水合物地质成藏研究的新认识。希望丛书的出版有助于推动我国天然气水合物成藏地质研究深入及发展和建立有中国特色的天然气水合物成藏理论,助力我国天然气水合物勘探开发产业化进程。

中国地质调查局及广州海洋地质调查局的领导和专家对丛书的相关项目给予了大力支持、关心和帮助,其中,广州海洋地质调查局原总工程师黄永样对项目成果进行了精心的审阅、修改和统稿,并提出了很多有益的建议;广州海洋地质调查局杨胜雄教授级高工、张光学教授级高工、张明教授级高工等专家对项目进行了悉心指导并提出了诸多建设性建议;此外,中国地质调查局原总工程师张洪涛、青岛海洋地质研究所吴能友研究员、北京大学卢海龙教授、中国科学院广州地球化学研究所何家雄教授等专家学者在项目立项和研究过程中给予了指导、帮助和支持,在此一并致以诚挚的感谢!

“南海天然气水合物勘查理论与实践丛书”是集体劳动的结晶,凝结了全体项目参与及丛书编写人员的辛勤汗水和创造力;科学出版社对本丛书出版的鼎力支持,编辑团队的辛苦劳动和科学的专业精神,使本丛书得以顺利出版。

特别感谢金庆焕院士、汪集旸院士长期对丛书成果及研究团队的关心、帮助和指导,并欣然为丛书作序。

由于编写人员水平有限,有关项目的很多创新性成果很可能没有完全反映出来,丛书中的不当之处也在所难免,敬请专家和读者批评指正。

主编　梁金强

2020年1月

# 前　言

深海过程是当今海洋研究的前沿和地球系统科学的突破口。冷泉是指来自海底沉积界面之下，与海水温度相近，富含甲烷等碳氢化合物并在海底渗漏的流体。它广泛发育于全球大陆边缘海底，这种海底沉积层中的流体进入深海水体将对深海地质和地球化学过程及生态环境产生重要的影响，能够在海底及海底界面附近形成标志性的孔隙流体地球化学异常、自生矿物、化能自养生物群落和地形地貌等异常特征。因此，冷泉系统不仅是天然气水合物的发育地，也是深海生命的绿洲，更是研究深海物质和能量迁移转化及深部生物圈的窗口。海底冷泉调查和研究涉及潜在能源(天然气水合物)、全球气候变化和极端环境生物活动等诸多方面，具有十分重要的科学意义，近年来得到了国际科学界的特别关注，被认为是继洋中脊热泉之后新的研究热点。

冷泉最早由美国科学家 Charles Paull 于 1984 年在墨西哥湾佛罗里达陡崖发现，之后世界范围内不断有冷泉的报道，目前已在全球海底发现了 900 多处冷泉。我国对冷泉的调查研究开始于 20 世纪 90 年代末广州海洋地质调查局(以下简称广海局)对南海的天然气水合物调查，先后在南海北部东沙海域发现了大规模冷泉碳酸盐岩分布区——“九龙甲烷礁”，在琼东南海域发现了大规模活动冷泉——“海马冷泉”，并在东沙和琼东南海域钻探获取了浅层渗漏型天然气水合物实物样品。多年来通过地球物理、化学方法等调查和研究，自西南向东北包括西沙海槽海域、神狐海域、东沙西南海域、东沙东北海域以及台西南海域等，在多个站位采集到了冷泉碳酸盐岩和冷泉生物样品。通过对这些冷泉样品的分析和研究，取得了一系列重要的创新性认识。

本书是在中国地质调查局天然气水合物科研项目“天然气水合物成矿理论及分布预测”研究中关于南海北部冷泉区自生碳酸盐岩、孔隙水和其他自生矿物的地球化学特征研究成果总结，并基于笔者在相关工作认识的基础上撰写而成。

本书各章节的撰写分工如下：全书由梁金强、冯俊熙和苏丕波统稿，前言由梁金强和冯俊熙撰写，第 1 章由冯俊熙、梁金强和苏丕波撰写，第 2 章由苏丕波、梁金强、冯俊熙、方允鑫、梁前勇、郭依群和尚久靖撰写，第 3 章由梁金强、杨涛、冯俊熙、蒋少涌和叶鸿撰写，第 4 章由梁金强、孙晓明、芦阳和冯俊熙撰写，第 5 章和第 6 章由梁金强、孙晓明、王家生、林志勇、林杞、张美和冯俊熙撰写，第 7 章由梁金强、孙晓明、王家生、林志勇、林杞、刘佳睿和冯俊熙撰写，第 8 章由梁金强和冯俊熙撰写。

在本书撰写过程中，得到了我国相关研究领域同行学者的关注和支持，特别是广海局杨胜雄教授级高级工程师、黄永样教授级高级工程师、吴庐山教授级高级工程师，上海海洋大学冯东教授等就研究成果的梳理和专著的撰写给予了具体技术指导，提出了许多宝贵的建设性意见。另外，南京大学、中山大学、中国地质大学和上海海洋大学等单位的领导及同仁给予大力的帮助和支持，在此一并表示衷心的感谢!

限于水平能力，书中不当之处在所难免，敬请读者批评指正。

作　者
2023 年 12 月

# 目　录

# 第1章　冷泉系统自生沉积矿物学与地球化学概述

## 1.1　冷泉系统自生矿物学与地球化学国际研究现状

### 1.1.1　海底油气-天然气水合物藏与冷泉系统

沉积在大陆边缘的巨量有机质经过数千万年到数亿年的生物作用和热解作用，促进了烃类物质的生成。烃类物质包括成分简单的甲烷到成分复杂的石油，烃类物质在地层里积聚形成了油气藏。在缺氧的浅层沉积物中，生物成因甲烷和乙烷能够通过微生物调控的产甲烷和烷烃作用而产生(Claypool and Kaplan, 1974; Hinrichs et al., 2006; Oremland et al., 1988)。随着沉积深度的增加，地热梯度(20～50℃/km)为有机质的分解创造了最佳条件(2500～5000m 深度下温度大于 150℃)，生成热成因烷烃及 $C_5$ 和更重的烷烃化合物，如正构烷烃、环烷烃、芳香烃和石油(Abrams, 2005)。

油气藏是一个巨大的碳库，约 4220～5680Pg(1Pg=1×$10^{15}$g)，在地质时间尺度上缓慢循环(Sundquist and Visser, 2003)。油气藏中的烃类物质聚集在多孔地层(储层)中，从储层内部到外部的浓度梯度驱动烃类物质流动，流动速率受控于储层的孔隙度(Abrams, 2005)。当烃类物质通过连接深海储层和海底的断层网络在沉积物中运移时，循环发生于 $10^7$ 年的时间尺度上，氧化和矿化作用发生在整个向上运移过程中。浅层近海底天然气和/或天然气水合物可以更快地循环，在 $10^2$～$10^6$ 年的时间尺度上重新进入碳循环(Jahren et al., 2005; Sundquist and Visser, 2003)。运移过程中，烃类物质会与盆地中源于海水的孔隙水、盐卤水、泥浆等混合形成成分复杂的流体。根据流体成分深源富烃类流体可分为四类：原油+气体、原油+气体+卤水+溶解有机质(DOM)、气体+卤水+ DOM 以及气体+液化泥浆(Joye, 2020)。流体通过断层网络向上运移，经过微生物作用，产生中间产物(如挥发性脂肪酸)和最终代谢物(如 $CH_4$、$CO_2$、$H_2S$)。这种深源流体最终运移到海底附近低温环境中，流体中的活性成分进一步被自由生活及与宏生物共生的微生物生命活动所转化。流体中的游离气能够以气泡形式进入并全部或部分溶解海水中，然后被微生物有氧氧化作用消耗(图 1-1)。

这是一种以水、烃类物质(天然气和原油，主要为甲烷)、硫化氢、细粒沉积物为主要成分，温度较低，与海水温度相近的流体，被称为“冷泉”，冷泉主要分布在被动陆缘和主动陆缘斜坡海底沉积面之下(Roberts and Aharon, 1994; 陈多福等, 2002; Peckmann and Thiel, 2004)。伴随冷泉流体渗漏活动，会产生一系列的物理、化学及生物作用，在海底沉积物与海水接触界面及其附近发育一套具有标志性地貌、流体、生物群落和自生矿物的冷泉系统(陈多福等, 2002; Campbell, 2006; Peckmann and Thiel, 2004)。根据流体渗漏状

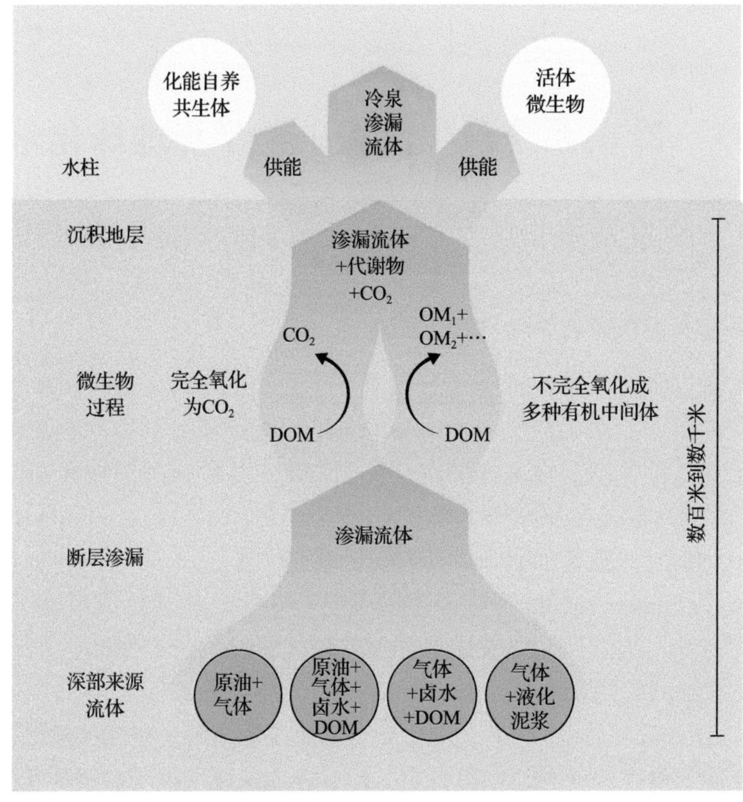


图 1-1　富烃类流体运移渗漏及其生物地球化学过程（据 Joye, 2020）

$OM_1 + OM_2 + \cdots$ 表示有机质降解过程中形成的若干中间产物

态，冷泉系统可分为高通量、倾向于喷发泥浆的冷泉系统（泥火山、卤水池和卤水盆地）；中等通量的冷泉系统（原油/游离气渗漏）；低流量、倾向于沉淀矿物的冷泉系统（自生碳酸盐岩、重晶石）（Roberts and Carney, 1997; Roberts et al., 2006; 图 1-2）。

冷泉是继洋中脊热液之后的又一个盆地流体沉积新领域。冷泉最早由美国科学家 Charles Paull 于 1984 年在美国墨西哥湾佛罗里达水深 3200m 的陡崖发现（Paull et al., 1984），随后的三十多年里，在全球海洋又发现了大量的冷泉活动。目前全球海底已经发现了 900 多处冷泉渗漏活动区（Suess, 2014, 2018）。冷泉活动广泛发育于构造活跃的主动大陆边缘和重力加载作用显著的被动大陆边缘，从热带海域到两极极区、从浅海陆架到深海海沟均有分布，此外冷泉活动也可以分布于转换断层边缘、残留海盆（如地中海）、弧后海盆（如黑海）等特殊的构造背景环境中（Campbell, 2006; Judd and Hovland, 2007; Suess, 2014, 2018）。

被动大陆边缘海洋生产力高，沉积物有机质含量高，油气资源丰富，其盆地的总面积约占全球大陆边缘总面积的 60%，是冷泉活动的有利场所（Judd et al., 2002; Xie et al., 2019）。被动大陆边缘冷泉流体向上的驱动力比较复杂，上覆快速沉积、成岩压实和胶结作用、构造挤压和变形作用导致孔隙流体压力增大，或者成岩作用使孔隙流体密度降低

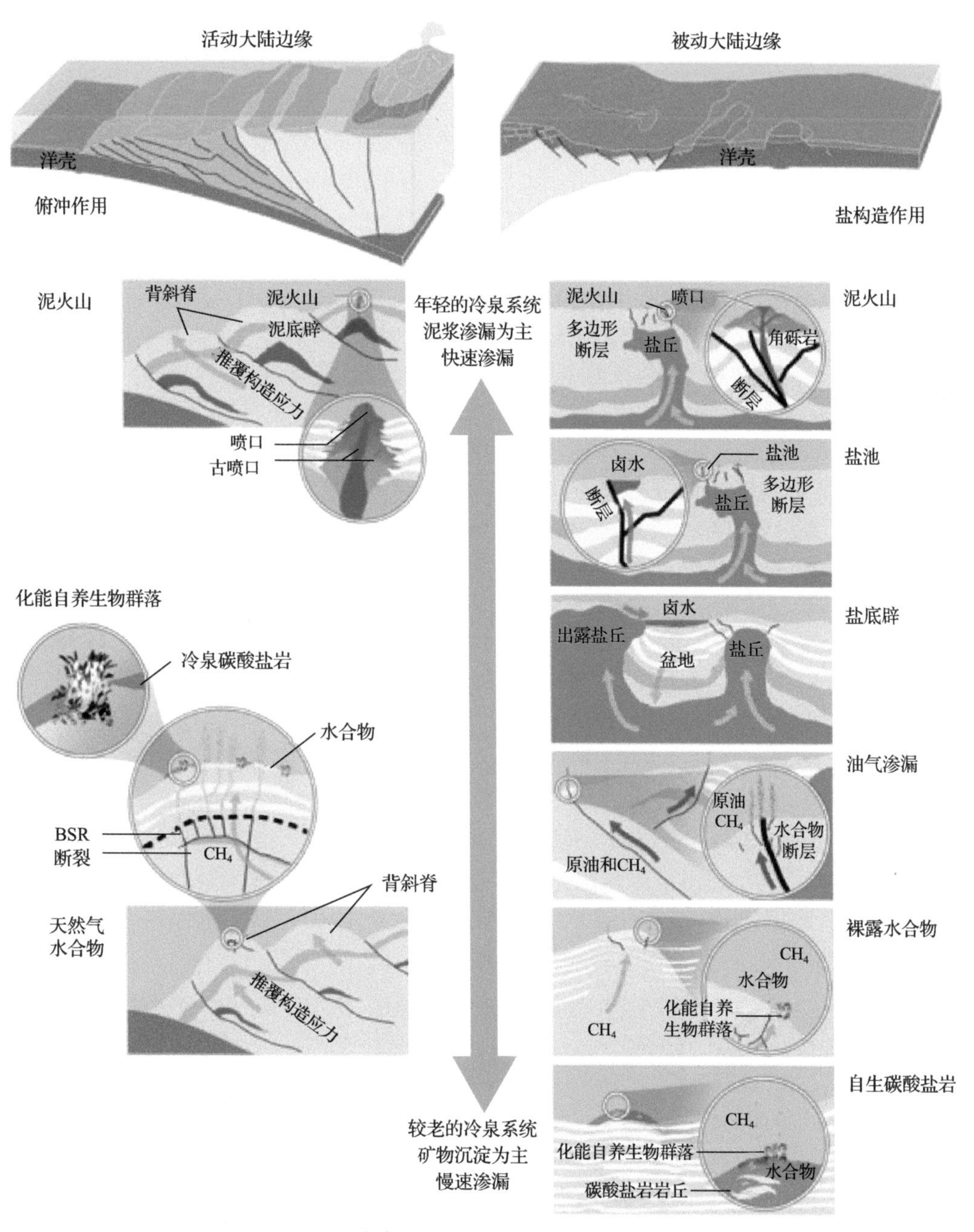


图 1-2　冷泉系统结构与类型(据 Joye, 2020)

在活动大陆边缘，冷泉渗漏与增生过程有关，形成泥火山和天然气水合物。在被动大陆边缘存在一系列冷泉系统，包括高通量、倾向于喷发泥浆的冷泉系统(泥火山、卤水池和卤水盆地)、中等通量的冷泉系统(原油/游离气渗漏)及低流量、倾向于沉淀自生碳酸盐岩的冷泉系统。BSR：似海底反射面而导致上升浮力增加都可以成为流体向上运移的驱动力(陈多福等, 2002)。在被动大陆边缘蒸发岩沉积发育的盆地，盐丘活动也是冷泉活动常见的诱发因素(Feng et al., 2010b; Bian et al., 2013)。烃类和卤水流体渗漏，在坎波斯(Campos)盆地、加蓬(Gabon)盆地、墨西哥湾、下刚果盆地、北海、波斯湾和桑托斯(Santos)盆地等地均有发现(Joye, 2020)。

在活动大陆边缘，板块俯冲及增生楔等导致断裂构造发育，为流体从深部向上运移提供了良好的通道，并且板块俯冲作用造成沉积物压实和脱水作用能使半深海沉积物的体积减小 20%～40%(Saito and Goldberg, 2001)，大量深部热成因甲烷或原地生物成因甲烷伴随着沉积物脱水所排出的低温流体通过断裂构造向上运移，一旦喷溢到海底就会形成冷泉活动(Greinert et al., 2001; Suess et al., 1999)。此外，主动大陆边缘俯冲带的地震活动也是诱发冷泉活动的重要因素(Halbach et al., 2004; Fischer et al., 2013; Ruffine et al., 2015)。已知的增生楔冷泉系统分布在卡斯凯迪亚(Cascadia)边缘(Heeschen et al., 2005)，南开海槽(Ijiri et al., 2018)，哥斯达黎加边缘(Kahn et al., 1996)以及希库朗伊(Hikurangi)边缘(Ruff et al., 2013)等地。

冷泉活动的地质记录，即古代冷泉，也在陆地地层中被越来越多地发现和报道，地层年代从泥盆纪到第四纪均有分布(Campbell et al., 2002, 2008; Campbell, 2006; Conti et al., 2008; Tong and Chen, 2012)，甚至早至新元古代晚期(约 635Ma 前)都可能存在冷泉活动(Kennedy et al., 2001; Jiang et al., 2003; Wang et al., 2008)。

冷泉流体渗漏活动会在海底形成特殊的地形地貌，包括泥火山、麻坑、盐池、沥青火山、冷泉碳酸盐岩岩体和天然气水合物丘等(图 1-3)。冷泉碳酸盐岩常形成碳酸盐岩化学礁或碳酸盐岩岩丘等正地形。如果冷泉活动规模相对较小，无法形成大规模碳酸盐岩礁或丘，会在海底或浅层沉积物中形成自生碳酸盐岩硬底和结壳(图 1-4)(陈多福等, 2002; Peckmann and Thiel, 2004; Campbell, 2006)。此外，冷泉系统还经常伴生浅层甚至暴露海底的块状天然气水合物，天然气水合物可以导致局部沉积物隆起，从而形成丘状正地形(Bohrmann et al., 1998; Naehr et al., 2000; Greinert et al., 2001; Sassen et al., 2004)。冷泉流体在进入海底沉积界面的喷口附近，常常发育一套完整的无光合作用的特异化能自养生物群落，常见细菌席、贻贝及管状蠕虫等(图 1-5)(Boetius et al., 2000; 陈忠等, 2007a; Cordes et al., 2009; Joye et al., 2010)。

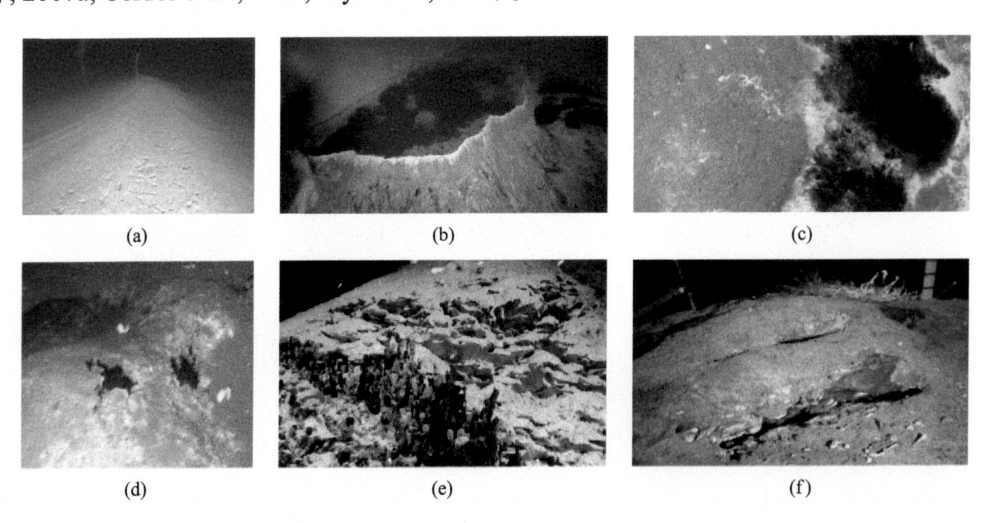

(a) (b) (c)

(d) (e) (f)

(g)　(h)　(i)

图 1-3　各类型冷泉系统海底照片(据 Joye, 2020)

(a)墨西哥湾花园河岸(Flower Garden Banks)地区海底泥火山；(b)墨西哥湾富含黑色高盐度卤水和自生矿物的海底盐池；(c)墨西哥湾格林峡谷 600 区块(Green Canyon Block 600)海底高度还原的黑色盐卤水；(d)墨西哥湾海底黑色原油渗漏；(e)墨西哥湾下陆坡(约 1200m 水深)天然气水合物丘，海底分布有由焦油组成的烟囱群和块体；(f)墨西哥湾上陆坡(约 500m 水深)暴露海底的天然气水合物丘，天然气水合物表面呈橙色；(g)墨西哥湾泥火山附近的自生重晶石烟囱；(h)科特斯海索诺拉大陆边缘冷泉碳酸盐岩硬底和结壳；(i)墨西哥湾 Chapopote 沥青火山表面类似岩浆熔岩流的沥青流，管状蠕虫、贻贝和螃蟹在海底繁殖

(a)　(b)

(c)　(d)

(e)　(f)

图 1-4　典型的冷泉碳酸盐岩露头形态(据 Suess, 2014)

(a)哥斯达黎加陆缘破裂的冷泉碳酸盐岩块体；(b)哥斯达黎加陆缘甲烷化学礁灰岩，表面固着生物；(c)南海北部陆坡存在裂隙的化学礁灰岩；(d)哥斯达黎加陆缘泥火山顶上隆起和破裂的岩体，双壳类生物在裂隙中繁殖；(e)智利陆缘破裂的冷泉碳酸盐岩硬底，管状蠕虫和微生物席在表面繁殖；(f)智利陆缘被抬升和侵蚀的冷泉碳酸盐岩块体

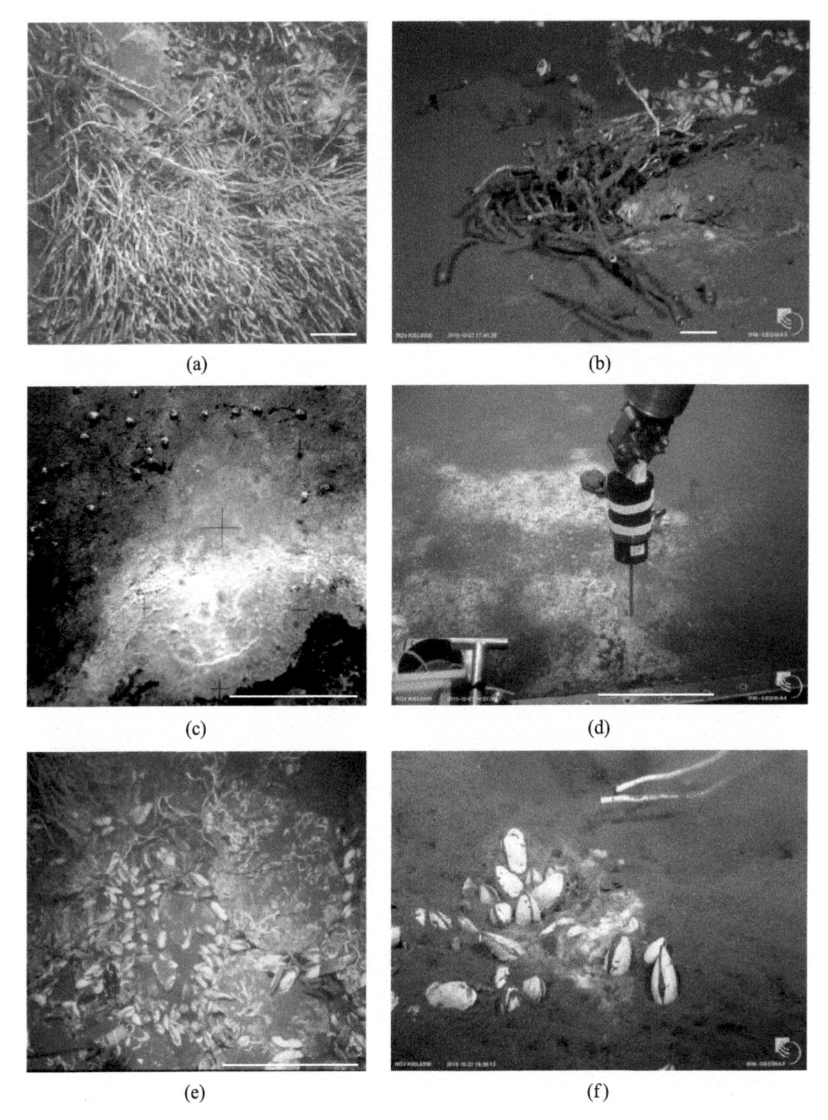

图 1-5　典型的冷泉生物群落照片（据 Suess, 2014, 有修改）

(a)、(c)、(e)来源于哥斯达黎加侵蚀型陆缘，(b)、(d)、(f)来源于智利增生型陆缘。(a)哈科悬崖(Jaco Scarp)上发育的管状蠕虫 *Pogonophora* 群落；(b)海底管状蠕虫 *Pogonophora* 群落；(c)奎波斯冷泉海底微生物席；(d)光滑海底上发布的微生物席；(e)生长在冷泉碳酸盐岩上的贻贝群落；(f)分布在海底沉积物表面的贻贝群落

冷泉系统自发现以来就持续地引起国际科学界的关注，其研究的科学意义及重要性主要体现在冷泉与潜在能源天然气水合物、全球气候变化、海底物质循环、海底地质灾害和极端环境生物资源等方面存在密切联系。

第一，冷泉系统中常常伴随水合物的发育，其下的深部地层中常发育有大量水合物，这些水合物的分解释放是冷泉流体的重要来源(Judd and Hovland, 2007; Boetius and Wenzhöfer, 2013; Suess, 2014)。因此，天然气水合物大规模分解释放的冷泉流体富含甲烷，会对全球的碳循环产生重要影响，同时其作为具有强烈温室效应的气体，甲烷向大气中的排放可能是引起地质历史中气候急剧变化的原因之一(Dickens et al., 1995; Kennett et al., 2000）。

第二，冷泉流体中含有大量来源于下伏油气藏的 $^{14}C$ 亏损的溶解有机碳（DOC）、溶解无机碳（DIC）和溶解铁组分等物质，冷泉流体渗漏活动会将这些物质带入海水中，对深海物质和能量循环产生重要影响（Pohlman et al., 2011; Boetius and Wenzhöfer, 2013; Lemaitre et al., 2014）。

第三，由水合物分解释放导致的冷泉流体活动可能会增加海底滑坡、塌陷等地质灾害的可能性，给海洋石油钻探、海底管道及电缆铺设等工程建设带来安全隐患（Judd and Hovland, 2007）。

第四，冷泉环境孕育特殊的化能自养型生物群落和生态系统，为探索地球深部生物圈和极端环境生命过程打开了一扇窗口，有助于拓展人们对生命起源和极端生命生存条件等重大科学问题的认识（Campbell, 2006）。

### 1.1.2　冷泉系统生物地球化学过程及其产物

在冷泉系统中，由硫酸盐还原细菌和甲烷缺氧氧化古菌共同参与的硫酸盐还原（sulfate reduction, SR）和甲烷缺氧氧化作用（anaerobic oxidation of methane, AOM）（$CH_4 + SO_4^{2-} \longrightarrow HCO_3^- + HS^- + H_2O$）是冷泉系统一个基本的生物地球化学过程和碳、硫循环的重要环节（Reeburgh, 1976; Boetius et al., 2000; DeLong, 2000; Valentine and Reeburgh, 2000; Hinrichs and Boetius, 2002; Valentine, 2002; Hensen et al., 2003; Joye et al., 2004; 图 1-5, 图 1-6）。与 SR 耦合的 AOM 作用（SR-AOM）通常发生在硫酸盐-甲烷转换带（SMTZ）内。还原硫酸盐（图 1-6 中的反应 1a），它们产生的硫化氢在沉积物表面的微生物席或被宏生物体内的共生菌所氧化，电子受体为氧气或硝酸盐离子（图 1-6 中的反应 2a 和反应 2b）。当流体中存在二价铁离子时，硫化氢可能固定为硫化铁。双壳类动物吸取海水中的氧气，而管状蠕虫则通过它们的根部吸取流体中的硫化氢。SR-AOM 过程直接导致甲烷渗漏区生物的繁衍、浅表层沉积物和孔隙水地球化学异常（Boetius and Wenzhöfer, 2013; 图 1-6, 图 1-7）。

随着研究的深入，与金属还原耦合的 AOM 作用（Metal-AOM）也很可能在 SMTZ 之下的产甲烷带发生。在未知类型的微生物作用下，甲烷缺氧氧化作用与氢氧化铁和/或氧化锰还原作用耦合发生（图 1-6 中的反应 1b 和反应 1c）。Metal-AOM 能够提供比 SR-AOM 更大的能量增益，因此它可能是前寒武纪缺乏溶解硫酸盐的海洋沉积物中消耗甲烷的主要途径，其在现代海洋的重要性还有待深入评估（Beal et al., 2009; Sivan et al., 2014; Riedinger et al., 2014）。目前的研究集中在反应速率上以及微生物系统学，但推测形成的矿物较少。由于 AOM 作用产生 $HCO_3^-$，碳酸盐矿物发生沉淀，自生碳酸盐岩形成（图 1-6 中的反应 3）。目前认为 Metal-AOM 很可能产生锰和铁混合的碳酸盐与磷酸盐矿物（Dijkstra et al., 2016）。

因此，与硫酸盐还原作用耦合的 AOM 过程是冷泉系统中连接各种物质构成（冷泉生物、流体、自生矿物及沉积物）的核心组成部分，这些物质会以不同的方式和不同的程度各自记录 AOM 信息，反过来可以作为研究的载体来深入地了解冷泉系统中生物地球化学过程和循环、冷泉的演化信息等。下面将对冷泉活动记录载体的研究现状进行简要介绍。

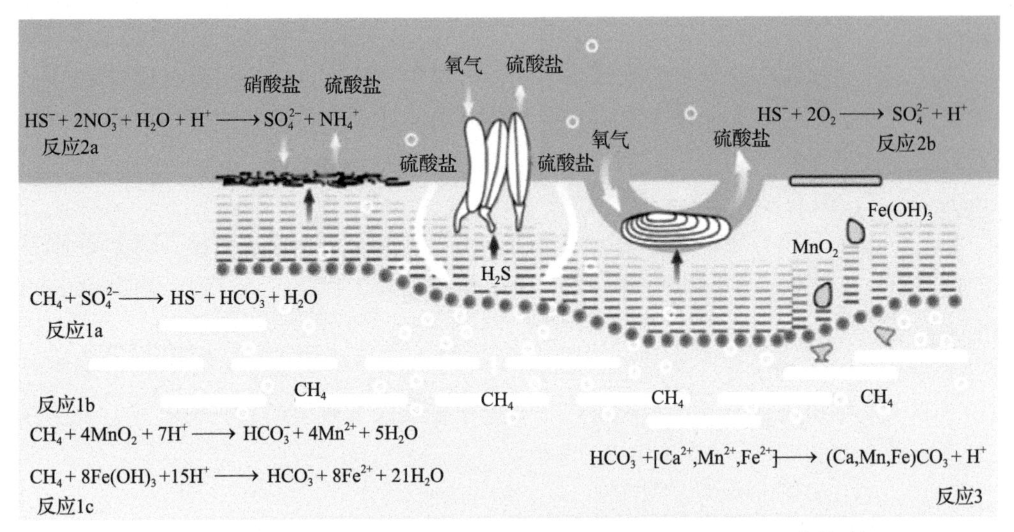


图 1-6 冷泉系统主要生物地球化学过程示意图(据 Suess, 2018, 有修改)

埋藏的天然气水合物(白色条带)和游离气(空心圆圈)向集中在海底界面附近的硫酸盐-甲烷转换带(SMTZ)内的甲烷缺氧氧化(AOM)共生体(红绿色圆圈)提供甲烷

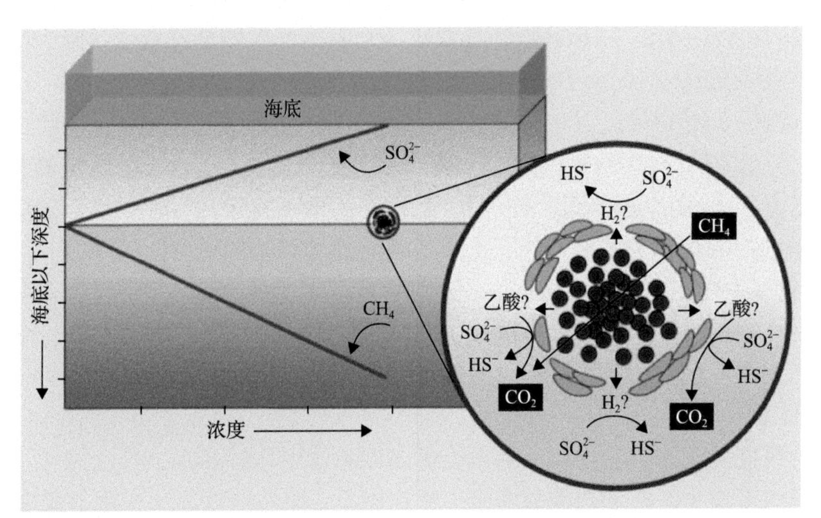


图 1-7 海洋沉积物缺氧环境中甲烷和硫酸根的浓度分布剖面图(据 DeLong et al., 2000, 有修改)

由于硫酸盐还原作用和甲烷的缺氧氧化作用，使硫酸盐-甲烷界面附近硫酸根和甲烷浓度均降到最低。红色细胞代表甲烷缺氧氧化古菌，绿色细胞代表硫酸盐还原细菌

1. 冷泉生物

除了硫酸盐还原细菌和甲烷缺氧氧化古菌等微生物外，在海底冷泉区常发育肉眼可见的白色或橙色细菌席(Fischer et al., 2012; 图 1-8)。同时，冷泉系统还孕育有大量化能自养型生物群落，常见有管状蠕虫类、贻贝类及蛤(Macdonald et al., 1990; 图 1-8)。某些种属的管状蠕虫生长长度可达 3m，寿命可长达几百年(Fisher et al., 1997; Bergquist et al., 2000)。最近研究表明，某些管状蠕虫的根部能改造周围沉积物的地球化学特征(Cordes et al., 2003; Dattagupta et al., 2008)，并且相应的地球化学特征能记录在冷泉碳酸盐岩中(Feng and Roberts, 2010; Feng et al., 2013a)。冷泉环境中贻贝主要依靠嗜甲烷的或者嗜硫

化氢的细菌共生体获取营养而生存(Paull et al., 1985; Childress et al., 1986; Cordes et al., 2009; Duperron, 2010)。不同的细菌共生体所需要的含碳和含硫的种类和同位素特征又各不相同(Conway et al., 1994; Fisher, 1997; Vetter and Fry, 1998; Yamanaka et al., 2000)，因此，自养型生物中的碳和硫的稳定同位素组成能够用来揭示冷泉生物的生活方式(Childress et al., 1986; Levin, 2005; Macavoy et al., 2008; Becker et al., 2010, 2013, 2014; Rodrigues et al., 2013)。最近的研究表明，利用贻贝的软组织中碳、氮和硫稳定同位素能够有效地示踪冷泉环境中的生物地球化学过程(Feng et al., 2015)。因此，冷泉环境中对冷泉生物进行地球化学研究不仅有助于探索冷泉生物的生活习性和方式，还有希望用于示踪冷泉环境中生物地球化学过程。

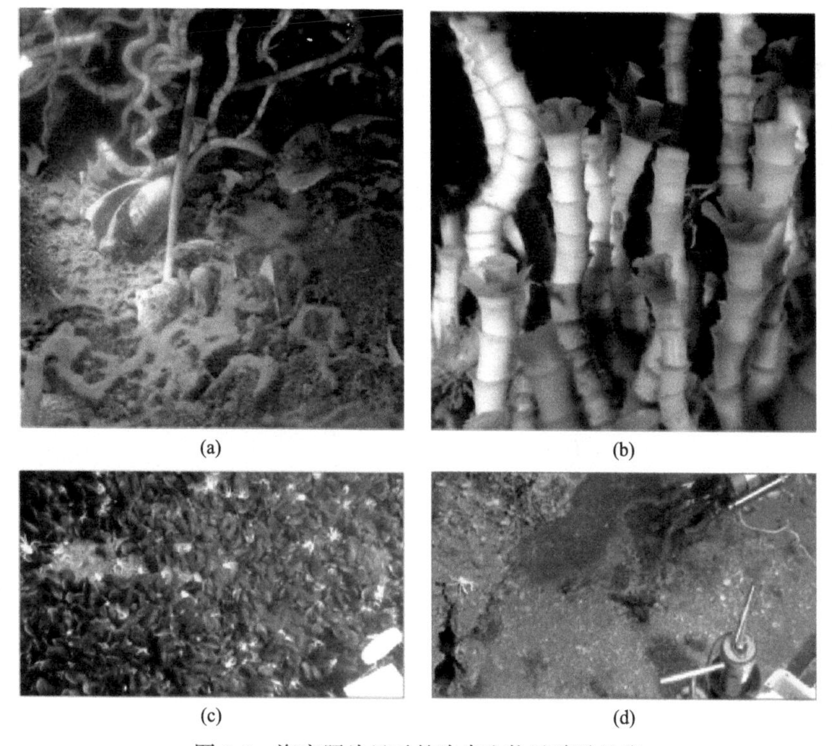

图 1-8　海底照片显示的冷泉生物及碳酸盐岩

(a)墨西哥湾海底冷泉区发育的管状蠕虫、橙色细菌席及少量的蛤壳体；(b)墨西哥湾海底冷泉区发育的管状蠕虫；(c)南海东沙海域 F 站位发育的大量活体贻贝；(d)南海东沙海域 F 站位发育的自生碳酸盐岩。其中(a)和(b)来自 Boetius(2005)，(c)和(d)来自 Feng 等(2015)

2. 冷泉流体

冷泉流体除了渗漏进入海水中的部分外，很大一部分以冷泉沉积物中孔隙水的形式存在。孔隙水中当来自海水中的硫酸根($SO_4^{2-}$)遇到下部运移上来的甲烷($CH_4$)时，在 AOM 和 SR 的共同作用下会产生 DIC 和硫化物($H_2S$)(图 1-9)。冷泉流体的地球化学特征会在 $10^{-1}$～$10^3$ 年的时间尺度上快速响应 AOM 和 SR 带来的上述变化(Ussler and Paull, 2008)，冷泉沉积物中孔隙水的碳、硫、氧等稳定同位素和元素地球化学特征能够用来直接反映和示踪正在进行的早期成岩过程。冷泉环境孔隙水中 DIC 和 $CH_4$ 的碳稳定同位素变化范围很大。同时 AOM 作用过程导致的碳同位素分馏也非常大($\alpha$=1.005～1.030)，并且产甲烷过程比甲烷氧化过程所产生的碳同位素的分馏要大得多，从而使得可以用碳同位素及相应的分馏过程来示踪碳的来源和可能的生物地球化学过程(Alperin et al., 1988; Martens et al., 1999; Whiticar, 1999; Borowski, 2004; Ussler and Paull, 2008)。冷泉环境与其他环境相比，与 AOM 作用耦合的硫酸盐还原速率非常大，导致孔隙水 $SO_4^{2-}$的快速消耗和亏损，使得孔隙水中 $\delta^{34}S_{SO_4^{2-}}$、$\delta^{18}O_{SO_4^{2-}}$、$\delta^{34}S_{\Sigma HS^-}$ 及 $\delta^{34}S_{SO_4^{2-}}$ / $\delta^{18}O_{SO_4^{2-}}$ 具有非常明显的特征，比如孔隙水中的 $\delta^{34}S_{sulfide}$ 甚至可以接近或者大于海水中的 $\delta^{34}S_{SO_4^{2-}}$，并且这些值与硫酸盐还原速率密切相关(Aharon and Fu, 2000, 2003; Jørgensen et al., 2004; Formolo and Lyons, 2013)。因此，孔隙水中硫酸盐或硫化物的稳定同位素可以用来探索同位素分馏的控制机理，进而用来示踪相关的生物地球化学过程。此外，孔隙水中各个组分的浓度可以用来估算冷泉系统碳循环过程中甲烷和 DIC 等组分的周转量，建立准确的源汇项通量清单(Snyder et al., 2007)。

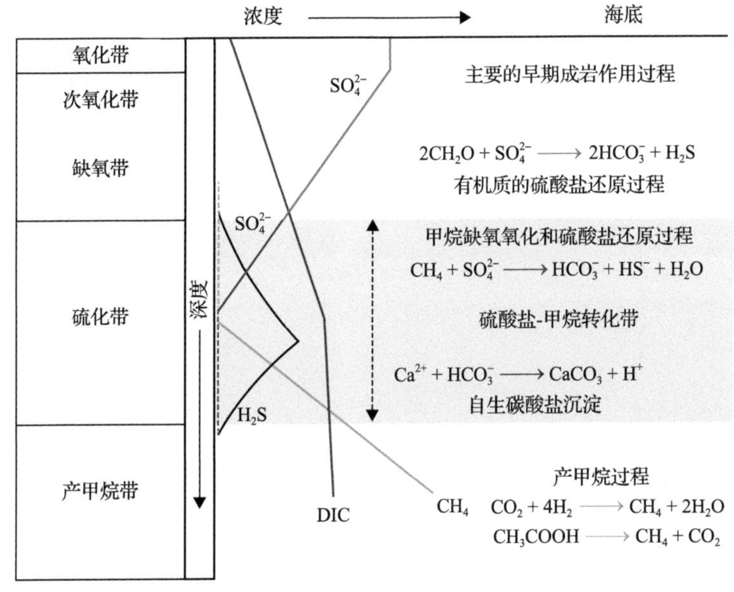


图 1-9　冷泉沉积物孔隙水中发生的主要生物地球化学过程及相关的早期成岩作用过程示意图(据 Rodriguez et al., 2000，有修改)

冷泉孔隙流体的地球化学特征还可以用于揭示各种可能的地质作用和过程，同时也是了解早期成岩作用的重要途径。通常而言，孔隙水中水的 $\delta^{18}O$、$\delta D$ 和 $Cl^-$浓度能够用来揭示水合物的形成、分解等基本信息，并可以用来计算水合物的饱和度(Hesse, 2003; Borowski, 2004; Torres et al., 2004; Hiruta et al., 2009; Kim et al., 2013)。孔隙水中水的 $\delta^{18}O$、$\delta D$ 并结合 $Cl^-$、$Na^+$、$K^+$、$Li^+$等离子浓度可以指示深部流体的诸多信息，如深部流体的来源、形成深度和温度及涉及的相关早期成岩反应类型等(Nakayama et al., 2010; Reitz et al., 2011; Vanneste et al., 2011; Kim et al., 2013)。此外，冷泉流体的地球化学特征还可以用来研究海底滑坡等地质过程，结合数值模拟的方法可以反演冷泉形成的触发机制及演化历史(Zabel and Schulz, 2001; Hensen et al., 2003; Halbach et al., 2004; Fischer et al., 2013)。冷泉环境中，各种自生矿物在形成或溶解过程中，通常伴随有组成自生矿物的相关元素浓度在孔隙水中增加和减少的现象。例如，在冷泉碳酸盐矿物的形成过程中，孔隙水中一般出现碱土金属元素(Mg、Ca、Sr)浓度降低的现象；黄铁矿的形成通常会导致孔隙水中的 $Fe^{2+}$浓度快速的降低；孔隙水中磷酸根浓度的降低可能与沉积中正在形成的含磷的蓝铁矿有关(Snyder et al., 2007; März et al., 2008; Nöthen and Kasten, 2011; Jilbert and Slomp, 2013; Riedinger et al., 2014)。孔隙水中的各个组分还可以有效地区分正在进行的各种氧化还原反应及各种物质的矿化带。因此，冷泉孔隙流体的地球化学特征可以有效地用于研究和了解正在进行的早期矿化和成岩作用过程。

3. *冷泉碳酸盐岩和自生矿物*

冷泉环境中，AOM 和 SR 共同作用会产生大量的 DIC 和硫化物，使得孔隙水中碱度增加，从而促进冷泉碳酸盐岩的形成(Berner, 1980; 图 1-10)。冷泉碳酸盐岩一般继承了来自甲烷的碳同位素特征，常表现出 $^{13}C$ 极端亏损特征，但来自海水和产甲烷带中富 $^{13}C$ 无机碳的加入偶尔会使得冷泉碳酸盐岩的 $\delta^{13}C$ 值变大或接近海水值，甚至变正(Roberts and Aharon, 1994; Peckmann and Thiel, 2004; Roberts et al., 2010a; Pierre C et al., 2014)。冷泉流体往往混入了天然气水合物分解后产生的富 $^{18}O$ 流体，因此，冷泉碳酸盐岩偏正的 $\delta^{18}O$ 组成往往记录了水合物分解的信号(Bohrmann et al., 1998; Greinert et al., 2001)。此外，冷泉碳酸盐岩作为冷泉流体强烈渗漏作用的产物，主要由碳酸盐矿物构成。冷泉碳酸盐岩中最普遍的碳酸盐矿物是文石和高镁方解石，其次有低镁方解石、白云石、菱铁矿、菱锰矿及六水方解石，并且这些自生碳酸盐矿物有各自独特的形成环境(Greinert et al., 2001; Peckmann et al., 2001; Zabel and Schulz, 2001; Moore et al., 2004; Pierre and Rouchy, 2004; Pierre et al., 2015; Derkachev, 2004; 陈忠等, 2006; Krylov et al., 2008; González et al., 2012; Magalhaes et al., 2012; Teichert and Luppold, 2013; Feng et al., 2014)。一般认为，文石更偏向于在高碱度、高硫酸根浓度和低磷酸根浓度环境中形成，而高镁方解石更倾向形成于还原性的、低硫酸根浓度的环境中(Burton, 1993; Savard et al., 1996; Greinert et al., 2001; Peckmann et al., 2001; Haas et al., 2010)。低镁方解石矿物在现代海洋环境中并不常见，它可能形成于具有低 Mg/Ca 值的流体环境中(Feng et al., 2014)。在冷泉环境中白云石、菱铁矿、菱锰矿时有出现，但是它们的成因并不太清楚。由于这些矿物中碳酸盐很多具有高 $^{13}C$ 值，暗示它们的形成环境可能与深部的产甲烷作用密切相关(Moore et al., 2004; Pierre et al., 2014, 2015; 陈忠等, 2006; Krylov et al., 2008; González et al., 2012; Magalhaes et al., 2012)。一般认为冷泉环境中六水方解石的形成与 AOM 作用产生的高碱度、高磷酸根浓度及低温环境有关(Greinert and Derkachev, 2004; Teichert and Luppold, 2013)。

冷泉环境中除碳酸盐以外的自生矿物还包括重晶石、黄铁矿、石膏等，这些自生矿物形成的地球化学环境也别具特征(Fu et al., 1994; Peckmann et al., 2001; Greinert et al., 2002; 王家生等, 2003; Peckmann and Thiel, 2004; 陈忠等, 2006; Feng et al., 2010a; Feng and Roberts, 2011; Kocherla, 2013)。冷泉环境的重晶石沉积可以大规模地出露在

图 1-10　典型的冷泉碳酸盐岩组构（据 Suess, 2014, 有修改）

(a) 卡斯喀蒂亚陆缘天然气水合物（白色部分）与泥质基质胶结的文石（黄色部分）共同生长和充填孔洞；(b) 回收后水合物迅速分解消失；(c) 保存天然气水合物结构的文石胶结物；(d) 南部北部陆坡冷泉碳酸盐岩块体，底栖生物在其表面繁殖；(e) 存在孔洞的文石；(f) 存在开放流体通道的冷泉碳酸盐岩

海底，从硫酸根亏损带向上渗漏的富含 Ba 的冷泉流体遇到海水中的硫酸根时就会形成重晶石沉积（Fu et al., 1994; Greinert et al., 2002; Feng and Roberts, 2011）。自生重晶石中 $\delta^{34}S/\delta^{18}O$ 可能受控于冷泉流体的渗漏速率，从而可以用来指示冷泉的活动特征（Feng and Roberts, 2011）。黄铁矿虽然在冷泉环境中的产出量并不大，但是遍布于冷泉碳酸盐岩和沉积物中（Peckmann and Thiel, 2004）。虽然形成黄铁矿的路径和过程复杂，但足够量的硫化氢和来自沉积物中的活性铁是形成黄铁矿的先决条件（Berner, 1984）。冷泉环境中黄铁矿的形成被认为与 AOM 过程中硫酸盐还原细菌产生的硫化氢密切相关（Peckmann et al., 2001; Peckmann and Thiel, 2004; 陈忠等, 2006; Feng et al., 2010a）。因此，冷泉环境中产出的各种自生矿物可以作为有效的地质和地球化学记录来研究矿物的形成环境、揭示冷

泉环境中的各种生物地球化学过程、探索过去的冷泉流体性质、演进历史及控制因素(Roberts and Carney, 1997; Bohrmann et al., 1998; Greinert et al., 2001, 2002; Peckmann et al., 2001; Peckmann and Thiel, 2004; González et al., 2012; Feng et al., 2010a, 2014)。

4. 冷泉沉积物

海洋沉积根据来源和组成的不同一般可以分为三种类型：①成岩沉积物，主要由陆源碎屑及火山物质组成；②生物成因沉积物，由钙质和硅质生物碎屑组成；③自生沉积物，由通过化学或生物化学作用形成的自生矿物组成。冷泉沉积物基本也由这三类物质组成，但与正常海洋沉积物相比，生物成因和自生沉积所占的比例很高，因此也是研究的重点。冷泉活动强烈时，冷泉生物及自生沉积物发育，研究冷泉生物(如管状蠕虫类、贻贝类及蛤类等)及自生沉积岩(如冷泉碳酸盐岩及重晶石)就可以揭示冷泉活动的特征。但当冷泉活动相对较弱或微弱时，冷泉生物并不发育，形成的自生沉积物含量低并散布在沉积物中，从而增加了研究的难度。尽管如此，冷泉沉积物的地球化学研究能够示踪冷泉活动。目前，冷泉沉积物中总的无机碳含量(TIC)、铬还原性硫(chromium reducible sulfur, CRS)的含量及它们各自的同位素值 $\delta^{13}C_{TIC}$ 和 $\delta^{34}S_{CRS}$ 经常被用来识别古代的硫酸盐-甲烷转换带(SMTZ)，古代 SMTZ 界面附近由于 AOM 和 SR 作用导致 TIC 和 CRS 含量异常高、$\delta^{13}C_{TIC}$ 偏负、$\delta^{34}S_{CRS}$ 大幅偏正，代表了一次古代的甲烷渗漏事件(Lim et al., 2011; Peketi et al., 2012; Borowski et al., 2013)。此外，古代 SMTZ 界面有时可以发育 Ba 的异常富集(即“Ba 峰”)及氧化还原敏感元素 Mo 的富集现象(Torres et al., 1996; Dickens, 2001; Kasten et al., 2012; Peketi et al., 2012; Sato et al., 2012)。上述指标均可以有效地被用于研究古代的甲烷渗漏事件及活动特征。在记录古代甲烷渗漏事件方面，沉积物中所含的底栖有孔虫壳体的 $^{13}C$ 值可以用指示古代甲烷渗漏事件，同时结合各种定年手段(如浮游有孔虫 $^{14}C$ 定年)来探讨古代甲烷渗漏发生的时间及触发机制等(Wefer et al., 1994; Rathburn et al., 2003; Martin et al., 2007; Fontanier et al., 2014; Consolaro et al., 2015)。正常情况下，沉积物一般具有较好的沉积序列，在定年的基础上获得时间框架，结合沉积物中记录的古海洋学信息，有望能够更好地用于研究古冷泉形成时的环境、探索地质历史时期中甲烷渗漏事件的触发机制、过程及影响。

## 1.2　南海北部冷泉系统研究现状

我国对冷泉和冷泉碳酸盐岩的研究主要集中在南海北部，开始于 20 世纪 90 年代末广海局对南海的天然气水合物调查。2002 年由广海局的水合物调查航次在东沙东北海域使用拖网采集到了首个南海北部冷泉碳酸盐岩样品，并由陈多福等(2005)首次对其进行了报道和研究。2004 年中德合作 SO-177 航次在东沙东北海域发现了大面积的冷泉碳酸盐岩分布区，采集了大量的冷泉碳酸盐岩和冷泉生物样品，该航次还发现了目前现代海底所发现的规模最大的化学礁灰岩，其底部直径约为 100m，高达 30m，命名为九龙甲烷礁，并且仍可能发育微弱的冷泉活动(Suess, 2005; Han et al., 2008)，从此掀起了我国冷泉碳酸盐岩研究的热潮。其他海域也相继发现了冷泉碳酸盐岩，并有大量的报道和研究工作开展(陈忠等, 2006, 2007b; 陆红锋等, 2005, 2006, 2010; 陈忠和杨华平, 2008; 苏新等, 2008; 杨克红等, 2008, 2009; 葛璐等, 2009, 2011; 邬黛黛等, 2009; 于晓果等, 2009; Ge et al., 2010; Ge and Jiang, 2013)。台湾学者对台西南海域进行了研究，不仅在高屏斜坡五个站位采集了记录冷泉活动的冷泉碳酸盐岩样品(Huang et al., 2006)，还在F站位海脊海底发现了正在显著活动的冷泉，通过无人深潜器(ROV)原位观测到海底发育甲烷菌席、贻贝类，以及类似热液喷口生活的白色螃蟹等生物活体(Lin et al., 2007)。

2011年以后，随着载人深潜器(HOV)或无人深潜器的投入使用，学者们能够原位观测海底冷泉系统，对南海北部冷泉系统的认识大大加深。2013年在东沙海域实施水合物钻探，发现扩散型和渗漏型水合物多层分布、复合成藏，且存在多期次冷泉活动；同年，在南海东北陆坡“蛟龙一号”(F站位)活动冷泉区开展“蛟龙”号HOV首个科学研究航次，初步查明该冷泉系统间隙性活动特征(Feng and Chen, 2015)；2015年通过“海马号”水下机器人在南海西北陆坡发现仍在活动的“海马”冷泉区，并在近海底沉积物中发现大量渗漏型水合物(Liang et al., 2017)。多年来通过地球物理、化学方法等调查和研究，广海局等单位在南海发现了多处冷泉活动区，自北向南包括西沙海槽海域、神狐海域、东沙西南海域、东沙东北海域、台西南海域以及北康海域等，目前已在40多个站位采集到了冷泉碳酸盐岩和/或冷泉生物样品，在两片海域发现了仍在显著活动的冷泉。

尽管我国在冷泉系统自生沉积的矿物学和地球化学的研究方面起步较晚，但近年来发展较快。陈多福等(2002)首次引入冷泉及冷泉碳酸盐岩的概念，并且于2005年首次在国际上对南海北部陆坡东沙群岛以东海域冷泉碳酸盐岩进行了报道(Chen et al., 2005)。佟宏鹏等(2012)介绍了南海北部冷泉碳酸盐岩的矿物、岩石及地球化学研究进展。Feng等(2018)向国内外同行报道了南海冷泉系统地形地貌、自生矿物及其地球化学以及化能自养生物和生态系统的研究进展。这些研究大大地推动了我国相关领域研究的进展。

随着南海北部发现越来越多的冷泉碳酸盐岩等自生矿物，相关研究除关注冷泉碳酸盐岩的岩石学及地球化学特征描述和鉴定外，还涉及甲烷来源的探讨，自生碳酸盐矿物类型，碳、氧、锶、钙、镁同位素组成对冷泉流体来源渗漏活动强度的指示作用，以及冷泉碳酸盐岩沉积的氧化还原环境指标(陈忠等, 2006, 2007b; 陈忠和杨华平, 2008; 陆红锋等, 2005, 2006, 2010; 苏新等, 2008; 杨克红等, 2008, 2009; 葛璐等, 2009, 2011; 邬黛黛等, 2009; 于晓果等, 2009; Birgel et al., 2008; Ge et al., 2010, 2013; Wang et al., 2012, 2013, 2014a; Tong et al., 2013; Feng and Chen, 2015; Lu et al., 2015, 2017, 2018; Liang et al., 2017; Yang et al., 2018)。Tong等(2013)对南海北部冷泉碳酸盐岩沉积岩石学、矿物学、同位素地球化学以及地质年代学的报道，首次报道了南海北部冷泉活动年代及探讨了可能的触发机制。Han等(2008, 2014)也报道了九龙甲烷礁冷泉碳酸盐岩沉积岩石学、矿物学、同位素地球化学以及地质年代学，进一步揭示了南海冷泉活动年代及其间歇性活动特征。

在冷泉系统自生硫化物或硫酸盐矿物研究领域，Lin Q等(2015, 2016a, 2016b, 2016c)研究了南海北部富甲烷环境沉积物中的自生黄铁矿，对比了自生黄铁矿研究的体视镜挑选与铬还原处理方法，分析和讨论了两种方法的异同和优劣，探讨了黄铁矿颗粒粒径、含量和硫同位素对 AOM 作用和氧化还原反应分带的指示作用，并在此过程中发现了自生石膏和单质硫颗粒，探讨了它们的形成模式。而 Lin Z 等(2016a, 2016b, 2017a, 2017b, 2018a, 2018b)进一步研究了自生黄铁矿的微区原位硫同位素组成、全岩多硫同位素和铁同位素组成，以及单质硫的多硫同位素地球化学特征，初步揭示了这些地球化学指标与自生硫化物生长过程的耦合关系及对 AOM 作用和冷泉渗漏强度的指示意义。Li 等(2016)、Hu 等(2017)、Gong 等(2018a)、Wang 等(2018)的研究则指出，海底沉积物或冷泉碳酸盐岩中胶结的自生黄铁矿偏负的硫同位素值不一定指示有机质硫酸盐还原作用和歧化反应，反而可能与冷泉渗漏活动较强烈时相对开放、硫酸根供应充足的环境条件有关，可作为相对强烈的冷泉渗漏活动阶段的指示标志，但应该结合其他指标(自生碳酸盐岩结核或总无机碳同位素、总硫与总有机碳比值、钼含量等)进行判别。这些研究极大地推动了冷泉系统硫的地球化学研究领域的发展。

在冷泉系统中，最重要的生物地球化学过程是与 SR 作用耦合的 AOM 作用，这个反应会影响海洋环境中的碳、硫、钙、镁、铁等元素的循环，并且在孔隙水和沉积物中产生地球化学异常。因此，我们重点研究南海北部冷泉与天然气水合物赋存区沉积物孔隙水地球化学特征，识别富甲烷环境中现代生物地球化学过程，以揭示地球化学异常的形成机制和影响因素。并且，针对富甲烷环境中形成的自生碳酸盐岩、黄铁矿、石膏与单质硫等自生矿物开展矿物学与地球化学研究，识别 AOM 作用的沉积记录，探讨自生矿物的矿物学特征和地球化学异常的形成机制和影响因素，试图建立一套富甲烷环境的识别指标。

# 第2章 南海北部冷泉系统地质背景

## 2.1 南海北部陆坡及冷泉-水合物区地质背景

南海是西太平洋最大的边缘海之一，位于欧亚板块、太平洋板块和印度洋板块的交会处。南海的北边是华南大陆和台湾岛，西边是中南半岛和马来半岛，南边是大巽他群岛的苏门答腊岛及加里曼丹岛，东边是菲律宾群岛。南海轮廓呈不规则菱形状，纵向轴长约3140km，横向轴长约1250km，面积约$350\times10^4km^2$，平均水深为1140m，中部海盆深达4200m，已知最深点马尼拉海沟南端水深达5377m。珠江、红河、湄公河等主要河流的物质均有输入到南海，为南海带来了丰富的陆源物质。南海海底地形分为大陆架、大陆坡和深海盆地。大陆架之上分布着许多大陆岛，这些岛屿主要由邻近大陆的前第四纪岩浆岩、变质岩与沉积岩构成。绝大部分位于大陆坡与深海盆地的岛屿是由新近纪—第四纪珊瑚礁及其上的灰沙岛所构成，个别岛屿为第四纪火山形成的。南海大陆架的地壳厚度约为30km，为大陆型地壳；大陆坡的地壳厚度为28～22km，为过渡型地壳；中央海盆的地壳厚度约为8km，为大洋型地壳。

南海大陆架面积约为$168.5\times10^4km^2$，占总面积的48%左右，是环绕大陆的浅水区域，是覆盖有现代海洋沉积的大陆延续部分。南海具有北部陆架和南部陆架两组大陆架。南海北部陆架主要指华南陆缘粤、桂、琼三省大陆架，是南海比较重要的陆架区，其等深线走向和华南海岸线的展布方向大致相同。南海北部陆架平均坡度只有1′30″，散布着5级水下阶梯。北部陆架是主要的河流物质供应水系——珠江与南海的接触前缘，其中韩江、高屏溪也直接与南海北部陆架相连，因此北部陆架沿岸各河口区发育有水下三角洲，其中以珠江口水下三角洲规模最大。南海南部陆架即为著名的北巽他陆架，位于南海南部和西南边缘。南部陆架的总体形态为几个水下古三角洲的复合汇聚形态，该类复合三角洲位置所处的沉积盆地具有丰富的油气资源。

南海大陆坡面积约$126.4\times10^4km^2$，约占总面积的36%，是陆架坡折线至深海盆地边界的整个斜坡区域，水深范围为150～3500m。南海陆坡东部坡宽为60～90km，属狭窄型陆坡，北部坡宽达250～300km，南部及西部坡宽达520km，属于宽广型陆坡。南海陆坡是南海海底表面起伏高差最大的地带。南海北部陆坡与华南沿岸陆地走向相同，陆坡东西两端稍窄而中段宽广。北部陆坡东西两端分别为著名的澎湖海槽和西沙海槽，属新生代裂谷演化而成；西部陆坡下界水深达3600～4000m，发育了著名的西沙群岛和中沙群岛；南部陆坡发育了南沙群岛和南沙海槽；东部陆坡主要发育沟槽地貌，吕宋海槽发育在中陆坡处，沿南北向断裂发育，分为南北两部分，其中北吕宋海槽向北延伸至与台东海槽相接，长度达620km。

深海盆地面积约为$55.1\times10^4km^2$，仅占南海总面积的16%左右，海盆在15°N附近被近东西走向的黄岩海山链分为北、南两部分。海盆地势由西北微向东南倾斜，整个海盆西缘水深由北部的 3200～3500m 开始往南增至 4200m。南海深海盆地的平均水深为 4000m 左右，相比太平洋大洋盆底 5500～6000m 的水深，浅了 1500～2000m。深海盆地主要以平坦的深海平原为主，还存在海山、海山链和起伏不大的海丘等正向地形，同时也存在海沟、海槽和低陷的洼地及海谷。北部深海平原水深稳定在 3800～3900m，盆底坡度一般为 5′～8′，南部深海平原水深为 4000～4200m，北南海盆深海平原面积巨大，沉积物主要为生物软泥。

南海的形成主要经历了 3 次大规模的构造运动。南海第一次海底扩张主要发生在 126～120Ma 前，即早白垩世末。在此期间华南微板块开始向北运动，并且太平洋板块结束对华南微板块的俯冲，导致区域应力场由挤压转向松弛，由拉张致使华南微板块前缘形成北东向的地堑式断陷盆地。地堑式断陷盆地的形成为南海陆缘的扩张拉开了序幕。在古新世—始新世，华南微板块发生向南漂移并伴有顺时针转动，早期菲律宾岛弧随太平洋板块向北移动，到中—晚始新世，由于华南微板块继续向南运动，导致其东南边缘出现北东-南西向的挤压应力场，前期的地堑式断陷盆地产生向东南扩张的活动。与此同时，地幔上隆，地壳减薄，断裂向深处切割，致使地堑加深扩宽。这是南海第一期扩张运动，导致了原始南海的形成，其扩张特点是扩张轴为北东-南西向，海底扩张方向为北西-南东向。中渐新世—早中新世，华南微板块运动由南转向北，太平洋板块继续沿北西西方向挤压，致使南海地区形成东两向的扩张轴，同时发生南北向的剪切-拉张，这是南海第二次扩张活动的开始。南海第二次拉张的年代大致在 32～17Ma，该时期的扩张运动导致了西沙海槽的形成。南海第二次扩张的特点为扩张轴近于东西向，海底扩张方向为南北向。在中中新世—上新世，南海海区以垂向构造运动为主，出现大规模的沉降活动。在太平洋板块北西西向的挤压作用下，吕宋岛弧仰冲于南海洋壳之上，形成反向岛弧和马尼拉海沟，南海洋壳沿此带消减于吕宋岛弧之下。这是南海第三次扩张活动，主要沿北东向发生，这次扩张进一步封闭了南沙海槽，珠江口盆地也由断陷转变成坳陷，沉积了巨厚的海相沉积物。上新世之后，现代南海的构造格局基本形成(刘昭蜀，2002)。

南海的形成和演化致使其具有良好的油气和天然气水合物成藏所需的沉积构造环境、合适的温度和压力、充足的气源、有效的运移通道、有效的储集层等条件。在三大板块的作用下，南海地壳结构独特，陆缘性质各异，地貌类型多样，地质构造复杂。南海东部为会聚大陆边缘，南海板块沿马尼拉海沟向东俯冲，在俯冲带东侧形成叠瓦状逆掩推覆的增生楔；北部、西部为离散大陆边缘，由于扩张、剪切和沉积作用形成了一系列大中型沉积盆地，自西向东分布着莺歌海盆地、北部湾盆地、琼东南盆地、珠江口盆地和台西南盆地五个较大的含油气盆地。大型沉积盆地的发育会导致厚度大的沉积地层的形成，有利于有机质富集。

琼东南盆地的沉积充填演化过程分为始新世—渐新世裂陷阶段和新近纪—第四纪裂陷后沉降阶段。裂陷阶段形成包括岭头组(始新统)、崖城组(下渐新统)和陵水组(上渐新统)3 个沉积单元，岩性主要为湖相泥岩、浅海泥岩及海岸平原含煤地层，厚度约为几千米，是盆地内主要的优质烃源岩。裂陷后沉降阶段的构造演化可分为热沉降阶段和加速沉降阶段。热沉降阶段形成的三亚组(下中新统)和梅山组(中中新统)与下伏加速沉降阶段形成的黄流组（上中新统）、莺歌海组（上新统）和乐东组（更新统—全新统）呈不整合接触。其中，黄流组、莺歌海组和乐东组为半深海-深海沉积，可成为油气藏良好的区域性盖层。该海域以高沉积速率（最高可达 1.2mm/a）和高地温梯度（39～41℃/km）为特征。沉积物快速堆积引起沉积物产生欠压实作用，导致琼东南盆地中部异常超压的形成；高地温梯度促进烃源岩成熟，在异常超压驱动下，生成大量油气并发生运移（Zhu et al., 2009）。同时，沉积物有机碳含量高（大于 0.8%）（苏新等, 2005），有利于浅层生物气的形成。此外，红河走滑断裂作为亚洲东南部主要的区域构造线之一，在 5.5Ma 前发生断裂性质的转变（左旋走滑变为右旋走滑），控制着该海域的主要沉积构造格局（Morley, 2002）。

神狐海域位于南海北部珠江口盆地南侧，水深 300～3500m，海底地形总体呈东北高、西南低的斜坡形态，是南海北部陆坡和中央海盆的过渡带，该海域自中中新统以来处于构造沉降阶段，海底地形起伏较大，滑塌体以及断层-褶皱体系非常发育，还发育有底辟构造（苏丕波等，2010），为烃类运移及形成海底渗漏提供了良好的通道。神狐海域沉积物中有机碳含量较高，珠江口盆地内已发现了大规模油气田（何家雄等，2010）。2007 年中国地质调查局在该海域进行科学勘探时从海底以下 153～225m 钻获了水合物实物样品。

台西南盆地位于南海北部被动大陆边缘，邻近吕宋弧-陆碰撞带，该区的构造特征主要受控于以下两种地质作用：南海中央盆地扩张作用以及菲律宾海板块向西的碰撞挤压作用。东沙海域主要发育北东东向断裂和北西-南东向断裂系统。北东东向断裂平行于洋陆边界发育，它们是控制东沙隆起与凹陷的界限，并且至今仍十分活跃。北东东向断裂是东沙隆起和南海中央海盆之间的过渡带的重要变形构造（吴时国等，2004）。北西-南东向断裂系统切断一些北东向的断裂和褶皱，它们主要形成于燕山期，在喜马拉雅期仍然十分活跃，控制基底的展布差异及抬升（吴时国等，2004）。此外，东沙海域活动构造也受到了弧陆俯冲的重要影响。自南海扩张以来，主要存在着两期构造运动（流花运动和东沙运动），其中流花运动出现在早更新世，发育大规模不整合面；东沙运动发生在晚中新世末到早上新世初，并伴生岩浆构造事件。东沙隆起带位于十分活跃的构造作用区，西部是稳定的华南地块。东南发育冷却洋壳的热沉降，东面则是沿马尼拉海沟发生削减的大陆边缘，北部为残留的火山弧（吴时国等，2004）。

南海北部陆坡深水区具备生物气形成的物质基础及地质条件，且勘探已证实在 2300m 以上均存在广泛的生物气分布（何家雄等,2007）。白云凹陷神狐调查区上中新统—全新统海相泥岩干酪根镜质组反射率（$R_o$）一般小于 0.7%，多为 0.2%～0.6%，处于未熟—低熟的生物化学作用带，是重要的生物气烃源岩（苏丕波等，2010，2014）。该生物气烃源岩有机质丰度较高，上中新统—第四系海相泥岩总有机碳（TOC）含量一般平均为 0.22%～0.49%，且不同层位及层段变化不大分布稳定。其中，第四系沉积物 TOC 含量平均为 0.22%～0.28%，上新统泥岩 TOC 含量平均为 0.30%～0.39%，上中新统泥岩 TOC 含量平均为 0.49%。生物气烃源岩生烃潜力较低但较稳定。上中新统—全新统海相泥岩生烃潜力（$S_1+S_2$）平均为 0.13～0.32mg/g，具有一定的气源岩生烃潜力（翟光明，1996）。南海北部陆坡西部琼东南及西沙海槽海域上中新统—第四系海相泥岩及沉积物，有机质丰度及成熟度和生烃潜力与珠江口盆地神狐海域类似，也具有生物气形成的物质基础和基本地质条件(何家雄等，2008)。总之，南海北部陆坡及陆架区在 3200m 以上的海相地层及沉积物有机质，基本上均处在未熟—低熟的生物化学作用带，有机质丰度较高且具备较好的生物气生气潜力(何家雄等，2011，2012)。同时，南海北部深部热解气烃源条件也非常好，目前已在神狐调查区深部和琼东南盆地西南部深水区陆续勘探发现了以深部成熟—高熟热解气为气源的 LW3-1 等常规气藏及油气藏和 LS17-2 等常规气藏以及多处油气显示。因此，南海北部陆坡具有较好的气源形成条件，能够为水合物的形成提供充足的气源供给。

根据地质勘探研究结果，南海北部最常见的流体输导系统主要有断层裂隙、海底滑塌体、泥底辟及气烟囱等。因此，由构造条件形成的这些地质载体构成了气体从深部运移到稳定域的主要输导体系。由于受区域构造运动，特别是新构造运动的作用，断裂构造在南海北部陆坡比较发育，断层活动时间大致可分为晚中新世和上新世以来两个主要时期。晚中新世断层以北西向为主，断层大部分切割上中新统，部分切穿上新统，是区域最主要断层活动时期；上新世以来活动断层以北东向为主，断层活动强度小，但数量众多。由于这些断层贯通了下部气源岩系与上部天然气水合物稳定带，构成了该区域主要的输导体系(吴能友等，2009)。

此外，研究还表明，南海北部陆坡也发育大量气烟囱和泥底辟，其中，气烟囱主要分布在琼东南盆地的中央拗陷带和珠江口盆地白云凹陷，对气体的垂向运移具有重要作用。而泥底辟在琼东南盆地、珠江口盆地和台西南盆地均有发育，其总体走向为北东向，与南海北部陆坡北东向总体断层走向一致，也是深部气源向上运移的良好通道。因此，断裂、气烟囱和泥底辟等输导要素构成了南海北部陆坡气体的主要运移通道。此外，南海北部琼东南盆地、珠江口盆地和台西南盆地的陆坡区均发育大型滑塌沉积体系，滑坡底界与断层和气烟囱等输导体系具有很好的对应关系。因此，南海北部陆坡滑塌构造附近也是天然气水合物和浅层游离气赋存的有利区域。综合分析，东沙和神狐海域的构造输导条件主要为断裂，泥底辟及海底滑塌体；琼东南海域的构造输导条件主要为泥底辟和气烟囱；而西沙海槽的构造输导条件则主要以断裂为主。

## 2.2　南海北部典型冷泉系统地质特征

南海北部具有充足的气源和流体输导条件，有利于海底冷泉系统的形成。经过十多年的调查研究，根据大量地球物理和地球化学资料，目前已在南海北部琼东南盆地、珠江口盆地神狐海域和台西南盆地陆坡区 40 多个站位发现了冷泉系统，包括基本停止活动的大型冷泉——九龙甲烷礁和仍处于活动期的大型冷泉——海马冷泉。

根据这些冷泉系统的地震反射特征和形成机制等，可以划分为两大类：第一类是与断层有关的系统；第二类是柱状流体活动系统，包括气烟囱、管状流体系统、泥底辟和泥火山等。与冷泉系统有关的地震异常，如强振幅反射、杂乱反射、空白反射和弱振幅反射等说明它们是良好的流体运移通道。南海北部的冷泉系统的形成主要受构造和沉积两方面因素的控制。其中，基底隆起等为流体向高点聚集提供了条件，有利于柱状流体活动系统的形成。南海北部较高的沉积速率以及富含有机质黏土细粒沉积物也有利于压力的形成和封存，为流体活动系统所需超压的形成提供必要的条件(孙启良等，2014)。下面我们简要介绍南海北部两个典型冷泉系统——九龙甲烷礁和海马冷泉的地质特征。

### 2.2.1 九龙甲烷礁冷泉系统

南海北部最典型的冷泉系统是东沙东北海域九龙甲烷礁。该冷泉区位于南海东北部中上陆坡，海底坡降大，水深落差由600m至1600m，海底地貌相对复杂(图2-1)。从地貌单元上可将研究区划分为四种三级地貌类型：陆坡海槽、陆坡海台、陆坡海岭和陆坡深水阶地。冷泉区西部，中部和东部有北西-南东向的陆坡海槽发育，三条陆坡海槽相间发育两个大型陆坡海台，其中西部陆坡海台北部区域即为著名的九龙甲烷礁，其由四个小型台地构成，大致呈“田”字形分布，中间被小型水道切割。该陆坡海台向南逐渐转变为陆坡深水阶地地貌。深水阶地的发育，使海底陡坎大量发育。

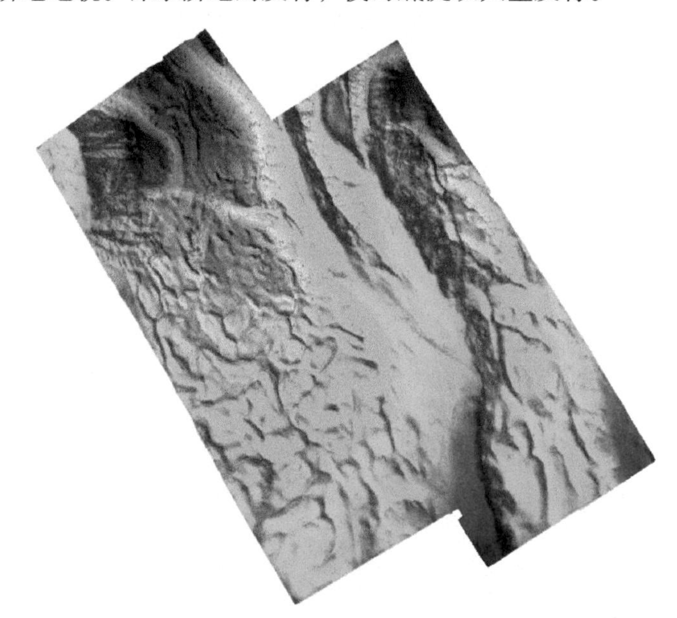

图2-1 东沙海域冷泉区地貌图

通过浅地层剖面、地震剖面和多波束资料进行综合研究发现，东沙海域冷泉区海底广泛发育声空白、自生碳酸盐结壳露头、麻坑、丘状体、泥火山等冷泉系统标志，表明该区存在着大规模的冷泉渗漏现象，也指示该区域具有很好的天然气水合物勘探前景。2013年钻探结果证实了该区域发育多类型天然气水合物。下面简要介绍这几种冷泉系统的标志性地质构造。

1. *声空白*

由于孔隙气体运移扰乱沉积层或声波能量被含气层吸收使得很少或无能量被反射回去所致，也可能是因为巨大的声阻抗差异如自生碳酸盐岩或水合物等海底硬底与含水层或含气层之间的阻抗差异使信号能量几乎全被反射回去，穿透的能量很少，不足以反映下伏沉积物的结构，导致浅地层剖面内部反射突然变弱或消失，存在一个内部层反射不可见的区域，即声空白带。声空白带与气烟囱和似海底反射面(BSR)的空间叠置显示，气烟囱发育部位，声空白发育密度高，发育面积大，但是不能完全较好地匹配(图 2-2，图 2-3)，但是声空白带和 BSR 的发育分布匹配相对较好。上述结果表明，气烟囱内携带的气体是天然气水合物分布区海底渗漏气体的来源之一；BSR 所代表的天然气水合物层确实对下部的气体起垂向阻挡和侧向汇聚的作用，但并不对流体运移渗漏过程起控制作用。

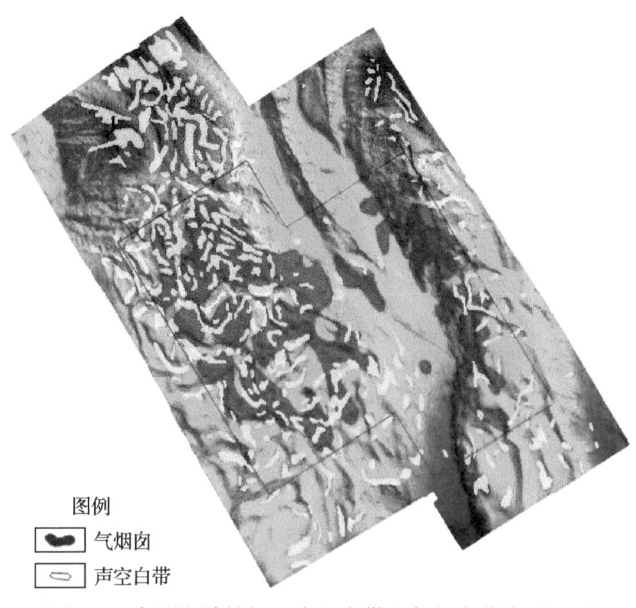


图 2-2　东沙海域钻探区声空白带和气烟囱分布对比图

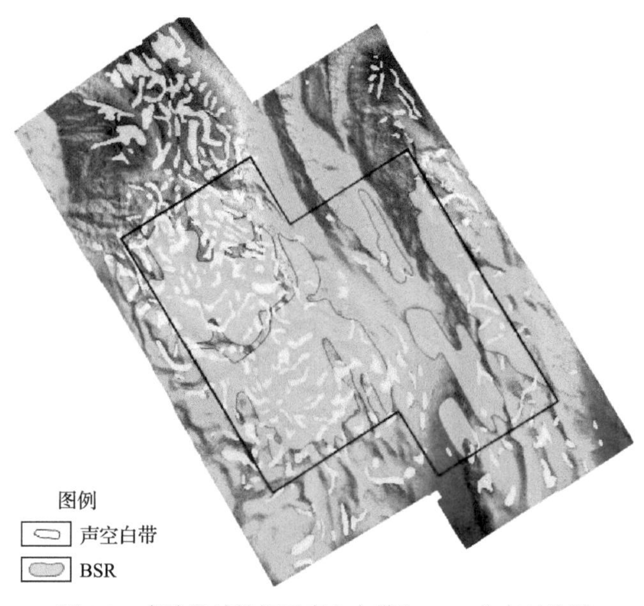


图 2-3　东沙海域钻探区声空白带和 BSR 分布对比图

2. 海底露头

2004 年中德合作的 SO-177 航次通过海底摄像在东沙海域也发现了大量的结核状、结壳状或烟囱状自生碳酸盐岩和典型的化能生物群落，进一步证实东沙海域存在大量地质历史时期形成的冷泉喷口，但至今基本已不活动(Suess, 2005；图 2-4)。上述海底露头观测以及样品采集工作均显示研究区存在大量已经停止活动的冷泉喷口，古冷泉区主要为古化学礁残留，基本没有双壳类和菌席分布。

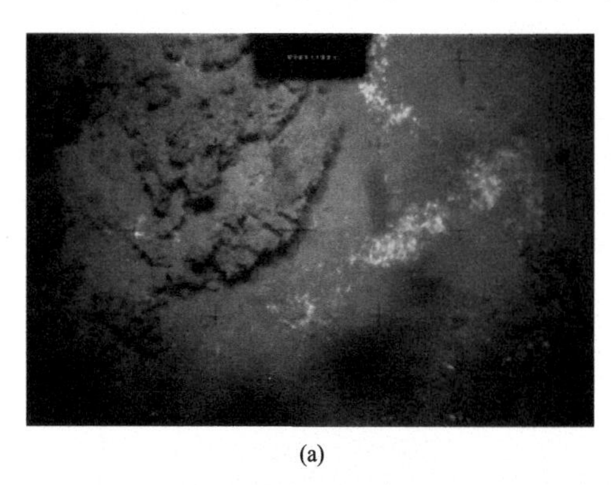

(a)

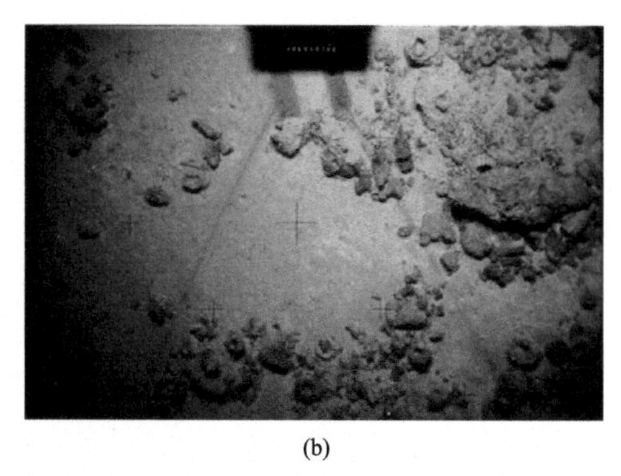

(b)

图 2-4　东沙海域冷泉区海底块状冷泉碳酸盐结壳与分散分布的烟囱(据 Suess, 2005)

此外，自生碳酸盐岩发育的部位，浅地层剖面海底反射强度增强，声波穿透深度明显变浅，地层的层序结构模糊、连续性变差，海底粗糙程度增加，且多伴生有海底麻坑、海底丘状体等异常微地貌类型(图 2-5)。

根据碳酸盐结壳在浅地层剖面表现为海底强反射特征，在多波束数据上具有高背散射特征，分别圈定了其区域分布(图 2-6，图 2-7)。圈定结果显示，东沙海域冷泉区西部陆坡台地发育大面积硬海底底质，面积覆盖大部分九龙甲烷礁分布区，分布特征无明显规律。陆坡台地向南的陆坡深水阶地地貌带，碳酸盐结壳主要沿陡坎处发育，指示该地貌环境下陡坎处的断层可能为主要的天然气渗漏通道。东沙海域冷泉区东部陆坡台地地貌带，南部和北部均有大面积的硬海底底质反射特征。

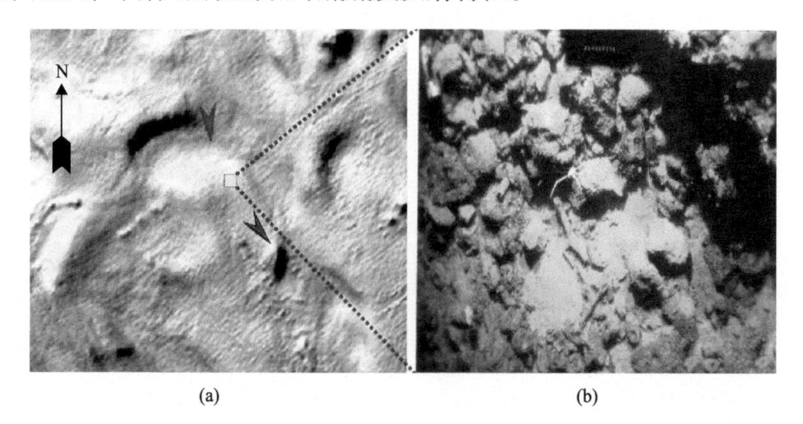


(a)　　(b)

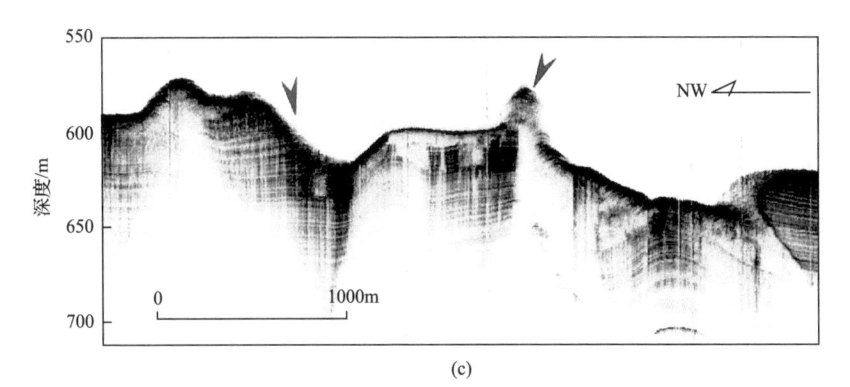


(c)

图 2-5　东沙海域冷泉区海底自生碳酸盐结壳的声学特征

(c)据梁金强等(2017)，有修改

图 2-6　东沙海域冷泉区浅地层剖面显示的碳酸盐岩分布区

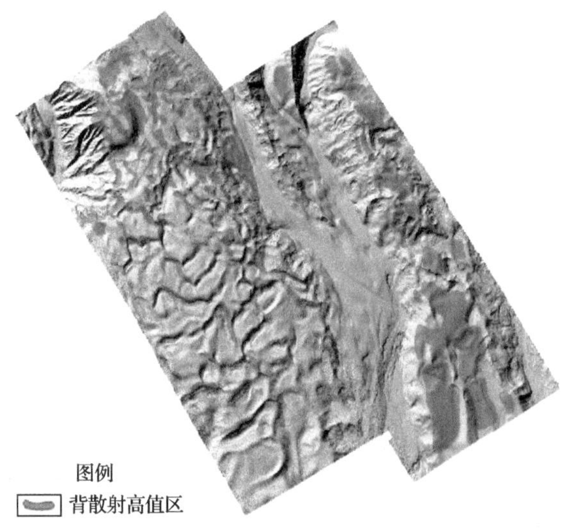


图 2-7　东沙海域冷泉区多波束显示的碳酸盐岩分布区

3. 麻坑

麻坑是沉积地层中的流体向海底快速强烈喷发过程中形成的大小不等、形态各异的海底凹坑(赵铁虎等，2010)。1988 年，Hovland 和 Jadd 最早提出北海海底麻坑的形成与海底甲烷渗漏活动有关，随后在全球海域内发现了越来越多的海底麻坑，如挪威北部陆坡、赤道西非陆坡、白令海、北海、加拿大西部陆架、墨西哥湾、黑海及中国南海等海域。典型麻坑直径一般为 20～250m，深 1～25m。孙启良等(2014)报道在南海琼东南海域发现了直径达 3210m，深 156.2m 的巨型麻坑。

浅地层剖面、地震剖面和多波束数据联合解释发现，东沙海域冷泉区存在着大型麻坑。图 2-8 为其中一个代表性大型麻坑，其呈拉长的椭圆形，长轴 *AA'*长为 720m；短轴

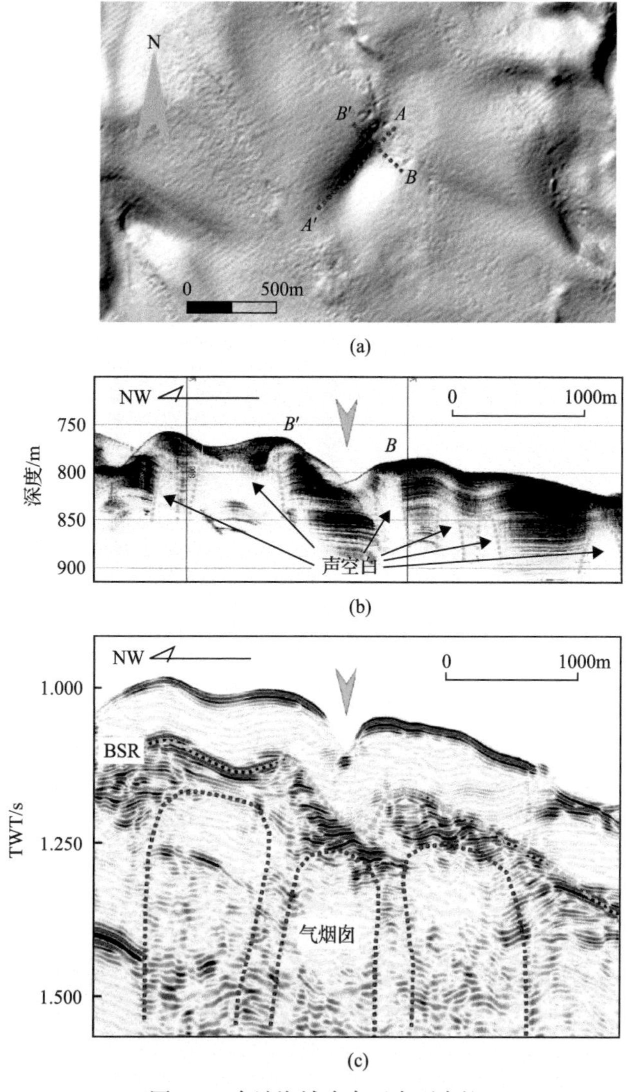


图 2-8 东沙海域冷泉区大型麻坑

(a)、(b)据梁金强等(2017)，有修改；TWT 为地震双程旅行时

*BB'*长 450m，深约 20m。浅地层剖面显示，麻坑周围存在大量高角度的声空白反射；而地震剖面显示，麻坑正下方浅部存在 BSR，深部则出现反射杂乱的气烟囱，气烟囱的周围局部可见增强反射层。气烟囱—增强反射层—BSR 反射特征联合指示了深部气体向上运移的过程。

目前，东沙海域冷泉区已识别出 28 个规模较大的麻坑(图 2-9)。所有的麻坑均分布于研究区西部，其中 25 个位于陆坡海台北部的九龙甲烷礁，另有 3 个位于陆坡深水阶地之上。除了麻坑外，研究区西部陆坡深水阶地陡坎处也发育沟状凹坑地貌(图 2-10)，可能具有与麻坑类似的形成机制。

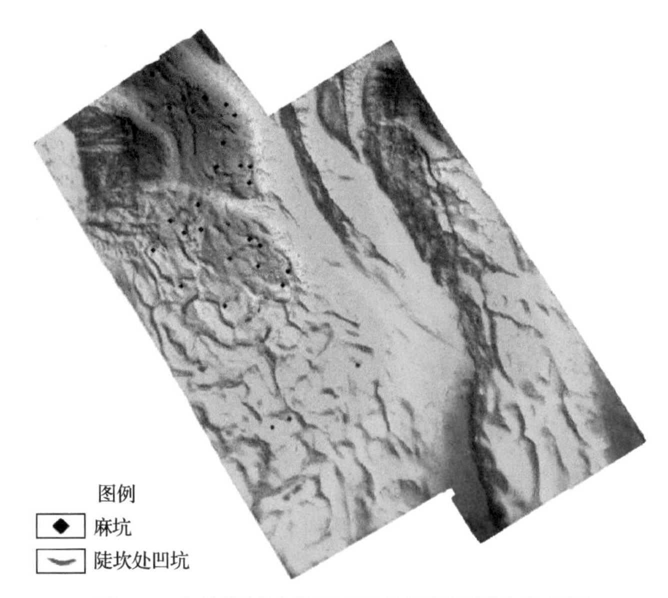


图 2-9　东沙海域冷泉区麻坑和陡坎处凹坑分布图

这些凹坑走向与深水阶地陡坎走向一致，深度为 5～10m。浅地层剖面资料显示，凹坑下部发育高角度声空白(图 2-10)，地震资料显示其可能为浅部滑塌断层。推测陡坎部

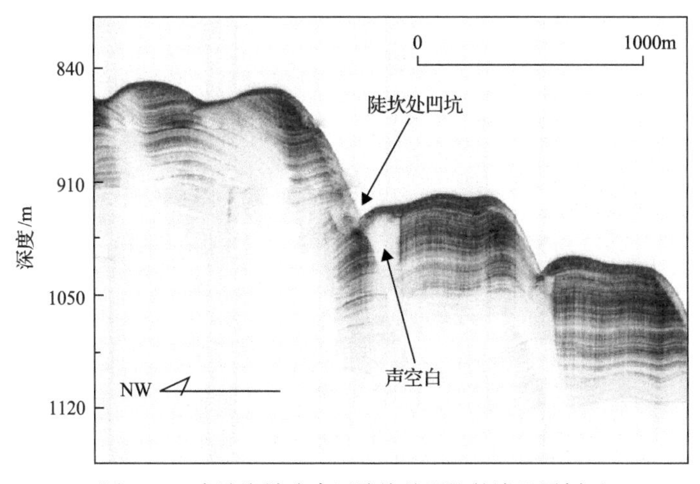


图 2-10　东沙海域冷泉区陡坎处凹坑的浅地层剖面

位的滑塌断层可能存在烃类渗漏路径。麻坑和沟状凹坑大量发育，指示研究区西部的陆坡海台曾发生过大规模的天然气渗漏现象。

4. 丘状体

Hovland 和 Judd(1988)提出，北海 Norwegian 峡谷海底小型丘状体之下的柱状声学透明带(acoustic transparent)，可能是垂向排溢的气体或孔隙水。东沙海域冷泉区同样发现了类似的小型海底丘状体(图 2-11)。多波束地貌图[图 2-11(a)]上，A、B、C 三个小

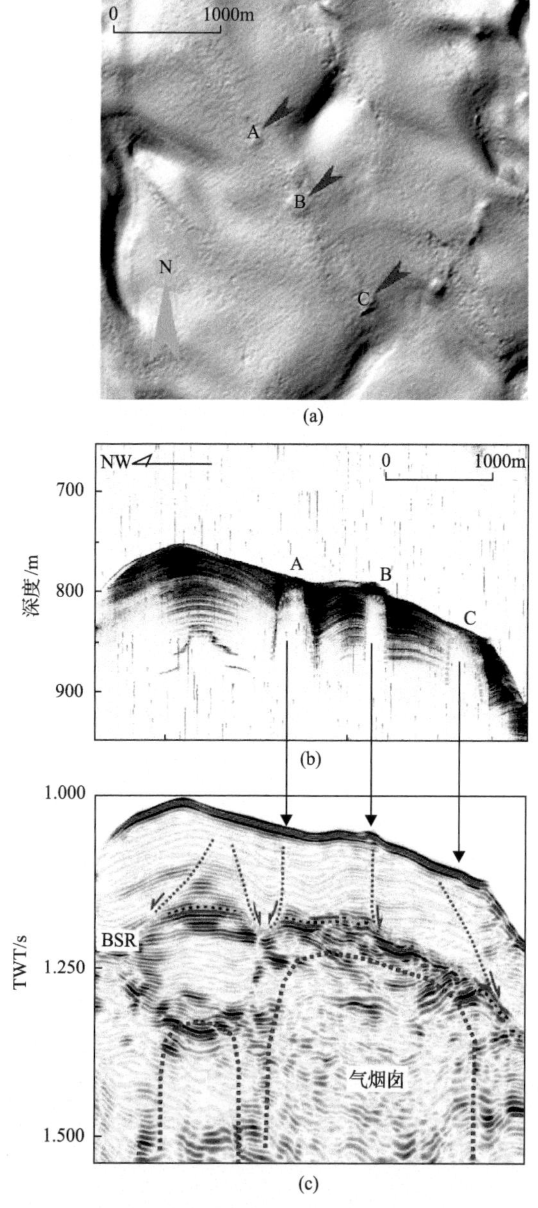


图 2-11　东沙海域钻探区的丘状体特征

(a)、(b)据梁金强等(2017)，有修改

型丘状体大致对称，直径为 180～210m，高为 5～10m，起伏相对平缓，沿北西-南东向一字排列；在浅地层剖面[图 2-11(b)]上，三个丘状体下方均存在高角度声空白；与之对应的地震剖面[图 2-11(c)]上，声空白处发育高角度小型正断层，且浅部存在 BSR，深部存在大规模的气烟囱，其间存在增强反射层。气烟囱—增强反射层—BSR—高角度小断层(声空白)等含气层反射组合，反映了由于天然气水合物的垂向阻挡，深部向上运移至含天然气水合物沉积层下方的气体侧向运移，沿小型断层向上运移的渗漏过程。在该过程中，引起浅部沉积物的膨胀，形成丘状体。

此外，该区域还发现了两座与海底渗漏有关的泥火山，均呈带状发育，发育走向与区域构造走向一致，可能代表了断裂带对泥火山发育的控制作用。其中，北部泥火山发育于上陆坡海台的顶部，高 20m，整体呈长垣状，长轴走向呈北北西向，与海台左侧陆坡海槽走向一致，泥火山沿东南走向延伸线上有链状海底丘状体发育；短轴方向(浅地层剖面穿过方向)直径达 230m，其下部有高角度直立的声空白发育(图 2-12)。南部泥火山呈北东向山脊形态，与区域构造走向一致；沿测线方向直径 150m，高约 70m，呈对称的丘状；内部缺乏地层反射结构，呈声空白反射特征；侧翼角度较陡，与原地层呈突变接触关系；由于泥火山形成时的牵引拉曳，使地层接触边界末端呈上凹的结构特征(图 2-13)。

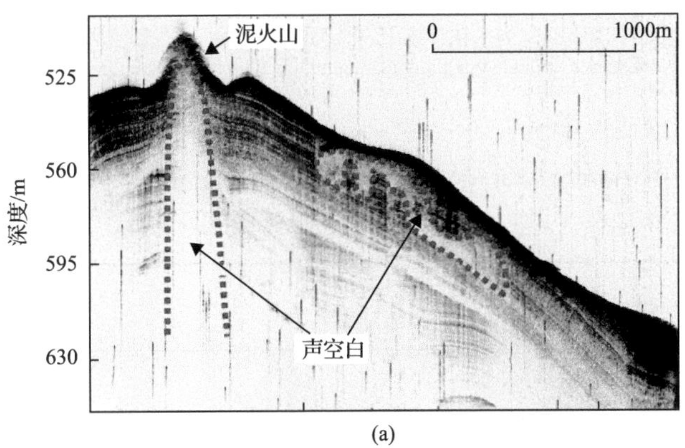


(a)

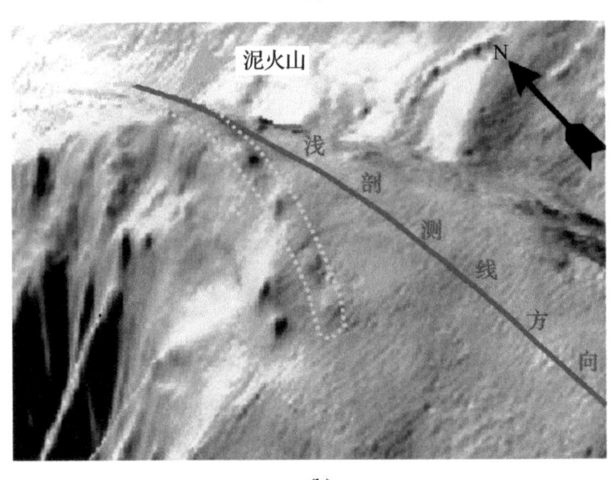


(b)

图 2-12　东沙海域冷泉区北部泥火山

(a)浅地层剖面图(据尚久靖等，2013，有修改)；(b)多波束地形图

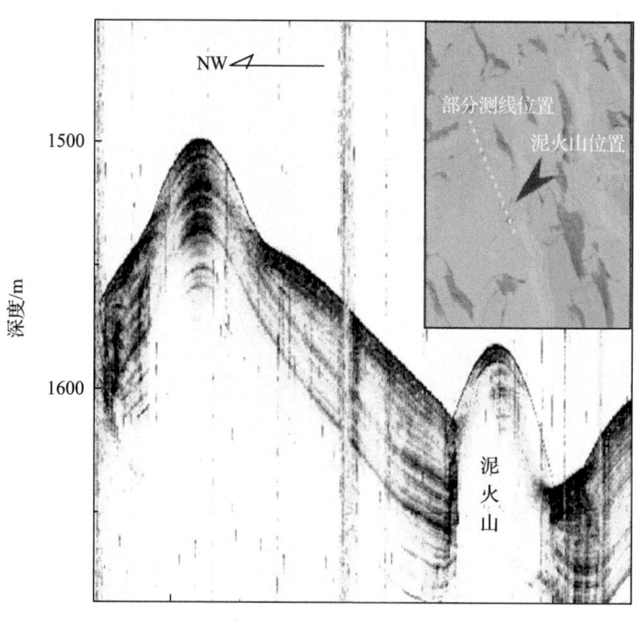


图 2-13　东沙海域冷泉区南部泥火山

东沙海域冷泉区丘状体的分布整体具有西多东少、北多南少的特征，泥火山则发育较少(图 2-14)。在冷泉区西部陆坡海台之上丘状体的发育密度最大，北部丘状体分布无明显规律，南部丘状体更多发育于陆坡深水阶地陡坎脊部，反映了局部构造高位对天然气的汇聚、渗漏具有明显的控制作用。对比研究发现，东沙海域冷泉区内绝大多数丘状体发育部位其下部都有声空白发育区，两者关系密切(图 2-15)，很可能反映了浅部地层富含天然气的地质特征。

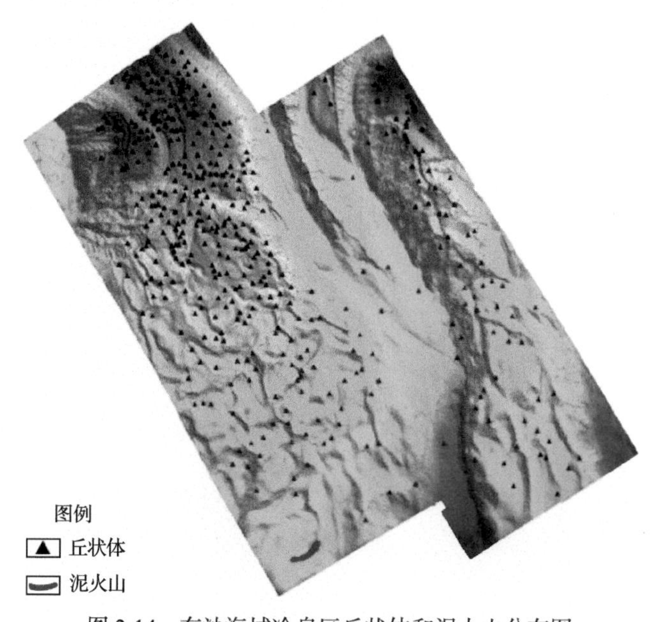


图 2-14　东沙海域冷泉区丘状体和泥火山分布图

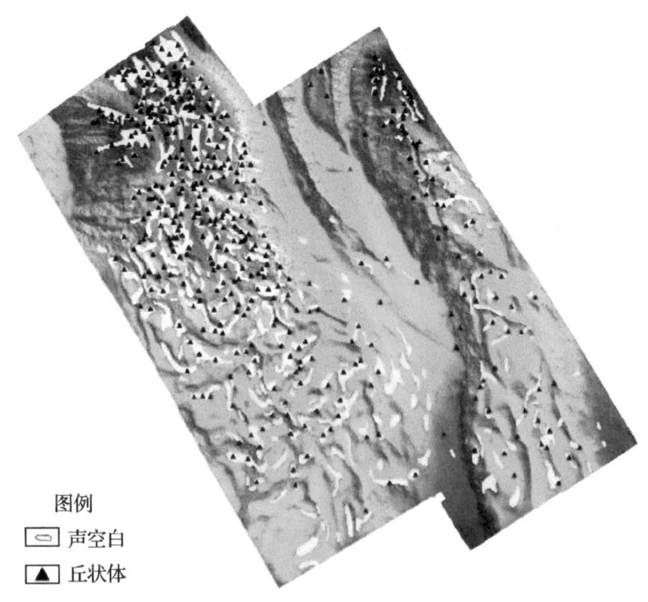


图 2-15　东沙海域冷泉区丘状体和声空白分布对比图

### 2.2.2　海马冷泉系统

海马冷泉区位于南海北部陆坡西部海域。冷泉区总体呈东西向条带状展布，面积约为 618km$^2$，其中已发现有冷泉活动的区域面积约 350km$^2$。调查区水深为 1350～1430m，地形较为平缓，呈自南西向北东逐渐变深的缓坡，缓坡倾角约为 0.2°(图 2-16)。

三维多道地震剖面显示两个 ROV 潜航调查站位(ROV1 和 ROV2)存在独特的海底地震反射(图 2-17)，总体上表现为一组平行-亚平行的中-强振幅不连续反射。气体运移渗漏特征显著，气体从深部向海底运移引起了地震剖面上的异常，形成多个气体渗漏通道，

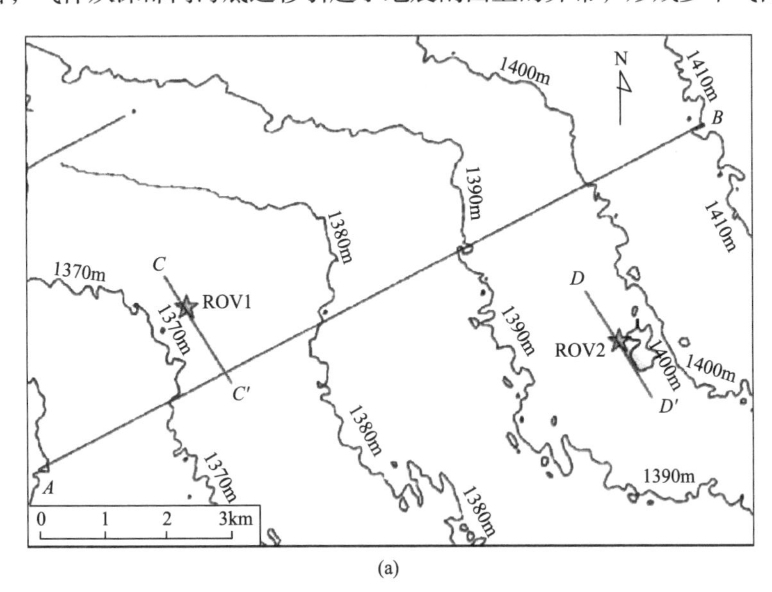


(a)

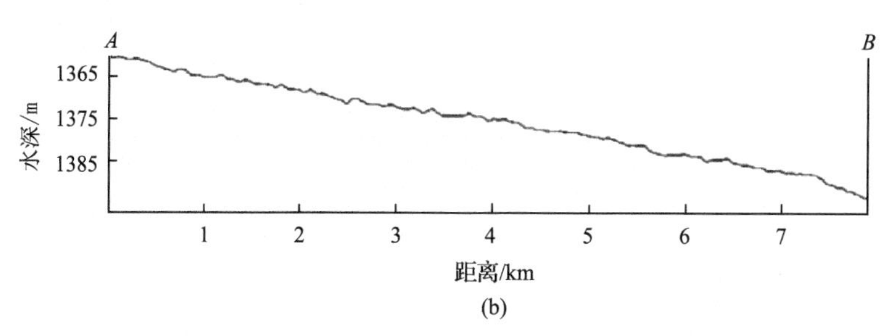


图 2-16　海马冷泉地理位置和水深图(a)及冷泉区坡度剖面图(b)(据 Liang et al., 2017)

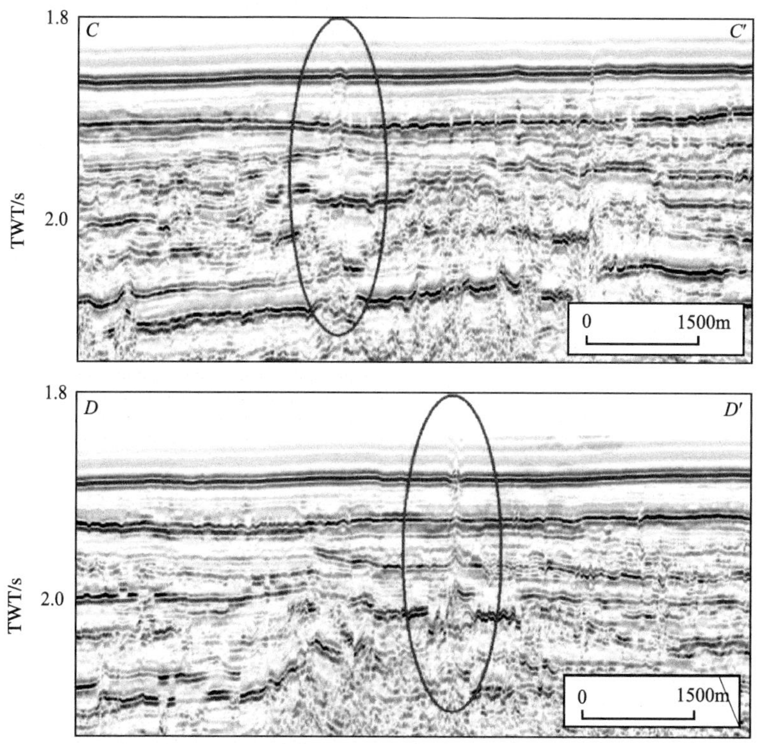


图 2-17　海马冷泉 ROV1 和 ROV2 站位海底三维地震反射特征
(剖面位置见图 2-18；据 Liang et al., 2017，有修改)

渗漏通道下部地震反射呈现杂乱模糊的特征，应该是地层含气的结果(杨力等，2018)。部分通道尚未“刺穿”至海底，能量强的渗漏通道已延伸沟通至海底，形成明显的渗漏特征并在海底可以观察到丘状体反射，原始地层中连续平行的地震反射同相轴在渗漏通道处发生变形，且在通道内部出现同相轴“上拉”现象，这些是渗漏通道内部赋存有水合物或者冷泉碳酸盐岩的重要指示标志之一。

海马冷泉区广泛发育有依赖 $CH_4$、$H_2S$ 等为能量来源的化能自养型冷泉生物，包括管状蠕虫、蛤类及贻贝等。这些生物分布受冷泉气体渗漏通量时空变化而发生演替。利用海马 ROV 调查就发现不同冷泉区冷泉生物群落发育时期不一致，冷泉生物群落与死亡壳体在空间上呈交互分布(图 2-18)，如 ROV1 站位仅观察到规模较小的活体贻贝和蛤类群落，ROV2 站位活体生物群落成片分布，两个站位大量死亡的生物壳体呈斑状或地毯式分布。

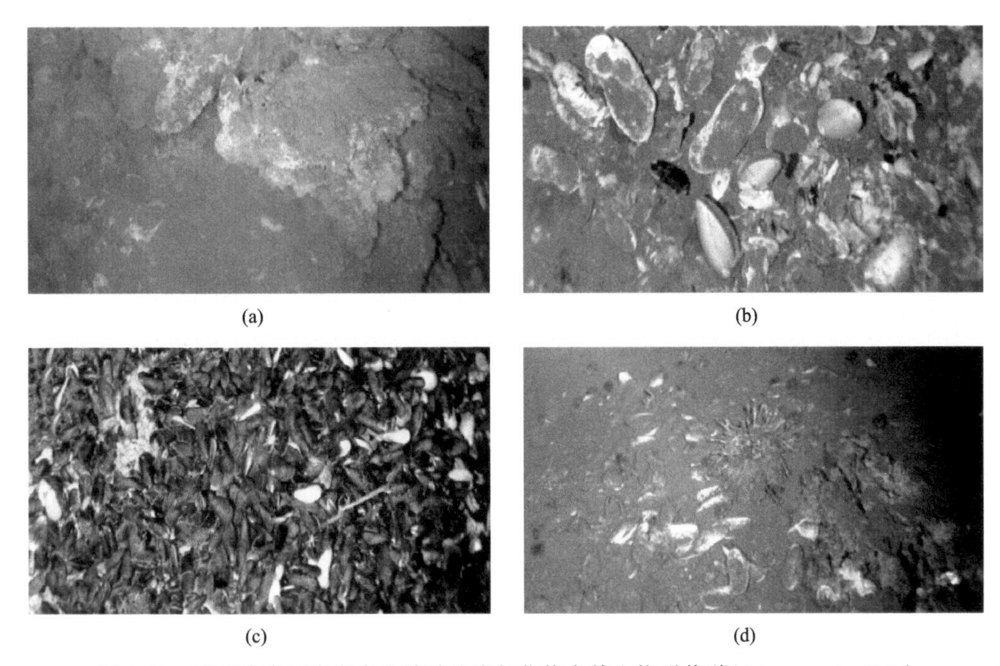

(a)　(b)　(c)　(d)

图 2-18　海马冷泉区海底自生碳酸盐岩与化能自养生物群落（据 Liang et al., 2017）

(a)冷泉碳酸盐结壳；(b)死亡的伴溢蛤壳体；(c)贻贝和双带美洲长角蛾螺；(d)管状蠕虫

# 第3章　典型冷泉区流体地球化学特征

## 3.1　概　　述

### 3.1.1　孔隙水地球化学基本原理

海洋占地球表面积的70.8%，作为各圈层物质通过构造运动回收到地壳深部之前的储存地和反应池，这使得它成为巨大的资源宝库。全球大部分大洋区域尚未经过详细勘查，据统计，仅目前勘探结果，全球陆架区含油气盆地面积就达$1500\times10^4km^2$，已发现800多个含油气盆地，1600多个油气田，石油地质储量达$1450\times10^8m^3$，天然气地质储量达$140\times10^{12}m^3$。地球上已探明石油资源的25%和最终可采储量的45%都埋藏在海底。海洋中的天然气水合物资源更加丰富。分布在海洋中的天然气水合物最大资源量为$1.61\times10^{15}m^3$，约为陆地资源量的3000倍。海洋资源是人类发展的未来，因而对海洋的研究也具有前瞻性和重大战略意义。

海洋油气-天然气水合物资源的形成，归根结底是由于巨量的沉积物堆积。海洋沉积物主要成分为碎屑颗粒、有机质和自生矿物。碎屑颗粒主要以陆源输入为主，陆壳岩石遭受低温风化或高温火山活动所释放的物质，以溶解相、微粒和气相状态通过河流、大气和冰川运输等方式进入海洋中并沉积下来，这也是沉积物中占比最大的一部分(图3-1)，

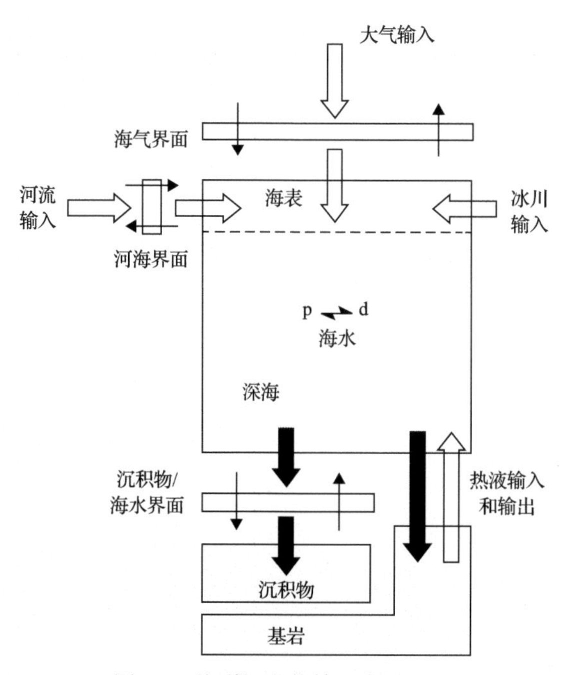


图3-1　海洋沉积物输入来源

p为颗粒物；d为溶解物

还包括一些钙质和硅质的生物碎屑。有机质来源于生物产生的新陈代谢产物或死亡的生物体，包括海洋生物直接沉降形成和经过河流搬运混杂在碎屑中一起输送的陆源有机质。自生矿物来自碎屑颗粒和海水溶解平衡再沉淀形成的次生矿物或洋底基岩（主要是玄武岩）的低温风化和扩张脊上与热液活动有关的高温水岩反应过程中，这些过程中产生的物质输入海洋中沉淀而形成自生矿物，如铁锰结核。

沉积物在海底埋藏堆积，会经历一个固结成岩的过程。也就是沉积后发生的一系列物理、化学和生物地球化学变化，使沉积物颗粒压实黏结，最终将较“软”的沉积物转化成“硬”的岩石。沉积物的埋藏成岩涉及地球各圈层的物质转化，是全球碳循环、硫循环的关键环节，并且它在成岩过程中对有机质的降解，表现出巨大的生烃潜力，因此无论从科学意义还是现实的资源需要考虑，关于这方面的研究都显得尤为重要。

孔隙水是研究沉积物成岩过程一个很好的切入点。沉积物沉降堆积在海底时，作为未固结成岩的松散堆积物，碎屑颗粒之间构成了空隙，底层海水会进入空隙中成为孔隙水（图 3-2）。作为一种流体介质，孔隙水既具有溶解性又具有流动性，因此是成岩反应的场所，同时也是物质扩散运移的载体。这种特性使孔隙水成为成岩反应过程最敏感的指示剂。

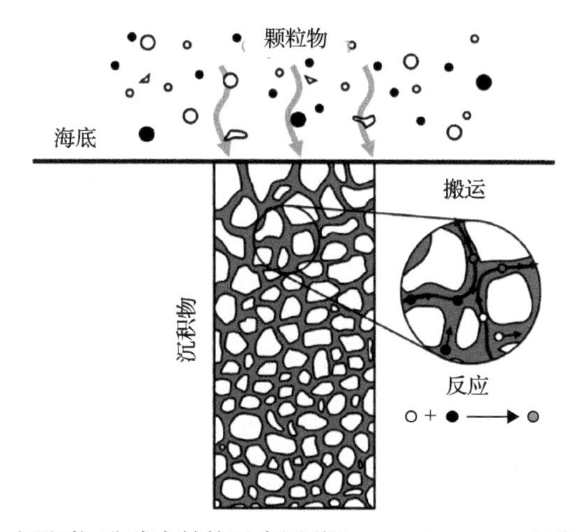


图 3-2　沉积物-孔隙水结构示意图（据 Ye et al., 2015，有修改）

对成岩过程的响应体现在孔隙水组成浓度的深度曲线上。释放物质的反应会提高反应处孔隙水某些组分的浓度，反之，发生消耗的反应则会降低某些组分的浓度。同时因为孔隙水作为流体介质的特性，存在浓度梯度就会引起扩散，使物质从高浓度向低浓度处转移。物质的反应和扩散（构造活跃区域还要考虑对流）共同塑造了孔隙水组成浓度的深度曲线。因而对孔隙水组成浓度深度曲线的解释是孔隙水地球化学研究中很重要的一部分工作。根据前人的研究，可简单地将成岩地球化学过程中的孔隙水组成浓度深度曲线概括为几种类型，如图 3-3 所示。

通过对孔隙水组成浓度深度曲线的解释，海底之下埋藏了几万年乃至几千万年的沉积物中近期发生成岩反应信息能够得以获取。成岩作用是一个复杂而漫长的过程，包含一系列物理过程和微生物地球化学反应。在成岩的早期，主要围绕着各种微生物参与下

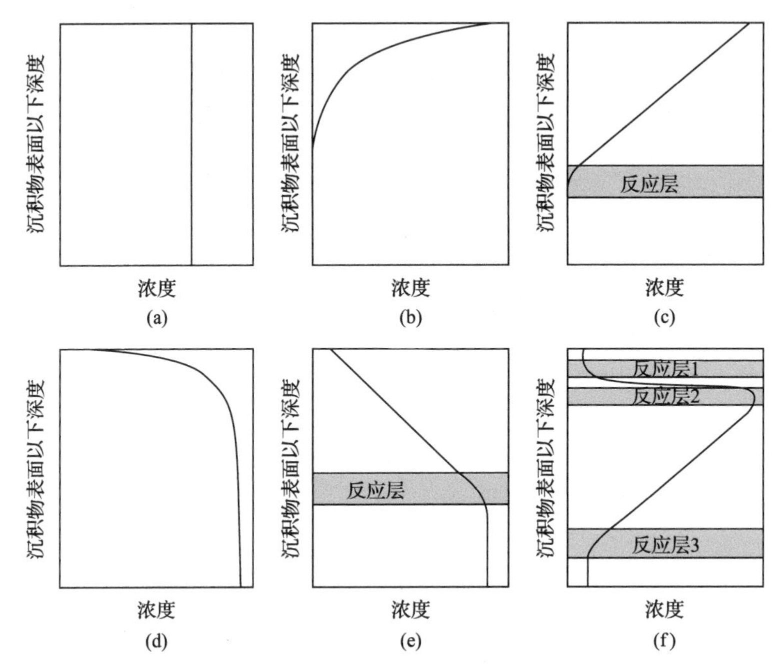


图 3-3　孔隙水组分浓度随深度的变化剖面基本类型(据 Schulz，2006，有修改)

(a)最简单的一种类型，即物质不参与地球化学过程，浓度基本保持不变，如 $Cl^-$、$Na^+$、$K^+$等。(b)某种物质被反应持续消耗，直至某一深度为零，如溶解氧曲线。(c)物质限制在某一反应层被消耗殆尽，如 AOM 占主导的硫酸根离子曲线。(d)、(e)和反应消耗的(b)、(c)相反，表示反应释放的情况，使孔隙水中的浓度升高，如总碱度。(f)表示存在释放和消耗反应的结合，如 DIC 的深度曲线，在浅表层随着有机质降解和甲烷缺氧氧化而升高，向下到达 SMTZ 因为自生碳酸盐矿物的生成而降低

对有机质的降解反应。沉积物中的有机质含量变化范围很大，从 0.01%到 10%以上。一般陆架和陆坡处半深海沉积物的有机碳含量为 0.3%～1%，少数高产率地区(如秘鲁边缘)可超过 10%。但是即使是平均含量为 0.3%的深海沉积物，有机质降解仍是主要的成岩驱动过程。因为相对于固体颗粒，有机质的反应活性高得多，并且反应持续过程很久。沉积物从表层到 0.7～1m 处，其有机碳含量从大于 9%的初始值迅速降低至不到 2%。但是直到埋藏在几百米深处的几百万年前的沉积物中仍有细菌生存并活动(Parkes et al., 1994; Wellsbury et al., 2002)。

沉积埋藏的有机质降解反应最主要的浅表层地带，根据微生物用来分解有机质的氧化剂的不同可以垂向分为氧化带、次氧化带、厌氧氧化带(硫酸盐还原带)和甲烷生成带(图 3-4)。不同区带生存着不同的微生物群落，利用不同的氧化剂分解有机质以获取能量维持生命活动。不同微生物参与下的有机质降解反应，消耗和释放的物质各不相同，在孔隙水组分浓度的深度曲线中得到了很好的反映。

这种区带的形成是由于使用不同氧化剂分解有机质获得的能量不同(图 3-5)。分解等量有机质获取得到更多能量的微生物在竞争中占据更有利的地位。因而在氧化带中的微生物优先使用孔隙水中的溶解氧来分解有机质，使用其他氧化剂分解有机质的微生物在竞争中被打败或极度萎缩。溶解氧被消耗殆尽后，次氧化带的硝酸根和锰铁物质则顺次成为候选的最优氧化剂，在更高级氧化剂被消耗完后依次主导有机质的分解。值得指出

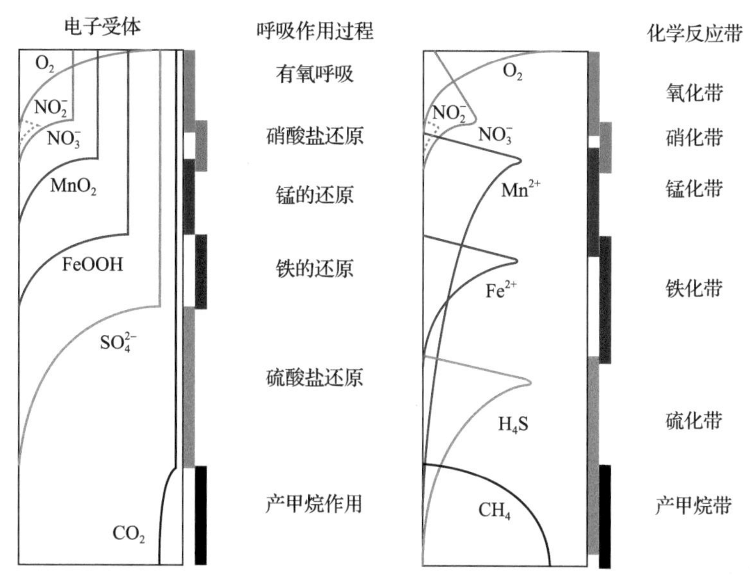


图 3-4　海洋沉积物中各种氧化还原反应及化学反应带分布示意图
（据 Canfield and Thamdrup, 2009，有修改）
注意各个反应带之间有可能重叠，且它们的深度分布不代表真实的深度

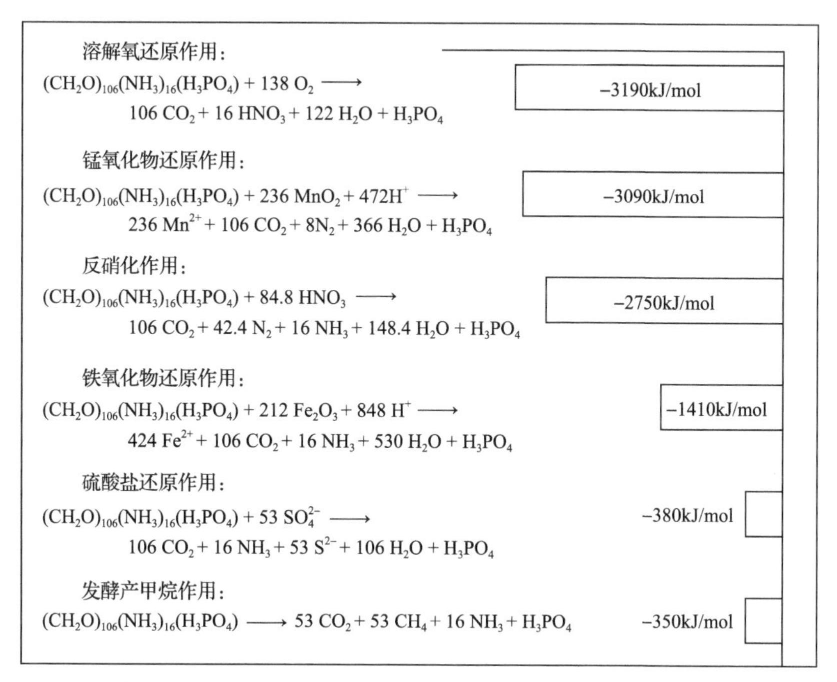


图 3-5　不同氧化剂分解有机质获得不同的能量（据 Froelich et al., 1979，有修改）

的是，次氧化带中的这些氧化剂虽然优先度高于孔隙水中的硫酸根，但是由于它们在沉积物中的供给比较受限制，因此重要性远不如硫酸盐还原带。海水中硫酸盐的浓度为29mmol/L（2.71g/kg），仅次于氯化物。因此海水-沉积物接触面之上的底水对下伏沉积物源源不断地供给使得硫酸盐还原成为有机质氧化降解的主要方式（Henrichs and Reeburgh,

1987)。在海底以下更深处的沉积物，当硫酸盐都被消耗殆尽时，有机质直接被降解为甲烷和二氧化碳。

关于各个区带的形成，可以看出，有机质供给的多少影响到各个区带的赋存深度。如有机质沉积量大，孔隙水中的溶解氧迅速被消耗，则硫酸盐还原带出现的深度就很浅，含氧带区间被挤压。反之，含氧带就会拉长，导致硫酸盐还原带赋存深度变大。值得注意的是，有机质沉积量只是其中一个影响因素，有机质的活性和沉积物沉积速率也会影响反应区带的深浅。例如，沉积物沉积速率大的区域，因为沉积物快速堆积妨碍了溶解氧的扩散补给，较薄的溶解氧透入层使得氧化带厚度缩减，同样导致了硫酸盐还原带出现深度变浅的现象。

全球范围内，陆架陆坡等近岸区域沉积速率一般较高，并且高生产率区域也集中于此，有机质供给量大。而深海平原等离岸较远的区域，水深较大，沉积速率慢，有机质供给量小。因此，从陆架陆坡到深海，氧化带厚度总体呈现逐渐增大的趋势，硫酸盐还原带出现的深度逐渐变深。这种基于有机质降解量的变化趋势，潜在地表明了相应的生油生气潜力及烃类天然气向上运移通量。而相应的变化在孔隙水组分浓度的深度曲线中都得到了充分的体现。因此可以通过孔隙水的直接采样研究，对海洋天然气通量进行定量勘查和预测。

### 3.1.2 冷泉系统孔隙水地球化学异常识别体系

我国海域的冷泉调查研究来源于天然气水合物资源勘查。天然气水合物是分布于深海沉积物或陆域的永久冻土中，由天然气与水在低温高压条件下形成的类冰状的结晶物质，俗称“可燃冰”。根据天然气水合物的产出条件，海洋环境水合物可以分为两类：扩散系统水合物和渗漏系统水合物(Chen et al., 2006)。扩散系统水合物分布广泛，在水合物稳定带内是水-水合物两相共存的热力学平衡体系，游离气仅发育于稳定带之下，在地震剖面上发育有指示水合物底界的强反射面(BSR)。该类水合物含量低，埋藏深。除温度和压力外，水合物的沉淀受甲烷溶解度和扩散速度的控制，并与气体组分、孔隙水盐度、天然气供应和有机碳转化等有关。渗漏系统与断层等通道相伴生，水合物发育于渗漏系统整个水合物稳定带，是水-水合物-游离气三相共存的热力学非平衡体系，水合物的沉淀受动力学控制。该类水合物含量高，埋藏浅，但一般不发育BSR。而且，天然气渗漏活动会在海底附近形成冷泉系统，形成包括孔隙水地球化学异常在内的一系列异常(Chen et al., 2006)。因此，通过孔隙水地球化学异常指标的研究，可以解译某一区域沉积物早期成岩作用的特征，从而限定烃类天然气通量大小，预测水合物的赋存可能性、赋存区域及资源量。

海底沉积物中的天然气水合物是在甲烷浓度饱和、高压低温的环境，由甲烷和水聚合而成。它的形成是一个物理过程，而达到其形成的一些必要条件，如甲烷浓度，是一些化学反应过程的结果。因此，我们将其形成时的物理过程直接引起的孔隙水的组分变化称为直接指标，而将与其形成的必要条件相关的化学反应引起的孔隙水的组分的变化称为间接指标。

在海洋学中，海水的主要成分按照化学分类有保守元素和非保守元素两大类，该分类的主要原则除了其组分含量多少之外就是是否容易受到化学过程的影响。根据海水的这一分类原则，我们也将孔隙水进行类似分类，即孔隙水的保守元素和非保守元素（表 3-1）。由此可见，氢（H）、氧（O）、氯（Cl）、钾（K）、钠（Na）等元素主要受到物理过程的影响，在划为孔隙水的保守元素同时，也是指示水合物的直接指标，因为其直接受到水合物形成的物理过程的影响。而硫酸根离子（$SO_4^{2-}$）、溶解无机碳（DIC）、总碱度（TA）、钙离子（$Ca^{2+}$）、镁离子（$Mg^{2+}$）、钡离子（$Ba^{2+}$）、碘（I）等主要受到化学过程的影响，同时这些化学过程与甲烷浓度有关，或是能间接反应甲烷浓度，因此既是非保守元素，也是指示水合物的间接指标。

表 3-1　保守元素与非保守元素比较

| 保守元素 | 非保守元素 |
| --- | --- |
| 溶解元素的含量在垂向上基本无明显变化 | 垂向上含量存在明显差异 |
| 停留时间长 | 含量差异受输入改变或反应引起，如生物摄取、水热输入等 |
| 几乎不参与化学或生物过程，其空间和时间分布主要受物理过程控制 | 除受物理过程控制外，还参与化学过程、生物过程或地球化学过程 |

1. 直接指标

天然气水合物俗称“可燃冰”，表明了它与水冰的相似性，同样包含了水结成冰的过程。因此也继承了海水结冰排盐的特点（Hesse, 2003）。在温压条件适合的深度，富甲烷的沉积物孔隙水中开始了水合物的形成。与海水结冰类似的，淡水从孔隙水中结冰析出，使残余的孔隙水中盐度富集，这就是所谓的排盐效应。

Cl、Na、K 等元素是保守元素，孔隙水中其浓度在经历一系列成岩化学变化后仍基本保持初始状态，基本与海水相当，因此水合物形成时的排盐效应造成的浓度富集很容易在其深度曲线上反映出来。这也是其作为直接指标的意义所在。在 ODP204 航次 1249、1250 站位，郁陵盆地（Ulleung Basin）的 UBGH2-3、UBGH2-7 及 UBGH2-11 等站位浅表层水合物区均发现了高盐度的样品，氯离子含量可高达 1200mmol/L 以上（Torres et al., 2004, 2011）。

水合物的形成会引起孔隙水中盐度的增加，反之，水合物的分解造成了盐度的降低。水合物通常形成于有机质量大、沉积速率高的陆源沉积物中。在这种沉积物中，有机质对氧的消耗快，因此硫酸盐还原带较浅，在其之下的水合物形成区也就距沉积物-水界面不远。较浅深度的沉积物，海底之下几米或者十几米，孔隙度一般较高，通常为 80%左右。而在水合物带的底部，也就是水合物分解的深度，比如说海底之下 400m 左右，沉积物孔隙度由于埋藏压实等作用通常减少到 40%。因此即使孔隙水盐度在先前的排盐效应下得到增加，水合物分解释放的淡水与此刻孔隙体积减半后的孔隙水重新混合后仍将会降低其盐度（Hesse, 2003）。如 ODP Leg 164 布莱克海台 997 站位，氯离子浓度在海底之下 430m 处降至 488mmol/L（Egeberg and Dickens, 1999）。

通常，氯等保守元素出现浓度的富集指示水合物的形成，反之则说明水合物的分解。然而实际情况要复杂得多。水合物形成时排盐效应导致盐度的富集程度要小于预期，可能由于一般较低的水合物生成速率以及充分的扩散，甚至很多情况下无法分辨。而且发现的浅部海底水合物区的高氯度主要不是由于水合物形成导致的，而大多是由于底部卤水的对流，如布莱克海台 ODP 996 站位(Egeberg, 2000)或是东地中海米兰穹顶 ODP 970A 和 ODP 970B 站位(de Lange and Brumsack, 1998)。在俄勒冈州的水合物海岭处，由于大量的甲烷对流而导致近水合物在海底生成，因此其排盐效应显著，氯离子浓度升高至约 1000mmol/L(Torres et al., 2004)。

水合物分解引起的盐度稀释效应相较要明显得多，但是也有相关的干扰因素。除了水合物的分解，还有许多因素也会导致类似的稀释结果，如大气水的混合(Manheim, 1967)，低海平面时淡水的埋藏(Manheim and Chan, 1974; Manheim and Schug, 1978)，还有黏土矿物的脱水等。

但是相较于前者，氯度的负漂仍是一个相对有意义的指标。因为这些干扰因素都可以通过耦合的氧同位素值异常进行排除。与氯度的升高和降低一样，氧同位素值也受到水合物形成和分解的影响。不同的是，在水合物结晶时，重氧倾向于进入固相中，因此水合物的形成会导致残余孔隙水氧同位素值的降低。类似地，水合物分解时会释放出重氧引起孔隙水氧同位素值的升高。因此，与氯度降低耦合的氧同位素值的升高是最有力的水合物存在分解的证据。因为，大气水的混合或是淡水上涌的稀释都会同步造成氧同位素值的降低而不是升高。而黏土矿物的脱水虽然也会引起氧同位素值的升高，但它脱水反应发生的温度(>50℃)要高于水合物分解，后者在 50℃以下。并且，如蒙脱石的去风化过程不仅导致 $^{18}O$ 的富集，同时也伴随着 D 的亏损(Yeh, 1980)，这也明显与水合物分解相区别。因此综合而言，比较好的能够勘测水合物存在的直接指标是氯度的降低与氧同位素值的同步升高。

2. 间接指标

虽然直接指标是指示水合物存在的最强有力的证据，但是海底环境复杂多变，往往会导致直接指标的缺失或反向干扰。例如，沉积物中的火山灰在形成黏土矿物的过程中会使氧同位素值降低(Perry et al., 1976)，从而掩盖了水合物分解造成的氧同位素值。还有上述所说的一些干扰和影响，都使直接指标的使用受到限制。因此要用综合间接指标来佐证，使得勘查预测结果更可信。

与天然气水合物有关的间接指标有 $SO_4^{2-}$、DIC、TA、$Ca^{2+}$、$Mg^{2+}$、$Ba^{2+}$、I 浓度等。这些非保守元素的浓度都与早期成岩过程中有机质的降解反应直接或间接相关，利用它们可以表征出底部甲烷通量和区域生气潜力，从而判断是否利于水合物是生成。

1)硫酸盐还原相关异常

硫酸盐还原是早期成岩中最引人注目的反应过程，尤其是在水合物相关的化学勘探领域。早期成岩过程中有机质的氧化是重点，而硫酸盐还原则是一系列有机质氧化中的重点。有机质在沉积埋藏中被氧化的过程垂向主要分为了四个区带，如上所述。氧化带和次氧化带限于供给、浓度和反应活性等原因，区带较浅，意义较小，尤其是与水合物相关的陆架陆坡区域，硫酸盐还原的占比和意义相较而言要重要得多。四个区带中微生物地球化学反应基本都受硫酸盐还原带的影响，产生后续很多的反应(图 3-6)。

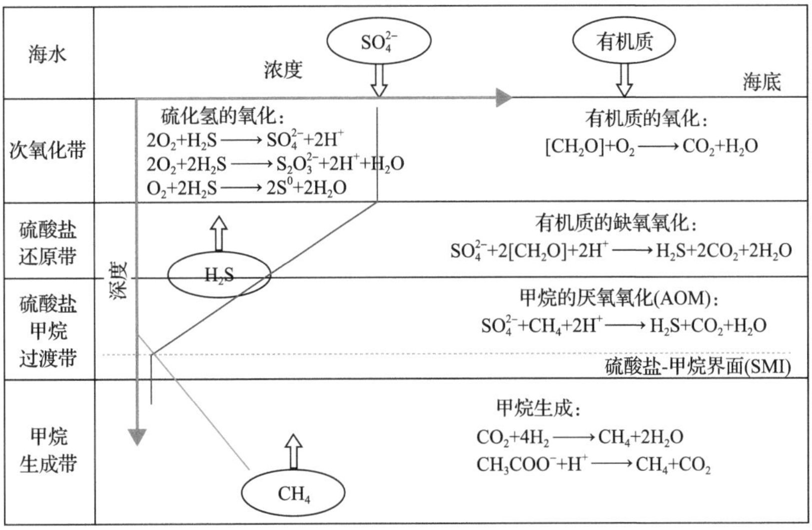

图 3-6　海底微生物地球化学活动(据 Rodriguez et al., 2000，有修改)

海洋沉积物中普遍存在孔隙水硫酸根在微生物氧化分解有机质以获取能量的过程中被消耗的现象，同时产生溶解无机碳和硫化氢，这个过程简称为有机质硫酸盐还原(OSR)，其化学反应式为 $2[CH_2O] + SO_4^{2-} \longrightarrow 2HCO_3^- + H_2S$。在有机质产量较低，沉积速率较小的区域，OSR 过程为主要消耗硫酸盐的反应。但在一些高生产率，高沉积率区域，如天然气水合物赋存区，未被耗尽的有机质在硫酸盐还原带下方发酵生成甲烷，产生的甲烷上涌进入上方的硫酸盐还原带中，在甲烷厌氧氧化古菌和硫酸盐还原菌的共同作用下，取代了部分有机质去消耗硫酸盐：$CH_4 + SO_4^{2-} \longrightarrow HCO_3^- + HS^- + H_2O$。这个过程称为厌氧甲烷氧化(anaerobic oxidation of methane , AOM)。硫酸盐与甲烷反应消耗的区带称为硫酸盐-甲烷转换带(sulfate-methane transition zone, SMTZ)，而转换带中硫酸盐与甲烷共同消耗殆尽的界面称为硫酸盐-甲烷界面(sulfate- methane interface, SMI)。随着下方上涌的甲烷通量的增加，那么将会使 SMTZ 上移，因此，SMTZ 的深浅，某种意义上指示了下方甲烷通量的大小。甲烷通量越大，则越有利于天然气水合物的形成。

在利用 SMTZ 这个指标时，首先要考虑区分的是硫酸盐的还原是通过 OSR 还是 AOM 过程。只有确定是 AOM 占主导时，SMTZ 的辅助佐证才是有意义的。理论上，AOM 主导和 OSR 主导的硫酸盐深度曲线比较容易区分。因为在 AOM 强烈时，上部硫酸盐全部或大部分用于供给 SMTZ 区域中的甲烷氧化而基本不再用于有机质的氧化，使 SMTZ 以上的硫酸盐曲线被拉直成线性下降的一条，而 OSR 占主导的硫酸盐深度曲线则是一条上凸曲线(图 3-7)，并且，在有 AOM 强烈参与下，硫酸盐还原的速率大大增加，导致硫酸盐深度曲线的斜率相比较而言会陡峭得多。

然而，这只是一种粗略的判断，实际采样测得的各种各样的曲线未必能很好地符合。而且在某些近岸区域，有机质活性较强，单纯的 OSR 过程同样会导致陡峭的硫酸盐还原斜率，甚至比某些上涌甲烷较少的水合物赋存区更大也不足为奇。因此，我们采用化学计量法进行综合判断，以获得更明确的指示意义(图 3-8)。由于 AOM 和 OSR 反应还原相同的硫酸根数量所产生的 DIC 的含量是不同的，因此可以通过深度曲线得到的反应消耗的硫酸根和生成的 DIC 的比值来进行判断(Yang et al., 2008)。但是，在运用这一方法时，要注意自生碳酸盐沉淀的影响。在浅表层，DIC 释放浓度较高时，会沉淀形成自生碳酸盐矿物，从而带走部分反应出的 DIC。因此，在计算时，要将沉淀带走的那部分 DIC 加入公式。

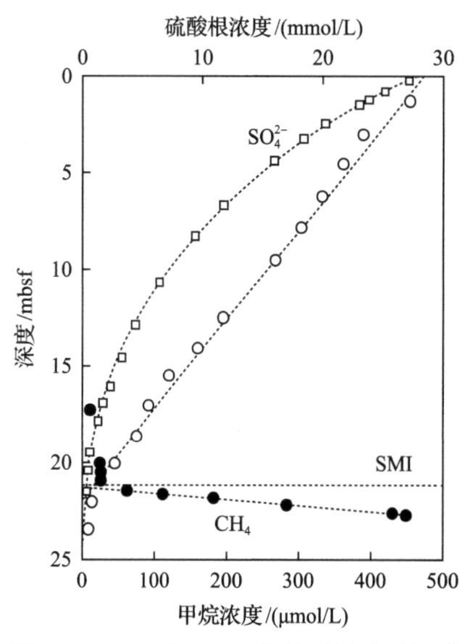


图 3-7 OSR 和 AOM 主导下的硫酸盐浓度变化曲线(据 Borowski et al., 2000，有修改)

mbsf 表示海底以下深度，单位：m

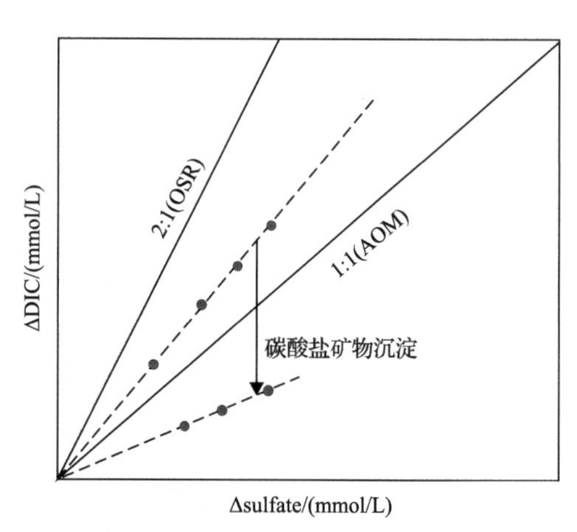


图 3-8 底层海水与孔隙水样品中硫酸根浓度差值与 DIC 浓度差值的相关性

Δ sulfate 为底层海水硫酸根浓度(现代海洋中该值为 28.9mmol/L)与孔隙水样品的硫酸根浓度的差值

另一个可以辅助判断的工具就是 DIC 的碳同位素。上涌的甲烷是在产甲烷古菌参与下形成的，最终形成的甲烷由于同位素分馏具有极负的碳同位素值(–77‰～–65‰)(Milkov, 2005)。因此 AOM 过程产生的 DIC 也继承了母体甲烷的碳同位素值，这种情况广泛存在于很多水合物赋存区，如布莱克海台 997 站位，最低值达–37.7‰(Rodriguez et al., 2000)。可以发现，DIC 的碳同位素值虽然偏负，但远没有上涌甲烷那么负。说明 DIC 是多端元混合的结果，如 OSR 和 AOM 的混合，值得注意的是，产甲烷区与甲烷同时产生的富重碳同位素的 DIC 的上涌，不仅降低了混合 DIC 碳同位素值偏负的趋势，还会使 DIC 浓度升高，如墨西哥湾的 1244 站位(Chatterjee et al., 2011)，DIC 最高值达到 64mmol/L。而且来自产甲烷区的 DIC 上涌的情况下，DIC 的深度曲线表现出不一般的特征，在 SMTZ 之下仍有略微增大的趋势(图 3-9；Chatterjee et al., 2011)。

综合以上的判断，在 AOM 占主导的基础上，我们就可以将硫酸盐的还原通量和甲烷的上涌通量联系起来，间接指示水合物赋存的可能性。

2)溴、碘异常

溴、碘与氯同属于卤素，但是生物地球化学性质却各不相同。氯比较稳定，不参与生物地球化学作用，浓度的变化只受到物理变化的影响，如水合物的形成分解造成的浓

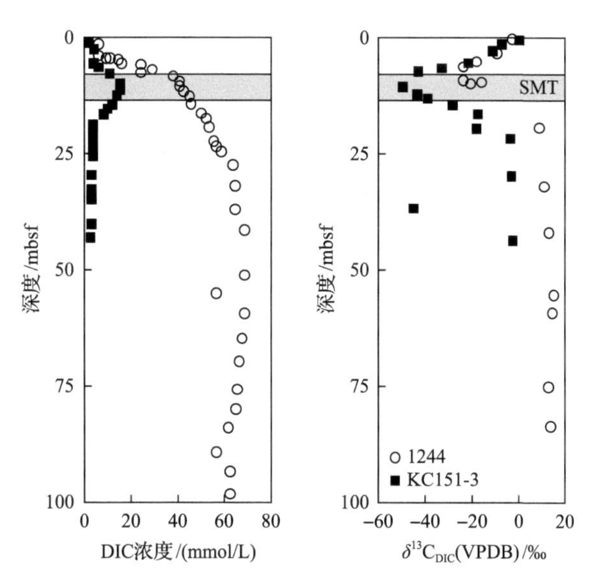


图 3-9　富甲烷区典型的 DIC 浓度及碳同位素值随深度变化剖面(据 Chatterjee et al., 2011，有修改)

缩、稀释，因此可以作为直接指标。而碘具有很强的亲生物性，在海洋浮游植物和藻类中都有富集。在有机质的降解释放过程中也增加了孔隙水中的碘浓度，因此可以作为间接指标指示区域沉积物的有机质含量和分解速率。溴介于碘和氯之间，趋势大致与碘一致。

对水合物赋存区的研究，都有显示沉积物孔隙水中碘浓度随深度升高的现象。如日本南海海槽，溴、碘浓度都有随深度而增加的现象，尤其是碘的变化极为明显(Egeberg and Dickens, 1999; Fehn et al., 2006; Tomaru et al., 2007)。在水合物海岭 ODP Leg 204 所有九个站位采集的 256 个孔隙水样的分析中，都发现了碘随深度的增加而富集，从接近于海水的 0.0004mmol/L 升高到大于 0.5mmol/L。相比碘，溴的富集程度虽然只有 4～8 倍，但也表现出了相似的趋势(Fehn et al., 2006)。

在我国海域的水合物调查中也发现了溴、碘离子浓度的高异常。杨涛等(2006)在对西沙海槽 XS-01 站位沉积物孔隙水的研究过程中发现，该站位 Br/Cl 比值呈现出随深度的增加而增加的趋势。在已发现水合物的神狐海域溴、碘的高异常更加明显，经计算两个站位的碘通量都高于布莱克海台 997 站位，说明所在区域具有异常高的有机质含量以及深部有大量碘随着有机质的分解被释放而进入孔隙流体中，这些有机质的降解为该区域天然气水合物的形成提供了充足的气源(杨涛等，2009)(图 3-10)。

Fehn 等(2006)对 ODP Leg 204 水合物脊的沉积物孔隙水做了碘同位素的研究，根据 $^{129}I$ 的同位素定年，发现形成水合物的甲烷气及造成高异常的碘大部分可能来自东部 40km 处的始新世海洋沉积物。高碘异常和水合物赋存区的高气源关系密切，虽然不能确定区域的高碘异常一定是由原位大量有机质沉积分解引起的，但对水合物勘探的指示意义并没有影响。

3) 营养盐异常

在早期成岩过程中，氨和磷酸根离子浓度都是随着有机质的降解释放而升高。因此也可以作为区域生气潜力很好的辅助判断指标。如图 3-11 所示，有机质在微生物的降解

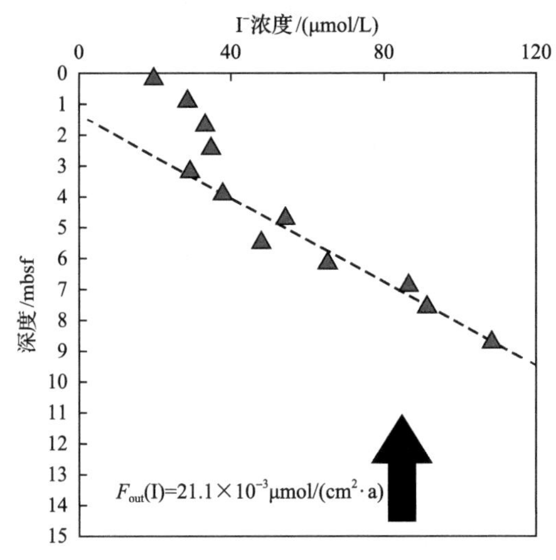


图 3-10　神狐海域 HS217 站位孔隙水碘通量异常（据杨涛等，2009）

$F_{out}$(I) 为碘扩散通量

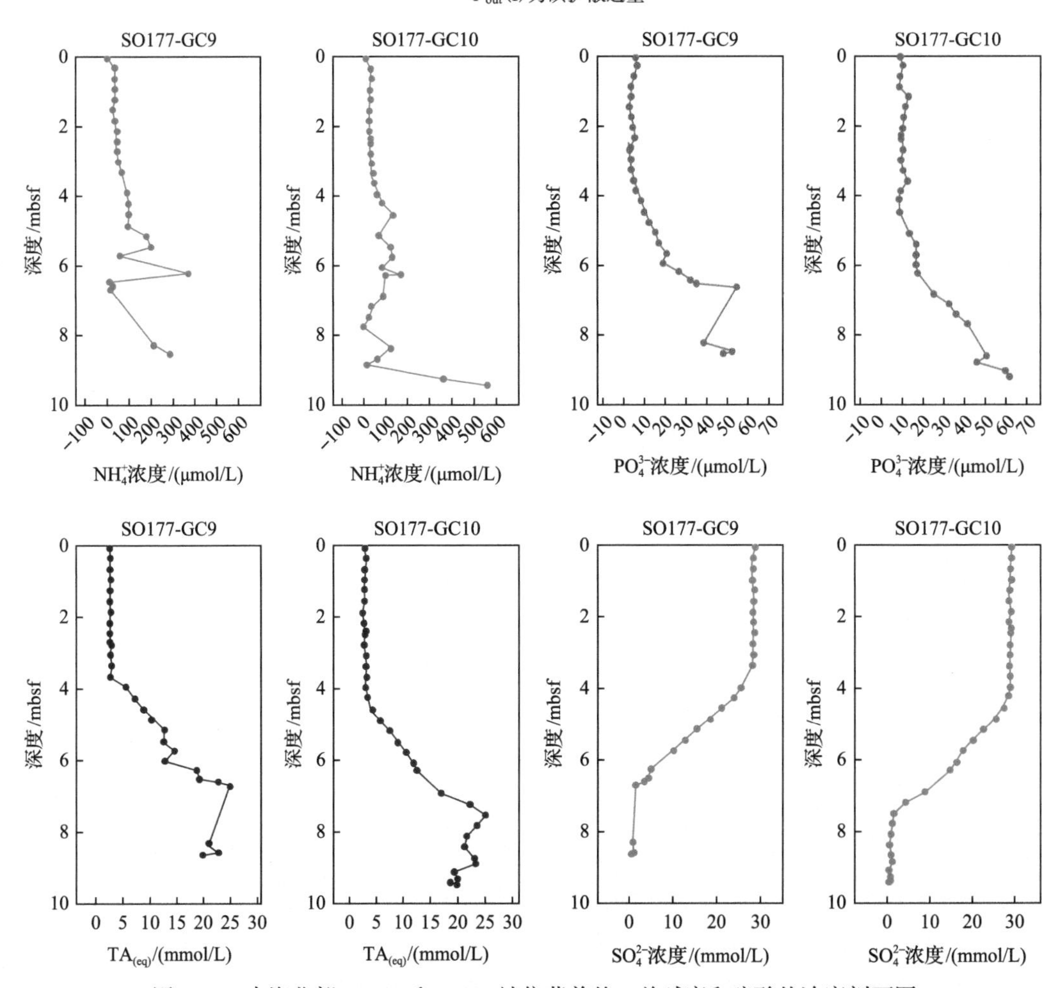


图 3-11　南海北部 GC-10 和 GC-9 站位营养盐、总碱度和硫酸盐浓度剖面图

下会分解出氨根和磷酸根，随着深度的增加，孔隙水中的氨根和磷酸根浓度增加，这种上升趋势与硫酸盐的下降趋势相一致，与总碱度的增加趋势也相吻合。中德航次的研究成果表明，在孔隙水具有高氨根和磷酸根离子浓度特征的站位，其沉积物中游离甲烷的浓度也都表现出随深度增加而迅速增高的趋势(黄永样等，2008)，这也充分说明了氨和磷酸根作为区域生气潜力判断指标的一定可靠性。

4) Ca、Mg、Sr、Ba 异常

Ca、Mg、Sr、Ba 与营养盐等直接受有机质降解影响的物质不同，这些阳离子浓度在早期成岩过程中也随深度的变化而变化，但是这种变化是由于硫酸盐和 DIC 等浓度变化引起的。在浅表层沉积物中，强烈的 AOM 反应会使 DIC 浓度急剧增加，因此会引发自生碳酸盐的沉淀，使孔隙水中 Ca、Ma、Sr 离子浓度下降(图 3-12)。这种下降的趋势基本与硫酸盐矿物和 DIC 的趋势相吻合，因此可以用来辅助判断 AOM。

在布莱克海台 ODP 994 站位、ODP 995 站位、ODP 997 站位，前人做了详细的自生碳酸盐矿物研究。研究表明，三个站位的 SMTZ 界面深度分别为 21.4m、21.6m、22.8m(Dickens, 2001)，这三个站位顶部 20m 基本以生物来源方解石为主，未表现出成岩叠加的证据，而从 20m 开始，即 SMTZ 界面附近，开始大量出现自生碳酸盐沉淀，并具有亏损 $^{13}C$ 的同位素特征(图 3-12)，说明是来自甲烷 AOM 产生的 DIC 沉淀形成。这充分表明了 AOM 过程对浅表层自生碳酸盐矿物沉淀的影响。

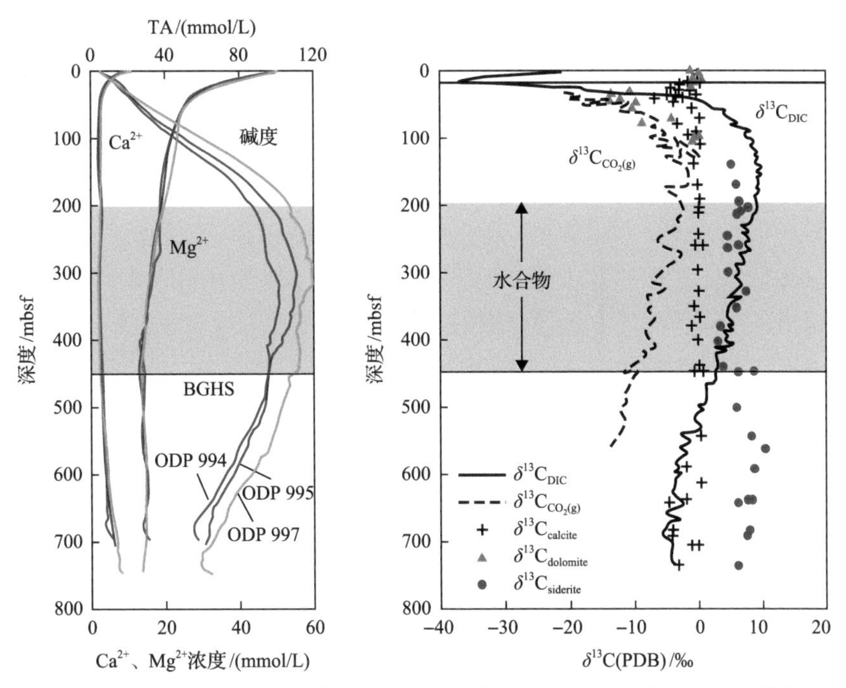


图 3-12　布莱克海台 ODP 994 站位、ODP 995 站位与 ODP 997 站位贯穿水合物稳定带的孔隙水离子浓度及沉积物碳同位素值剖面(据 Rodriguez et al., 2000，有修改)

Ba 的浓度变化与 Ca、Mg、Sr 相反。海洋沉积物中的钡以铝硅酸盐和离散的重晶石的微晶形式存在(Dymond et al., 1992; Gingele and Dahmke, 1994)。而铝硅酸盐中的钡通常是固定不变的，只有重晶石中的钡对孔隙水中的硫酸盐浓度波动很敏感(Dymond et al., 1992; Torres et al., 1996)。海洋深水中钡的溶解度很低，因此，甚至在硫酸盐浓度较低的沉积物孔隙水中，大多数的钡仍存在于重晶石中，只有少部分的钡溶解(McManus et al., 1998)。然而，当孔隙水中的硫酸根消耗殆尽时，钡的溶解度极大地增加，溶解的钡浓度增加几个数量级(Brumsack and Gieskes, 1983; von Breymann et al., 1990, 1992)。也就是说在SMTZ界面处，即硫酸盐浓度为零时，沉积物中的重晶石部分溶解，孔隙水中钡浓度开始极速升高。溶解的钡向上扩散至硫酸盐还原带，重新以重晶石的形式沉淀。因此在SMTZ之上某一点会存在一个钡峰，此处的沉积物重晶石浓度出现极大值。开始增加的孔隙水的钡浓度，以及沉积物中的钡峰，两者共同佐证了SMTZ界面的位置(图3-13)。

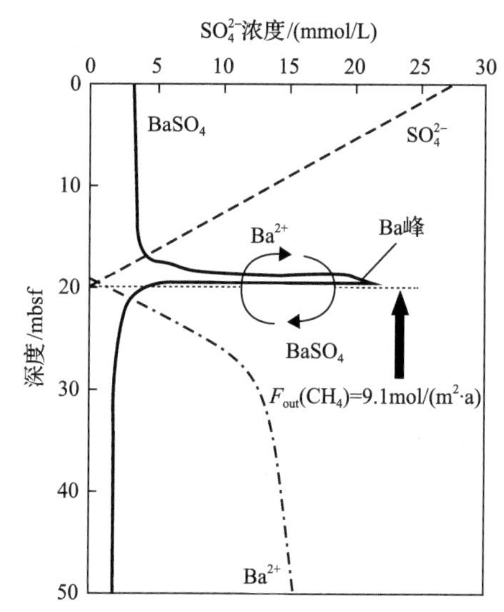


图3-13 硫酸盐-甲烷转换带上方的钡峰
(据Dickens, 2001，有修改)
$F_{out}$为溶解甲烷扩散通量

5)其他微量元素异常

在一般的大洋沉积物中，Li主要被吸附在沉积物中，因此相对于海水而言，孔隙水中Li含量降低。然而对大洋钻探ODP169航次的1037钻孔研究表明，孔隙水的Li含量不是降低而是增高(James and Palmer, 2000)。研究证明，这一过程与水-沉积物交换反应中有机质释放出来的大量$NH_4^+$有关，大量的Li伴随着$NH_4^+$离子交换反应从沉积物中解吸附出来进入孔隙水。在该钻孔450m以下已实际观测到大量甲烷存在。这个特征可以称为示踪有机质作用和天然气水合物存在的灵敏指示剂。

与Li一样，黏土矿物对硼的吸附能力很强，在大洋沉积物中，由于B被吸附使沉积物孔隙水中B含量低于海水正常值(约4.5ppm①)，且随着深度增加B含量降低(You et al., 1995)。但在有天然气水合物的海区，实际情况正好相反。例如，墨西哥湾沉积盆地中，随深度增加，地层中建造水的硼含量从20ppm升至300ppm左右，这种趋势与有机质的影响和天然气的形成过程相关(Williams et al., 2001)。

综上所述，H、O、Cl、K、Na等元素主要受物理过程的影响，在划为孔隙水的保守元素同时，也是指示水合物的直接指标，其地球化学特征直接受水合物形成的物理过程的影响。而$SO_4^{2-}$、DIC、TA、$Ca^{2+}$、$Mg^{2+}$、$Ba^{2+}$、$I^-$含量等主要受化学过程的影响，同时这些化学过程与甲烷浓度有关，或是能间接反映甲烷浓度，因此既是非保守元素，也

① ppm表示百万分之一，即1ppm=1×$10^{-6}$，如用于表示组分质量，1ppm=1μg/g。

是指示水合物的间接指标(图 3-14)。

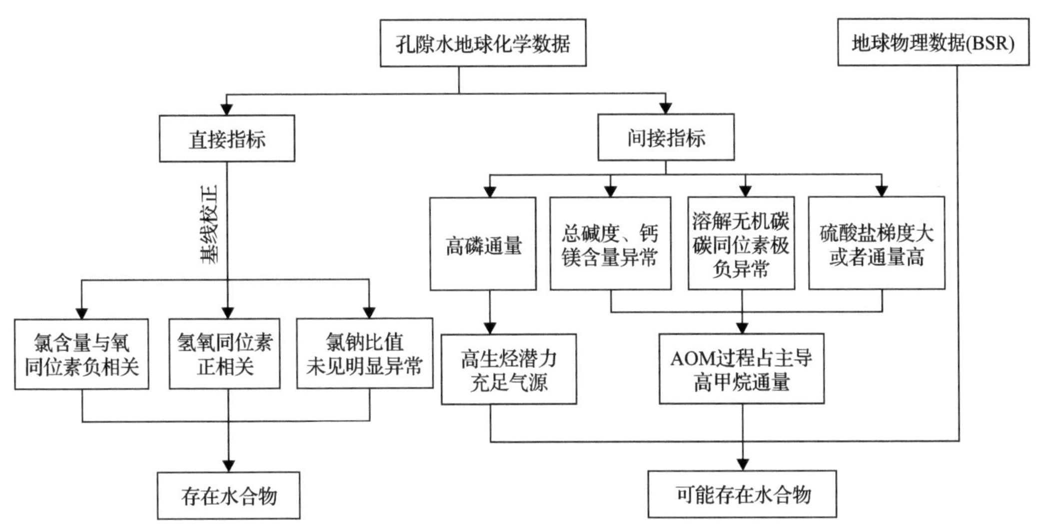


图 3-14　深海沉积物孔隙水地球化学异常判别流程图

## 3.2　样品与分析方法

为了深入认识冷泉系统流体地球化学特征，了解早期成岩作用中碳、硫元素循环过程，识别异常信号，为天然气水合物资源勘查圈定靶区，我们在南海北部东沙海域冷泉研究区开展了地质取样，获取了若干大型重力活塞柱状样(DH-CL7、DH-CL11、DH-CL16)，并采集其中的孔隙水，用于地球化学分析和研究(表 3-2)。

表 3-2　沉积物柱状样基本信息

| 柱样编号 | 水深/m | 海底温度/℃ | 长度/cm | 样品数量 |
|---|---|---|---|---|
| DH-CL16 | 770 | 5 | 630 | 10 |
| DH-CL7 | 907 | 4 | 667 | 33 |
| DH-CL11 | 1606 | 2 | 767 | 38 |

为了避免孔隙水与空气接触，提高取样分辨率，孔隙水采集使用 Rhizosphere 公司的 Rhizo CSS 采样设备，对柱状样沉积物实现高分辨率原位采集孔隙水。4 个站位孔隙水同样按照 20cm 间隔取样。为了进行溶解无机碳碳同位素测试，对所有样品均不加任何试剂满瓶密封保存。孔隙水采集工作在船上现场完成。样品运输到实验室后进行氯离子含量分析、阴阳离子含量分析、微量元素含量分析、溶解无机碳含量及碳同位素组成分析、硫酸根含量及硫同位素组成分析、硼同位素和锶同位素分析等。所有分析都在南京大学内生金属矿床成矿机制研究国家重点实验室完成。

阴阳离子含量均采用离子色谱法，使用瑞士 Metrohm 公司 790-1 型通用离子色谱仪，Metrosep A Supp 4-250 型阴离子柱和 Metrosep C 2-150 型阳离子柱。相对标准偏差小于 3%。

微量元素测试方法为电感耦合等离子体质谱法(ICP-MS)，所用仪器是 Finnigan Element Ⅱ。由于样品盐分高，基体复杂，在测试中，采用标准加入法来消除基体干扰。此外，所有的空白、标准溶液和样品中均加入 10ppb①的 Rh 作为内标。经处理后的样品通过 ICP-MS 测量分析，最后校正出孔隙水中各微量元素的含量。测定结果相对标准偏差小于 5%。

溶解无机碳含量及碳同位素组成采用连续流质谱法(CF-IRMS)测定，分析技术细节见 Yang 等(2008)的文献，使用实验室内部标准，测定仪器为德国 Thermor Fisher 公司的 Delta-Plus 型气体同位素质谱以及 GasBench 在线制氧系统，分析精度 $\delta^{13}C$ 优于 0.2‰，DIC 含量相对偏差小于 5%。

硫酸根含量及其硫同位素组成采用基体匹配技术测定，详细分析技术细节见 Bian 等(2015)的文献，使用国际海洋物理科学协会(IAPSO)海水作为标准，样品-标样间插法(SSB)计算同位素比值以及含量，测定仪器为德国 Thermor Fisher 公司的 Neptune-Plus 型多接收等离子质谱数据处理软件为 IOLITE 2.5。

锶同位素的测试在 Finnigan MAT Triton Ti 型表面热电离质谱仪上完成。具体实验过程参阅文章(濮巍等, 2004)。锶的分析结果优于 10ppm，本实验长期测试的 JNBS 987 锶标样测试结果为 $^{87}Sr/^{86}Sr=0.710260\pm0.000010$。

## 3.3 富甲烷区孔隙流体地球化学特征

南海北部陆坡东部东沙海域 DH-CL7(以下简称 CL7)和 DH-CL11(以下简称 CL11)两个站位位于研究区东部同一海脊之上。CL7 站位在海脊上部，水深 907m，基本上处于 BSR 边缘位置。CL11 在海脊底部，水深 1606m，位于 BSR 中心。DH-CL16 站位(以下简称 CL16)位于研究区西部海脊之上。三者均主要由黏土质粉砂质沉积物组成。沉积物孔隙水具体分析结果如下。

### 3.3.1 盐度特征

氯、钾、钠等保守元素基本不参加地球化学反应过程，因此孔隙水中的浓度基本保持不变。但是水合物形成和分解的物理过程会导致氯离子等浓度的异常，这是由于天然气水合物形成时的排盐效应和分解时的稀释作用导致的。CL16、CL7、CL11 站位的氯离子浓度随深度变化基本在 550～600mmol/L 范围内，基本与海水氯离子浓度相近(图 3-15)。钾、钠与氯离子基本一样，表明了这些站位在浅表层没有水合物赋存的迹象。

① ppb 表示十亿分之一，即 1ppb=$1\times10^{-9}$，如用于表示组分质量，1ppb=1ng/g。

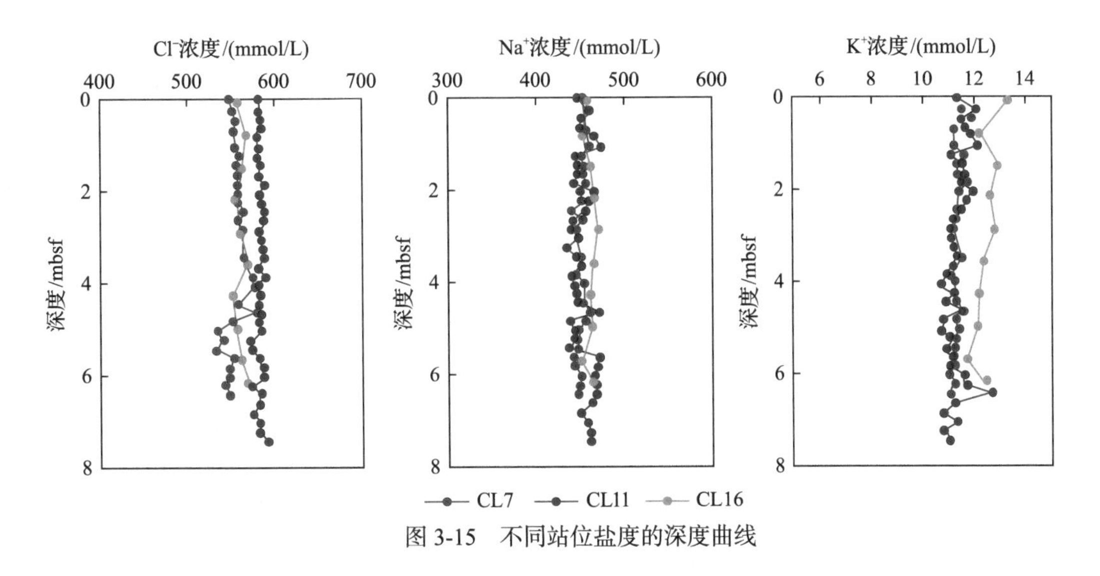


图 3-15　不同站位盐度的深度曲线

### 3.3.2　溴和碘特征

溴和碘的浓度也能反映微生物地球化学反应活动，尤其是碘。海洋浮游植物和藻类中富集碘，随着沉降一起进入沉积物。在早期成岩过程中，有机质的分解会释放出碘进入孔隙水，使得孔隙水中的碘离子浓度升高。因此碘的升高趋势能反映有机质分解的强度。

几个站位的溴离子浓度基本保持在正常范围内，与氯相似，表明基本受盐度的控制(图 3-16)，而碘离子浓度则大不相同。从图 3-16 可以看出，CL16 站位和 CL7 站位碘离子浓度增长趋势相近，而 CL11 站位较前两者要陡，表明 CL11 站位具有最高的微生物地球化学活动性。根据 Fick 第一定律计算得到 CL7 站位、CL16 站位和 CL11 站位的碘通量分别为 $4.6\times10^{-3}$μmol/(cm·a)、$5.8\times10^{-3}$μmol/(cm·a)及 $11.5\times10^{-3}$μmol/(cm·a)，与布莱克海台的 $7.2\times10^{-3}$μmol/(cm·a)相当，表现出较强的生气潜力。

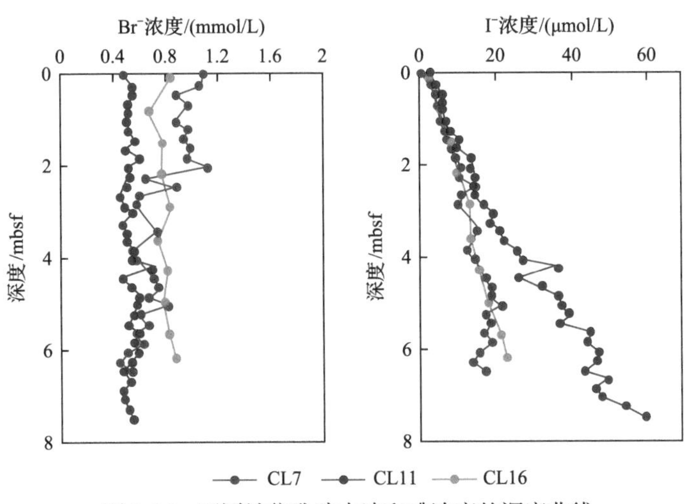


图 3-16　不同站位孔隙水溴和碘浓度的深度曲线

### 3.3.3 硫酸根和硫同位素

从三个站位的硫酸盐数据可以看出，CL16 站位、CL7 站位和 CL11 站位孔隙水的硫酸根浓度都呈现出了线性下降的趋势(图 3-17)，尤其是 CL11 站位，相对前两者在 6m 处开始变陡，7～8m 处基本降为零，表明这三个站位的微生物地球化学活动性都比较强，而 CL11 站位在 7m 处接近 SMTZ，下方上涌的甲烷通量相对较大。三者的硫酸根硫同位素值都有表现出随深度的下降而升高的趋势，其中 CL7 站位硫同位素值增长趋势相对较慢，从 20‰到 30‰仅增加十个千分点左右，而 CL11 站位和 CL16 站位都升高到了 40‰左右，升高趋势极快。硫同位素值的分馏是由于微生物地球化学过程中，孔隙水中的硫酸盐被微生物还原所引起的，表明 CL7 站位相对其他两个站位在浅表层微生物的地球化学活动性较弱。

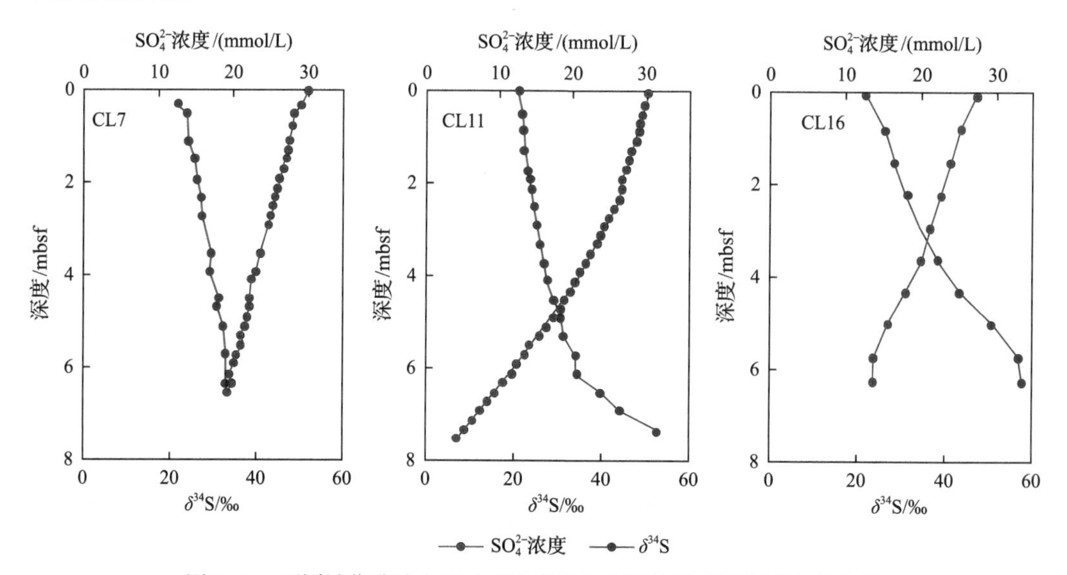


图 3-17 不同站位孔隙水硫酸根浓度及其硫同位素值随深度变化曲线

### 3.3.4 溶解无机碳及其碳同位素

总碱度(TA)与溶解无机碳(DIC)基本类似，因此 CL11 站位和 CL7 站位以 TA 代替 DIC 的趋势，CL16 站位数据缺失，此处不讨论。可以看出，TA 随深度升高的趋势与上述硫酸盐降低的趋势相一致，同样地，CL7 站位相较而言增长趋势略缓。CL11 站位的碳同位素值从沉积物有机质正常范围的 0‰左右降低接近–50‰，表明此处的 AOM 过程比较强烈，大量的甲烷上涌产生了具有极负碳同位素值的 DIC。而 CL7 站位碳同位素值最低仅为–20‰左右，说明甲烷通量较小，产生的 DIC 仍以 OSR 成因为主(图 3-18)。

### 3.3.5 钙、镁、锶、钡和锶同位素

钙、镁、锶离子浓度随着碳酸盐的沉积和溶解会发生改变。而碳酸盐的溶解与沉淀主要取决于孔隙水中的 DIC 含量，因此在许多天然气水合物产出区，大量上涌的甲烷至

上方 SMTZ 区域发生强烈的 AOM 过程，往往使 DIC 浓度急剧升高，发生自生碳酸盐的沉淀，因而使得孔隙水中的钙、镁、锶离子浓度下降。CL16 站位、CL7 站位和 CL11 站位的钙镁离子浓度都表现出了随深度下降的趋势(图 3-19)，尤其是 CL11 站位。CL11 站位的下降趋势更强烈，特别是在 SMTZ 处附近，表现出急剧的自生碳酸盐沉淀，推测此

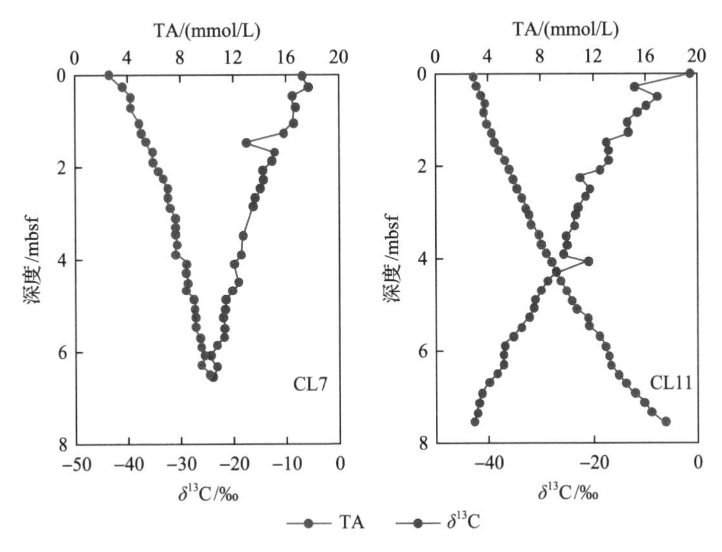


图 3-18　不同站位孔隙水 TA 及 DIC 碳同位素变化趋势

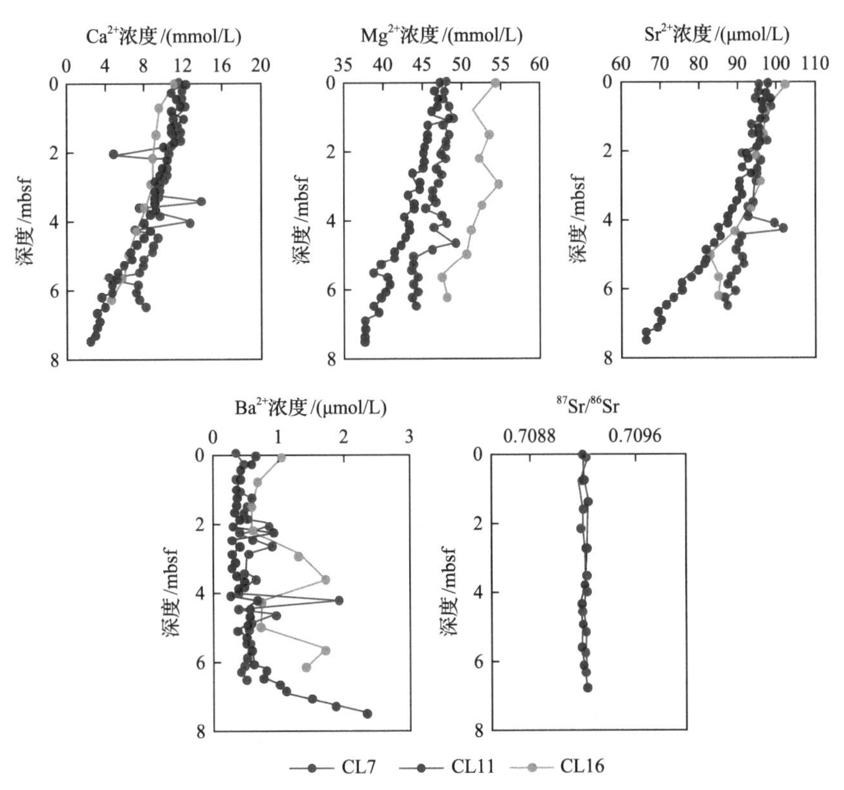


图 3-19　不同站位孔隙水钙、镁、锶、钡浓度及锶同位素随深度的变化曲线

处的 AOM 作用比较强烈。锶容易取代钙进入碳酸盐晶格中，CL11 站位相对较大的锶浓度下降，表明其大量生成方解石为主的自生碳酸盐岩。

总体而言，CL7 站位未有明显的钡离子浓度升高趋势，而 CL11 站位和 CL16 站位的钡离子浓度升高趋势明显。尤其是 CL11 站位，在接近 7m 处有急剧的钡离子浓度升高，表明此处为 SMTZ 区域，硫酸盐浓度快速耗尽，沉积物中的重晶石溶解释放出大量的钡。

CL11 站位和 CL7 站位的锶同位素值随深度变化，两个站位的锶同位素值几乎不变，保持在 0.7092 左右，与现代海水的锶同位素值相当。因为锶同位素值不受地球化学过程的影响，而反映水岩过程、流体交换和沉积物来源。表明 CL11 站位和 CL7 站位的沉积物来源基本一致，也没有其他流体参与的过程。

### 3.3.6 硼和硼同位素

孔隙水中硼含量及其同位素可以用来示踪流体的来源、地球化学反应及沉积物中有机质的降解(Brumsack and Zuleger, 1992; Deyhle et al., 2001)，黏土矿物的吸附会使孔隙水硼含量降低的同时硼同位素值升高，解吸过程则相反。CL11 站位和 CL7 站位的硼含量相近且基本不变，CL16 站位具有较高的基线值(图 3-20)，可能与 CL16 站位样品所采区域与时间不同有关。三者的硼同位素值都表现出轻微的随深度下降的趋势，推测是由黏土矿物的解吸过程释放出 $^{10}B$ 引起的，同时耦合着硼含量的轻微升高。

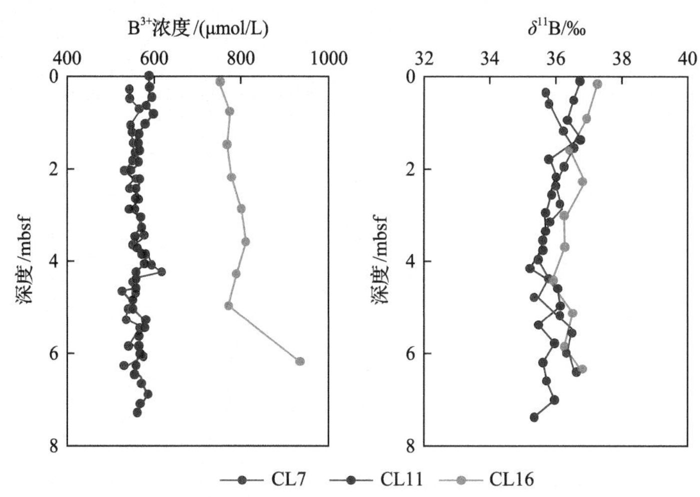


图 3-20　不同站位孔隙水硼浓度及硼同位素随深度的变化曲线

### 3.3.7 其他微量元素

在一般大洋沉积物中，Li 主要被吸附在沉积物中，因此相对于海水而言，孔隙水中的 Li 含量降低。然而对大洋钻探 ODP 169 航次的 1037 钻孔研究表明，孔隙水的 Li 含量不是降低而是升高(James and Palmer, 2000)。研究证明，这一过程与水-沉积物交换反应中有机质释放出来的大量 $NH_4^+$有关，大量的 Li 伴随着 $NH_4^+$离子交换反应从沉积物中解吸附出来进入孔隙水中。CL11 站位、CL7 站位和 CL14 站位 Li 含量随深度有轻微下降，而未表现出升高的趋势，表明这些站位并不具有该离子交换的条件。其他微量元素含量基本不变(图 3-21)。值得注意的是，CL16 站位的微量元素含量与 CL11 站位和 CL7 站位稍有区别，与 B 含量相一致，进一步说明了区域和时间的不同可能会引发微量元素含量的不同，也可能是沉积物岩性的不同。

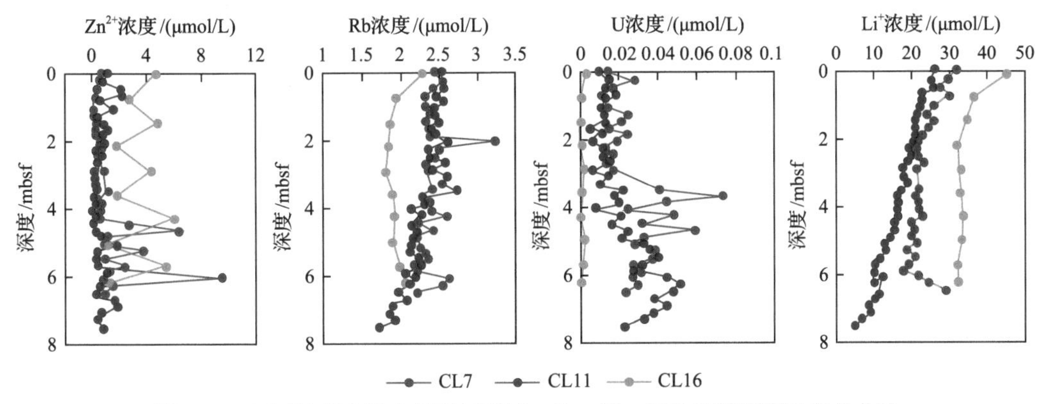


图 3-21　不同站位孔隙水微量元素锌、铷、铀、锂浓度随深度的变化曲线

## 3.4　甲烷通量与 AOM 作用

### 3.4.1　SMTZ 深度和甲烷通量

在沉积率和沉积有机质量大的区域，硫酸盐还原带是浅表层沉积物最重要的氧化还原分带。如上所述，硫酸盐的还原过程分为 OSR 和 AOM，在具有较大的生气潜力和较高的上涌甲烷通量的区域，AOM 是消耗孔隙水硫酸盐的主要机制，同时会表现出较浅的 SMTZ 深度和较陡的硫酸盐还原梯度。东沙海域三个站位的孔隙水硫酸盐深度曲线都表现出了线性下降的趋势，拟合外推的结果显示 CL7 站位、CL16 站位和 CL11 站位的 SMTZ 深度分别约为 18.6mbsf、12mbsf 和 8.4mbsf。由硫酸盐梯度计算出的溶解甲烷扩散通量分别为 10.3mmol/($m^2$·a)、19.4mmol/($m^2$·a)和 27.6mmol/($m^2$·a)(图 3-22)，表现出较好

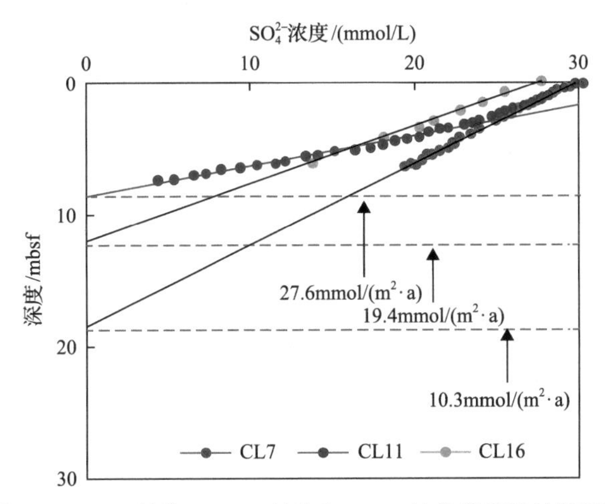


图 3-22　CL7 站位、CL11 站位和 CL16 站位的甲烷扩散通量

的天然气水合物成藏前景。

### 3.4.2 OSR 的识别

孔隙水中 I 的增加来源于沉积物中有机质的分解，与甲烷几乎同源，所以碘通量变化与甲烷通量变化应该具有同步的趋势，因此在 AOM 过程存在的区域，两者应该具有较好的相关性。CL7 站位、CL16 站位和 CL11 三个站位两者的相关性都非常好(图 3-23)，相关系数 $R^2$ 分别为 0.8281、0.9876 和 0.967，表明了浅表层活跃的微生物地球化学作用和有机质分解。

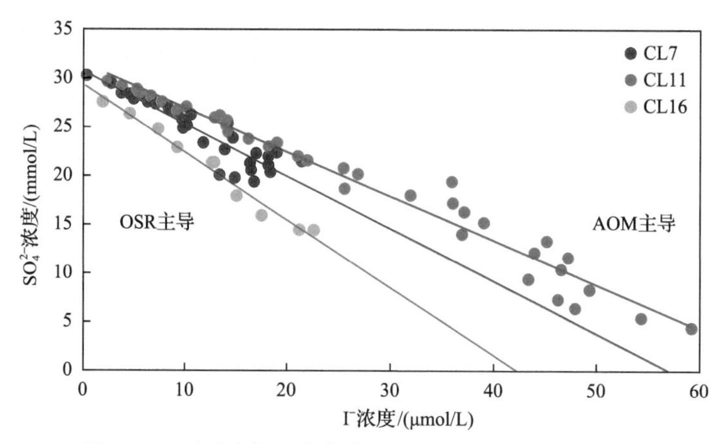


图 3-23　不同站位孔隙水碘浓度和硫酸根浓度的相关性

### 3.4.3 AOM 的识别

强烈的硫酸盐还原和较浅的 SMTZ 深度，并不一定代表高甲烷通量，只有在确定由 AOM 过程控制的硫酸盐还原基础上这一判定才有意义。由高有机质活性引起强烈的 OSR 过程同样会引起快速的硫酸盐还原和溶解 DIC 升高，但是 AOM 过程产生的 DIC 碳同位素相较而言要负得多，常小于–30‰，而 OSR 过程产生的 DIC 碳同位素值一般在–20‰左右。

以 CL11 站位为例(图 3-24)，该站位孔隙水硫酸根浓度随深度基本呈线性下降，在 6mbsf 处有变陡的趋势，而 TA 的升高趋势与之相耦合，表现出强烈的微生物地球化学作用。而 DIC 的碳同位素值从 0‰降至–45‰左右，远负于正常的沉积物有机质碳同位素值，说明随着深度增加，硫酸盐的还原主要受控于强烈的 AOM 过程。

硫酸根浓度及其硫同位素分馏值之间成正比关系，表明硫酸盐还原速率是导致其硫同位素分馏的最主要控制因素。前人研究表明，当孔隙水硫酸根硫同位素达到最大值时，往往伴随着硫酸根浓度降到最小值。在封闭-半封闭的孔隙水流体系统中，硫酸盐还原过程中硫同位素分馏系数($\alpha$)满足瑞利方程：

$$\Delta\delta^{34}S=\delta^{34}S_m-\delta^{34}S_0=1000(\alpha-1)\ln f=\varepsilon\ln f \tag{3-1}$$

式中，$\delta^{34}S_m$ 为孔隙水中残余硫酸盐的 $\delta^{34}S$ 值；$\delta^{34}S_0$ 为海水中硫酸盐的 $\delta^{34}S$ 值(20.3‰)；

$\alpha$ 为硫同位素分馏系数；$1000(\alpha-1)$ 通常被称为硫同位素富集因子（$\varepsilon$）；$f$ 为某一时刻孔隙水中相对于海水的硫酸根浓度（$[SO_4^{2-}]_{孔隙水}/[SO_4^{2-}]_{海水}$）。

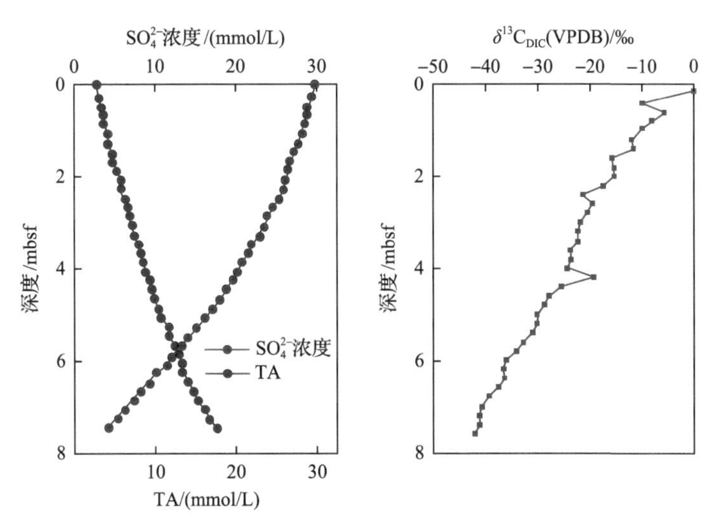


图 3-24　CL11 站位硫酸盐、总碱度、碳同位素随深度的变化趋势

在 $\delta^{34}S_{SO_4}$(VCDT)-ln$f$($SO_4^{2-}$)关系图中，其斜率即代表硫同位素的富集因子。瑞利方程的前提条件为封闭-半封闭系统，因此在 $\delta^{34}S_{SO_4}$(VCDT)-ln$f$($SO_4^{2-}$)关系图中，如果二者具有较好的线性拟合关系，那么其拟合直线斜率代表硫同位素的富集因子，并且为恒定值，可以说明研究对象为封闭-半封闭系统，反之如果相关性较差或二者解耦，那么研究对象为开放系统。

东沙海域三个站位均表现出非常好的线性相关关系（$R^2>0.9$）（图 3-25）。可以计算出三个站位的硫同位素富集因子分别为−16.7‰、−28.2‰和−51.9‰，所得分馏因子 $\alpha$ 值（1.017、1.028、1.052）均小于实验获得的分馏系数（$\alpha$=1.060）。如上所述，在硫酸盐还原

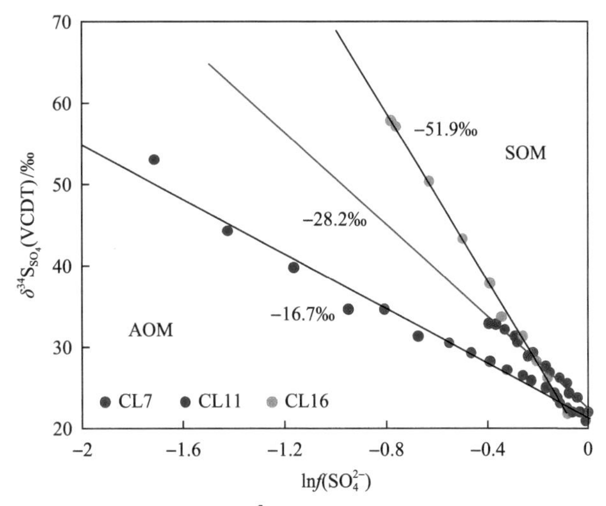


图 3-25　东沙海域三个站位 $SO_4^{2-}$ 浓度与 $\delta^{34}S_{SO_4}$(VCDT)值的相关关系图

速率高的区域，微生物活动剧烈，反应物硫酸盐与最终产物硫化氢之间来不及达到硫同位素交换平衡，$^{34}S$ 的分馏程度就越差，当硫酸盐还原速率特别高时，几乎或者根本不发生硫同位素分馏，而当硫酸盐还原速率降下来时，$^{34}S$ 有充足的时间在反应物和产物之间分配，分馏效应会随之增大。因此，在硫酸盐还原速率高的区域，其硫同位素富集因子就越小，表现出较低的硫同位素分馏系数，反之，硫同位素富集因子越大。

在对墨西哥湾沉积物孔隙水硫同位素研究发现，没有油气泄漏的地区，硫酸根富集因子为–27.2%；在石油渗漏的区域，硫酸根富集因子为–16%左右；在纯气体泄漏的区域，硫酸根富集因子为–8.6%左右。CL11 站位所呈现出来的低硫同位素富集因子接近前人研究的气体渗漏区域的特征，充分说明了该站位所在区域硫酸盐还原速率快，而同一海域的CL7站位和CL16站位的硫酸盐还原基本接近平衡,代表了一个非常缓慢的还原过程。这三个站位硫酸根硫同位素分馏程度的差异取决于由甲烷通量决定的 AOM 反应速率。硫酸盐硫同位素和富集因子的差异表明 CL11 站位甲烷通量和 AOM 反应速率最高，CL7 站位和 CL16 站位孔隙水硫酸盐更多地由 OSR 所消耗。

## 3.5 冷泉流体渗漏的数值模拟

孔隙水的化学组成会随着时间和空间发生变化，因此无论是流体源区化学特征还是硫酸盐还原带的反应引起的流体组成变化均是一个动态过程，流体的对流扩散会改变其组分，因此很多情况下仅仅从静态的地球化学特征出发很难解决实际问题。

流体运移数值模拟的研究有助于解释孔隙水中各化学组分的空间分布及历时迁移过程，从而还原其真实情况。数值模型根据侧重点不同分为稳态模型和非稳态模型，经过近五年的研究工作，在两个模型上都取得了一定的成果。

### 3.5.1 稳态模型

1. 普遍守恒原理和孔隙流体组分的成岩方程

如果说孔隙水组分浓度深度曲线反映的地球化学特征是多个不同过程（包括但不限于物理、化学、生物等）共同作用的结果，那么流体运移模型或许可以用作定量探究这些复杂过程的钥匙。沉积物属于孔隙介质，由固体骨架和空隙组成，可概化为由相互连通、随机出现的通道与接头组成的空间网络。流体运移发生在受限的孔隙通道内且贴近固体骨架壁面运动，从而孔隙内任意一点处流体质点速度与壁面平行。因此流体在通道中作层流运动，作用力是压力、重力及流体黏度产生的剪切力。完全饱和孔隙介质中的流体为单相二元体系（溶剂和溶质），它与固体骨架一起在宏观上假设为连续介质，以此抵消微观层面的随机性。这样的假设不但合理而且有效，从而使孔隙流体物理量的数学表达（尤其是实数域上的微积分运算）成为可能。

物质的广延性质是和系统大小，或系统中物质多少成比例改变的物理性质（如体积、质量、能量、动量、物质的量、熵等）。强度（intensity）性质是指不随系统大小或系统中物质多少而改变的物理性质（如密度、温度、压力、浓度、速度等）。每一种广延量可以与一个强度量发生联系，引进 $G_\alpha$ 的密度 $g_\alpha$，其物理意义为流体或组分 $\alpha$ 单位体积具有的广延量 $G_\alpha$，给定体积 $U$，有

$$G_\alpha(x,t)=\int_U \rho_\alpha(x',t)\,\gamma_\alpha(x',t)\,\mathrm{d}U(x')=\int_U g_\alpha(x',t)\,\mathrm{d}U(x') \tag{3-2}$$

式中，$x$ 和 $x'$分别为 $U$ 的质心坐标及 $U$ 中某任意点的坐标。如此，在多组分体系中定义广延量 $G$ 的传播速度：

$$V_G=\sum_{\alpha=1}^{n} g_\alpha V_{G_\alpha}\Big/\sum_{\alpha=1}^{n} g_\alpha \tag{3-3}$$

考虑某组分 $\alpha$ 的广延量 $G_\alpha$ 具有一定的初始数量，在 $t$ 时刻被包含在由曲面 $S$ 围成的体积为 $U$ 的空间内，在拉格朗日观点下，$U$=$U(x,\ t)$，$G_\alpha$ 随时间的变化率表示为 $\mathrm{D}G_\alpha/\mathrm{D}t$（注意 $\mathrm{D}(*)/\mathrm{D}t$ 为物质导数），该变化可以用欧拉法表示，即把 $U$ 视为固定坐标系 $x_i$ 中的控制体积而不是物质坐标系 $\xi_i$ 中的物质体积。$t$ 瞬时 $U(t)$ 中所含 $G_\alpha$ 的数量 $G_\alpha(t)=\int_{U(t)} g_\alpha(x,t)\mathrm{d}U$。变体积 $U(t)$ 上积分的式子利用 $x=x(\xi,t)$ 变换到 $t=t_0$ 时 $U=U_0$ 的物质坐标系 $\xi_i$ 上，推导 $\mathrm{D}G_\alpha/\mathrm{D}t$ 如下：

$$\begin{aligned}\frac{\mathrm{D}G_\alpha}{\mathrm{D}t}&=\frac{\mathrm{d}}{\mathrm{d}t}\int_{U(t)} g_\alpha(x,t)\mathrm{d}U=\frac{\mathrm{d}}{\mathrm{d}t}\int_{U(0)} g_\alpha[x(\xi,t),t]\mathrm{d}U_0=\int_{U(0)}\left(\frac{\mathrm{d}g_\alpha}{\mathrm{d}t}J+g_\alpha\frac{\mathrm{d}J}{\mathrm{d}t}\right)\mathrm{d}U_0\\&=\int_{U(0)}\left(\frac{\mathrm{d}g_\alpha}{\mathrm{d}t}+g_\alpha\mathrm{div}\,V_{G_\alpha}\right)J\mathrm{d}U_0=\int_{U(t)}\left(\frac{\mathrm{d}g_\alpha}{\mathrm{d}t}+g_\alpha\mathrm{div}\,V_{G_\alpha}\right)\mathrm{d}U\\&=\int_{U(t)}\frac{\partial g_\alpha}{\partial t}\mathrm{d}U+\int_{U(t)}\mathrm{div}\,(g_\alpha V_{G_\alpha})\,\mathrm{d}U=\frac{\partial}{\partial t}\int_U g_\alpha\mathrm{d}U+\int_S g_\alpha V_{G_\alpha}\,\mathrm{d}S\end{aligned} \tag{3-4}$$

式中，最后一个等号后第一项积分中控制体积 $U$ 保持不变且是饱和的，故可调换微分和积分顺序，又对第二项积分使用散度定理。$U$ 和 $S$ 分别相当于 $U(t)$ 和 $S(t)$ 在瞬时 $t$ 的值。在此基础上，若不存在源汇作用，广延量 $G_\alpha$ 的变化只能由曲面的净出流量引起：

$$\int_U\frac{\partial g_\alpha}{\partial t}\mathrm{d}U+\int_S g_\alpha V_{G_\alpha}\mathrm{d}S=\int_U\frac{\partial g_\alpha}{\partial t}\mathrm{d}U+\int_U\mathrm{div}\,(g_\alpha V_{G_\alpha})\,\mathrm{d}U=0 \tag{3-5}$$

若考虑广延量 $G_\alpha$ 在体积 $U$ 内每单位体积以 $I_\alpha$ 的时间产出率生成，从欧拉观点出发，有

$$\int_U\frac{\partial g_\alpha}{\partial t}\mathrm{d}U+\int_S g_\alpha V_{G_\alpha}\mathrm{d}S=\int_U\frac{\partial g_\alpha}{\partial t}\mathrm{d}U+\int_U\mathrm{div}\,(g_\alpha V_{G_\alpha})\,\mathrm{d}U=\int_U I_\alpha\mathrm{d}U \tag{3-6}$$

其物理意义是在体积 $U$ 中，广延量 $G_\alpha$ 的增量变化率等于组分 $\alpha$ 在该性质通过曲面 $S$ 进入 $U$ 中的速率加上 $U$ 内生成该性质的速率。考察式(3-6)最后一个等号两边，由于体积 $U$ 的任意性，欲对所有体积成立，被积函数应为零：

$$\frac{\partial g_\alpha}{\partial t}+\mathrm{div}\,(g_\alpha V_{G_\alpha})-I_\alpha=0 \tag{3-7}$$

这就是组分 $\alpha$ 的普遍守恒原理。

普遍守恒原理只有一个场方程，然而至少包含 $g_\alpha$ 和 $V_{G_\alpha}$ 的分量等四个未知量，因而它是未定系统，需要附加额外的方程才可得到特解。这种附加信息以本构方程的形式提出，通常是广义通量与驱动力的关系式。例如，热能通量表示为温度梯度的线性函数、二元体系中分子扩散引起的某一组分的质量通量与该组分的密度梯度成正比。本构方程是唯象的，依赖于观测和实验证据。最简单的本构方程采用通量和驱动力的线性关系式，通常进一步假设这个线性比例系数的大小与通量和驱动力均无关，这种简化模型仅是驱动力梯度较小时的近似，从而把本构关系的非线性归结为系数变化。尽管绝大多数实际情况是非线性的，但在考虑非平衡态热力学时，若体系离平衡态不太远，线性近似一般可以满足计算要求。

不可逆过程的广义通量 $\boldsymbol{J}_\alpha$ 和广义力 $\boldsymbol{F}_\beta$ 表达为如下关系：

$$\boldsymbol{J}_\alpha=\sum_{\beta=1}^{n}\boldsymbol{L}_{\alpha\beta}\boldsymbol{F}_\beta \tag{3-8}$$

式中，$\alpha,\beta=1,2,\cdots,n$，分别为表示通量(流动)和力(共轭力)的相互关系的方程数，即体系内同时存在的 $n$ 个流动；$\boldsymbol{L}_{\alpha\beta}$ 为唯象系数矩阵，对通量 $\boldsymbol{J}_\alpha$ 和力 $\boldsymbol{F}_\beta$ 作适当选择，$\boldsymbol{L}_{\alpha\beta}$ 为对称矩阵。通量 $\boldsymbol{J}_\alpha$ 和力 $\boldsymbol{F}_\beta$ 可以具有不同的张量特征。$\boldsymbol{L}_{\alpha\beta}$ 的 $n$ 维空间可以认为是仿射空间，在三维笛卡儿空间里，式(3-8)即 $\boldsymbol{J}_{\alpha i}=\boldsymbol{L}_{\alpha\beta ij}\boldsymbol{X}_{\beta j}$，其中 $i,j=1,2,3$，$\boldsymbol{L}_{\alpha\beta ij}$ 是一个属于混合空间的矩阵，该空间关于 $\alpha$ 坐标是仿射的，关于 $i$ 坐标是度量，$\boldsymbol{L}_{\alpha\beta ij}$ 分别按 $\alpha\beta$ 和 $ij$ 对称。

对于多组分流体系统中的组分 $\alpha$，在普遍守恒方程中令 $g_\alpha=\rho_\alpha$、$\boldsymbol{V}_{G_\alpha}=\boldsymbol{V}_\alpha$，得到欧拉观点下的组分 $\alpha$ 的连续性方程，即质量守恒方程：

$$\frac{\partial\rho_\alpha}{\partial t}+\mathrm{div}\,(\rho_\alpha\boldsymbol{V}_\alpha)=I_\alpha \tag{3-9}$$

式中，$I_\alpha$ 为单位体积中化学反应引起的组分 $\alpha$ 的质量生成率，$[\mathrm{M}_\alpha\mathrm{L}^{-3}\mathrm{T}^{-1}]$；$\boldsymbol{V}_\alpha$ 为组分 $\alpha$ 的传播速度；$\rho_\alpha$ 为质量密度，其定义为

$$\rho_\alpha=\mathrm{d}m_\alpha/\mathrm{d}U \tag{3-10}$$

其中，$\mathrm{d}m_\alpha$ 为组分 $\alpha$ 的瞬时质量。

引用扩散质量通量的定义 $\boldsymbol{J}_\alpha^*=\rho_\alpha(\boldsymbol{V}_\alpha-\boldsymbol{V}^*)$，式(3-9)质量守恒方程可用含质量平均速度 $\boldsymbol{V}^*$ 的表达式表示：

$$\frac{\partial\rho_\alpha}{\partial t}+\mathrm{div}\,(\rho_\alpha\boldsymbol{V}^*+\boldsymbol{J}_\alpha^*)=I_\alpha \tag{3-11}$$

考虑到本构关系 $\boldsymbol{J}_{\alpha}^{*}=-\rho D_{\alpha\beta}\mathrm{grad}(\rho_{\alpha}/\rho)=-D_{\alpha\beta}[\mathrm{grad}\rho_{\alpha}-(\rho_{\alpha}/\rho)\mathrm{grad}\rho]$，该式中 $D_{\alpha\beta}$ 是组分 $\alpha$ 和组分 $\beta$ 构成的二元体系的扩散系数。当处于稀释系统（$\rho$ 近似为常数时）或当 $\mathrm{grad}(\ln\rho)\ll\mathrm{grad}(\ln\rho_{\alpha})$ 时，$\boldsymbol{J}_{\alpha}^{*}\approx-D_{\alpha\beta}\mathrm{grad}\rho_{\alpha}$，得

$$\frac{\partial\rho_{\alpha}}{\partial t}+\mathrm{div}\,(\rho_{\alpha}\boldsymbol{V}^{*}-D_{\alpha\beta}\mathrm{grad}\rho_{\alpha})=I_{\alpha} \tag{3-12}$$

对于均匀流体（$\rho$ 为常数），其质量平均速度 $\boldsymbol{V}^{*}$ 就等于体积平均速度；对于非均匀流体，只要假定溶质分子扩散的影响和总的物质通量相比可以忽略不计，质量平均速度 $\boldsymbol{V}^{*}$ 也可以等于体积平均速度，于是往后总是用符号 $\boldsymbol{v}$ 表示平均流速向量。由于我们总是讨论溶质（组分 $\alpha$）与溶剂（水）的二元体系，扩散系数也可以简记为 $D$。此外规定用符号 $C$ 表示组分 $\alpha$ 的浓度，$R$ 表示组分 $\alpha$ 的反应引起的质量生产率（即 $C\equiv\rho_{\alpha},R\equiv I_{\alpha}$）。就不可压缩流体而言，质量守恒方程表示成

$$\frac{\partial C}{\partial t}=\mathrm{div}\,(D\cdot\mathrm{grad}C-\boldsymbol{v}C)+R \tag{3-13}$$

它在一维笛卡儿坐标系下的表达式：

$$\frac{\partial C}{\partial t}=\frac{\partial}{\partial x}\left(D\frac{\partial C}{\partial x}-\boldsymbol{v}C\right)+R \tag{3-14}$$

将式(3-14)应用于早期成岩作用过程中孔隙水化学组分的时空演化，需要作一些符号上的变动。首先，浓度重新定义为每单位体积的总沉积物（固体骨架和孔隙水）中固相或液相组分 $\alpha$ 的质量，记为 $\hat{C}_{\alpha}$。类似地，$\hat{R}_{\alpha}$ 表示每一种影响组分 $\alpha$ 的化学、生物化学及放射性成岩反应的速率，即单位时间内总沉积物单位体积中生成或消耗的质量，为了说明不同过程的影响叠加，往往记为 $\sum\hat{R}_{\alpha}$。扩散系数 $D$ 同样需要沉积物本身的性质，因此通常需要进行系数修正，对于液相组分，$D_{\alpha}=D_{\mathrm{B}}+D_{\mathrm{s},\alpha}$，其中，$D_{\mathrm{B}}$ 是生物扰动（bioturbation）引起的扩散部分，$D_{\mathrm{s},\alpha}$ 是液相组分 $\alpha$ 在海水中的分子扩散系数 $D_{\alpha}^{\mathrm{sw}}$ 通过沉积物迂曲度 $\theta$（$\theta\geqslant1$）修正：

$$D_{\mathrm{s},\alpha}=D_{\alpha}^{\mathrm{sw}}/\theta^{2} \tag{3-15}$$

对于固相组分，$D_{\mathrm{s}}=0$。

综上可得一般成岩方程：

$$\frac{\partial\hat{C}_{\alpha}}{\partial t}=\frac{\partial}{\partial x}\left(D_{\alpha}\frac{\partial\hat{C}_{\alpha}}{\partial x}\right)-\frac{\partial(v\hat{C}_{\alpha})}{\partial x}+\sum\hat{R}_{\alpha} \tag{3-16}$$

它揭示了影响给定深度处孔隙水组分浓度的三个主要影响过程：扩散、平流、反应，分别对应式(3-16)等号右边的第一、第二、第三项。特别地，对于液相组分 $\alpha$，得到孔隙流体组分的成岩方程：

$$\frac{\partial(\phi C_\alpha)}{\partial t}=\frac{\partial}{\partial x}\left[(D_{\mathrm{B}}+D_{\mathrm{s},\alpha})\frac{\partial(\phi C_\alpha)}{\partial x}\right]-\frac{\partial(\phi v C_\alpha)}{\partial x}+\sum\phi R_\alpha \tag{3-17}$$

式中，$\hat{C}_\alpha=\phi C_\alpha$，其中浓度$C_\alpha$为每单位体积孔隙水中的质量，$\phi$为沉积物孔隙度。同理，反应项$\sum\hat{R}_\alpha=\sum\phi R_\alpha$。

2. 液相溶质浓度稳态问题的数值模型

在稳态假设下，用孔隙流体组分的一维成岩方程(溶质运移方程)对氯化物、硫酸盐、硫化氢和甲烷浓度进行模拟，求解方程中的不同未知参数。通过这些参数可以计算出外部流体通量、硫酸盐生产/消耗速率、硫化氢净生产/消耗速率、甲烷生产/消耗速率和生物灌溉系数，从而有助于评估水合物成矿区的生物地球化学反应特征。

1) 稳态模型的构建

若沉积物孔隙水溶质在垂向运移过程中受扩散、平流、生物扰动、生物灌溉和化学反应的共同影响，并且假设不存在矿物直接吸附溶质的情况，关于液相溶质浓度的一维成岩方程通常简化表示为

$$\frac{\partial}{\partial x}\left[(D_{\mathrm{B}}+D_{\mathrm{s},\alpha})\frac{\partial(\phi C_\alpha)}{\partial x}\right]-\frac{\partial(\phi v C_\alpha)}{\partial x}+R_\alpha=0 \tag{3-18}$$

根据生物扩散系数($D_{\mathrm{B}}$，单位：$\mathrm{cm^2/a}$)与沉积速率($\omega$，单位：cm/a)之间的相关关系：

$$D_{\mathrm{B}}=15.7\omega^{0.6} \tag{3-19}$$

当沉积速率低于100cm/a时，生物扩散系数保持极低的水平($D_{\mathrm{B}}<1.25\times10^{-11}\mathrm{m^2/s}$)，即由生物扰动引发的相内混合速率项可以被忽略，则$D_{\mathrm{B}}=0$。

此外，总量流体速率$v$主要包括两部分，即由沉积/埋藏、压实引起的流体速率$v_{\mathrm{sed}}$和由外部压力引发的外部流体速率$v_{\mathrm{ext}}$，则有

$$v=v_{\mathrm{sed}}+v_{\mathrm{ext}} \tag{3-20}$$

假设沉积/埋藏、压实和外部压力处于稳定状态，即任一深度的总量流体通量$U$(孔隙度与流体速率之积)均相等并且保持恒定，则有

$$\frac{\partial(\phi v)}{\partial x}=\frac{\partial(\phi v_{\mathrm{sed}})}{\partial x}+\frac{\partial(\phi v_{\mathrm{ext}})}{\partial x}=\frac{\partial U_{\mathrm{sed}}}{\partial x}+\frac{\partial U_{\mathrm{ext}}}{\partial x}=\frac{\partial U}{\partial x}=0 \tag{3-21}$$

其中，在沉积物深层$x\to\infty$，孔隙度$\phi_\infty$几乎保持恒定并且由沉积/埋藏、压实引发的流体速率$v_{\mathrm{sed},\infty}$与固体速率$v_{\mathrm{sed},\infty}^{\mathrm{s}}$相等，则有

$$U_{\mathrm{sed}}=\phi_\infty v_{\mathrm{sed},\infty}=\phi_\infty v_{\mathrm{sed},\infty}^{\mathrm{s}}=\phi_\infty\frac{1-\phi_0}{1-\phi_\infty}\omega \tag{3-22}$$

由此，基于扩散、平流、生物灌溉和化学反应的稳态成岩作用方程：

$$\frac{\partial}{\partial x}\left(\phi D_{\mathrm{s}}\frac{\partial C}{\partial x}\right)-\frac{\partial (UC)}{\partial x}+\gamma(C^{\mathrm{sw}}-\phi C)+R=0 \tag{3-23}$$

式中，孔隙度$\phi$随深度 $x$ 的变化采用分段函数的形式表达；$\gamma$ 为生物灌溉系数，由此表达从海水中溶质浓度$C^{\mathrm{sw}}$到孔隙水中溶质浓度 $C$ 的异地迁移。

假设沉积物颗粒介质以黏土-粉砂为主，溶质的沉积物扩散系数 $D_{\mathrm{s}}$ 可以根据其海水扩散系数 $D^{\mathrm{sw}}$ 和孔隙度$\phi$计算得出(Iversen and Jørgensen, 1993)：

$$D_{\mathrm{s}}=\frac{D^{\mathrm{sw}}}{\theta^2}=\frac{D^{\mathrm{sw}}}{1+3(1-\phi)} \tag{3-24}$$

式中，不同溶质的海水扩散系数 $D^{\mathrm{sw}}$ 与温度 $T$ 之间存在着一定程度的线性相关关系(Schulz, 2006；图 3-26)。至此已建立一维液相溶质浓度稳态数学模型。

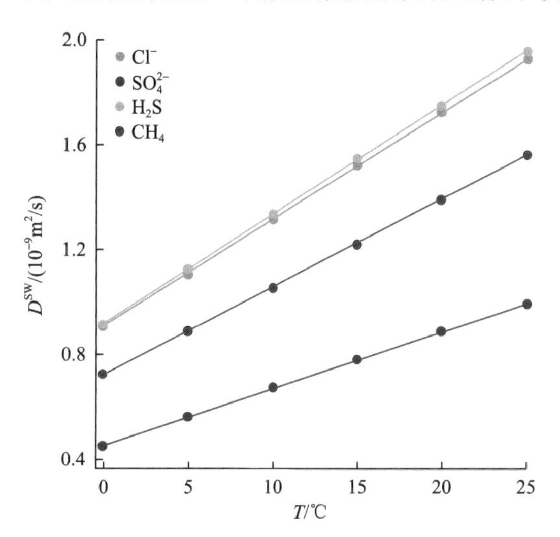


图 3-26　氯化物、硫酸盐、硫化氢和甲烷在海水中的扩散系数与温度之间的线性相关关系

2)模型的数值求解过程

该稳态模型采用数值方法求解。沉积物柱子划分成 $N$ 个水平层，称为控制体积。每个控制体积的中心作为网格节点，节点处的模型参数是已知条件，并且均匀分布在控制体积内。一维模型中，第 $i$ 个控制体积实际上就是一段从 $i$–1/2 到 $i$+1/2、长度为 $\Delta x_i$ 的线段，液相溶质运移稳态方程在控制体积 $i$ 上积分，以节点处的参数计算积分，得到离散方程：

$$\left(\phi D_{\mathrm{s}}\frac{\partial C}{\partial x}\right)_{i+\frac{1}{2}}-\left(\phi D_{\mathrm{s}}\frac{\partial C}{\partial x}\right)_{i-\frac{1}{2}}-\frac{U_{i+1}C_{i+1}-U_{i-1}C_{i-1}}{2}+\gamma_i(C^{\mathrm{sw}}-\phi_i C_i)\Delta x_i+R_i\Delta x_i=0 \tag{3-25}$$

式中，$\gamma_i$ 为第 $i$ 个控制体积上的生物灌溉系数。该式等号左边第一项和第二项分别表示通过 $i$+1/2 和 $i$–1/2 界面处的扩散通量。$i$–1/2 处的通量可用节点 $i$–1 和 $i$ 处的通量线性插

值得到

$$\left(\phi D_{\mathrm{s}}\frac{\partial C}{\partial x}\right)_{i-\frac{1}{2}}=\frac{2(C_i-C_{i-1})}{\dfrac{\Delta x_{i-1}}{\phi_{i-1}D_{\mathrm{s},i-1}}+\dfrac{\Delta x_i}{\phi_i D_{\mathrm{s},i}}} \tag{3-26}$$

同理，$i$+1/2 处的通量可用节点 $i$ 和 $i$+1 处的通量线性插值得到

$$\left(\phi D_{\mathrm{s}}\frac{\partial C}{\partial x}\right)_{i+\frac{1}{2}}=\frac{2(C_{i+1}-C_i)}{\dfrac{\Delta x_i}{\phi_i D_{\mathrm{s},i}}+\dfrac{\Delta x_{i+1}}{\phi_{i+1}D_{\mathrm{s},i+1}}} \tag{3-27}$$

因此：

$$\frac{2(C_{i+1}-C_i)}{\dfrac{\Delta x_i}{(\phi D_{\mathrm{s}})_i}+\dfrac{\Delta x_{i+1}}{(\phi D_{\mathrm{s}})_{i+1}}}-\frac{2(C_i-C_{i-1})}{\dfrac{\Delta x_{i-1}}{(\phi D_{\mathrm{s}})_{i-1}}+\dfrac{\Delta x_i}{(\phi D_{\mathrm{s}})_i}}-\frac{U_{i+1}C_{i+1}-U_{i-1}C_{i-1}}{2}+\gamma_i(C^{\mathrm{sw}}-\phi_i C_i)\Delta x_i+R_i\Delta x_i=0 \tag{3-28}$$

如果网格是均匀剖分的，即令 $\Delta x_{i-1}=\Delta x_i=\Delta x_{i+1}=h$，式(3-28)可以整理为线性代数方程组：

$$\mathbb{A}_i C_{i-1}+\mathbb{B}_i C_i+\mathbb{C}_i C_{i+1}=\mathbb{S}_i,\qquad 1\leqslant i\leqslant N \tag{3-29}$$

式中

$$\mathbb{A}_i=\frac{2}{h^2}\frac{(\phi D_{\mathrm{s}})_{i-1}(\phi D_{\mathrm{s}})_i}{(\phi D_{\mathrm{s}})_{i-1}+(\phi D_{\mathrm{s}})_i}+\frac{1}{2h}U_{i-1}$$

$$\mathbb{B}_i=-\frac{2}{h^2}\left[\frac{(\phi D_{\mathrm{s}})_{i-1}(\phi D_{\mathrm{s}})_i}{(\phi D_{\mathrm{s}})_{i-1}+(\phi D_{\mathrm{s}})_i}+\frac{(\phi D_{\mathrm{s}})_i(\phi D_{\mathrm{s}})_{i+1}}{(\phi D_{\mathrm{s}})_i+(\phi D_{\mathrm{s}})_{i+1}}\right]-\gamma_i\,\phi_i$$

$$\mathbb{C}_i=\frac{2}{h^2}\frac{(\phi D_{\mathrm{s}})_i(\phi D_{\mathrm{s}})_{i+1}}{(\phi D_{\mathrm{s}})_i+(\phi D_{\mathrm{s}})_{i+1}}-\frac{1}{2h}U_{i+1}$$

$$\mathbb{S}_i=-R_i-\gamma_i\,C^{\mathrm{sw}}$$

液相溶质运移稳态方程的边界条件通常有两类：一种是已知边界处的溶质浓度，另一种是已知边界处的通量。在离散方程组中，$1\leqslant i\leqslant N$ 是内部节点，$i$=0 作为顶部边界，$i$=$N$+1 作为底部边界。

对于第一类边界条件，如果已知顶部边界处浓度为 $C^*$，则有

$$\mathbb{B}_0=1,\ \mathbb{C}_0=0,\ \mathbb{S}_0=C^* \tag{3-30}$$

同理如果已知底部边界处浓度为 $C^*$，则有

$$\mathbb{A}_{N+1}=0,\ \mathbb{B}_{N+1}=1,\ \mathbb{S}_{N+1}=C^* \tag{3-31}$$

如此可将离散方程组改写为如下三对角形式的矩阵等式：

$$\begin{bmatrix} \mathbb{B}_0 & \mathbb{C}_0 & & & \cdots & & 0 \\ \mathbb{A}_1 & \mathbb{B}_1 & \mathbb{C}_1 & & & & \\ & \mathbb{A}_2 & \mathbb{B}_2 & \mathbb{C}_2 & & & \vdots \\ & & \ddots & \ddots & \ddots & & \\ \vdots & & & \mathbb{A}_{N-1} & \mathbb{B}_{N-1} & \mathbb{C}_{N-1} & \\ & & & & \mathbb{A}_N & \mathbb{B}_N & \mathbb{C}_N \\ 0 & & \cdots & & & \mathbb{A}_{N+1} & \mathbb{B}_{N+1} \end{bmatrix} \begin{bmatrix} C_0 \\ C_1 \\ C_2 \\ \vdots \\ C_{N-1} \\ C_N \\ C_{N+1} \end{bmatrix} = \begin{bmatrix} \mathbb{S}_0 \\ \mathbb{S}_1 \\ \mathbb{S}_2 \\ \vdots \\ \mathbb{S}_{N-1} \\ \mathbb{S}_N \\ \mathbb{S}_{N+1} \end{bmatrix} \tag{3-32}$$

用追赶法求解该线性方程组。

对于第二类边界条件，如果已知顶部边界处扩散通量 $F^*$，则有

$$F^* = -\frac{2(C_1 - C_0)}{\dfrac{h}{(\phi D_s)_1}} = \frac{(\phi D_s)_1 - (C_1 - C_0)}{\dfrac{h}{2}} \tag{3-33}$$

线性方程组系数取值为

$$\mathbb{B}_0 = \frac{(\phi D_s)_1}{\dfrac{h}{2}},\quad \mathbb{C}_0 = -\frac{(\phi D_s)_1}{\dfrac{h}{2}},\quad \mathbb{S}_0 = F^* \tag{3-34}$$

如果已知底部边界处扩散通量 $F^*$，则有

$$F^* = \frac{2(C_{N+1} - C_N)}{\dfrac{h}{(\phi D_s)_N}} = \frac{(\phi D_s)_N (C_{N+1} - C_N)}{\dfrac{h}{2}} \tag{3-35}$$

线性方程组系数取值为

$$\mathbb{A}_{N+1} = -\frac{(\phi D_s)_N}{\dfrac{h}{2}},\quad \mathbb{B}_{N+1} = \frac{(\phi D_s)_{N+1}}{\dfrac{h}{2}},\quad \mathbb{S}_{N+1} = F^* \tag{3-36}$$

依然用三对角形式的矩阵方程求解。

对于可能的第三类边界条件，即给定边界处的总通量(扩散通量+平流通量)，需要进一步厘清分量之间的关系再赋到相应边界节点上。

3) 模型参数的拟合评估

在模型求解每个网格节点的溶质浓度之前，需要对随深度变化的未知参数的函数表达方式进行约束。假设未知参数在整个垂向深度区间内以唯一的恒定值出现(如 $U_{ext}$)或随着深度或连续可导或分段阶跃改变取值(如 $R$)，可将未知参数定义为以深度$x$为自变量的分段函数。求解过程用多元回归分析方法，未知参数函数表达式的最终确定受两方面

条件的约束，即每个深度区间内的函数值和整个垂向深度区间内的分段数量。

以假设未知参数在整个垂向深度区间内保持恒定值为起点，即将整个垂向深度区间视为一段，然后逐步增加平均分割整个垂向深度区间的分段数量，直至预先设定的分段数量最大值(分段数量必须小于溶质浓度的测定数量 $M$)。每次区间分割之后，调整不同深度区间内的未知参数值，使相同深度的模拟浓度插值 $\tilde{C}_i$ 逐渐接近于浓度测定值 $C_{\mathrm{m},i}$，即采用最小二乘法评估两者之间的残差平方和(sum of squared errors，SSE)，则有

$$\mathrm{SSE}=\sum_{i=1}^{M}(C_{\mathrm{m},i}-\tilde{C}_i)^2 \tag{3-37}$$

为了进一步衡量拟合程度，引入决定系数($R^2$)：

$$R^2=1-\frac{\mathrm{SSE}}{\mathrm{SST}}=1-\frac{\sum_{i=1}^{M}(C_{\mathrm{m},i}-\tilde{C}_i)^2}{\sum_{i=1}^{M}(C_{\mathrm{m},i}-\overline{C}_{\mathrm{m},l})^2} \tag{3-38}$$

式(3-37)和式(3-38)中，SST 为总量平方和；$\overline{C}_{\mathrm{m},l}$ 为浓度测定值的平均值。随着垂向深度区间分段数量的增加，决定系数也逐渐增加并且接近于 1，某一分段的增加可能与浓度拟合值之间不存在明显的关系，但是却同样可以导致决定系数的增加，这在一定程度上表明拟合结果可靠性降低。为了克服决定系数随分段数量增加而增加的这一缺点，需要将决定系数加以调整，即只有增加“有意义”的分段数量时，调整后的决定系数 $R_{\mathrm{ad}}^2$ 才会升高，即

$$R_{\mathrm{ad}}^2=1-(1-R^2)\frac{M-1}{M-K-1} \tag{3-39}$$

式中，$K$ 为垂向深度区间的分段数量。

与此同时，假设浓度数据与分段数量之间不存在线性关系，对每次等深度区间分割后的浓度拟合结果进行遵循零假设的 $F$ 检验($F$-test)，即起初整个垂向深度区间的分段数量为 $r$，之后分段数量增加至 $s$，检验新增加的 $s–r$ 个分段是否“有意义”：

$$F=\frac{\dfrac{\mathrm{SSE}_r-\mathrm{SSE}_s}{s-r}}{\dfrac{\mathrm{SSE}_s}{M-s-1}}=\frac{R_s^2-R_r^2}{1-R_s^2}\frac{M-s-1}{s-r} \tag{3-40}$$

式中，含有下标 $r$、$s$ 的 SSE 与 $R^2$ 分别代表分段数量为 $r$、$s$ 时的浓度拟合值与测定值之间的残差平方和与决定系数。由式(3-39)和式(3-40)可进一步推出：

$$\frac{1-R_{\mathrm{ad},s}^2}{1-R_{\mathrm{ad},r}^2}=\frac{M-r-1}{F(s-r)+M-s-1} \tag{3-41}$$

由此，当 $F \geqslant 1$ 时，$R_{\mathrm{ad},s}^{2} \geqslant R_{\mathrm{ad},r}^{2}$，则分段数量增加至 $s$ 是“有意义”的，即 $R_{\mathrm{ad}}^{2}$ 首次达到最高值时的分段数量为最优。

3. 应用稳态模型研究调查区孔隙水运移规律

基于孔隙介质液相溶质和固相颗粒运移的原理和方程，构建用于模拟沉积物孔隙水溶质浓度、沉积物颗粒含量及其同位素组成随深度变化的扩散-平流-化学反应模型(diffusion-advection-reaction model)，以 Microsoft Excel Visual Basic for Applications 作为开发平台进行程序代码的编写和编译，程序的运行过程由 Microsoft Excel 应用程序完成。

南海北部陆坡区天然气水合物调查为研究天然气水合物成矿区沉积物孔隙水运移规律提供了丰富的数据资料，有助于流体运移模型的构建和验证。我们将稳态模型应用于 CL7 与 CL11 等站位，不仅使孔隙水地球化学特征的解释从空间静态分布拓展到时空一体化解释的层面上，也获取了合理的模型参数，方便将南海北部陆坡区水合物成藏特征和国际上其他水合物成矿区进行对比。我们的稳态模型侧重于对孔隙水硫酸盐($SO_4^{2-}$)及其生物地球化学反应和同位素分馏机制的定量解释，基本假设是在流体稳定状态下，硫酸盐的扩散速率、平流速率与生产/消耗速率之间保持平衡。

1)微生物地球化学反应的定量解释

在硫酸盐还原带内，硫酸盐的浓度($C_{SO_4^{2-}}$)变化受扩散、平流、生物灌溉和化学反应的共同影响。列出控制方程：

$$\frac{\partial}{\partial x}\left(\phi D_{SO_4^{2-}}\frac{\partial C_{SO_4^{2-}}}{\partial x}\right)-\frac{\partial}{\partial x}\left[\left(\phi_\infty\frac{1-\phi_0}{1-\phi_\infty}\omega+U_{\mathrm{ext}}\right)C_{SO_4^{2-}}\right]+\gamma\left(C_{SO_4^{2-}}^{\mathrm{sw}}-\phi C_{SO_4^{2-}}\right)+R_{SO_4^{2-}}=0 \tag{3-42}$$

影响硫酸盐浓度的化学反应主要是有机物还原反应和甲烷厌氧还原反应，这两种过程都会体现在模型中。有机物还原过程主要体现在有机物质的降解反应，一般来说，其反应速率 $R_G$ 表示为类似酶促反应的过程，例如 Michaelis-Menten 反应动力学过程：

$$R_G = v_{\max}^{G}\frac{G}{K_{\mathrm{m},G}+G} \tag{3-43}$$

式中，$v_{\max}^{G}$ 为最大降解反应速率；$K_{\mathrm{m},G}$ 为反应有机物 $G$ 的半饱和常数。如果有机物浓度远小于半饱和常数，式(3-43)退化为线性关系：

$$R_G = k_G G = \frac{v_{\max}^{G}}{K_{\mathrm{m},G}}G \tag{3-44}$$

式中，$k_G$ 为反应动力学常数。

如果考虑硫酸盐作为最终电子受体(terminal electron acceptor，TEA)与有机物的相互作用，可得

$$R_{\mathrm{OSR}}=\frac{C_{\mathrm{SO_4^{2-}}}}{K_{\mathrm{m,SO_4^{2-}}}^{\mathrm{OSR}}+C_{\mathrm{SO_4^{2-}}}}R_G \tag{3-45}$$

式(3-45)是 Monod 反应动力学意义上的经验表达，其中 OSR 代表有机物的硫酸盐还原(organoclastic sulfate reduction)；$K_{\mathrm{m,SO_4^{2-}}}^{\mathrm{OSR}}$ 为该反应的硫酸盐半饱和常数。产甲烷反应(methanogenesis，MG)也可以作类似定义，此处不赘述。

对反应动力学常数 $k_G$ 的经验计算可以用有机物降解过程的反应连续体模型(reactive continuum model)，假设有机物反应是连续分布的，对 $k$ 积分：

$$R(t)=\int_0^{\infty} kg(k,t)\,\mathrm{d}k \tag{3-46}$$

式中，$g(k, t)$为在时间 $t$ 上有机物浓度从 $k$ 到 d$k$ 可降解性。如果承认：

$$g(k,t)=g(k,0)\,\mathrm{e}^{-kt} \tag{3-47}$$

并且引进 Gamma 分布拟合有机物降解数据，即

$$g(k,0)=\frac{g_0 k^{v-1}\mathrm{e}^{-ak}}{\Gamma(v)} \tag{3-48}$$

可以解出以下关系：

$$k_G=k(t)=\frac{v}{a+t} \tag{3-49}$$

与 OSR 一样，AOM 同样是消耗硫酸盐的一个重要过程，一般发生在硫酸盐还原带底部。我们同样采用反应动力学的表达式：

$$R_{\mathrm{AOM}}=v_{\max}^{\mathrm{AOM}}\cdot\frac{C_{\mathrm{CH_4}}}{K_{\mathrm{m,CH_4}}^{\mathrm{AOM}}+C_{\mathrm{CH_4}}}\cdot\frac{C_{\mathrm{SO_4^{2-}}}}{K_{\mathrm{m,SO_4^{2-}}}^{\mathrm{AOM}}+C_{\mathrm{SO_4^{2-}}}} \tag{3-50}$$

式中，$v_{\max}^{\mathrm{AOM}}$ 为 AOM 反应的最大速率；$K_{\mathrm{m,CH_4}}^{\mathrm{AOM}}$ 与 $K_{\mathrm{m,SO_4^{2-}}}^{\mathrm{AOM}}$ 分别是 AOM 反应中甲烷和硫酸盐的半饱和常数。类似有机物降解的 Michaelis-Menten 表达式，当两者浓度远小于各自的半饱和浓度时：

$$R_{\mathrm{AOM}}=k_{\mathrm{AOM}}C_{\mathrm{CH_4}}C_{\mathrm{SO_4^{2-}}}=\frac{v_{\max}^{\mathrm{AOM}}}{K_{\mathrm{m,CH_4}}^{\mathrm{AOM}}K_{\mathrm{m,SO_4^{2-}}}^{\mathrm{AOM}}}C_{\mathrm{CH_4}}C_{\mathrm{SO_4^{2-}}} \tag{3-51}$$

无论 OSR 还是 AOM，硫酸盐的还原产物都是溶解硫化氢($H_2S$(aq)或$\sum$HS，$\sum$HS 是指包含溶解态 HS 和 $HS^-$的硫化氢的统称)，这部分硫化氢可能以自生黄铁矿($FeS_2$)的形式离开孔隙水。尽管其中的过程涉及复杂的微生物代谢，不妨假设一定比例的硫化氢转化为黄铁矿(比例系数 $f$)，由此，硫化氢的生成速率可以表示成$(1-f)\ R_{\mathrm{SO_4^{2-}}}$，而固相物

质黄铁矿的生成速率则表示成 $fR_{SO_4^{2-}}$。$R_{SO_4^{2-}} = R_{AOM} + 0.5R_{OSR}$，其中系数 0.5 是因为上文 $R_{OSR}$ 用有机物计量，而硫酸盐和有机物的反应计量比是 1∶2。

进一步考察硫同位素的分馏，在缺氧沉积物中，硫酸盐被微生物(如 Deltaproteobacteria)还原为硫化物，该生物过程倾向于利用轻的硫同位素，因此孔隙水中将逐渐富集重的硫同位素。用 $\alpha_S$ 表示该过程分馏系数，则对于 $^{32}SO_4^{2-}$，其反应速率可以表示为

$$R_{SO_4^{2-}}^{L} = \frac{\alpha_S C_{SO_4^{2-}}^{L}}{C_{SO_4^{2-}} + (\alpha - 1)C_{SO_4^{2-}}^{L}} R_{SO_4^{2-}} \tag{3-52}$$

类似地，对于 $^{34}SO_4^{2-}$，其反应速率可以表示为

$$R_{SO_4^{2-}}^{H} = \frac{C_{SO_4^{2-}}^{H}}{\alpha_S C_{SO_4^{2-}} - (\alpha - 1)C_{SO_4^{2-}}^{H}} R_{SO_4^{2-}} \tag{3-53}$$

对于 $H_2{}^{32}S$ 和 $H_2{}^{34}S$，其反应速率可以表示为

$$R_{H_2S}^{L} = \left[ \frac{\alpha_S C_{SO_4^{2-}}^{L}}{C_{SO_4^{2-}} + (\alpha_S - 1)C_{SO_4^{2-}}^{L}} - f \frac{C_{H_2S}^{L}}{C_{H_2S}} \right] R_{SO_4^{2-}} \tag{3-54}$$

$$R_{H_2S}^{H} = \left[ \frac{C_{SO_4^{2-}}^{H}}{\alpha_S C_{SO_4^{2-}} - (\alpha_S - 1)C_{SO_4^{2-}}^{H}} - f \frac{C_{H_2S}^{H}}{C_{H_2S}} \right] R_{SO_4^{2-}} \tag{3-55}$$

对于 $Fe^{32}S_2$ 和 $Fe^{32}S_2$，其反应速率可以表示为

$$R_{FeS_2}^{L} = f \frac{C_{H_2S}^{L}}{C_{H_2S}} R_{SO_4^{2-}} \tag{3-56}$$

$$R_{FeS_2}^{H} = f \frac{C_{H_2S}^{H}}{C_{H_2S}} R_{SO_4^{2-}} \tag{3-57}$$

式(3-52)～式(3-57)中，$R_{SO_4^{2-}}$、$R_{FeS_2}$ 分别为硫酸盐还原的总反应速率、黄铁矿的生成速率；$C_{SO_4^{2-}}$、$C_{H_2S}$ 分别为 $SO_4^{2-}$ 和 $H_2S$ 的总浓度；上标 H 表示重同位素($^{34}S$)，L 表示轻同位素($^{32}S$)。

硫化氢和黄铁矿的稳态溶质运移方程与硫酸盐相似，此处不再赘述。需要注意的是，黄铁矿一般生成于浅表层沉积物生物扰动带之下，方程中不用包括生物扰动扩散项，仅考虑沉积物埋藏引起的平流通量与反应速率之间的质量守恒。

2) 南海北部陆坡区站位的稳态模型

稳态模型在孔隙水研究领域技术上较为成熟，因而已经得到广泛的应用。将以上模型分别应用于 CL7 站位与 CL11 站位，模拟结果如图 3-27 所示，拟合效果非常好，尤

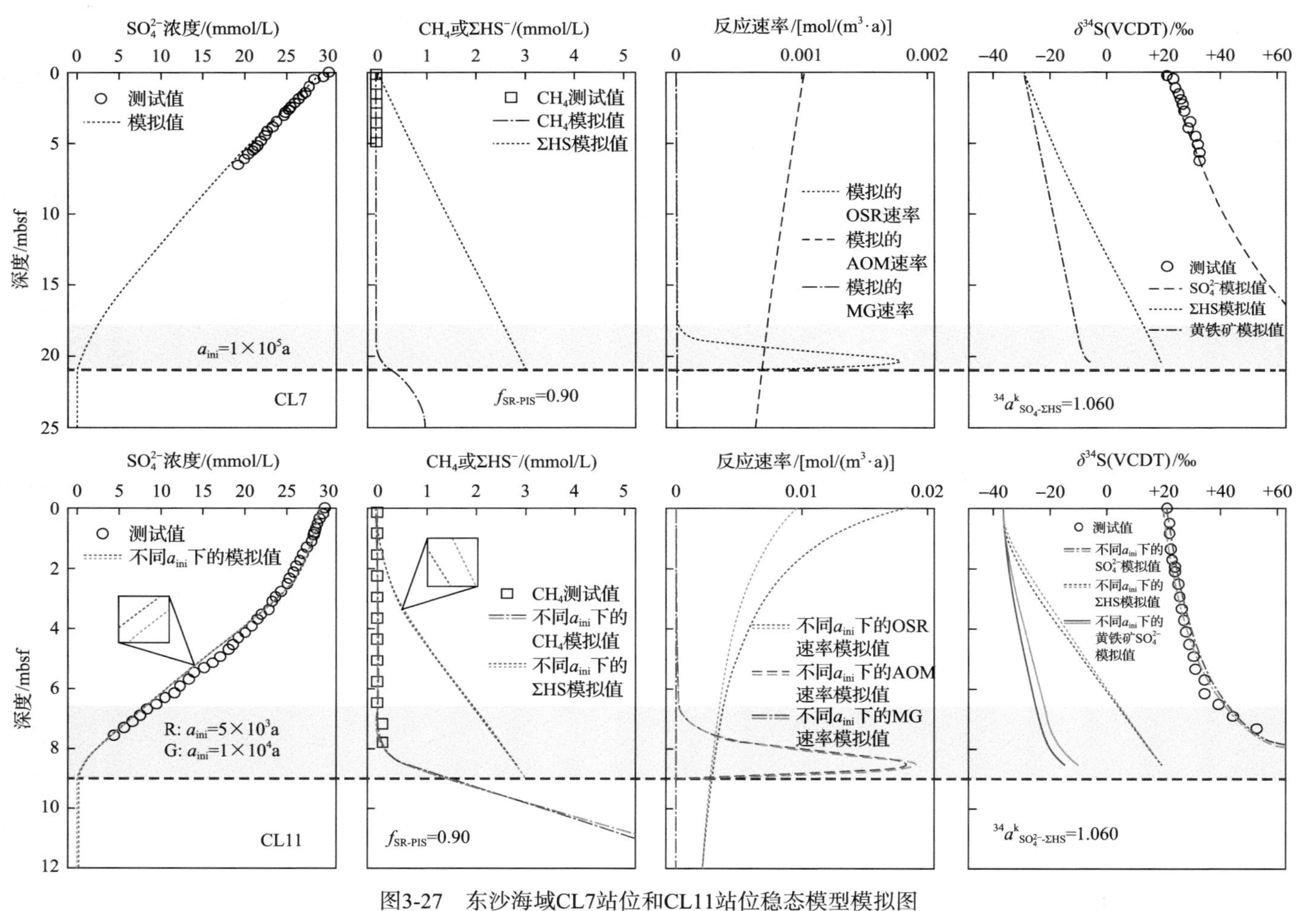


图3-27 东沙海域CL7站位和CL11站位稳态模型模拟图

$a_{ini}$为有机质初始年龄；$f_{SR-PIS}$为硫化氢转化为黄铁矿的比例系数；$^{34}a^k_{SO_4^{2-}-\Sigma HS}$为硫酸盐还原过程的分馏系数；R指红色虚线；G指绿色虚线

其注意 CL11 站位对甲烷浓度的拟合。通过模拟，我们认识到南海北部陆坡调查区的有机质初始年龄可以分为两类：CL7 落在 50～100ka 内，有机质活性较弱，SMTZ 埋深较大($x_{SMTZ}$＞10m)，硫酸盐还原的最大反应速率 $R_{SO_4^{2-}}$ 较小；CL11 落在 1～10ka 内，有机质活性强，SMTZ 相对较浅($x_{SMTZ}$≤10m)，硫酸盐还原的最大反应速率相当于前一类的 10 倍左右，在 SMTZ 附近孔隙水硫酸盐富集了重硫同位素，其 $\delta^{34}S$ 可达 50‰(VCDT)。有机质初始年龄($a_{ini}$)的取值对硫酸盐浓度影响不大，然而它强烈地控制着 OSR 过程的反应速率，从而对 SMTZ 之上部分沉积物的硫化物组分具有相对较大的贡献。这一结论也和实际情况相符。

稳态模型控制方程中并不包含时间积累项，因此适用于稳态-似稳态孔隙水深度曲线的定量解释，通过改变参数和边界条件来达到拟合曲线的目的，有助于研究者将精力放在溶质通量与反应产生/消耗量的比较上。我们知道，如果 OSR 不足以在硫酸盐还原带氧化足够的有机质，那么这些有机质将会进入 SMTZ 之下的产甲烷带，生物成因的甲烷向上运移，从而和硫酸盐遭遇发生转换效率更高的 AOM，进一步消耗硫酸盐还原带中的硫酸盐，于是促使 SMTZ 向上推移；SMTZ 上移造成硫酸盐还原带厚度减薄，更多有机质来不及与硫酸盐反应就被埋藏进入产甲烷带，甲烷通量增大而导致 SMTZ 深度进一步变浅。尽管这个正反馈过程无法表现在稳态模型中，但是我们通过不同站位之间的对比也可以看出，SMTZ 深度和反应速率($R_{AOM}$ 和 $R_{OSR}$)在不同深度处的联系。例如，CL7 站位 OSR 相对 AOM 更为显著，从而其 SMTZ 比起和它位于同一个海脊的 CL11 站位埋深更大，而后者显然 AOM 占据主导地位。

### 3.5.2　非稳态模型

由于稳态模型不能反映孔隙流体运移和反应的过程，即物理量随时间发生的改变(及其响应)，更加无法解决地质事件和沉积物孔隙水化学组成演化之间的有关问题，因此我们在稳态模型的基础上同步开展非稳态流体运移模型的研究。从数学上看，非稳态模型控制方程仅是比稳态模型多了一项浓度对时间的偏导数，然而它对模型概化能力提出了更高要求，也需要准确可靠的实测数据来支持模型结论。这种“动态”演化过程，仅凭研究区寥寥数个站位的孔隙水地球化学组分数据(它们反映了柱状样取心时的瞬时特征)可能无法充分体现非稳态模型的优势。另外，高通量烃渗漏环境是天然气水合物找矿重点靶区，而这种高通量环境本身就具有非常典型的暂态特征。在物理意义上，暂态就是非稳态。基于以上考虑，在缺乏相对可靠数据的情况下，我们从 2011 年至今依然坚持开发非稳态流体的反应运移模型(reactive transport model，RTM)，并尝试将之应用于南海北部陆坡区大型取样站位的孔隙水地球化学数据。

1. 孔隙水的非稳态反应运移模型及其有限体积法求解

在早期成岩过程中，一维非稳态孔隙水反应运移模型耦合了化学反应和质量输送，其数学表达为

$$\frac{\partial \sigma C_i}{\partial t}=\frac{\partial}{\partial x}\left(D_i\sigma\frac{\partial C_i}{\partial x}-\sigma v C_i\right)+\alpha_i\sigma(C_i^{\text{sw}}-C_i)+\sum_{j=1}^{N_{\text{R}}}\lambda_i^j R^j,\qquad i=1,\cdots,N_{\text{C}} \tag{3-58}$$

式中，$C_i$ 为组分 $i$ 的浓度（$C_i^{\text{sw}}$ 则是组分 $i$ 在海底处的浓度），$[\text{ML}^{-3}]$；$D_i$ 为组分 $i$ 的扩散系数，$[\text{L}^2\text{T}^{-1}]$，当方程用于描述溶解组分时，$D_i=D_{\text{B}}+D_{\text{s},i}$，其中 $D_{\text{B}}$ 为生物扩散系数，$D_{\text{s},i}$ 为考虑迂曲度的组分 $i$ 在孔隙水中的扩散系数，而当用于固体时，$D_i=D_{\text{B}}=0$；$v$ 为流体速度，$[\text{LT}^{-1}]$，当方程用于描述溶解组分时，$v=\omega+v_{\text{ext}}$，而当用于固体组分时，$v=\omega$，其中 $\omega$ 是沉积物埋藏速率，$v_{\text{ext}}$ 是从外部介入研究区的流体速率；$\sigma$ 为孔隙因子，当方程用于描述溶解组分时，$\sigma=\phi$，而当用于固体组分时，$\sigma=1-\phi$；$\alpha_i$ 为组分 $i$ 的生物灌溉强度系数，$[\text{T}^{-1}]$，当方程用于描述固体组分时 $\alpha_i=0$；$R^j$ 为第 $j$ 个化学反应的速率，$[\text{ML}^{-3}\text{T}^{-1}]$；$\lambda_i^j$ 为化学计量系数。这里规定 $N_{\text{C}}$ 是模型所刻画的最大组分数量，$N_{\text{R}}$ 是模型所涉及的最大反应数量。方程中的生物灌溉项实际上相当于一个关于浓度 $C_i$ 的函数表达式，因此后面的推导过程用 $R_i$ 笼统表示反应项，它可以是关于浓度 $C_i$ 的函数，则有控制方程：

$$\frac{\partial(\sigma C_i)}{\partial t}=\frac{\partial}{\partial x}\left(D_i\sigma\frac{\partial C_i}{\partial x}\right)-\frac{\partial(\sigma v C_i)}{\partial x}+R_i \tag{3-59}$$

对上述方程的两端在控制体积 $V$ 上、时间步长 $\Delta t$ 内积分：

$$\begin{aligned}&\int_t^{t+\Delta t}\int_V\frac{\partial(\sigma C_i)}{\partial t}\,\mathrm{d}V\mathrm{d}t+\int_t^{t+\Delta t}\int_V\frac{\partial(\sigma v C_i)}{\partial t}\,\mathrm{d}V\mathrm{d}t\\&\qquad=\int_t^{t+\Delta t}\int_V\frac{\partial}{\partial x}\left(D_i\sigma\frac{\partial C_i}{\partial x}\right)\mathrm{d}V\mathrm{d}t+\int_t^{t+\Delta t}\int_V R_i\,\mathrm{d}V\mathrm{d}t\end{aligned} \tag{3-60}$$

对含空间偏导数的项运用散度定理，对含时间偏导数的项调换积分次序：

$$\int_V\int_t^{t+\Delta t}\frac{\partial(\sigma C_i)}{\partial t}\,\mathrm{d}t\mathrm{d}V+\int_t^{t+\Delta t}\int_A\boldsymbol{n}\cdot(\sigma v C_i)\,\mathrm{d}A\mathrm{d}t=\int_t^{t+\Delta t}\int_A\boldsymbol{n}\cdot\left(D_i\sigma\frac{\partial C_i}{\partial x}\right)\mathrm{d}A\mathrm{d}t+\int_t^{t+\Delta t}\int_V R_i\mathrm{d}V\mathrm{d}t \tag{3-61}$$

式中，$\boldsymbol{n}$ 为垂直于界面 $A$ 的单位法向量，散度定理使控制体积 $V$ 上计算的积分转换为在通过包络该控制体积的面 $A$ 上的积分。有限体积法的空间网格剖分包含节点（$P$ 当前节点，$W$ 和 $E$ 分别是 $P$ 的上游和下游节点）和界面（$w$ 和 $e$ 分别是节点 $P$ 的上游和下游界面）两组序列（图 3-28）。

注意到一维问题中 $V=\Delta x$（单元网格宽度），有

$$\begin{aligned}&\sigma_P\Delta x(C_{i_P}-C_{i_P}^0)+\int_t^{t+\Delta t}[(\sigma v C_i A)_e-(\sigma v C_i A)_w]\mathrm{d}t\\&\qquad=\int_t^{t+\Delta t}\left[\left(D_i\sigma A\frac{\partial C_i}{\partial x}\right)_e-\left(D_i\sigma A\frac{\partial C_i}{\partial x}\right)_w\right]\mathrm{d}t+\int_t^{t+\Delta t}\bar{R}_i\,\Delta x\mathrm{d}t\end{aligned} \tag{3-62}$$

式中，$\sigma_P$ 为当前节点 $P$ 的孔隙因子；$C_{i_P}$ 为组分 $i$ 在当前节点 $P$ 的浓度。

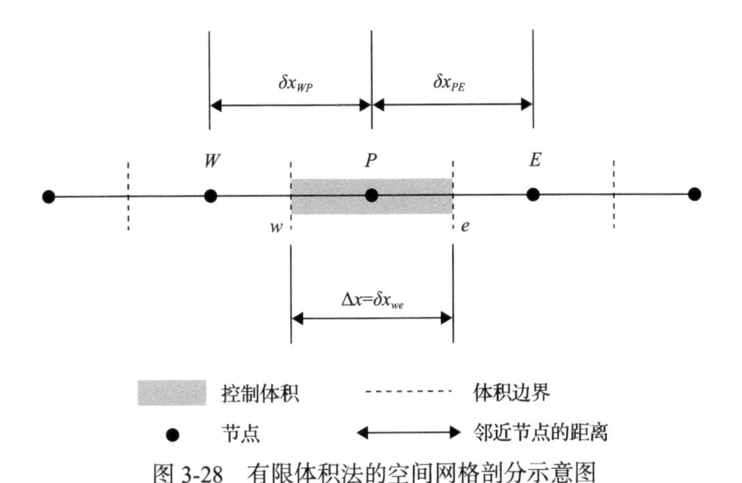


图 3-28　有限体积法的空间网格剖分示意图

$\delta x_{WP}$ 为节点 $W$ 和节点 $P$ 之间的距离；$\delta x_{PE}$ 为节点 $P$ 和节点 $E$ 之间的距离；$\delta x_{we}$ 为界面 $w$ 和界面 $e$ 之间的距离，即单元网格宽度

扩散项用中心差分格式处理：

$$\left(D_i\sigma A\frac{\partial C_i}{\partial x}\right)_e \approx (D_i\sigma A)_e\frac{C_{i_E}-C_{i_P}}{\delta x_{PE}} \equiv D'_e\frac{C_{i_E}-C_{i_P}}{\delta x_{PE}}$$

$$\left(D_i\sigma A\frac{\partial \sigma}{\partial x}\right)_w \approx (D_i\sigma A)_w\frac{C_{i_P}-C_{i_W}}{\delta x_{WP}} = D'_W\frac{C_{i_P}-C_{i_W}}{\delta x_{WP}}$$

并定义 $D_e = D'_e / \delta x_{PE}$ 及 $D_w = D'_w / \delta x_{WP}$。则方程扩散项可改写为

$$\int_t^{t+\Delta t}[D_e(C_{i_E}-C_{i_P})-D_w(C_{i_P}-C_{i_W})]\mathrm{d}t \tag{3-63}$$

平流项采用总变差法处理，引进 $F_e=(\sigma vC_iA)_e$ 及 $F_w=(\sigma vC_iA)_w$。又有

$$C_{i_E}\approx\begin{cases}\langle C_{i_E}^+\rangle = C_{i_P}+0.5\psi(r_e^+)(C_{i_E}-C_{i_P}), & v>0\\ \langle C_{i_E}^-\rangle = C_{i_E}+0.5\psi(r_e^-)(C_{i_P}-C_{i_E}), & v<0\end{cases} \tag{3-64}$$

$$C_{i_W}\approx\begin{cases}\langle C_{i_W}^+\rangle = C_{i_W}+0.5\psi(r_W^+)(C_{i_P}-C_{i_W}), & v>0\\ \langle C_{i_W}^-\rangle = C_{i_P}+0.5\psi(r_W^-)(C_{i_W}-C_{i_P}), & v<0\end{cases} \tag{3-65}$$

则方程平流项可改写为

$$\begin{cases}\displaystyle\int_t^{t+\Delta t}\left\{F_e\left[C_{i_P}+0.5\psi(r_E^+)(C_{i_E}-C_{i_P})\right]-F_w\left[C_{i_W}+0.5\psi(r_W^+)(C_{i_P}-C_{i_W})\right]\right\}\mathrm{d}t, & v>0\\ \displaystyle\int_t^{t+\Delta t}\left\{F_e\left[C_{i_E}+0.5\psi(r_E^-)(C_{i_P}-C_{i_E})\right]-F_w\left[C_{i_P}+0.5\psi(r_W^-)(C_{i_W}-C_{i_P})\right]\right\}\mathrm{d}t, & v<0\end{cases}$$

时间积分采用全隐式，即 $\Delta t$ 步长终点时刻的变量值。又令 $\overline{R}_i\Delta x\Delta t = R_c + R_P C_{i_P}$（其

中，$R_c$ 是常数型反应项，$R_P$ 是与浓度 $C_{i_P}$ 有关的线性系数)，则原方程化为

$$\begin{cases} \dfrac{\sigma_P \Delta x[C_{i_P}-C_{i_P}^0]}{\Delta t}+F_e\langle C_{i_E}^+\rangle-F_w\langle C_{i_W}^+\rangle=D_e(C_{i_E}-C_{i_P})-D_W(C_{i_P}-C_{i_W})+R_c+R_P C_{i_P}, & v>0 \\ \dfrac{\sigma_P \Delta x[C_{i_P}^0-C_{i_P}]}{\Delta t}+F_e\langle C_{i_E}^-\rangle-F_w\langle C_{i_W}^-\rangle=D_e(C_{i_E}-C_{i_P})-D_W(C_{i_P}-C_{i_W})+R_c+R_P C_{i_P}, & v<0 \end{cases} \tag{3-66}$$

令 $M_P \equiv \sigma_P \Delta x/\Delta t$，整理方程，得到关于未知浓度 $C_{i_P}$ 的代数方程：

$$\begin{cases} (M_P+D_w+D_e+F_e-R_P)C_{i_P}=(D_w+F_w)C_{i_W}=D_e C_{i_E}+M_P C_{i_P}^0-F_e\langle C_{i_E}^+\rangle+F_w\langle C_{i_W}^+\rangle+R_c, & v>0 \\ (M_P+D_w+D_e-F_w-R_P)C_{i_P}=D_w C_{i_W}+(D_e-F_e)C_{i_E}+M_P C_{i_P}^0-F_e\langle C_{i_E}^-\rangle+F_w\langle C_{i_W}^-\rangle+R_c, & v<0 \end{cases} \tag{3-67}$$

至此完成对一维非稳态孔隙水反应运移方程的有限体积法离散格式的推导。

求解这个代数方程，令：

$$\begin{aligned} a_w &= D_w+\max(F_w,0) \\ a_E &= D_e+\max(-F_e,0) \\ a_P &= a_w+a_E+(F_e-F_w)+M_P-R_P \\ S_d &= -F_e\langle C_{i_E}\rangle+F_w\langle C_{i_W}\rangle \\ b_P &= \begin{cases} M_P C_{i_P}^0+S_d^+ +R_c, & v>0 \\ M_P C_{i_P}^0+S_d^- +R_c, & v<0 \end{cases} \end{aligned} \tag{3-68}$$

式中，max$(F_w,0)$和max$(-F_e,0)$分别为在 $F_w$ 和 0 以及 $-F_e$ 和 0 之间取最大值；$S_d^+$、$S_d^-$ 分别为该项取正值(+)和负值(–)。

可以将方程写成如下形式：

$$a_P C_{i_P}=a_W C_{i_W}+a_E C_{i_E}+b_P \tag{3-69}$$

对于边界节点，因为经过特殊离散格式处理，系数有别于内部节点，这里简单记为 $a_P^*$、$a_W^*$、$a_E^*$ 和 $b_P^*$，于是将式(3-69)写成全空间区域的矩阵形式：

$$\begin{pmatrix} a_P^* & -a_E^* & 0 & 0 & & \cdots & 0 \\ -a_W & a_P & -a_E & 0 & & \cdots & 0 \\ \vdots & & & \ddots & & & \vdots \\ 0 & \cdots & & 0 & -a_W & a_P & -a_E \\ 0 & \cdots & & 0 & 0 & -a_W^* & a_P^* \end{pmatrix} \boldsymbol{C}_i=\boldsymbol{b} \tag{3-70}$$

式中，$\boldsymbol{C}_i$ 为向量形式的离散的浓度；$\boldsymbol{b}$ 为向量形式的离散方程右端项。注意 $\boldsymbol{b}$ 用到上一个时间步计算所得浓度 $\boldsymbol{C}_i^0$，但是对于当前时间步，由于采用全隐式格式，仍需通过求解

一个含三对角矩阵系数矩阵的线性代数方程来得到当前时间步的 $C_i$。当在每个时间步上迭代收敛后，将结果 $C_i$ 作为下一个时间步的初始条件继续运算，直到达到模拟时间的设定上限。

非稳态模型用 Python 语言调用科学计算领域广泛使用的类库(如 numpy、scipy、pandas、matplotlib 等)，因此程序性能相对稳健，在计算层面上不易出错。在实际使用过程中，我们发现针对不同孔隙水流体特征，模型参数所表现的敏感度并不一致，此外定解条件也在一定程度上影响模型稳定性。

2. 应用非稳态模型研究调查区孔隙水运移规律

1)非稳态模型的检验与调参

非稳态模型的化学反应处理模块继承自稳态模型，本节不再赘述。

由于国外的天然气水合物成矿区流体运移模型起步较早，数据翔实，我们的非稳态模型首先用于讨论国外研究较为成熟的站位，例如美国的布莱克海岭(Blake Ridge)和卡斯凯迪亚(Cascadia)俯冲带、日本的南海海槽、韩国的郁陵盆地等。这里用 ODP 204 航次的 1245 站位(位于卡斯凯迪亚地区的水合物脊)的一个实例来检验模型的效果。模型使用参数如表 3-3 所示，计算得到的浓度随深度分布的曲线与实测数据拟合良好(图 3-29)，从模型反求的外部甲烷总通量，在数量级上符合 ODP Leg 204 航次报告的推断。

表 3-3　ODP Leg 204 航次 1245 站位数据用于检验模型

| 参数 | 数值 | 单位 |
|---|---|---|
| 模拟的沉积物柱子长度 | 25 | m |
| 海底温度 | 4.0 | ℃ |
| 海底压力 | 78 | atm |
| 海水盐度 | 34 | PSU |
| 海底到柱子底部的孔隙度变化范围 | 0.7～0.6 | |
| 沉积速率范围 | $2.0\times10^{-4}$～$2.5\times10^{-4}$ | m/a |
| 外部流体速率 | $\approx1.0\times10^{-3}$ | m/a |
| 海水中硫酸盐扩散系数 | $175.15\times10^{-4}$ | $m^2/a$ |
| 海水中溶解甲烷扩散系数 | $285.16\times10^{-4}$ | $m^2/a$ |
| 海水中碳酸氢根扩散系数 | $185.77\times10^{-4}$ | $m^2/a$ |
| 有机物初始年龄 | $8.0\times10^{4}$ | a |
| 沉积物固体密度 | $\approx2.75\times10^{3}$ | $kg/m^3$ |
| 硫酸盐的半饱和常数 | 0.5 | mmol/L |
| 甲烷的半饱和常数 | 2.0 | mmol/L |
| AOM 最大反应速率 | 0.225 | $m^3/(mol\cdot a)$ |
| 外部甲烷扩散通量 | $1.0\times10^{-3}$～$1.0\times10^{-2}$ | $mol/(m^2\cdot a)$ |

注：PSU 表示绝对盐度，千分之一的基液中溶解的盐的质量与固体质量的百分比，可用‰表示。

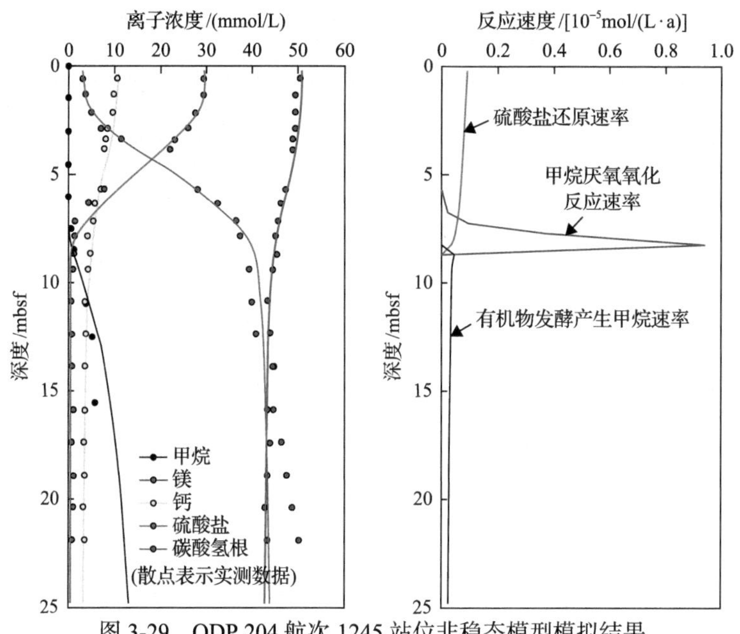


图 3-29　ODP 204 航次 1245 站位非稳态模型模拟结果

这个实例考虑了 5 种溶解组分：硫酸盐、甲烷、碳酸氢根、镁、钙。模拟深度涉及沉积物浅表层的硫酸盐还原带、SMTZ 和产甲烷带。在硫酸盐还原带，硫酸盐参与氧化有机物，本身被还原成硫化氢。当硫酸盐接近消耗殆尽时，有机物在微生物作用下产生甲烷和二氧化碳(在孔隙水中以等效碳酸盐表示)，标志着沉积物深度达到产甲烷带。生成的甲烷在浓度梯度和外部流体(如果有)的共同作用下向浅部运移，从而与硫酸盐按 1∶1 的化学计量比反应(即 AOM)，在一定的深度范围内硫酸盐和甲烷浓度均降至检测限以下，构成 SMTZ。AOM 同样增加孔隙水中的总碱度，因此在 SMTZ 上往往可能测得总碱度的局部极大值或者拐点(即总碱度梯度发生跃变)。该模型中，总碱度以溶解无机碳为代表，这是因为一般沉积环境下的孔隙水总碱度的主要贡献组分是溶解无机碳。又由于 pH 为 7.1～8.1，溶解无机碳的主要贡献组分是重碳酸盐($HCO_3^-$)，所以在模型中刻画了碳酸氢根的运移特征。自生碳酸盐沉淀会控制溶液中的总碳酸盐浓度，而浅表层沉积物自生碳酸盐主要是方解石、文石和白云石，所以镁钙变化也是模型必须考虑的因素。

2) 南海北部陆坡区非稳态流体运移规律

非稳态模型可用于研究流体运移过程，尤其能反映某一时刻起参数发生变化所引起的孔隙水溶质组分的响应。为此对珠江口盆地东南海域两个站位进行了非稳态模型的模拟，来说明非稳态模型的这一用途。

CL7 与 CL11 两个站位位于珠江口盆地东南的陆坡向深海方向延伸出去的同一个海脊上，CL7 站位接近海脊顶端，CL11 站位在海脊延伸部分的侧翼，因此它们的构造背景和沉积环境相差不远，物源补给也很相似。两个站位的大型重力活塞样都没能穿透 SMTZ，然而我们从其孔隙水深度曲线可直观看出具有不同的推测 SMTZ 深度。此外，两个站位深度小于 2m 部分的溶质曲线斜率接近，尤其表现在硫酸盐和总碱度曲线上，似乎暗示着 CL11 站位是从 CL7 站位改变流体通量演化得到，并且该过程尚未达到稳定，溶质深度曲线表现为上凹形状，“动态”流体仍然影响着 CL11 站位的各项地球化学组分。基于上述考虑，我们不妨将 CL7 站位的似稳态数据当作背景站位，应用非稳态溶质运移模型。

我们的模型同样考虑 5 种溶解组分：硫酸盐、甲烷、碳酸氢根、镁、钙。首先按稳态流体运移模型拟合 CL7 站位的孔隙水地球化学分析数据(边界条件见表 3-4)，得到珠江口盆地东南陆坡环境的沉积物孔隙水相关反应参数(表 3-5)，然后以这组稳态结果作为非稳态模型的初始条件，并且维持边界条件不作变更，继续运行模型，此时孔隙水各项组分的历时变化就可以反映在模型输出结果如图 3-30 所示。最后，当模拟结果以最优解拟合 CL11 站位的孔隙水分析数据后，模型自动终止运行。图示为非稳态模拟的初始浓度分布(即拟合 CL7 站位数据结果)与模型运行约 2700a 之后达到 CL11 站位状态的浓度曲线。两个状态之间的演化过程在模型运行时以动画监控显示。

表 3-4　珠江口盆地东南陆坡区模型边界条件设定

| 边界 | 参数 | 参数值设定 |
| --- | --- | --- |
| 模拟沉积物顶部(即海底，均为浓度边界) | 硫酸盐浓度 | 29mmol/L |
| | 甲烷浓度 | 0 |
| | 碳酸氢根浓度 | 2.8mmol/L |
| | 镁离子浓度 | 48mmol/L |
| | 钙离子浓度 | 12mmol/L |
| 模拟沉积物底部(均为扩散梯度边界) | 硫酸盐浓度 | 0 |
| | 甲烷浓度 | 0.006mol/($m^2$·a) |
| | 碳酸氢根浓度 | 0 |
| | 镁离子浓度 | 0 |
| | 钙离子浓度 | 0 |

表 3-5　CL7 站位和 CL11 站位模型参数

| 参数 | 数值(CL7 站位/CL11 站位) | 单位 |
| --- | --- | --- |
| 模拟的沉积物柱子长度 | 50 | m |
| 海底温度 | 4.0/2.0 | ℃ |
| 海底压力 | 90.98/160.32 | atm |
| 海水盐度 | 34 | ‰ |
| 海底到柱子底部的孔隙度变化范围 | 80～55 | % |
| 沉积物埋藏速率 | $5.0\times10^{-4}$ | m/a |

续表

| 参数 | 数值(CL7站位/CL11站位) | 单位 |
| --- | --- | --- |
| 外部流体速率 | 0/0.001 | m/a |
| 海水中硫酸盐扩散系数 | $1.75\times10^{-2}/1.62\times10^{-2}$ | $m^2/a$ |
| 海水中溶解甲烷扩散系数 | $2.84\times10^{-2}/2.66\times10^{-2}$ | $m^2/a$ |
| 海水中碳酸氢根扩散系数 | $1.85\times10^{-2}/1.70\times10^{-2}$ | $m^2/a$ |
| 海水中镁离子扩散系数 | $1.21\times10^{-2}/1.13\times10^{-2}$ | $m^2/a$ |
| 海水中钙离子扩散系数 | $1.30\times10^{-2}/1.20\times10^{-2}$ | $m^2/a$ |
| 有机物初始年龄 | $1.0\times10^4$ | a |
| 沉积物总有机碳含量 | 1.0 | % |
| 沉积物固体密度 | $2.50\times10^3$ | $kg/m^3$ |
| 海水密度 | $1.03\times10^3$ | $kg/m^3$ |
| 硫酸盐的半饱和常数 | 0.5 | mmol/L |
| 甲烷的半饱和常数 | 2.0 | mmol/L |
| AOM最大反应速率 | 0.18 | $mol/(m^3\cdot a)$ |
| 生物灌溉系数 | 0.1 | a |

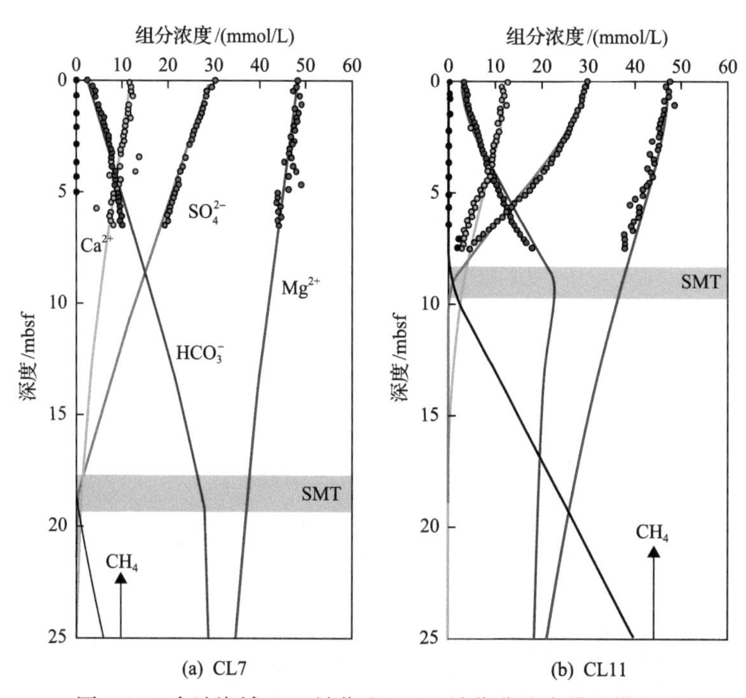


图 3-30　东沙海域CL7站位和CL11站位非稳态模型模拟图

通过非稳态模拟，我们发现改变沉积物底部甲烷通量(平流通量或扩散通量)，即可使处于稳态的背景浓度演化至 CL11 站位的瞬时浓度分布。不同于常规的孔隙水深度曲线稳态解释，非稳态模型提供了上凹形浓度曲线形成机制的新视角。我们认为，伴随甲烷通量的增大，更多的甲烷促成 AOM 消耗硫酸盐，有利于将 SMTZ 向浅表层沉积物推移。显然，甲烷通量的增大影响到 AOM 反应速率，从模型可以计算出深度积分的 $R_{AOM}$，CL7 站位背景值为 13.2mmol/($m^2 \cdot a$)，而改变通量之后拟合的 CL11 站位为 27.0mmol/($m^2 \cdot a$)，后者几乎两倍于背景设定。结合珠江口盆地东南陆坡区实际调查情况考虑，研究站位附近冷泉发育。另外，该区大地构造上属于从被动陆缘向主动陆缘过渡的地区，裂隙和断层发育，形成可能的烃渗漏环境，有利于裂隙充填型天然气水合物的形成。然而，如果模型假定的外部甲烷通量并非来自更深部的气源，而是与模型底部相距不远的生物成因气，那么关于孔隙流体化学组分的运移模型还需要耦合稳定同位素(尤其是稳定碳同位素)分馏过程，才能直接反映研究区的生烃潜力。

# 第4章　典型冷泉区自生碳酸盐岩矿物学与地球化学特征

## 4.1　概　　述

海洋环境中碳酸盐岩的沉积是非常重要的地质过程，全球海洋中每年大约有 1Gt (1Gt=$10^{15}$g) 碳酸钙沉淀，该过程控制着岩石圈-海洋-大气圈的 $CO_2$ 平衡以及全球的钙平衡。20 世纪 60 年代开始，与甲烷氧化过程有关的自生碳酸盐岩被发现，这种生物地球化学成因的碳酸盐岩引起了学术界的关注(Hathway and Degens, 1969; Nissenbaum, 1984)。20 世纪 80 年代中期，Paull 等(1984)在东北太平洋美国俄勒冈外海水合物脊(hydrate ridge)首次发现了渗漏甲烷的冷泉系统及其伴生的自生碳酸盐岩，其形成于微生物甲烷氧化作用。后来在全球大陆边缘海底冷泉活动区陆续发现了大量甲烷成因的自生碳酸盐岩(Suess, 2018)。

目前已经证实，冷泉系统最重要的生物地球化学过程就是甲烷缺氧氧化作用(AOM)，该过程消耗了超过 90%的由深部向海底渗漏的甲烷，有效地减少了温室气体甲烷向大气的释放(Boetius et al., 2000; Knittel and Boetius, 2009)。该反应的产物碳酸氢根($HCO_3^-$)与孔隙水或海水中的 $Ca^{2+}$、$Mg^{2+}$等结合导致了冷泉碳酸盐岩的形成。因此，长期以来对冷泉系统的研究主要是以冷泉碳酸盐岩为研究对象，因为它可以很好地记录冷泉系统的流体来源及渗漏活动演化特征(Roberts and Aharon, 1994; Campbell, 2006)。

冷泉碳酸盐岩常以化学礁、丘状体、结核、硬底、烟囱、胶结物和脉等形式产出(陈多福等, 2002; 冯东等, 2005; Roberts and Aharon, 1994; Peckmann et al., 1999a, 1999b, 2001; Peckmann and Thiel, 2004)。冷泉碳酸盐岩的形成及其产出状态同时受动力学和热力学的控制，影响冷泉碳酸盐岩形成的因素主要为海底沉积物表面孔隙水中甲烷的浓度、生物扰动作用、流体流动速率、沉积速率、生物灌洗作用(bioirrigation)(表 4-1)。在天然气渗漏或含水合物的海域，硫酸盐-甲烷转换带(SMTZ)一般较浅，AOM 作用使 SMTZ 内总碱度达到最大。AOM 成因的自生碳酸盐岩在沉积剖面上从 SMTZ 到海底均有分布，且随埋藏可产于 SMTZ 之下的沉积层中。如果 SMTZ 较深，由于压实作用较深的沉积层孔隙度较低，不利于冷泉碳酸盐岩沉淀所需的 $Ca^{2+}$、$Mg^{2+}$等从海水中向下扩散，冷泉碳酸盐岩通常发育于断裂通道附近较深的沉积层中，常以充填裂缝呈脉状形式产出(Greinert et al., 2002)。如果碳酸盐结壳在海底沉积物表面生成，就会阻碍甲烷游离气通过渗漏和扩散向上输送，大大降低了 AOM 速率，从而导致海底化能自养生物群落的密度和代谢活动受到限制。有碳酸盐结壳覆盖的冷泉，由于流体流动速率比较缓慢，加上扩散输送方式也很慢，只有极少量的甲烷气体能够进入海洋水体。

总而言之，冷泉碳酸盐结壳沉积所需的物理、化学和生物学条件非常苛刻，只有当海底表层沉积物孔隙水中溶解一定数量的甲烷、环境具有较微弱的生物扰动作用、适度的流体流动速率和沉积速率，才能形成冷泉碳酸盐岩。此外，生物灌洗作用可以加速冷泉碳酸盐结壳的沉淀，同时还导致冷泉碳酸盐结壳的形成向深部沉积层迁移(Luff et al., 2004)。

**表 4-1　典型冷泉区控制冷泉碳酸盐结壳生成的因素**(据 Luff et al., 2004)

| 控制因素 | 数值 | 说明 |
|---|---|---|
| 生物扰动作用 | 0.01～0.1cm$^2$/a | 生物扰动系数大于 0.05cm$^2$/a，将抑制碳酸盐结壳的生成 |
| 流体流动速率 | 0～80cm/a | 有利于碳酸盐结壳生成的流体流动速率范围是 20～60cm/a，但当海底水体方解石过饱和时，可以达到 90cm/a |
| 沉积速率 | 0.0275～0.1cm/a | 沉积速率大于 0.05cm/a，将不利于碳酸盐结壳的生成 |
| 生物灌洗作用 | 0～80a$^{-1}$ | 较强的生物灌洗作用可以促进碳酸盐结壳的生长，同时使碳酸盐结壳向深部沉积层发育 |
| 甲烷浓度 | 20～68mmol/L | 只有当水体中甲烷的浓度大于 20mmol/L 时才发育碳酸盐岩，生成碳酸盐结壳所需的甲烷在水体中的浓度为 50mmol/L 以上 |

大洋钻探 ODP 184 航次期间，在南海北部 1146 站位钻孔岩心 600m 深处发现了结核状的自生菱铁矿(Zhu et al., 2003)，这是在南海沉积物深部较早发现自生碳酸盐岩的实例，但在沉积物表层发现碳酸盐岩的情况很长一段时间都未见报道。南海北部陆坡系统的冷泉碳酸盐岩的调查研究始于 20 世纪 90 年代末广海局对南海的天然气水合物调查。2004 年，在中德合作项目支持下，广海局“海洋四号”和德国“太阳号”调查船分别在东沙海域陆坡海底沉积物表层采获大量冷泉碳酸盐岩，发现了面积达 430km$^2$ 的九龙甲烷礁。经过多年的地球物理、化学等调查和研究，在南海北部发现了多处天然气水合物异常区，同时在神狐海域、东沙西南海域、东沙东北海域、台西南以及琼东南等海域的 30 多个站位采集到了冷泉碳酸盐岩。冷泉碳酸盐岩中主要的自生矿物是高镁方解石和文石，也有些以白云石为主(佟宏鹏等，2012；Feng et al., 2018)。

为了认识南海北部陆坡冷泉碳酸盐岩的成因及对冷泉活动强度的指示意义，有必要开展冷泉碳酸盐岩矿物学、岩石学和地球化学特征研究。本章主要对广海局采获的南海北部陆坡冷泉碳酸盐岩进行详细的研究，探讨其形成过程及当时的冷泉活动状态，深化对冷泉碳酸盐岩成因的认识。

## 4.2　样品与分析方法

本章的冷泉碳酸盐岩样品采自南海北部神狐海域 HS4 站位和 HS4a 站位，以及台西南海域 HD314 站位和 HD76 站位，样品呈块状(图 4-1)。将部分样品切成小片进行扫描电镜观察分析。将要研究的样品表面仔细抛光涂上碳粉。用 JEOL JSM-6330F 场发射扫描电子显微镜对样品进行分析，工作电压为 15kV。然后，对样品表面用浓盐酸进行蚀刻约 30s，用 FEI-Quanta 400 热场发射环境扫描电镜在 20kV 下分析。用于 X 射线衍射(XRD)测试的样品通过微型钻头从抛光的表面钻取约 200mg 粉末。XRD 分析由 Empyrean X 射线衍射系统(Cu Kα)完成，*d* 值根据刚玉的轮廓进行校准，主要矿物的鉴定是通过 JADE

6.5 软件完成的，主要矿物相的定量计算使用 GSAS 和 EXPGUI 程序完成。

图 4-1　南海北坡具代表性的自生碳酸盐岩图像(据 Lu et al., 2015，有修改)

(a) 4-3(样品号，表示 HS 站位的 3 号样品)看起来像流体渗漏通道的碎片，渗漏通道突出显示为黄线。(b) 4-3 的抛光面显示 I 区和 O 区(I 即 inner，表示流体通道的内壁部分；O 即 outer，表示流体通道的外壁部分)，I 区靠近通道。这两个区域也显示在 4a-1 的抛光侧(c) 和 4a-3(d)。4a-3 的 O 区是黄色组分。样品 314-2 及其沿黄线切割的横截面如(e) 和(f) 所示。将 314-2 分为 Y 区、I 区和 O 区，Y 区发育河道。XRD 和碳氧同位素分析的子样品位置标记为字母 I、O、Y

基于 XRD 结果选择了高镁方解石(HMC)和高白云石含量的样品，用于投射电子显微镜(TEM)和扫描透射电子显微镜(STEM)分析。用金刚石锯小心地从 314-2 I 和 4-3 I 切割出小颗粒并被碾成两边厚 30μm 的薄片。然后，切片粘在铜孔网格上并通过 Fischione 1010 进行离子研磨。另一方面将 I 区的两个样品切下，用丙酮压成粉末。粉末样品用碳膜转移到铜栅上。离子研磨的样品用于 STEM 的分析由飞天 G280-200 扫描传输进行能量色散 X 射线电子显微镜光谱学(EDS)。采用 JEOL-JEM-2010 型高分辨率透射电子显微镜对粉末样品进行 TEM 分析。

对所有区域的样品开展稳定碳(C)和氧(O)同位素分析。反应瓶是在 70℃下干燥。加入适量粉末样品进入反应烧瓶，并在 70℃下干燥。烧瓶用 99.99%氮气密封和冲洗。空气被吹走后，100%磷酸被注入烧瓶，与样品反应。2h 后，释放的二氧化碳被净化，然后用 Thermo Fisher DELTA XP 质谱仪分析。分析结果用 $\delta$ 值表示，采用美洲似箭石(V-PDB)标准，精确度在±0.1‰。

通过微钻从未风化的样品内部已磨平的表面钻取样品用于地球化学分析，并把钻取的样品磨成粉末。约 7mg 样品准备用于钙和镁含量的测试。使用 10mL 体积分数为 5% 的乙酸浸泡粉末样品，并在摇床上静置 1h 以分离碳酸盐以及残留相。在 4000r/min 离心 10min 后，上半部分溶液通过 MillexGP 0.22mm 过滤装置进行转移和过滤。清理后的溶液在 120℃的电热板上干燥。最后，浸出液溶于体积分数为 3%的硝酸，利用电感耦合等离子体发射光谱仪（ICP-AES）进行分析。

约 40mg 样品用于稀土元素含量测试。将岩石粉末与 40mL 体积分数为 5%的乙酸在摇床上反应 1h。之后的步骤类似于钙和镁含量分析。在已过滤的溶液干燥后，残渣溶解于（体积分数）2%的硝酸中，通过电感耦合等离子体质谱仪（ICP-MS）进行分析。$Ce/Ce^*$ 和 $Pr/Pr^*$分别表示 $2Ce_N/(La+Pr)_N$ 和 $2Pr_N/(Ce+Nd)_N$，其中下标 N 表示标准后太古代澳大利亚页岩的标准化（PAAS；McLennan, 1989）。常量元素与稀土元素含量分析均在中山大学实验测试中心完成。

用于镁同位素分析的样品取样位置如图 4-2 所示。醋酸浸出液被用于镁同位素分析。镁的纯化在中国科学院广州地球化学研究所地球化学科学（CAS）同位素国家重点实验室进行。具体地说，将不同数量的样品粉末（样品 76-1 约 10mg，所有其他样品约 3mg）放在特氟龙（PFA）烧杯中，在室温下与 3mL 体积分数为 5%乙酸反应大约 1h。在混合物以 5000r/min 的速率离心 10min 后，上部清液被倒入新的 PFA 烧杯。用 Milli-Q 纯净水冲洗残留物两次。离心后，混合渗滤液在 80℃下干燥。然后与 1.6mL 王水在 80℃的电热板上混合 90min，以去除乙酸和其他可能的有机物。最后，渗滤液用浓硝酸处理并干燥以将样品转移到硝酸盐，去除残留的醋酸和其他可能的有机物。此后，将渗滤液溶解在 1mL 浓

图 4-2　海洋生物碎屑碳酸盐岩（a）和冷泉碳酸盐岩［（b）～（d）］的图片（据 Lu et al., 2017）

（a）样品 HD76 为海洋生物碎屑碳酸盐岩。生物细胞可以被肉眼识别。（b）样品 4-1 的外表面。（c）样品 4a-2 的一部分，抛光显示不同程度风化的板，灰色部分样品显然不受风化作用的影响。（d）样品 314-1，样品内部没有风化迹象。这个用于镁同位素分析的微钻孔位置用红点表示

度为 1mol/L 的硝酸中。通过 VISTA-PRO ICP-OES，少量溶液被用于测量常量元素（包括 Ca 和 Mg）的浓度。相当于约 50μg 镁的一份溶液被装在预先清洗和预处理的色谱柱上，柱内填充了 2mL Bio-Rad AG 50W-X12（200～400 目）阳离子树脂以用于获得纯化的镁。色谱柱的化学成分经过仔细校准，以确保回收率接近 100%。该步骤的总空白值小于 10ng，低于总镁含量（约 50μg）的 0.02%。

镁同位素组成在中国科技大学壳幔物质与环境重点实验室通过 Thermo Scientific Neptune-Plus MC-ICP-MS 测定。镁同位素分析结果用 $\delta$ 值表示（‰），采用 DSM3 标准。内部标准样品 IGGMg1 多次测量确定的 $\delta^{26}$Mg 值为–1.76±0.05（2SD，$n$=29），与预期值–1.75±0.05（2 倍标准偏差 2SD，$n$=125；An et al., 2014）对应得很好。CAM-1 标准得到的 $\delta^{26}$Mg 值为–2.60±0.06（2SD，$n$=21），反映了报道的组成（Galy et al., 2003）。最后，对一个样品（4a-1b）的重复分析显示出极好的再现性（–3.08±0.01 和–3.09±0.04，2SD）。

## 4.3 冷泉碳酸盐岩岩石学与矿物学特征

### 4.3.1 研究意义

冷泉碳酸盐岩中最常见的自生矿物是文石和高镁方解石，也有白云石、低镁方解石、菱铁矿、重晶石、黄铁矿及石膏等（Roberts and Aharon, 1994; 陈多福等，2002; Peckmann and Thiel, 2004; Naehr et al., 2000, 2007; 冯东等，2005; Roberts et al., 2010）。影响碳酸盐矿物相沉淀的因素主要包括：碳酸盐过饱和程度、$Ca^{2+}$和 $Mg^{2+}$浓度、$SO_4^{2-}$等阴离子团的出现、温度、$p_{CO_2}$、微生物活动等，较高的碳酸盐过饱和度及较高的 $Mg^{2+}/Ca^{2+}$值似乎更加有利于文石而非高镁方解石沉淀（Naehr et al., 2007）。也有学者认为，文石的出现反映了高甲烷通量和高效甲烷氧化作用（Luff and Wallmann, 2003），而白云石沉淀与产甲烷菌有关，且常具有正的 $\delta^{13}$C 值（高达+25‰，甚至更高；Orphan et al., 2004）。低镁方解石的出现与低 $Mg^{2+}/Ca^{2+}$值的渗漏流体活动有关（Feng et al., 2014）。

冷泉碳酸盐岩中常发育特殊的沉积组构，如向下生长的平底晶洞、叠层石、凝块、团粒、草莓状黄铁矿、黄铁矿环带、溶蚀面等（Peckmann and Thiel, 2004；Campbell, 2006）。向下生长平底晶洞组构可能是在先前存在的碳酸盐结壳之下，碳酸盐矿物向下结晶形成的结果。与传统的叠层石结构不同，冷泉环境的叠层石可能是向下生长的，生长方向指示了能量来源的方向。泥微晶碳酸盐凝块被认为与冷泉碳酸盐岩沉淀过程中微生物新陈代谢引起的局部化学环境差异有关。泥微晶团粒常被认为与微生物的泥晶化作用有关。由于甲烷缺氧氧化作用耦合硫酸盐的还原作用，冷泉碳酸盐岩中广泛发育草莓状黄铁矿，莓球直径一般小于 10μm，具典型微生物成因特征。此外，冷泉碳酸盐岩中观察到微丝状体，被认为是石化的微生物（Peckmann et al., 2001，2002；陈多福等，2005；Chen et al., 2005；Feng et al., 2008, 2009b；Han et al., 2008）。

冷泉区的自生碳酸盐岩都由多种钙镁碳酸盐相组成，但以上碳酸盐相的鉴定，特别是白云石的确定，基本都是只根据 XRD 的结果，有的甚至仅根据 SEM 就能确定白云石。

实际上，钙镁碳酸盐相并非独立的文石、镁方解石和白云石，而是一个系列（Goldsmith and Graf, 1958; Goldsmith et al., 1961），根据相应的 $MgCO_3$ 含量和结构来划分。除了矿物相，矿物的微结构和微成分也是其重要特征。通过 TEM 对纳米晶体进行研究，前人发现一种由纳米晶体聚集并逐渐演化成矿物的取向连接机制，该机制为纳米晶体中缺陷的成因提供了解释（Pen and Banfield, 1998）。完整的晶体在生长过程中，不同晶面在不平衡的状态下生长，造成了成分的区域分带（Fouke and Reeder, 1992; Paquette and Reeder, 1995）。这种成分的不均一分布也出现在矿物的微观尺度上，在全新世以前的富钙白云石中常见一种条带状的纳米级微区，即 M 结构（Gunderson and Wenk, 1981; Reeder, 1981, 2000），这种结构也在镁方解石中有少量报道（Gunderson and Wenk, 1981）。它是由于阳离子在微区的有序排列造成的，对于白云石表现为微区富钙，而对于方解石则表现为微区富镁（Wenk and Zhang, 1985; Wenk et al., 1991; Schubel et al., 2000）或碳—氧组的方向变化所造成（Gunderson and Wenk, 1981），或者是同晶体一同形成的微区杂质（Reksten, 1990）。这些特殊微成分为富钙白云石的电子衍射花样中增加了新的 c 衍射（van Tendeloo et al., 1985; Wenk and Zhang, 1985; Wenk et al., 1991; Tsipursky and Buseck, 1993; Schubel et al., 2000; Larsson and Christy, 2008; Shen et al., 2013）和 d 衍射（van Tendeloo et al., 1985; Wenk and Zhang, 1985; Schubel et al., 2000; Shen et al., 2014）。c 衍射出现在晶面 $(110)^*$、$(104)^*$、$(012)^*$方向上布拉格衍射点近中间的位置，被认为表明微区相对白云石晶胞结构沿 *a* 轴增加了一倍（Gunderson and Wenk, 1981; Schubel et al., 2000），为此提出了 γ 和 ν 白云石来解释 M 结构的晶体结构和成分排布（Reeder and Wenk, 1979; Wenk and Zhang, 1985; Tsipursky and Buseck, 1993; Reeder, 2000）。d 衍射被认为是白云石衍射 c 轴方向上阳离子的另一种有序排列，前人将其命名为 δ 白云石（Wenk and Zhang, 1985; Reeder, 2000）。虽然针对 c 衍射和 d 衍射的特种白云石热力学上的稳定性被证明（Wenk and Zhang, 1985; Wenk et al., 1991），但依据微区衍射和高分辨率 STEM 结果表明 c 衍射和 d 衍射分别起因于母体白云石呈（104）双晶关系的微区方解石和另一种阳离子沿 *c* 轴的排列方式（Larsson and Christy, 2008; Shen et al., 2013, 2014）。

以上都是针对陆地或生物成因碳酸盐矿物的纳米矿物学结果，目前冷泉碳酸盐岩精细矿物学或纳米矿物学的相关研究报道较少。高分辨率 STEM 可以提供原子级别的分辨率和部分成分信息，直观地展示样品的微成分和微结构（Nellist, 2011）。通过球差校正器和电磁透镜形成像差小、束斑小、强度大的电子束，对样品的特定区域扫描，穿透的信号由相应的探测器接收，获得 STEM 模式的明场和暗场像。由于高角度暗场探测器的规格和相对较大的接收面积，以及 STEM 电子束在样品中的热扩散散射效应，高角度暗场像反映原子排布和相应的化学信息，原子序数越大显示越高的强度（Nellist, 2011）。通过高分辨率透射电镜（HRTEM）和 STEM 的研究，可以提供碳酸盐矿物的微结构和微成分。

岩相或沉积结构是组成矿物和沉积环境影响的结果（Bennett et al., 1989），也包括后期改造的影响。如叠层石的层状是在微生物作用下形成的（Burne and Moore, 1987），沉积物受后期海水作用，常被碳酸盐胶结，可能保留当时的沉积结构（Tucker et al., 1993）。前人对古冷泉区沉积物的研究中发现了特殊的沉积构造。宏观上，该区域剖面上碳酸盐岩的分布显示流体侵入的痕迹，有的呈网脉状(Bennett et al., 1989)，代表过去冷泉作用的部位。微观上，碳酸盐岩中常见各种冷泉通道，其中包含等厚状和球状的碳酸盐微相(Peckmann and Thiel, 2004)。现代冷泉区沉积物中，原本赋存水合物的位置在水合物分解后留下空洞(Forsberg and Locat, 2005)。所以，自生碳酸盐岩的沉积结构也体现着冷泉的作用过程。

本节将从显微镜、SEM、XRD、TEM的结果开始，从结构和成分上仔细地鉴定样品中的钙镁碳酸盐相。然后根据XRD结果挑选了5个样品：4a-2、4-3、4-3 I、314-1和314-2 I，选择其中有高镁相的部位，用离子减薄处理样品，获得HRTEM和STEM图像，研究白云石或原白云石的微结构和微成分，从微观尺度上挖掘更多的冷泉信息。最后将会对样品中的微观沉积结构用微区手段研究，推测当时的冷泉渗漏活动状态。

### 4.3.2 冷泉碳酸盐岩的结构特征

南海北部陆坡HS4、HS4a和HD314站位的冷泉碳酸盐岩样品在镜下表现出相似的特征(图4-3)，细粒的碳酸盐组分胶结相对大颗粒的硅酸盐和生物碎屑。碳酸盐晶体无法在显微镜下分辨，表现为棕色组分。可见的硅酸盐主要为石英和长石。反射光条件下，在部分微体生物残骸中可见黄铁矿，大部分呈草莓状。在一些样品的I或I内部位的黄铁矿表现鲜亮的黄色，而在O部位的黄铁矿带灰色。HD76站位的样品表现另一种特征，由碳酸盐胶结更大的硅酸盐碎屑颗粒和更大的生物碎屑，有的壳体发生重结晶。神狐海

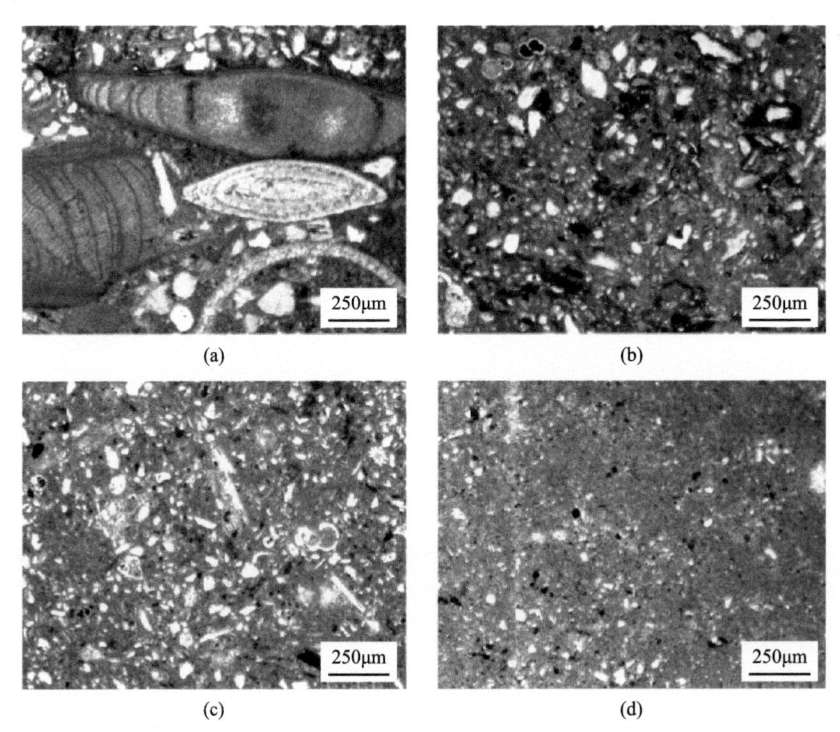

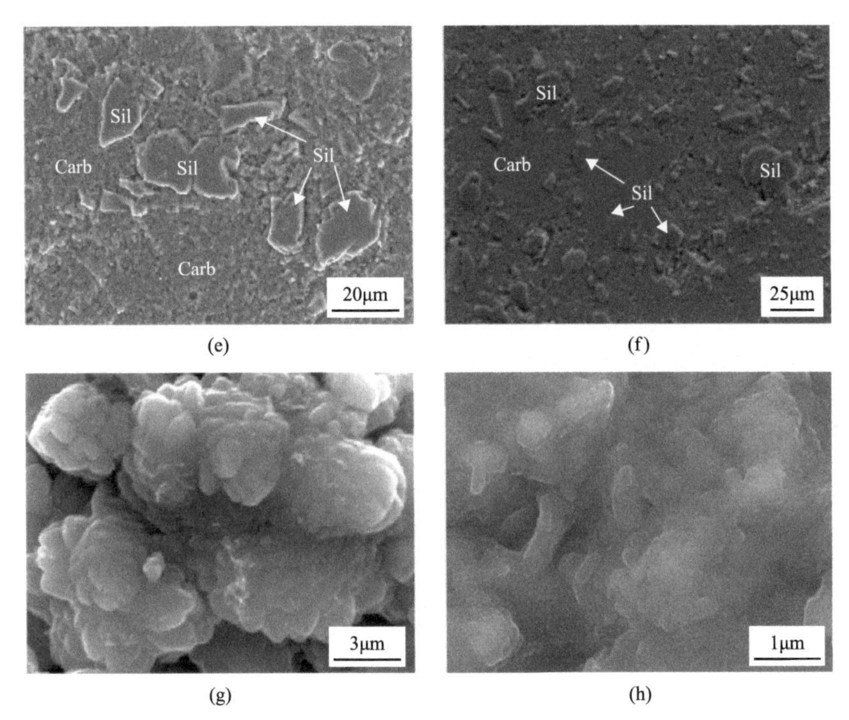


图 4-3　海洋生物碎屑岩(a)和冷泉碳酸盐岩[(b)～(d)]的显微镜照片及冷泉碳酸盐岩的SEM 照片[(e)～(h)](据 Lu et al., 2017，有修改)

(a)样品 76-1，生物碎屑，包括底栖生物有孔虫、珊瑚红藻、碎屑石英和长石。(b)样品 4-3，自生微晶碳酸盐胶结碎屑石英、长石和一些生物碎屑。(c)样品 4a-2，包裹碎屑石英、长石的微晶碳酸盐基质，一些生物碎屑，以及少量自生黄铁矿(黑色)。(d)样品 314-2，微晶碳酸盐基质类似于(b)和(c)，但含有较少的碎屑。(e)样品 4-1，碎屑，细晶自生胶结粗晶硅酸盐和碳酸盐矿物。(f)样品 314-2，纹理与(e)相似。(g)样品 4a-2，微晶碳酸盐矿物，晶体尺寸约为 1μm。(h)样品 314-1，形态类似于(g)。Carb-钙镁碳酸盐；Sil-硅酸盐、石英或长石

区、东沙海区和 HD76 站位的样品的沉积结构表明样品形成于沉积物中，胶结原始沉积物，后期受某种作用被带至海底。

冷泉碳酸盐岩样品 SEM 的观察结果(图 4-3)显示，两个海区有代表性的样品中的碳酸盐矿物都是它形的小颗粒，粒径约为 1μm，胶结硅酸盐碎屑。神狐和东沙的样品表现相似，初始看上去是它形颗粒，但通过对比正常样品和盐酸蚀刻样品，发现碳酸盐颗粒之间填充着丝状物，从而改变了它们看上去的晶形。由于用于低分辨率 STEM 观察的样品是经离子减薄处理的，在高角度暗场像模式下，能够分辨碳酸盐矿物。神狐碳酸盐的颗粒约 1μm，呈半自形或它形，颗粒间隙被黏土矿物填充，它们看上去有被碳酸盐挤开的趋势。HD314 站位的碳酸盐颗粒与神狐的类似，但却是明显的它形，可见被胶结的硅酸盐和黏土矿物，黏土矿物被挤压的趋势更明显。能谱结果显示，神狐和东沙海区样品中的碳酸盐矿物的阳离子都为 $Ca^{2+}$和 $Mg^{2+}$，不同部位钙和镁的相对含量有差异。

### 4.3.3 冷泉碳酸盐岩的矿物学特征

1. X 射线衍射对矿物学特征的指示

根据 $MgCO_3$ 的摩尔分数，钙镁碳酸盐矿物可以分为方解石和(原)白云石两类。方解石分为低镁方解石(LMC)、高镁方解石(HMC)和超高镁方解石(VHMC)。LMC、HMC 和 VHMC 的 $MgCO_3$ 边界值分别为 10%和 36%。原白云石和白云石的 $MgCO_3$ 摩尔分数从 36%附近开始。钙镁碳酸盐矿物类型的分类如图 4.4 所示。XRD 是研究微小矿物的绝佳工具，典型样品的 XRD 谱线如图 4-5 所示，非碳酸盐矿物为石英、钠长石、正长石、绿泥石和伊利石，它们是海底的碎屑沉积物。主要的自生碳酸盐矿物为高镁方解石($MgCO_3$ 质量分数大于 5%，HMC)和白云石，少量样品具有一定量的文石和低镁方解石($MgCO_3$ 质量分数小于 5%，LMC)(表 4-2)，部分样品的 O 部位检测到少量针铁矿。

与标准的方解石和白云石的(104)的 $2\theta$ 对比，研究的碳酸盐岩样品的相关参数介于两者之间(图 4-5)。根据碳酸盐的 $MgCO_3$ 含量和(104)的 $2\theta$ 的关系，这个区间被分成 LMC 区、HMC 区、白云石区。HD76 站位的碳酸盐的(104)峰相对标准的略微偏移，都落在 LMC 的区域(图 4-5 中的 D)。314-2 的 3 个部位的(104)峰之间略有差异，O 部位的主峰落在区域 2(图 4-5 中的 E)。I 部位的 2 个峰，较高的位于区域 1 和 2 交界处，并在区域 1 有个小的肩膀峰，较矮的峰在区域 3(图 4-5 中的 F)。Y 部位的主峰在区域 2，伴随 1 个小的肩膀峰在区域 1，还可见微弱的峰在区域 3(图 4-5 中的 G)。神狐样品(104)峰的组合分为 4 类：①高峰在区域 3，矮峰在区域 1(图 4-5 中的 H)；②伴有肩膀的主峰在区域 3，矮峰在区域 1(图 4-5 中的 I)；③高矮峰分别在区域 3 和区域 1，它们被跨越区域 2 的矮宽的峰连接(图 4-5 中的 J)；④与区域 3 类似，但区域 2 中的峰更高(图 4-5 中的 K)。

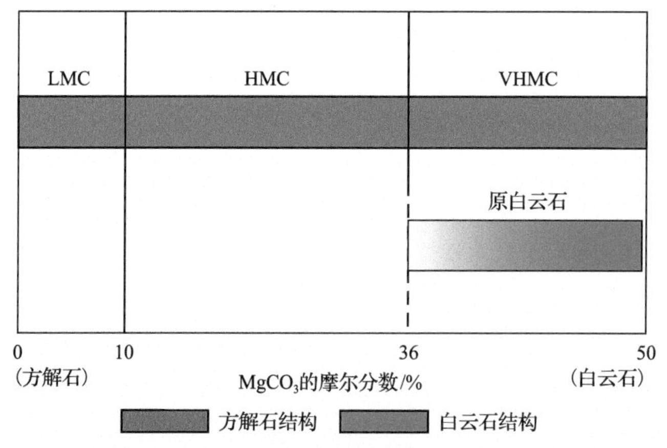


图 4-4 根据 $MgCO_3$ 的摩尔分数和相应结构的钙镁碳酸盐的分类示意图

标准的方解石和白云石分布在两端，分别由方解石结构和白云石结构组成。LMC、HMC 和 VHMC 的边界分别在 10%和 36%。它们都由方解石结构组成，原白云石的 $MgCO_3$ 摩尔分数从 36%附近开始，由白云石结构组成

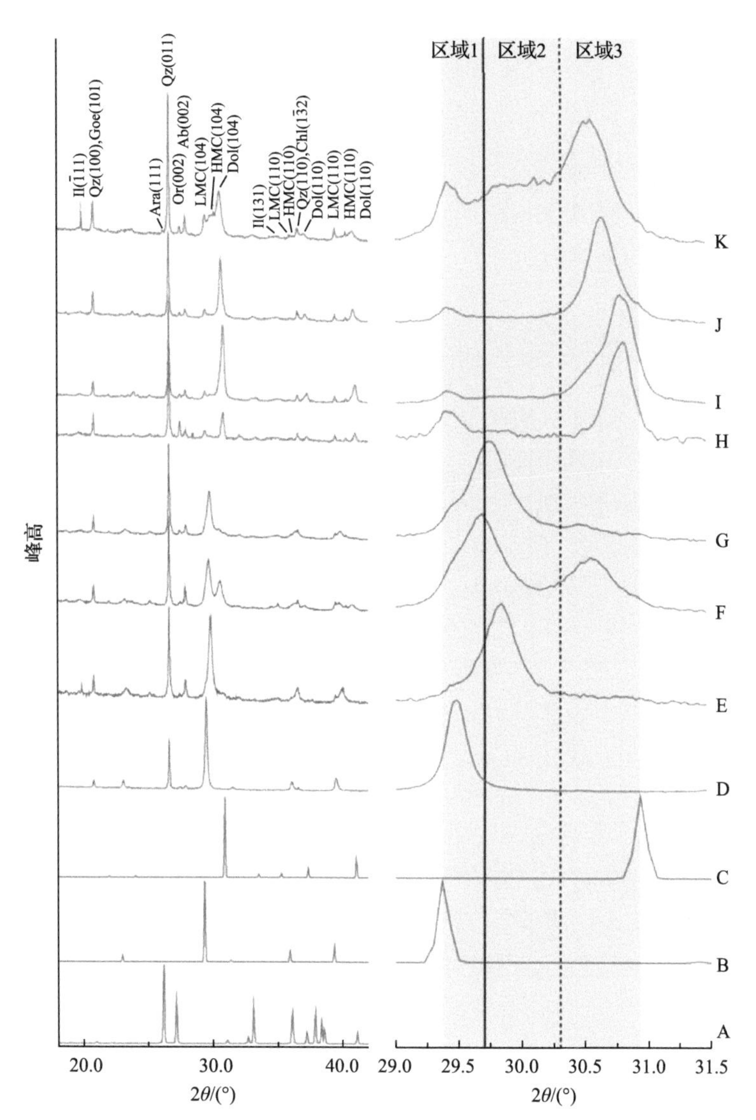


图 4-5　标准矿物(A～C)和典型样品(D～K)的 XRD 谱线

相应的碳酸盐矿物的(104)峰被放大显示在右边。样品碳酸盐相的(104)分布于标准的方解石和白云石的(104)之间，该区域用灰色标出。根据图 4-4 中钙镁碳酸盐相的划分及 $MgCO_3$ 含量与(104)峰的 $2\theta$ 值的关系，将此灰色区域分为 3 部分，由于白云石的 $MgCO_3$ 含量下限边界模糊，故用虚线表示。A-文石；B-方解石；C-白云石；D-76-1 I；E-314-2 O；F-314-2 I；G-314-2 Y；H-4a-3 O；I-4a-3 I 内；J-4-2 O 外；K-4-3 O 内。区域 1-LMC 区；区域 2-HMC 区；区域 3-白云石区。Qz-石英；Ab-钠长石；Or-正长石；Goe-针铁矿；Il-伊利石；Chl-绿泥石；Ara-文石；LMC-低镁方解石；HMC-高镁方解石；Dol-(原)白云石

表 4-2　南海北部陆缘各站位自生碳酸盐岩的主要矿物的相对含量(质量分数)和钙镁碳酸盐矿物的(104)面间距

| 区域 | 样品编号 | 石英/% | 钠长石/% | 正长石/% | 绿泥石/% | 伊利石/% | 文石/% | LMC/% | HMC/% | (原)白云石/% | 针铁矿 | $d_{104}$(LMC)/Å | $d_{104}$(HMC)/Å | $d_{104}$(Dol)/Å |
|---|---|---|---|---|---|---|---|---|---|---|---|---|---|---|
| 神狐海区 | 4a-1 I[a] | 17.24 | 0.64 | 1.63 | 3.68 | 12.64 | 29.68 | 3.14 | 6.83 | 24.51 | | 3.034 | 2.999 | 2.919 |
| | 4a-1 O[a] | 17.70 | 2.78 | 4.78 | 8.15 | 16.08 | | 5.03 | 9.31 | 28.21 | 7.97 | 3.036 | 3.002 | 2.919 |
| | 4a-2 I 内[a] | 13.27 | 2.47 | 2.02 | 1.75 | 15.06 | | 3.74 | 5.33 | 56.36 | | 3.033 | 2.962 | 2.908 |
| | 4a-2 I 外[a] | 19.15 | 3.23 | 1.22 | 2.63 | 10.62 | | 3.98 | 5.42 | 53.74 | | 3.035 | 2.967 | 2.912 |
| | 4a-2 O 内[a] | 11.95 | 1.63 | 0.22 | 4.99 | 9.65 | 36.07 | 3.03 | 10.95 | 21.51 | | 3.035 | 2.985 | 2.908 |
| | 4a-2 O 外[a] | 20.52 | 3.65 | 0.65 | 4.06 | 13.26 | | 3.32 | 4.85 | 43.64 | 6.07 | 3.036 | 2.967 | 2.905 |
| | 4a-3 I 内 | 14.75 | 3.16 | 1.34 | 2.95 | 16.70 | | 3.34 | 2.49 | 42.82, 12.46[b] | | 3.035 | 2.984 | 2.923, 2.900 |
| | 4a-3 I 外 | 13.47 | 0.86 | 1.49 | 5.38 | 11.39 | | 2.91 | 3.86 | 48.65, 11.99[b] | | 3.034 | 2.993 | 2.929, 2.904 |
| | 4a-3 O 内 | 15.13 | 3.37 | 1.54 | 4.64 | 20.19 | | 3.12 | 5.55 | 46.46 | | 3.036 | 2.959 | 2.901 |
| | 4a-3 Y[a] | 28.08 | 5.12 | 8.77 | 10.87 | 16.17 | | 5.66 | | 25.34 | | 3.034 | | 2.898 |
| | 4-1 I | 20.60 | 1.94 | 1.99 | 3.65 | 11.18 | | 3.91 | 14.28 | 42.46 | | 3.032 | 2.933 | 2.901 |
| | 4-1 O 内 | 17.80 | 4.23 | 1.17 | 6.39 | 8.09 | | 3.01 | 23.67 | 35.65 | | 3.035 | 2.961 | 2.907 |
| | 4-1 O 外 | 18.03 | 5.36 | 0.40 | 5.24 | 14.24 | | 1.98 | 4.60 | 47.2 | 2.95 | 3.035 | 2.984 | 2.902 |
| | 4-2 I | 20.35 | 3.78 | 1.04 | 3.53 | 11.03 | | 4.56 | 5.66 | 50.15 | | 3.035 | 2.957 | 2.911 |
| | 4-2 O 内 | 17.66 | 1.35 | 2.16 | 4.74 | 15.16 | 11.47 | 3.18 | 8.19 | 36.08 | | 3.031 | 2.968 | 2.908 |
| | 4-2 O 外 | 17.27 | 3.31 | 2.53 | 5.56 | 18.79 | | 3.36 | 4.87 | 44.32 | | 3.036 | 2.994 | 2.916 |
| | 4-3 I | 21.22 | 3.09 | 0.42 | 4.85 | 15.35 | | 4.03 | 5.95 | 45.08 | | 3.036 | 2.972 | 2.908 |
| | 4-3 O 内 | 14.82 | 3.42 | 1.75 | 4.28 | 18.16 | 3.01 | 3.72 | 19.69 | 31.14 | | 3.036 | 2.986 | 2.925 |
| | 4-3 O 外 | 15.59 | 3.83 | 0.52 | 4.80 | 18.72 | | 4.88 | 5.23 | 37.91 | 8.53 | 3.036 | 2.973 | 2.908 |

续表

| 区域 | 样品编号 | 石英/% | 钠长石/% | 正长石/% | 绿泥石/% | 伊利石/% | 文石/% | LMC/% | HMC/% | (原)白云石/% | 针铁矿 | $d_{104}$(LMC)/Å | $d_{104}$(HMC)/Å | $d_{104}$(Dol)/Å |
|---|---|---|---|---|---|---|---|---|---|---|---|---|---|---|
| 东沙海区 | 314-2 Y[a] | 17.19 | 3.28 | 0.67 | 5.63 | 25.96 | | 1.94 | 39.11 | 6.24 | | 3.033 | 3.002 | 2.931 |
| | 314-2 I | 11.31 | 2.65 | 0.90 | 5.14 | 16.24 | | 3.67, 31.52[b] | | 28.57 | | 3.035, 3.010 | | 2.924 |
| | 314-2 O | 13.98 | 4.46 | 2.01 | 12.49 | 11.31 | | | 52.58 | 3.16 | | | 2.993 | 2.923 |
| | 76-1 I | 14.71 | 3.78 | 1.56 | 1.66 | 4.50 | | 73.80 | | | | 3.027 | | |
| | 76-1 O | 28.98 | 6.74 | 1.49 | 4.41 | 8.07 | | 50.31 | | | | 3.026 | | |
| | 76-2 I | 3.06 | 1.40 | 1.33 | 5.98 | 10.67 | | 77.56 | | | | 3.027 | | |
| | 76-2 O | 7.04 | 2.04 | 0.11 | 2.88 | 7.01 | 4.44 | 71.32, 5.17[b] | | | | 3.026, 3.007 | | |
| | 76-4 I | 3.56 | 2.32 | 0.07 | 2.15 | 11.05 | | 80.86 | | | | 3.029 | | |
| | 76-4 O | 8.95 | 2.76 | 0.99 | 4.90 | 14.89 | | 61.76, 4.05[b] | | | 1.71 | 3.031, 3.008 | | |

注：a-I、O、I 内、I 外、O 内、O 外与 4.2 节样品描述中的位置相对应；b-出现两个明显的峰，它们的 $d_{104}$ 与右边相应相的 $d_{104}$ 一一对应。LMC-低镁方解石；HMC-高镁方解石；Dol-白云石或原白云石。

$d_{104}$的直方图显示，低镁方解石都在 3.035Å[①]左右，相比之下，在区域 2 和区域 3 中的钙镁碳酸盐的值却在一定范围内变化(图 4-6)。

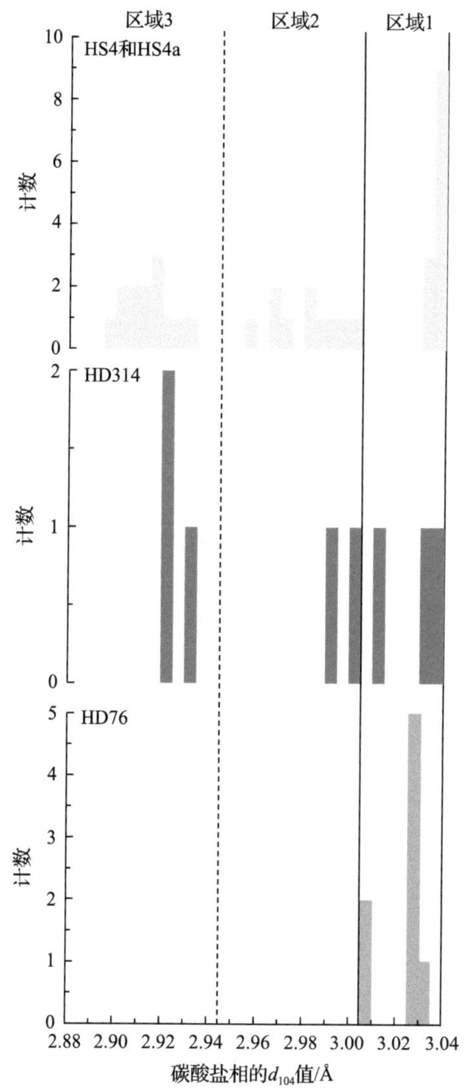


图 4-6　全部站位钙镁碳酸盐矿物 $d_{104}$ 值的直方图

区域 1、区域 2、区域 3 与图 4-5 一致

2. 冷泉碳酸盐岩的纳米矿物学特征

钙镁碳酸盐相中包括文石、方解石、LMC、HMC、原白云石、白云石。文石的空间群为 Pmcn(Dalnegro and Ungarett, 1971)，可据此与其他钙镁碳酸盐区分。方解石和白云石的成分分别是 $CaCO_3$ 和 $CaMg(CO_3)_2$，空间群分别为 $R\bar{3}c$ (Markgraf and Reeder, 1985)

① 1Å=1×10$^{-10}$m。

和$R\bar{3}$(Graf, 1961)，我们将两者分别定义为方解石结构和白云石结构。相比于方解石结构，白云石结构中因为足够的$Mg^{2+}$形成新的层，例如(003)，使得在[010]衍射方向上产生超结构衍射(Reeder, 1983; Larsson and Christy, 2008)。LMC、HMC、超高镁方解石(VHMC)、原白云石是方解石和白云石之间的过渡相，它们的分类基于$MgCO_3$摩尔分数和结构。$MgCO_3$摩尔分数为0%～50%，LMC和HMC的界线为10%(Raz et al., 2000)，而HMC和VHMC的界线为36%(Zhang et al., 2012)(图4-7，图4-8)。这两个界线值分别对应于(104)面间距的3.005Å和2.945Å(Zhang et al., 2010)。这3个相由方解石结构构成(图4-7中的A、D)。原白云石的$MgCO_3$摩尔分数从为36%～50%，具有白云石结构(图4-7中的B、E)，但是超结构衍射的强度明显弱于白云石(Hardie, 1987)。

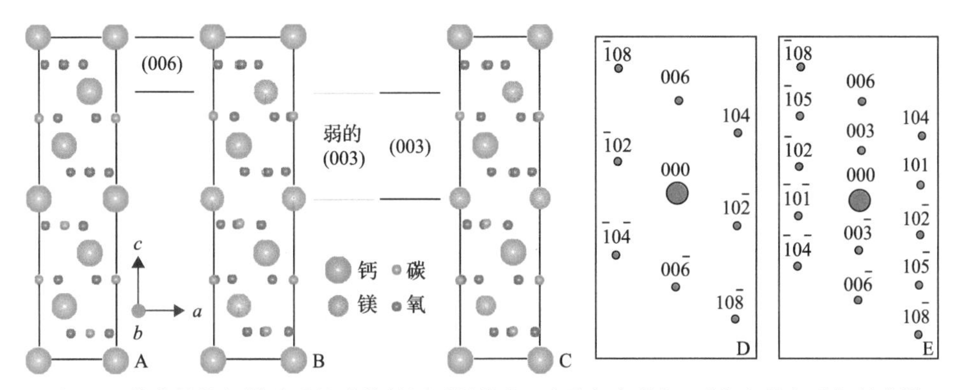


图4-7　代表性的钙镁碳酸盐矿物的原子结构(A-C)及相应的[010]方向的电子衍射花样

A-方解石；B-原白云石；C-白云石；D-方解石的衍射花样；E-白云石的衍射花样。E中蓝色的衍射点[如(003)]就是超结构衍射点，它们在原白云石中的强度比其他衍射点的明显偏弱。原子结构图从VESTA中导出

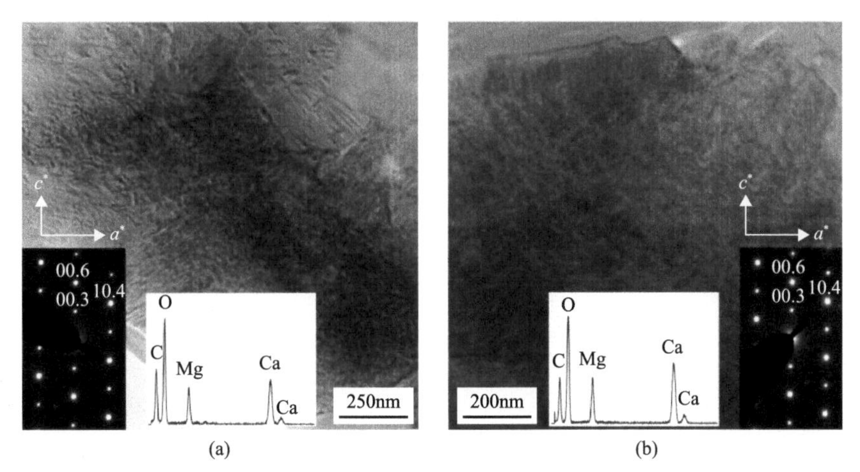


图4-8　样品314-2 I(a)和4-3 I(b)中碳酸盐矿物的TEM图像(据Lu et al., 2015，有修改)

其中的小图为EDS测试结果和[010]方向的SAED衍射花样。请注意两个SAED花样中的超结构衍射[例如(003)]具有不同强度。(a)EDS结果中的微小能谱峰反映的是来自碎屑矿物的Al、Si和K元素

为了精确鉴定高$MgCO_3$含量的碳酸盐矿物，根据XRD结果选取了314-2 I、4-3 I的粉末样，对其中的高镁碳酸盐相做TEM测试。粉末样[010]方向的电子选区衍射图(SAED)都显示了较弱的超结构衍射[(003)的那一排衍射点](图4-8)。其中，4-3的强度

更高，相应的 EDS 结果也表明其 $MgCO_3$ 含量更高。根据 EDS 结果和前人的方法(Zhang et al., 2010)，算出了各自的 $MgCO_3$ 摩尔分数(表 4-3)，结果表明 314-2 I 的 $MgCO_3$ 摩尔分数低于 4-3 的 $MgCO_3$ 摩尔分数。

表 4-3　由 TEM-EDS 计算的(原)白云石的 $MgCO_3$ 摩尔分数

| 参数 | 样品 | | |
|---|---|---|---|
| | 314-2 I | 4-3 I | 4a-3 I 内 |
| $MgCO_3$ 摩尔分数/% | 43.70 | 47.13 | 54.22 |

为了揭示不同冷泉碳酸盐岩中白云石的差异，我们根据 XRD 结果选取了样品编号为 4a-2、4-3 和 314-1 的样品，针对其中的高镁碳酸盐相进一步做 TEM 分析。根据 EDS 结果，从样品 4a-2 到样品 4-3 再到样品 314-1 $MgCO_3$ 摩尔分数越来越低(图 4-9)。[010]方向的 SAED 图样也显示相应的趋势。样品 4a-2 和样品 4-3 中的一种碳酸盐矿物图案显示出与近完全有序或完全有序白云石类似的明亮反射[图 4-8(a)和图 4-9(b)]，而样品 4-3

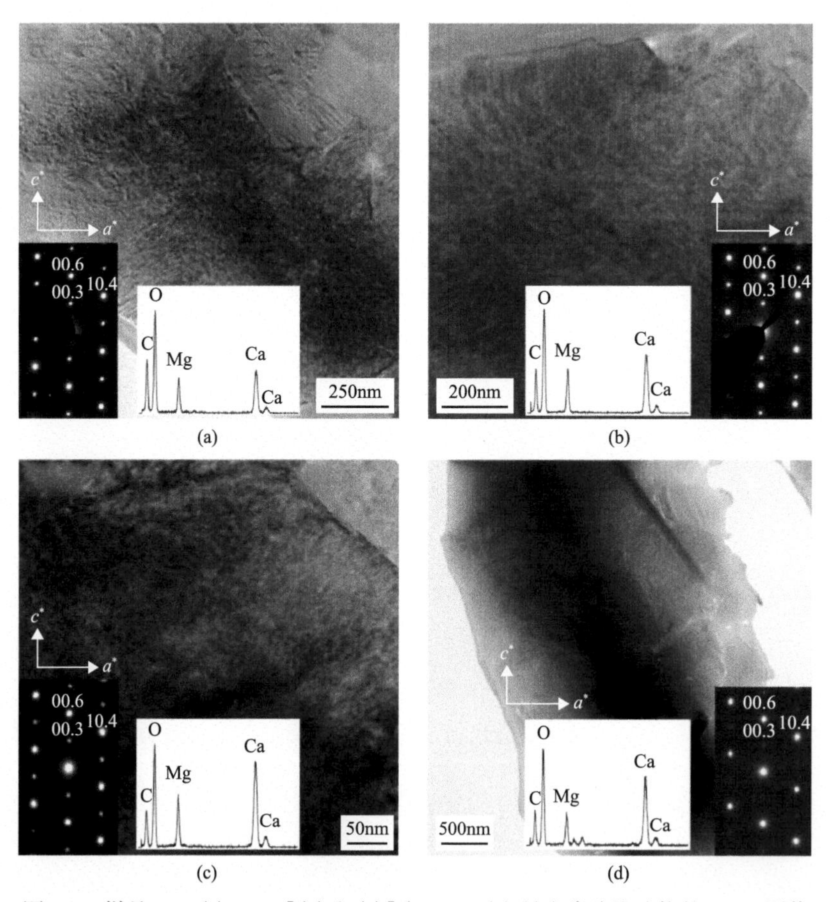


图 4-9　样品 4a-2(a)、4-3[(b)和(c)]和 314-1(d)所选碳酸盐矿物的 TEM 图像
(据 Lu et al., 2018，有修改)

小图为[010]方向的衍射花样和 EDS 测试结果。从(a)到(d)，能谱中 Ca 和 Mg 峰高的差异增大。同时，超结构的衍射强度变弱

中的另一种碳酸盐矿物则显示出稍弱的超结构衍射[图 4-8(c)]。由于这些矿物的 $MgCO_3$ 摩尔分数相似，SAED 图样表明它们代表白云石和轻微无序的白云石。样品 314-1 中的碳酸盐矿物的 $MgCO_3$ 摩尔分数稍低，但显示出的超结构衍射强度要弱得多[图 4-9(d)]，表明这种矿物是弱有序白云石。

HRTEM 是被允许通过的衍射信号在一定的样品厚度、光圈大小、球面差、欠焦程度和像散条件下所成的对比度图，提供矿物纳米微区的对比度图像。利用 Digital Micrograph 软件的快速傅里叶变换(FFT)功能，即可获得纳米微区的衍射花样，即结构信息。我们的分析结果显示，HRTEM 图像中[010]方向的快速傅里叶变换(FFT)处理后的衍射花样揭示了冷泉碳酸盐岩样品微区的微观结构特征。其中，样品 4a-2 和样品 4-3 中大部分选定的区域都显示出白云石的衍射花样。只有少数区域显示出微弱的超结构衍射[图 4-9(a)～(e)]。与此相反，在样品 314-1 中检测到方解石和白云石结构的 FFT 衍射花样，它们在不同的纳米级区域内形成三种组合。第一种情况是区域内方解石和白云石的衍射花样几乎相等[图 4-9(f)、(g)]。第二种和第三种情况分别是白云石微区被方解石区域所包围[图 4-10(k)～(o)]，反之亦然[图 4-10(p)～(t)]。在三种选定的碳酸盐矿物的 HRTEM 图像中，在一些具有深色对比的小区域发现了额外的反射，这些反射几乎出现在白云石衍射花样中(00.0)和(10.4)反射之间以及(00.0)和(10.$\overline{2}$)反射的中间位置[图 4-11(a)～(f)]，以及方解石衍射花样中(00.0)和(10.4)反射的中间位置[图 4-11(g)、(h)]。

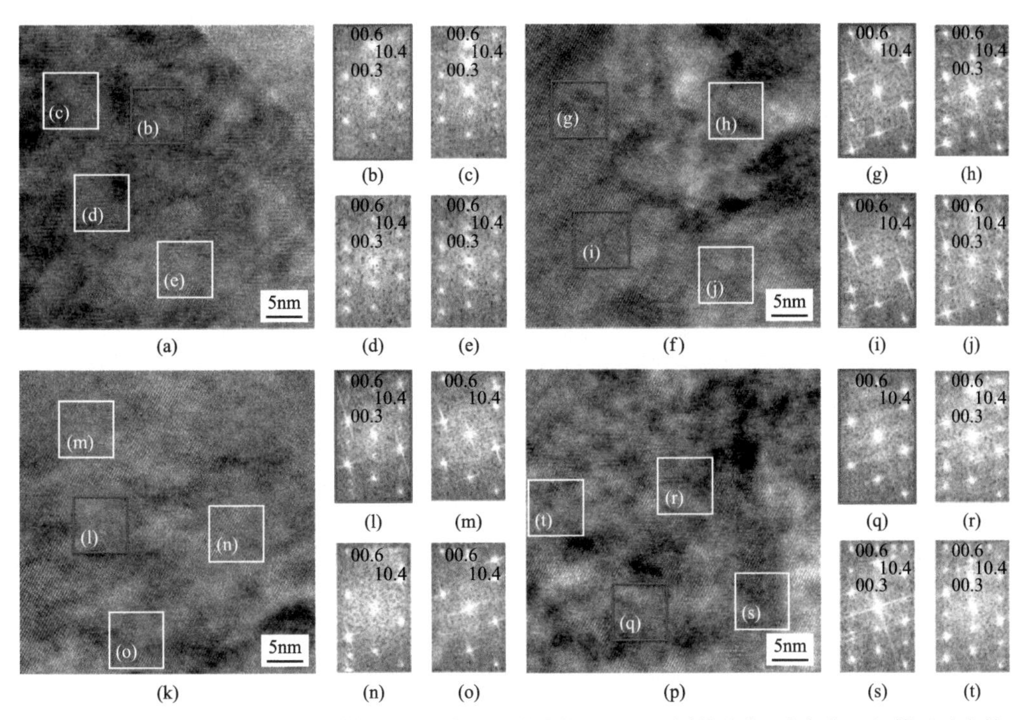


图 4-10　样品 4-3[(a)～(e)]和样品 314-1[(f)～(t)]的 HRTEM 图像和[010]方向上经傅里叶变换处理后的衍射花样图(据 Lu et al., 2018，有修改)

在样品 4-3[(a)～(e)]中，只有少数区域显示出弱的超结构衍射。相比之下，样品 314-1 的碳酸盐矿物由具有白云石或方解石结构(有或无超结构衍射)的矿物组成。在某些部分，具有这两种结构的区域几乎相等[(f)～(j)]。在其他部分，具有白云石结构的微区被方解石结构[(k)～(o)]的区域包围，反之亦然[(p)～(t)]

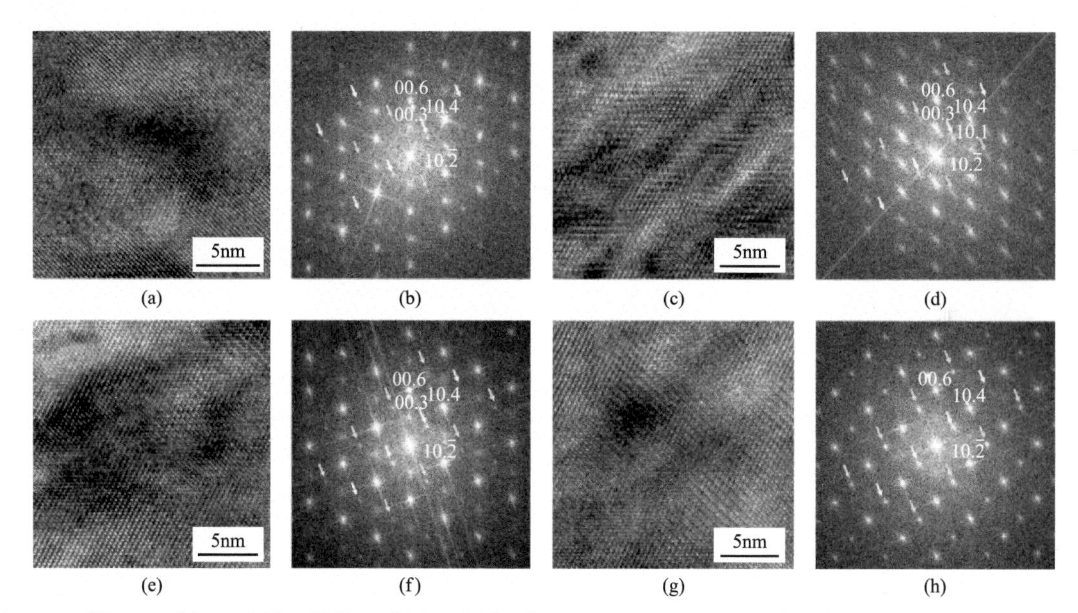


图 4-11　样品 4a-2[(a)、(b)]、样品 4-3[(c)、(d)]和样品 314-1[(e)～(h)]的高分辨率 TEM 图像与对应区域在晶带轴[010]方向经傅里叶变换处理后的衍射花样图(据 Lu et al., 2018，有修改)

在所有的图像中都可以看到具有暗对比度的小区域。箭头所示的其他衍射花样出现在介于(00.0)到(10.4)衍射[(b)、(f)和(h)]和(00.0)到(10.$\bar{2}$)衍射(d)之间。由黄色箭头指示的反射是 c 衍射，而白色箭头所指的衍射被解释为来自[102]或[101]衍射的多次散射，由白云石或含镁方解石内部的纳米级含镁方解石双晶所导致

与神狐海区冷泉碳酸盐岩样品相比，东沙海区样品 314-1 在晶带轴[010]方向上的 SAED 图谱只显示了微弱的超结构衍射(图 4-9)。由于白云石图谱的超结构衍射是由方解石结构中的 $Mg^{2+}$层取代 $Ca^{2+}$层引起的，因此 SAED 图谱表明样品 314-1 中的 $Mg^{2+}$层少于神狐海区的样品。通过 HRTEM 图像获得的原位 FFT 结果揭示了晶体结构的更多细节。神狐海区冷泉碳酸盐岩样品中的白云石结构是均匀的，而东沙海区冷泉碳酸盐岩样品只有部分微区出现超结构衍射(图 4-10)。缺失的 $MgCO_3$ 散布在东沙海区冷泉碳酸盐岩的整个晶格中，代表了一种具有不规则分布的 $CaCO_3$ 和 $MgCO_3$ 单元的易变结构。FFT 衍射花样中的特殊衍射最好解释为 c 衍射(Gunderson and Wenk, 1981; van Tendeloo et al., 1985; Miser et al., 1987; Wenk et al., 1991; Schubel et al. 2000; Larsson and Christy, 2008; Shen et al., 2013)。起初，c 衍射被认为来源于具有特定 $Ca^{2+}$层和 $Mg^{2+}$层的碳酸盐矿物，即具有特殊结构的白云石，衍射花样表明原本白云石的晶胞增大，*a* 轴扩大一倍(Gunderson and Wenk, 1981; Reeder, 1981; van Tendeloo et al., 1985; Wenk and Zhang, 1985; Tsipursky and Buseck, 1993; Reeder, 2000; Schubel et al., 2000)，它们具有与完全有序白云石相比略微变化的 $Ca^{2+}$和 $Mg^{2+}$排布，正是它们的特殊结构为白云石提供了额外的 c 衍射(van Tendeloo et al., 1985; Wenk and Zhang, 1985; Tsipursky and Buseck, 1993; Reeder, 2000)。两种特殊的白云石与方解石和白云石相变的可行性关系也可以通过动力学模型被计算出来(Wenk et al., 1991)。

然而，c 衍射的案例并非全都是与白云石或方解石的布拉格衍射成比例(Schubel et al., 2000)，并且，对比具有 c 衍射区域的高分辨率 STEM 明场和高角度暗场像，发现前者中

出现 c 衍射，而后者却没有(Shen et al., 2013)。主要原因是 STEM 明场像和高角度暗场像的成像差异造成的，前者的机制类似 HRTEM(Nellist, 2011)，相应的电子衍射结果可以来自重合的晶体(包括双晶)的叠加；而后者的成像与原子排布和相应的强度有关，不会出现表面区域以外的衍射的叠加(Shen et al., 2013, 2014)。所以，c 衍射更有可能是来自与母体白云石呈双晶关系的微区方解石的多重衍射，不成比例的 c 衍射来自双晶之间的晶胞参数的差异(Larsson and Christy, 2008; Shen et al., 2013)。在所研究的样品中(图 4-11)，具有 c 衍射的微区对比度较暗，表明局部成分发生了变化，转变为 $CaCO_3$ 单元为主(Gunderson and Wenk, 1981; Reeder, 1981; Wenk and Zhang, 1985; Miser et al., 1987; Reeder, 2000; Shen et al., 2013)。此外，方解石和白云石在晶带轴[010]方向的衍射花样与(10.4)双晶方解石在相同方向的衍射花样重叠，显示出与研究样品中观察到的衍射花样相似的特征(图 4-11)。因此，样品中的 c 衍射很可能是由白云石或镁方解石主体和(10.4)纳米级含镁方解石双晶的多重衍射造成的。根据这个思路，把冷泉碳酸盐岩样品中的白云石衍射花样和方解石衍射花样与呈(104)双晶关系的方解石衍射花样叠加，得到了部分区域的 c 衍射(图 4-12，图 4-13)，样品中几乎遍布的 c 衍射可以来自多次衍射。对于神狐海区样品，c 衍射可以来自(101)、($\bar{1}0\bar{1}$)和($10\bar{2}$)在(104)双晶方解石中的再次衍射(图 4-12)。对于东沙海区样品，c 衍射可以来自($10\bar{2}$)在(104)双晶方解石中的再次衍射(图 4-13)。这也说明，由于钙的相对富集，在纳米级微区上有与母体白云石或方解石呈(104)双晶关系的微区方解石存在，也是富钙的微区。

综上所述，3 个海区自生碳酸盐岩中的钙镁碳酸盐矿物有文石、LMC、HMC、原白云石和白云石。神狐海区 HS4 和 HS4a 站位的碳酸盐矿物主要为白云石、原白云石、HMC，另有少量 LMC 和文石。东沙海区 HD314 站位的碳酸盐矿物主要为 LMC 和 HMC，还有一定含量的原白云石。东沙海区 HD76 站位的碳酸盐为 LMC 和少量文石。通过对白云石和原白云石的透射电镜观察，发现神狐海域样品中的原白云石的微成分和微结构较为均一分布，但局部还是存在富 $Ca^{2+}$的方解石结构纳米级微区，有的与母体白云石呈(104)双晶的关系，也可见富 $Ca^{2+}$微区与白云石交互成调控作用。东沙海区样品的原白云

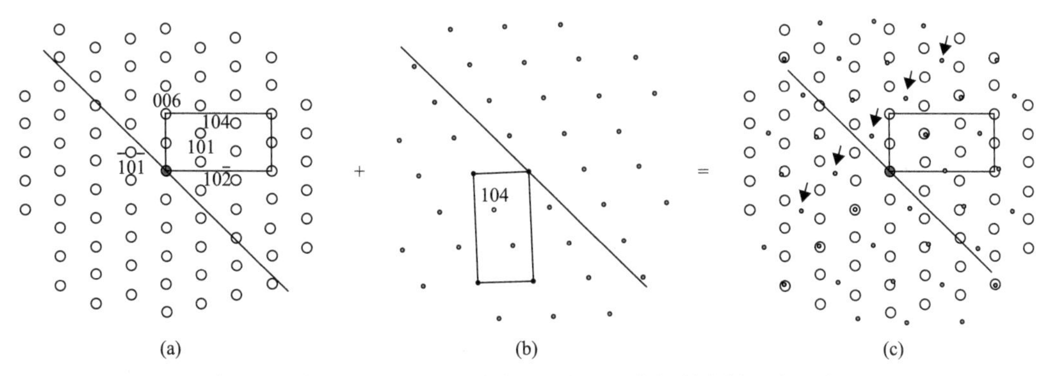


图 4-12　白云石和(104)双晶关系的方解石的衍射花样重合示意图

重合后即可见 c 衍射，如箭头所示，[010]晶带轴方向。(a)为白云石衍射花样；(b)为与(a)呈(104)双晶关系的方解石的衍射花样；(c)为(a)和(b)的重合结果。其中的线代表对称面

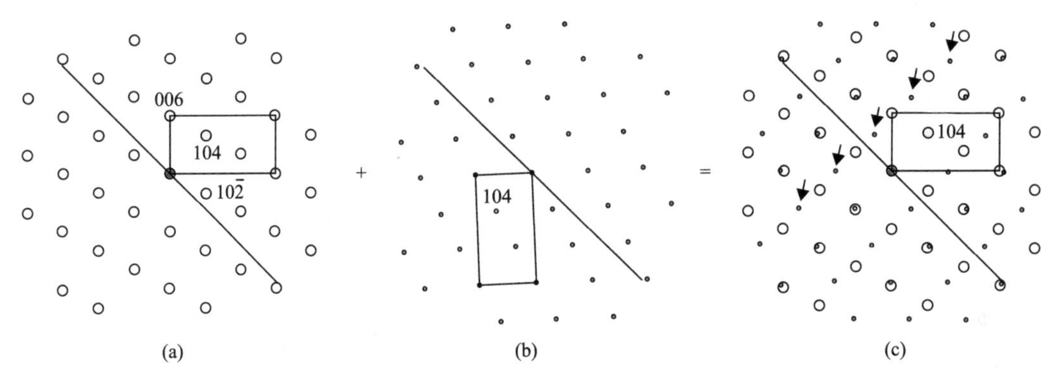


图 4-13 方解石和(104)双晶关系的方解石的衍射花样重合示意图

重合后即可见 c 衍射，如箭头所示，[010]晶带轴方向。(a)方解石衍射花样；(b)与(a)呈(104)双晶关系的方解石的衍射花样；(c)(a)和(b)的重合结果。其中的线代表对称面

石为白云石结构微区零散分布在方解石结构区域中，表现为极不均匀的 $Mg^{2+}$分布，但还是有与局部方解石结构和白云石结构微区呈(104)双晶的方解石结构微区。虽然白云石和原白云石中有众多微区存在，但它们的结晶方向是一致的。微成分和微结构的观察表明它们是由初期的纳米晶体聚合而成。超结构衍射强度与 $MgCO_3$ 含量的不匹配，以及 FFT 和高分辨率 STEM 观察结果表明，神狐和东沙海区冷泉碳酸盐岩样品中的原白云石的阳离子排布为部分有序，后者的有序度较低。

我们研究的冷泉碳酸盐岩样品中弱有序白云石的直径约为1μm，由相对有序的他形至半自形晶体组成。这种纳米级晶体可能是在微生物介导的硫酸盐驱动-甲烷厌氧氧化(SD-AOM)作用产生的钙镁碳酸盐矿物过饱和条件下，通过颗粒拼合的方式(de Yoreo et al., 2015)从前驱体晶簇(Gebauer et al., 2008; Gebauer and Cölfen, 2011; Wallace et al., 2013)或无定形相(Wolf et al., 2008; Raiteri and Gale, 2010; Quigley et al., 2011; Nielsen et al., 2014a, 2014b)结晶而成的。纳米晶体中的 $MgCO_3$ 含量可能与微生物作用产生的硫化物浓度和胞外多聚物的出现呈正相关关系。初始无序的纳米级晶体可能通过定向附着的方式继续生长(Pen and Banfield, 1998)。随后可能是通过溶解-结晶反应(Deelman, 2011; Pimentel and Pina, 2014)或重结晶作用(Nordeng and Sibley, 1994; Kaczmarek et al., 2017)克服了结晶动力学障碍，阳离子逐渐变得有序。我们推测，在相邻的含镁方解石区域之间或含镁方解石与白云石区域之间观察到的(10.4)纳米级双晶可能通过拼合机制(Pen and Banfield, 1998; de Yoreo et al., 2015)或阳离子有序化(Shen et al., 2013)而形成。神狐海区冷泉碳酸盐岩样品的 $MgCO_3$ 含量较高，而且年代相对较早(30 多万年; Tong et al., 2013)，其矿物成分主要演化为有序度较高的白云石，只有少数区域演化为 HMC，其中一些区域与白云石主体形成(10.4)双晶。相反，东沙海区冷泉碳酸盐岩样品的 $MgCO_3$ 含量较低且年龄较小(约 7 万年；Tong et al., 2013)，往往只表现出范围小而分散的白云石结构区域，从而形成更为无序不均一的微结构(图 4-10)，含镁方解石与白云石主体之间以及相邻含镁方解石结构区域之间形成(10.4)双晶。渗漏强度多变的冷泉环境可能是冷泉碳酸盐岩中特殊矿物成分和结构形成与演化的主要驱动因素(Lu et al., 2018)。

# 4.4 冷泉碳酸盐岩的元素地球化学特征

## 4.4.1 研究意义

地球化学元素帮助我们从成分的角度解读样品。主量元素指示样品中的主要成分，帮助我们鉴别沉积岩的物质来源及源区供应的稳定性。微量元素，特别是稀土元素(REE)，可以提供样品形成的环境信息。REE 是 14 个镧系元素。从镧到镥的离子半径逐渐缩小，称为镧系收缩(Elzinga et al., 2002)。它们有相似的电子结构，最外层 $6S^2$ 有相同的 3 个电子数，它们通过填充内部的 4f 电子层来补偿增加的正电荷，这种特殊的电子结构造成 REE 都有+3 价和相似的化学性质(Elderfield and Sholkovitz, 1987; Henderson, 1984; Zhong and Mucci, 1995)，所以，REE 组常一同迁移。但在某些地质作用下，REE 之间会发生分异。造成 REE 不同的配分模式的原因在于某些 REE 元素相对其他 REE 的微小差异，因特定的地质作用而脱离了其他元素。较强的热液蚀变作用会使部分 REE 被活化迁移，酸性条件也可以把吸附在黏土矿物中的 REE 淋滤出来(Bau, 1991; Henderson, 1984)。

在海洋环境中，络合作用是使 REE 分异的主要原因之一。如果仅受离子半径和电价控制，REE 组的元素会同步活动，但是控制络合作用的因素主要为元素的电子构成和络合物类型(Bau and Dulski, 1996)，它们在 REE 元素之间的差别很大，造成 REE 元素的分异(Elderfield and Sholkovitz, 1987)，如海底沉积物孔隙水从浅至深的 REE 配分模式的分带(Kim et al., 2012)。除此之外，海洋环境中的颗粒物和某些自生矿物的形成或分解会相应地倾向性地吸附或释放 REE，造成周围水体 REE 元素的分异(Elderfield and Sholkovitz, 1987; Sholkovitz et al., 1989; Bau and Dulski, 1996; Himmler et al., 2010; Bayon et al., 2011; Birgel, 2011)。一般沉积物继承沉积环境的 REE 特征，风化、剥蚀、搬运、早期成岩作用中不易使其再活化，它们的绝对含量和相对含量可以指示不同的物质来源，如海水、陆源、热液输入、海底沉积物中的不同分带等(Henderson, 1984; Elderfield and Sholkovitz, 1987; Sholkovitz et al., 1989; Kim et al., 2012; Haley et al., 2004)，也可以通过特定沉积物来推测古海洋的 REE 成分(Webb and Kamber, 2000; Nothdurft et al., 2004)。由于在海水中具有特定的滞留时间，钕的同位素在不同水体中有不同的比值，可以用来示踪不同的水体(Elderfield and Sholkovitz, 1987)。REE 组中的铈和铕还分别具有+4 和+2 价态，变价后的铈和铕与其他 REE 元素的性质差别增大，常常造成体系的铈和铕相对邻近元素的富集或亏损，寻找造成这种亏损的原因，则能指示形成时的环境条件(Kim et al., 2012)，海洋环境中钇的富集代表更多的海水作用(Cangemi et al., 2010)。某些具有特殊代表性的元素的富集和亏损程度也能指示形成条件，如还原性的元素钼、钒和铀的富集能代表还原环境(Cangemi et al., 2010; Ge et al., 2010)。

前人已报道冷泉碳酸盐的微量元素特征，自生碳酸盐相的 REE 配分曲线显示中稀土元素(MREE)的富集特征，但也有发现微区测试的文石相中的配分模式剧烈变化(Himmler et al., 2010)，正负铈异常都有出现，自生碳酸盐矿物相对富集还原性的微量元素，这些特征表明冷泉在沉积过程中微量元素特征不断变化，虽然冷泉为还原环境，但碳酸盐的沉积环境从氧化环境到还原环境的情况都有(Smrzka et al., 2020)。

主量元素和微量元素从另一方面提供了自生碳酸盐中记录的冷泉信息，本节将借助碳酸盐相的主量元素和微量元素特征了解当时冷泉作用的环境，判断碳酸盐岩的沉积环境。

### 4.4.2 全岩主量元素组成

主量元素的结果与之前的矿物学观察结果一致，主要成分为代表硅酸盐的 $SiO_2$，代表碎屑的 $Al_2O_3$、$Fe_2O_3$ 和 $TiO_2$，还有代表碳酸盐的 CaO 和 MgO（表 4-4）。代表碎屑的 $TiO_2$、$Al_2O_3$、$Fe_2O_3$ 和代表硅酸盐的 $SiO_2$ 三角图表明，各海区样品的沉积碎屑来源较稳定［图 4-14(a)］，而分别代表碎屑物、硅酸盐和碳酸盐的 $Al_2O_3$+$Fe_2O_3$-$SiO_2$-CaO+MgO 三角图解表明，样品的主要差别来自 CaO 和 MgO 的含量，这是因为碳酸盐含量的不同而造成的［图 4-14(b)］。76-1、76-2、76-4 表现出明显比其他样品低的 MgO 含量和高的 CaO 含量。

表 4-4　南海北部陆缘自生碳酸盐岩主量元素的质量分数分析结果　（单位：%）

| 区域 | 样品 | $SiO_2$ | $Al_2O_3$ | $Fe_2O_3$ | MgO | CaO | $Na_2O$ | $K_2O$ | MnO | $P_2O_5$ | $TiO_2$ | L.O.I |
|---|---|---|---|---|---|---|---|---|---|---|---|---|
| 神狐海区 | 4-1 I | 25.38 | 4.83 | 6.02 | 10.63 | 21.49 | 0.42 | 1.09 | 0.10 | 0.59 | 0.28 | 29.74 |
| | 4-1 O 外 | 25.15 | 4.34 | 7.09 | 8.26 | 24.22 | 0.42 | 1.29 | 0.13 | 0.39 | 0.27 | 29.45 |
| | 4-2 I | 25.60 | 5.19 | 5.20 | 8.39 | 23.20 | 0.53 | 1.26 | 0.05 | 0.74 | 0.31 | 29.27 |
| | 4-3 I | 26.70 | 5.01 | 8.65 | 7.12 | 22.20 | 0.55 | 1.30 | 0.15 | 0.73 | 0.30 | 27.14 |
| | 4a-1 I | 25.20 | 5.11 | 10.55 | 6.29 | 22.90 | 0.53 | 1.29 | 0.11 | 1.80 | 0.30 | 25.60 |
| | 4a-2 I 内 | 18.96 | 3.84 | 5.55 | 5.57 | 31.20 | 0.34 | 0.88 | 0.10 | 0.39 | 0.24 | 32.17 |
| | 4a-2 O 外 | 23.09 | 4.63 | 6.28 | 8.56 | 24.88 | 0.37 | 1.16 | 0.17 | 0.36 | 0.28 | 30.74 |
| | 4a-3 I 内 | 25.80 | 5.07 | 4.44 | 10.75 | 21.50 | 0.50 | 1.26 | 0.05 | 0.56 | 0.30 | 29.65 |
| 东沙海区 | 314-2 | 21.80 | 5.64 | 4.65 | 5.51 | 29.60 | 0.61 | 1.29 | 0.09 | 0.31 | 0.29 | 30.10 |
| | 76-1 | 27.10 | 3.73 | 3.80 | 1.54 | 33.30 | 0.45 | 1.01 | 0.06 | 0.21 | 0.22 | 28.51 |
| | 76-2 | 22.81 | 3.91 | 3.24 | 2.67 | 34.44 | 0.50 | 0.87 | 0.08 | 0.21 | 0.24 | 31.57 |
| | 76-4 | 14.75 | 2.98 | 4.46 | 2.31 | 39.50 | 0.39 | 0.74 | 0.04 | 0.43 | 0.17 | 34.09 |

注：L.O.I 表示烧失量。

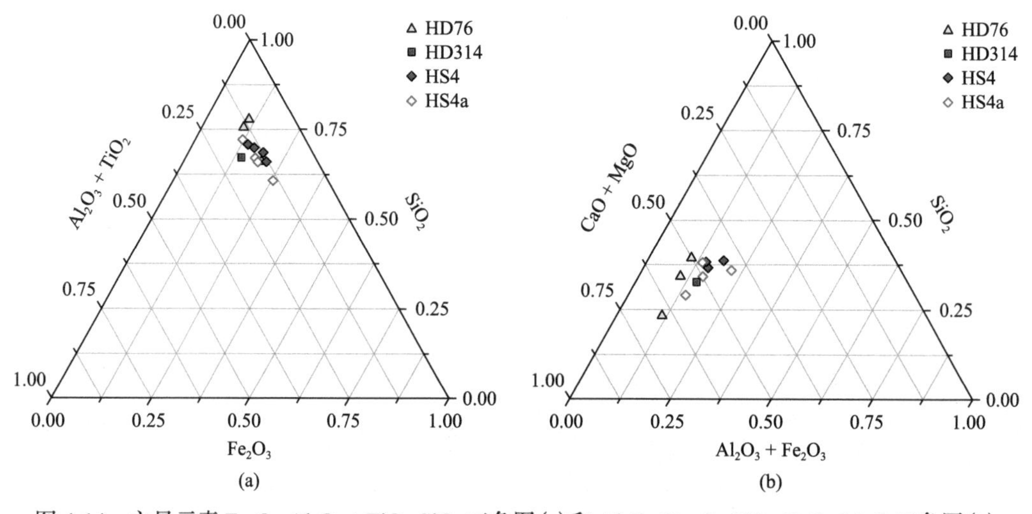


图 4-14　主量元素 $Fe_2O_3$-$Al_2O_3$ + $TiO_2$-$SiO_2$ 三角图(a)和 $Al_2O_3$+$Fe_2O_3$-$SiO_2$-CaO+MgO 三角图(b)

主量元素的三角图表明，冷泉所胶结的碎屑沉积物来源于稳定的供应源，自生碳酸盐岩的形成造成了局部沉积物中巨大的 CaO 和 MgO 含量变化。样品中主要的两种相为硅酸盐相和碳酸盐相，整体上 CaO 与 $SiO_2$ 呈负相关，因为它们处于不同的相中。大部分样品 CaO 与 MgO 呈负相关，因为它们争夺碳酸盐晶格中的金属位。全部样品的烧失量(L.O.I)特别高，同时多数样品的 CaO 与烧失量呈正相关，表明烧失量的主要贡献来自碳酸盐相(图 4-15)。对于以上三种关系，东沙海区的样品表现得最明显，而神狐海区的样品有些变化，也许是因为后期作用干扰较大。HD76 站位的碳酸盐岩没有 CaO 与 MgO 含量的负相关关系，这是因为碳酸盐岩样品中的镁含量低。

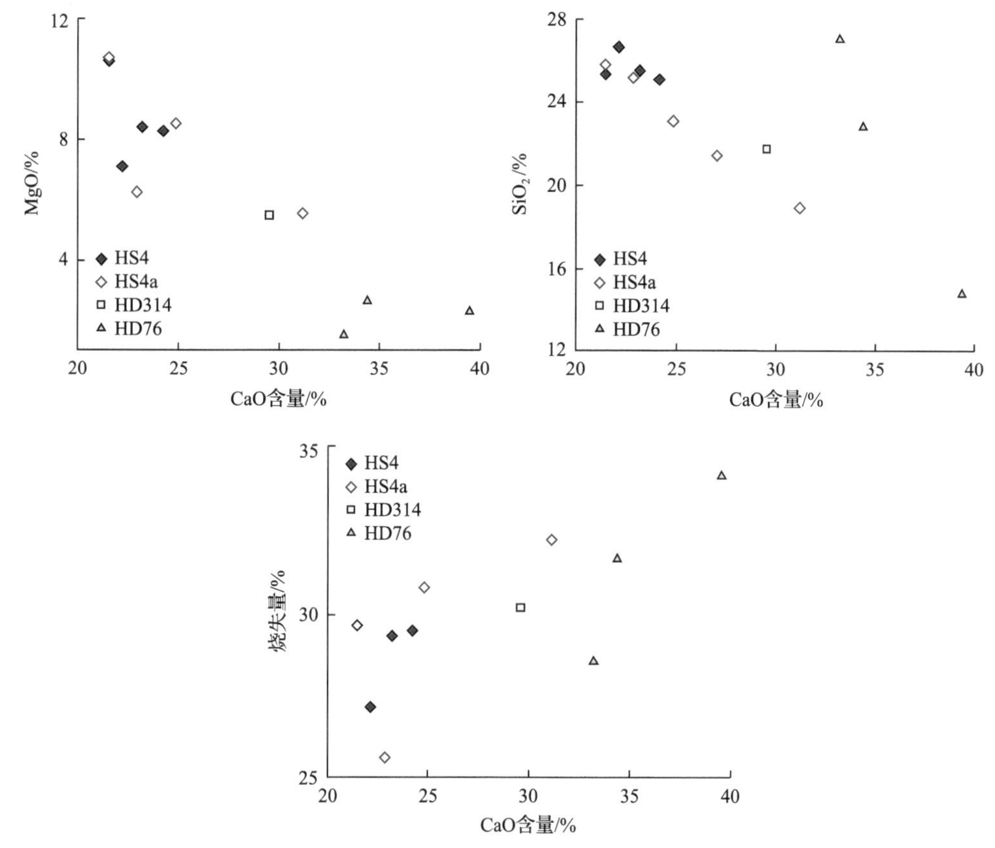


图 4-15　全部碳酸盐岩的 CaO 含量与 MgO 含量、$SiO_2$ 含量和烧失量之间的关系

### 4.4.3　微量元素组成

样品的分析结果显示，碳酸盐相的稀土元素总量在 20.65ppm 至 54.34ppm 之间变化，与南海陆架表层沉积物的平均稀土总量相比明显偏低(朱赖民等，2007)。总体上，从以 La、Ce、Pr、Nd 为代表的轻稀土元素(LREE)，到以 Sm、Eu、Gd、Tb、Dy 为代表的中稀土元素(MREE)，再到以 Ho、Er、Tm、Yb、Lu 为代表的重稀土元素(HREE)，整体含量依次降低(表 4-5～表 4-8)。HD76 站位的样品表现出较高的 REE 含量。全部样品的 Y/Ho 物质的量比值在 44.24 到 72.94 之间变化，比值在 50 以下的较低值出现在神狐海

区的样品中，整体相对高的比值也在神狐海区的样品和HD76站位的样品中，HD314站位的样品的比值处于中等水平。Th/U比值变化的范围相对较大，从0.01到1.79(表4-5～表4-8)，高值和低值在每个海区都有出现，但是都低于南海沉积物的比值(Wang et al., 2014b)。

表4-5 神狐海区HS4站位碳酸盐相稀土微量元素的含量(单位：ppm)及相关的特征参数

| 元素及特征参数 | 4-1 I | 4-1 O 内 | 4-1 O 外 | 4-2 I | 4-2 O 内 | 4-2 O 外 | 4-3 I | 4-3 O 内 | 4-3 O 外 |
|---|---|---|---|---|---|---|---|---|---|
| La | 3.65 | 3.35 | 5.49 | 3.69 | 5.15 | 6.22 | 4.01 | 5.53 | 7.74 |
| Ce | 8.93 | 8.19 | 10.23 | 9.21 | 11.53 | 14.52 | 10.15 | 12.11 | 15.02 |
| Pr | 0.95 | 0.86 | 1.10 | 1.13 | 1.20 | 1.57 | 1.06 | 1.26 | 1.57 |
| Nd | 3.72 | 3.41 | 4.50 | 3.82 | 4.70 | 6.09 | 4.31 | 5.38 | 6.42 |
| Sm | 0.75 | 0.76 | 0.87 | 0.83 | 1.00 | 1.40 | 0.95 | 1.22 | 1.34 |
| Eu | 0.16 | 0.16 | 0.21 | 0.17 | 0.22 | 0.30 | 0.21 | 0.27 | 0.29 |
| Gd | 0.80 | 0.72 | 1.13 | 0.83 | 1.08 | 1.47 | 0.93 | 1.36 | 1.66 |
| Tb | 0.11 | 0.09 | 0.14 | 0.13 | 0.15 | 0.22 | 0.12 | 0.18 | 0.22 |
| Dy | 0.64 | 0.64 | 0.86 | 0.61 | 0.94 | 1.27 | 0.74 | 1.13 | 1.35 |
| Y | 2.86 | 2.68 | 5.90 | 2.89 | 5.28 | 7.35 | 3.02 | 6.91 | 10.73 |
| Ho | 0.11 | 0.09 | 0.15 | 0.11 | 0.16 | 0.22 | 0.13 | 0.21 | 0.29 |
| Er | 0.29 | 0.26 | 0.45 | 0.28 | 0.45 | 0.63 | 0.30 | 0.58 | 0.79 |
| Tm | 0.03 | 0.03 | 0.05 | 0.03 | 0.06 | 0.08 | 0.04 | 0.09 | 0.11 |
| Yb | 0.27 | 0.27 | 0.48 | 0.28 | 0.46 | 0.64 | 0.31 | 0.56 | 0.78 |
| Lu | 0.03 | 0.02 | 0.06 | 0.03 | 0.06 | 0.07 | 0.03 | 0.08 | 0.10 |
| Th | 1.36 | 1.22 | 0.84 | 0.88 | 0.72 | 1.30 | 0.68 | 0.79 | 0.41 |
| U | 7.81 | 4.08 | 2.37 | 2.66 | 6.91 | 4.24 | 9.69 | 8.78 | 5.65 |
| ΣREE | 23.28 | 21.53 | 31.61 | 24.04 | 32.43 | 42.06 | 26.30 | 36.87 | 48.41 |
| ΣLREE | 17.24 | 15.81 | 21.32 | 17.85 | 22.57 | 28.40 | 19.52 | 24.29 | 30.75 |
| ΣMREE | 2.46 | 2.36 | 3.21 | 2.57 | 3.38 | 4.66 | 2.95 | 4.16 | 4.86 |
| ΣHREE | 0.72 | 0.68 | 1.19 | 0.73 | 1.19 | 1.65 | 0.82 | 1.51 | 2.08 |
| $Ce/Ce^*$ | 1.11 | 1.11 | 0.96 | 1.03 | 1.07 | 1.07 | 1.13 | 1.06 | 0.99 |
| $Pr/Pr^*$ | 0.97 | 0.96 | 0.95 | 1.12 | 0.96 | 0.98 | 0.94 | 0.92 | 0.94 |
| $Y/Y^*$ | 0.88 | 0.86 | 1.31 | 0.89 | 1.08 | 1.10 | 0.78 | 1.13 | 1.36 |
| Y/Ho | 50.60 | 53.18 | 72.94 | 48.74 | 61.49 | 60.91 | 44.24 | 61.46 | 68.27 |
| Th/U | 0.17 | 0.30 | 0.35 | 0.33 | 0.10 | 0.31 | 0.07 | 0.09 | 0.07 |
| $(Sm/Nd)_N$ | 1.24 | 1.35 | 1.18 | 1.32 | 1.29 | 1.40 | 1.35 | 1.39 | 1.27 |
| $(Sm/Yb)_N$ | 1.42 | 1.43 | 0.93 | 1.51 | 1.11 | 1.11 | 1.53 | 1.11 | 0.87 |
| $(Nd/Yb)_N$ | 1.15 | 1.05 | 0.79 | 1.14 | 0.85 | 0.79 | 1.14 | 0.80 | 0.68 |

注：Y/Ho为物质的量比，Th/U为质量比，特征参数的下标N为PAAS标准化后的值。$Ce/Ce^*$、$Pr/Pr^*$、$Y/Y^*$是指对应元素相对旁边两个元素的偏离值，$Ce/Ce^* = 2Ce_N/(La_N+Pr_N)$，$Pr/Pr^* = 2Pr_N/(Ce_N+Nd_N)$，$Y/Y^* = 2Y_N/(Dy_N+Ho_N)$，其中$Ce_N = Ce_{样品}/Ce_{PAAS}$(表示样品与PAAS的Ce含量比值)。下同含义。

表 4-6　神狐海区 HS4a 站位碳酸盐相稀土微量元素的含量(单位：ppm)及相关的特征参数

| 元素及特征参数 | 4a-1 I | 4a-1 O | 4a-2 I 内 | 4a-2 I 外 | 4a-2 O 内 | 4a-2 O 外 | 4a-3 I 内 | 4a-3 I 外 | 4a-3 O | 4a-3 Y |
|---|---|---|---|---|---|---|---|---|---|---|
| La | 3.71 | 8.29 | 3.97 | 4.02 | 4.61 | 5.78 | 3.93 | 3.69 | 6.65 | 6.68 |
| Ce | 9.09 | 17.09 | 10.00 | 10.19 | 9.62 | 12.40 | 10.13 | 9.04 | 14.76 | 14.04 |
| Pr | 0.96 | 1.83 | 1.04 | 1.07 | 0.98 | 1.35 | 1.01 | 0.95 | 1.57 | 1.47 |
| Nd | 3.80 | 7.12 | 4.37 | 4.13 | 4.28 | 5.63 | 4.06 | 3.68 | 6.28 | 5.93 |
| Sm | 0.86 | 1.64 | 0.87 | 0.84 | 0.92 | 1.12 | 0.86 | 0.85 | 1.37 | 1.31 |
| Eu | 0.17 | 0.39 | 0.18 | 0.18 | 0.21 | 0.28 | 0.19 | 0.17 | 0.34 | 0.30 |
| Gd | 0.86 | 1.95 | 0.89 | 0.91 | 0.93 | 1.36 | 0.92 | 0.88 | 1.56 | 1.58 |
| Tb | 0.11 | 0.25 | 0.12 | 0.12 | 0.12 | 0.19 | 0.11 | 0.11 | 0.21 | 0.19 |
| Dy | 0.65 | 1.67 | 0.68 | 0.69 | 0.78 | 1.09 | 0.73 | 0.63 | 1.33 | 1.27 |
| Y | 2.67 | 11.84 | 2.89 | 3.13 | 4.40 | 6.97 | 3.01 | 2.78 | 8.35 | 8.96 |
| Ho | 0.11 | 0.31 | 0.11 | 0.12 | 0.15 | 0.22 | 0.10 | 0.11 | 0.26 | 0.24 |
| Er | 0.27 | 0.90 | 0.31 | 0.31 | 0.39 | 0.56 | 0.32 | 0.27 | 0.79 | 0.68 |
| Tm | 0.04 | 0.12 | 0.03 | 0.04 | 0.04 | 0.06 | 0.03 | 0.03 | 0.10 | 0.09 |
| Yb | 0.29 | 0.84 | 0.28 | 0.29 | 0.39 | 0.57 | 0.25 | 0.26 | 0.80 | 0.67 |
| Lu | 0.03 | 0.12 | 0.04 | 0.03 | 0.05 | 0.07 | 0.03 | 0.04 | 0.10 | 0.09 |
| Th | 1.15 | 0.16 | 1.90 | 1.75 | 1.02 | 0.91 | 1.85 | 1.66 | 0.56 | 0.38 |
| U | 2.78 | 12.25 | 3.35 | 2.71 | 5.96 | 1.82 | 6.68 | 1.85 | 3.73 | 17.42 |
| ΣREE | 23.60 | 54.34 | 25.79 | 26.06 | 27.88 | 37.64 | 25.69 | 23.50 | 44.47 | 43.52 |
| ΣLREE | 17.56 | 34.33 | 19.38 | 19.40 | 19.49 | 25.16 | 19.13 | 17.36 | 29.26 | 28.12 |
| ΣMREE | 2.65 | 5.89 | 2.74 | 2.74 | 2.97 | 4.03 | 2.82 | 2.64 | 4.81 | 4.66 |
| ΣHREE | 0.72 | 2.28 | 0.78 | 0.79 | 1.02 | 1.49 | 0.74 | 0.71 | 2.05 | 1.78 |
| $Ce/Ce^*$ | 1.11 | 1.01 | 1.13 | 1.13 | 1.04 | 1.03 | 1.17 | 1.11 | 1.05 | 1.03 |
| $Pr/Pr^*$ | 0.96 | 0.97 | 0.93 | 0.97 | 0.90 | 0.95 | 0.93 | 0.97 | 0.96 | 0.95 |
| $Y/Y^*$ | 0.80 | 1.31 | 0.83 | 0.87 | 1.04 | 1.14 | 0.85 | 0.85 | 1.13 | 1.29 |
| Y/Ho | 45.71 | 70.25 | 47.03 | 49.47 | 55.55 | 58.71 | 53.40 | 48.41 | 59.47 | 69.76 |
| Th/U | 0.41 | 0.01 | 0.57 | 0.65 | 0.17 | 0.50 | 0.28 | 0.90 | 0.15 | 0.02 |
| $(Sm/Nd)_N$ | 1.38 | 1.41 | 1.22 | 1.24 | 1.32 | 1.21 | 1.30 | 1.40 | 1.33 | 1.35 |
| $(Sm/Yb)_N$ | 1.52 | 0.99 | 1.57 | 1.46 | 1.22 | 0.99 | 1.75 | 1.64 | 0.87 | 0.99 |
| $(Nd/Yb)_N$ | 1.10 | 0.71 | 1.29 | 1.18 | 0.92 | 0.82 | 1.35 | 1.17 | 0.66 | 0.73 |

表 4-7　东沙海区 HD314 站位样品稀土微量元素的含量(单位：ppm)及相关的特征参数

| 元素及特征参数 | 314-2-5 I | 314-2-3 Y | 314-2-5 O |
|---|---|---|---|
| La | 3.89 | 3.66 | 4.93 |
| Ce | 8.61 | 7.83 | 9.44 |
| Pr | 0.98 | 0.93 | 1.27 |
| Nd | 3.94 | 3.90 | 5.24 |
| Sm | 0.99 | 0.83 | 1.17 |

续表

| 元素及特征参数 | 314-2-5 I | 314-2-3 Y | 314-2-5 O |
|---|---|---|---|
| Eu | 0.21 | 0.18 | 0.32 |
| Gd | 0.98 | 0.94 | 1.37 |
| Tb | 0.11 | 0.13 | 0.19 |
| Dy | 0.81 | 0.79 | 1.13 |
| Y | 3.63 | 3.95 | 7.07 |
| Ho | 0.11 | 0.14 | 0.22 |
| Er | 0.35 | 0.36 | 0.60 |
| Tm | 0.04 | 0.05 | 0.08 |
| Yb | 0.37 | 0.35 | 0.58 |
| Lu | 0.04 | 0.04 | 0.07 |
| Th | 1.37 | 0.71 | 1.35 |
| U | 14.91 | 17.42 | 17.95 |
| ∑REE | 25.07 | 24.08 | 33.68 |
| ∑LREE | 17.42 | 16.32 | 20.88 |
| ∑MREE | 3.11 | 2.86 | 4.18 |
| ∑HREE | 0.91 | 0.95 | 1.55 |
| $Ce/Ce^*$ | 1.01 | 0.98 | 0.87 |
| $Pr/Pr^*$ | 0.99 | 0.99 | 1.06 |
| $Y/Y^*$ | 0.93 | 0.95 | 1.12 |
| Y/Ho | 58.63 | 52.58 | 58.80 |
| Th/U | 0.09 | 0.04 | 0.07 |
| $(Sm/Nd)_N$ | 1.53 | 1.29 | 1.37 |
| $(Sm/Yb)_N$ | 1.36 | 1.20 | 1.02 |
| $(Nd/Yb)_N$ | 0.89 | 0.93 | 0.75 |

表 4-8 东沙海区 HD76 站位碳酸盐相稀土微量元素的含量(单位：ppm)及相关的特征参数

| 元素及特征参数 | 76-1 I | 76-1 O | 76-2 I | 76-2 O | 76-4 I | 76-4 O |
|---|---|---|---|---|---|---|
| La | 5.97 | 5.17 | 3.22 | 4.67 | 6.79 | 8.36 |
| Ce | 10.52 | 9.92 | 4.80 | 7.69 | 11.46 | 14.06 |
| Pr | 1.44 | 1.28 | 0.70 | 1.12 | 1.66 | 2.04 |
| Nd | 5.69 | 5.16 | 2.77 | 4.70 | 6.73 | 8.39 |
| Sm | 1.18 | 1.15 | 0.69 | 1.00 | 1.43 | 2.11 |
| Eu | 0.28 | 0.25 | 0.16 | 0.26 | 0.32 | 0.49 |
| Gd | 1.30 | 1.29 | 0.77 | 1.15 | 1.67 | 2.35 |
| Tb | 0.18 | 0.17 | 0.11 | 0.16 | 0.24 | 0.34 |
| Dy | 1.07 | 1.02 | 0.79 | 1.08 | 1.42 | 2.05 |
| Y | 5.97 | 5.43 | 5.48 | 6.06 | 7.59 | 11.36 |
| Ho | 0.19 | 0.18 | 0.15 | 0.19 | 0.26 | 0.35 |

续表

| 元素及特征参数 | 76-1 I | 76-1 O | 76-2 I | 76-2 O | 76-4 I | 76-4 O |
|---|---|---|---|---|---|---|
| Er | 0.47 | 0.54 | 0.45 | 0.55 | 0.69 | 1.00 |
| Tm | 0.07 | 0.07 | 0.05 | 0.07 | 0.09 | 0.12 |
| Yb | 0.51 | 0.42 | 0.44 | 0.54 | 0.61 | 0.95 |
| Lu | 0.05 | 0.06 | 0.06 | 0.05 | 0.08 | 0.11 |
| Th | 1.14 | 1.20 | 1.19 | 1.08 | 0.74 | 0.64 |
| U | 1.98 | 0.67 | 3.98 | 3.04 | 5.19 | 7.56 |
| ΣREE | 34.88 | 32.10 | 20.65 | 29.30 | 41.05 | 54.09 |
| ΣLREE | 23.62 | 21.52 | 11.50 | 18.18 | 26.64 | 32.85 |
| ΣMREE | 4.00 | 3.88 | 2.53 | 3.65 | 5.09 | 7.34 |
| ΣHREE | 1.29 | 1.26 | 1.14 | 1.40 | 1.73 | 2.54 |
| $Ce/Ce^*$ | 0.83 | 0.89 | 0.74 | 0.77 | 0.79 | 0.79 |
| $Pr/Pr^*$ | 1.09 | 1.05 | 1.12 | 1.08 | 1.10 | 1.09 |
| $Y/Y^*$ | 1.06 | 1.02 | 1.28 | 1.06 | 0.99 | 1.06 |
| Y/Ho | 59.34 | 57.45 | 69.49 | 58.17 | 53.10 | 59.92 |
| Th/U | 0.58 | 1.79 | 0.30 | 0.35 | 0.14 | 0.09 |
| $(Sm/Nd)_N$ | 1.27 | 1.36 | 1.52 | 1.30 | 1.30 | 1.54 |
| $(Sm/Yb)_N$ | 1.18 | 1.39 | 0.80 | 0.94 | 1.20 | 1.13 |
| $(Nd/Yb)_N$ | 0.93 | 1.02 | 0.53 | 0.73 | 0.93 | 0.73 |

3 个海区样品的稀土元素以 PAAS 标准化的配分曲线表现出类似的趋势，整体较平坦，MREE 略微富集(图 4-16)，东沙海区样品的 LREE 相对神狐海区样品的略偏低，76-2 I 表现出海水配分曲线的特征。以标准化后的 $Nd_N$、$Sm_N$ 和 $Yb_N$ 分别代表 LREE、MREE 和 HREE，全部样品的 MREE 相对 LREE 富集。至于 MREE 与 HREE 和 LREE 与 HREE，相对富集和相对亏损的情况都有。$Ce/Ce^*$和 $Y/Y^*$的异常指数变化大，以 0.95 和 1.05 分别作为负异常与无异常、无异常与正异常的界限，3 种异常情况在样品中都可见(表 4-5～表 4-8)。来自 HD76 站位的样品都表现出 $Ce/Ce^*$的负异常和 $Y/Y^*$的正异常或无异常。

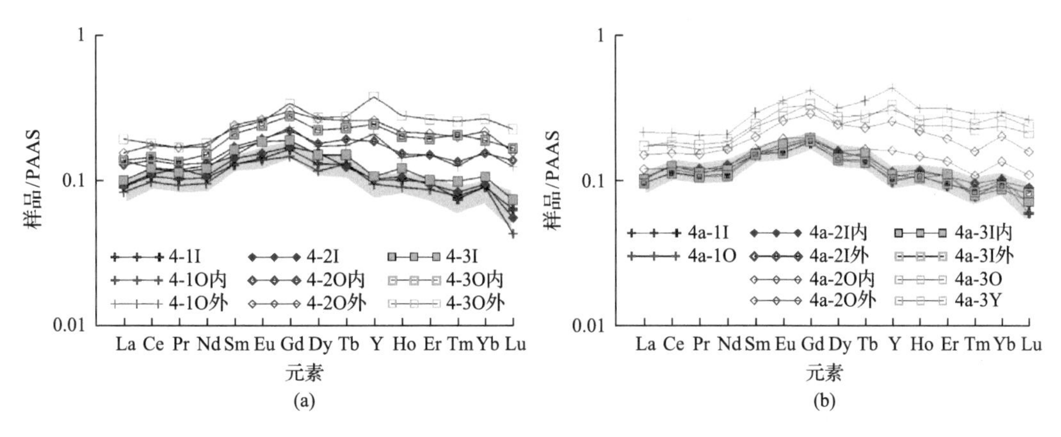

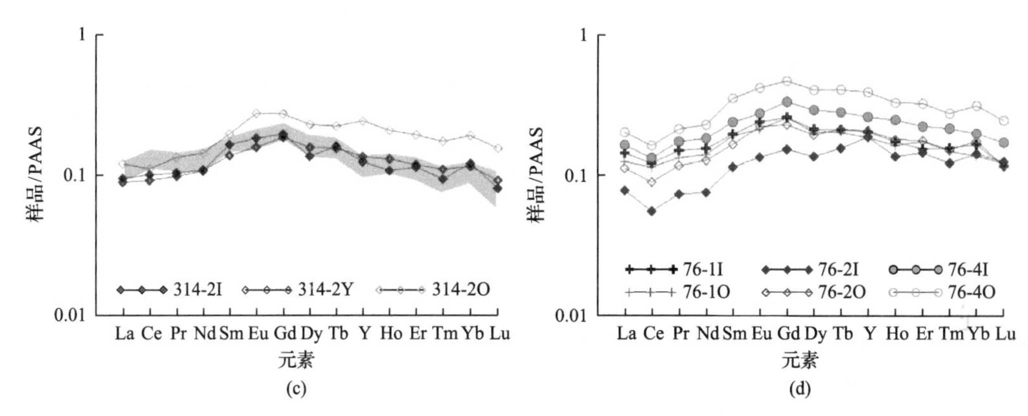


图 4-16　各站位以 PAAS 标准化的稀土元素配分曲线（PAAS 值据 McLennan, 1989）

(a) HS4；(b) HS4a；(c) HD314；(d) HD76。灰色区域部分显示初始相的配分曲线，请注意 (c) 中样品的 LREE 相对灰色区域略低。样品/PAAS 表示样品相对于澳大利亚后太古宇页岩（PAAS）标准化，即样品中的元素含量与 PAAS 中的该元素含量比值

根据碳氧同位素的结果可知，东沙海区 76-1、76-2、76-4 的碳具有海水碳的特征，为了观察冷泉来源与海水来源的碳酸盐的区别，我们另外将神狐和东沙海区的稀土元素以 76-1、76-2、76-4 的平均值标准化，获得的配分曲线比以 PAAS 标准化的表现更为平坦，每个海区中都有不同的 LREE、MREE、HREE 的相对富集程度，部分样品的配分曲线分布平坦，另一些相对富集 HREE。全部样品有明显的 Ce/Ce* 正异常，Y/Y* 的正负异常都有（图 4-17）。

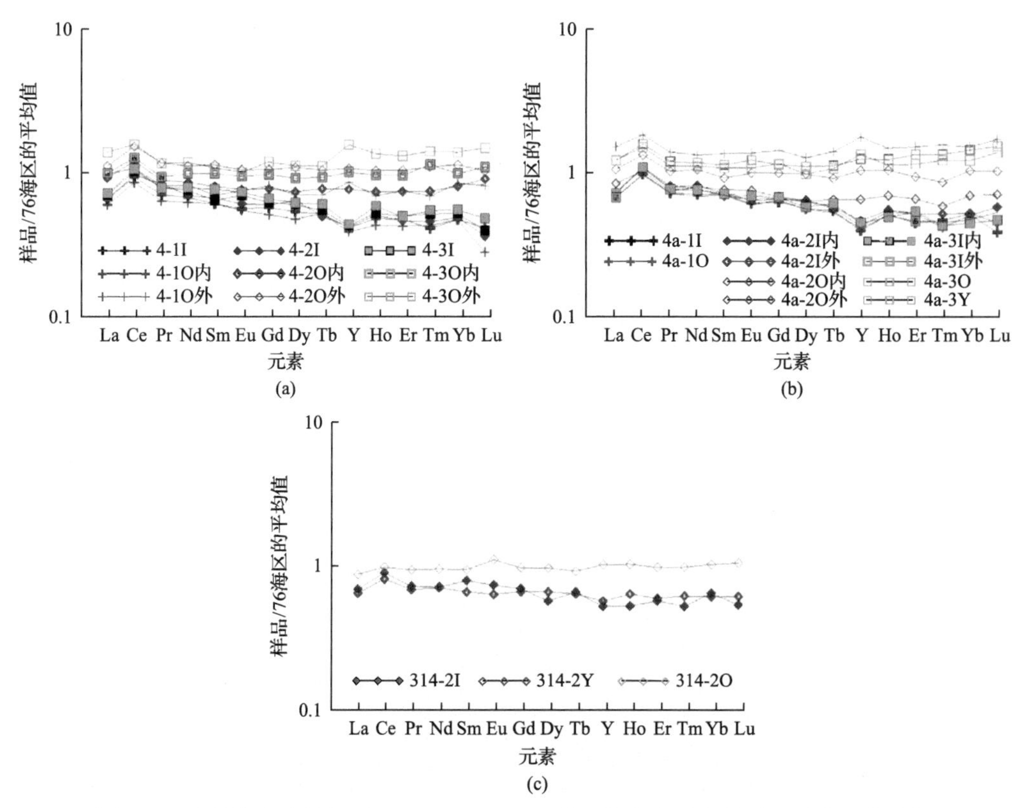


图 4-17　各站位以东沙海区 76-1、76-2、76-4 的平均值标准化的稀土元素配分曲线

(a) HS4；(b) HS4a；(c) HD314

### 4.4.4　微量元素的指示意义

1. 区分未受海水影响的冷泉碳酸盐岩部分

仔细观察以 PAAS 标准化的配分曲线可以发现，虽然整体上样品的丰度有较大变化，但是在每个海区都能发现部分样品的配分曲线非常一致，它们的整体稀土含量较其他样品偏低。在神狐海区的 HS4 站位它们是 4-1 I、4-1 O 内、4-2 I、4-3 I，在 HS4a 站位它们是 4a-1 I、4a-2 I 内、4a-2 I 外、4a-3 I 内、4a-3 I 外，在东沙海区是 314-2 I 和 314-2 Y(图 4-16)。结合前期样品观察，它们都是样品内部的组分，与外部组分相比，它们受到后期海水作用的影响小，这在稀土元素的结果中得到印证，所以我们认为这种配分模式能代表它们初始形成的状态。

根据配分模式，将全部样品分别定为初始相、改造相和 HD76 碳酸盐岩。结合稀土数据，我们可以发现初始相与后两者之间有明显的界线。初始相的 LREE、MREE、HREE 整体都低于改造相。在稀土总量与碳酸盐含量的关系中，由于碳酸盐对稀土元素的稀释效应(Cangemi et al., 2010)，初始相的稀土含量保持在低水平，只有改造相呈现明显的负关系(图 4-18)。初始相的 Y/Ho 比值明显低于改造相，Y/Y* 异常也与改造相在 0.95 处分界(图 4-19)。初始相的 Ce/Ce* 异常指数整体高于改造相。改造相的 HREE 相对初始相的富集。这些特点都表明改造相受后期海水作用，接受了富稀土的其他相(图 4-18)以及相对更多的 HREE(Webb and Kamber, 2000)。在以 HD76 样品的平均含量标准化的配分曲线中可以发现神狐的初始相具有 LREE 相对富集，台西南初始相的配分曲线相对平坦，它们都具有明显的 Ce/Ce* 正异常和 Y/Y* 的负异常。相比之下，3 个海区中的改造相的配分曲线明显相对富集 HREE，Y/Y* 都为正异常或无异常，接近 HD76 站位样品的特征。矿物学方面，改造相相对初始相有针铁矿且黏土矿物含量较高，这也都说明是海水后期作用的结果。

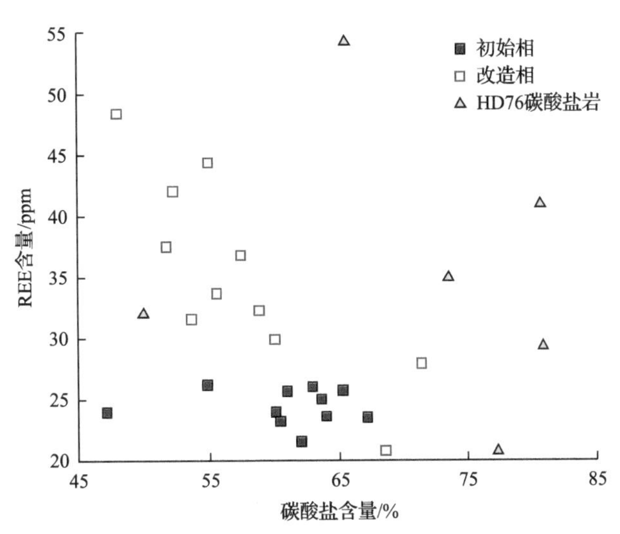


图 4-18　初始相、改造相和东沙(HD76 站位)海相碳酸盐岩的碳酸盐含量-总稀土含量的关系

只有改造相在其中表现出负相关关系

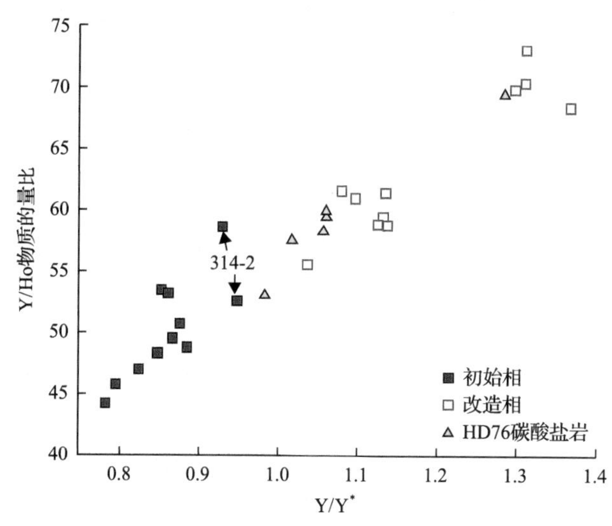


图 4-19　初始相、改造相和东沙(HD76 站位)海相碳酸盐岩的 Y/Y*-Y/Ho 关系

稀土元素配分曲线直观地表明样品外部受到后期作用，接下来就围绕初始相和改造相来研究当时冷泉的沉积环境。

2. 碳酸盐矿物结晶过程

南海北部大陆架沉积物的平均 REE 含量为 120～150ppm，含量相对较高，主要是因为其源区是富含 REE 的华南花岗岩(Wang et al., 2014b)，REE 主要附着在碎屑物上或者黏土矿物中(Terakado and Masuda, 1988)。与之相比，初始相碳酸盐岩的 REE 含量处于较低水平，与其他海区的冷泉碳酸盐岩接近(Feng et al., 2009a, 2009b, 2013b; Wang et al., 2014a)。REE 在碳酸盐岩中主要以进入晶格配位的形式，没有在其中形成其他微量相或小包体(Elzinga et al., 2002; Tanaka et al., 2009)，这是因为 $REE^{3+}$的离子半径与钙离子的接近。虽然有镧系收缩，从 $La^{3+}$至 $Lu^{3+}$的离子半径逐渐减小，但作为外来离子且半径略大于 $Ca^{2+}$的半径，大多数 $REE^{3+}$都以 7 次和 7 次至 6 次配位之间的状态进入晶格(Elzinga et al., 2002)，以 $REE_{2x}(CO_3)_3$-$CaCO_3$ 固溶体的形式(Lakshtanov and Stipp, 2004)，或带入 $Na^+$补偿电价，或者以 $REEO_{x/2}(OH)_{3-x}$ 的形式，或者与碳酸根组二合配位的形式存在于方解石中(Zhong and Mucci, 1995; Elzinga et al., 2002; Fernandes et al., 2008)。不过以上几种配位都多于钙离子的 6 次配位，使得碳酸盐晶格局部扭曲(Rimstidt et al., 1998)，由此 REE 不能大量进入碳酸盐，造成其含量较低。

在海洋环境中，大多数 REE 与海水中的碳酸根络合，而且 HREE 比 LREE 的络合能力更强(Lee and Byrne, 1993; Luo and Byrne, 2004)，单独的 REE 比络合状态的 REE 更易进入矿物晶格(Terakado and Masuda, 1988)，所以在碳酸盐矿物形成的结晶过程中，初期相对较多的自由的以镧(La)为代表的 LREE 较多地进入碳酸盐矿物晶格。到了后期，随着碳酸盐矿物的沉积，周围环境中碳酸根浓度相对降低，释放出来的以镱(Yb)为代表的 HREE 得以进入碳酸盐矿物。研究结果表明，LREE 和 HREE 含量记录了自生碳酸盐矿物在冷泉环境中结晶沉积而来(图 4-20)。

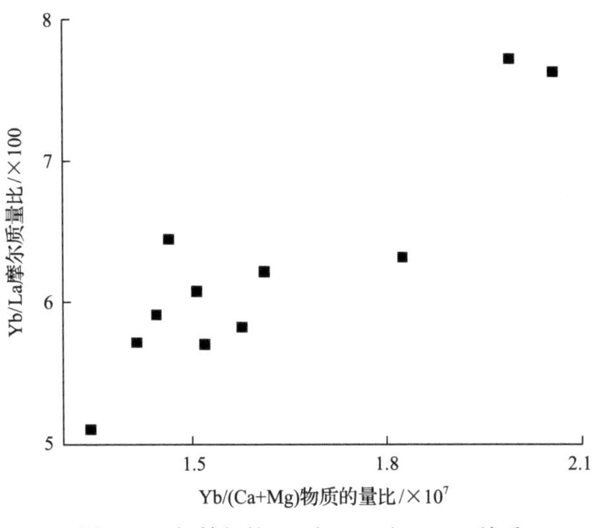


图 4-20　初始相的 Yb/(Ca+Mg)-Yb/La 关系

3. 沉积环境的氧化还原条件

在海水条件下沉积的碳酸盐具有明显的海水 REE 配分的特征(Zhong and Mucci, 1995)，REE 在碳酸盐中的配分模式主要继承沉积流体的 REE 的配分模式(Haley et al., 2004; Himmler et al., 2010)，反映了沉积时的流体特征。REE 在方解石中的扩散作用不明显，所以沉积时的微区分带被保留了下来(Cherniak, 1998)。初始相样品的 REE 配分曲线与其他冷泉区的冷泉碳酸盐岩都具有 MREE 富集的特征(Birgel et al., 2011; Feng et al., 2010a; Ge et al., 2010; Himmler et al., 2010)。富集 MREE 的流体主要来自孔隙水中的铁还原带，铁的氢氧化物在形成时吸附周围环境的 REE，其中以 MREE 为主，孔隙水提供的还原环境使铁的氧化物或氢氧化物被还原，释放的 REE 使得冷泉流体中富集 MREE(Bau and Dulski, 1996; Bayon et al., 2011; Birgel et al., 2011; Himmler et al., 2010; Sholkovitz et al., 1989)，在这种环境中形成的自生碳酸盐继承了富 MREE 的特征。76-2 I 的类似海水的配分曲线表明，它主要在海水影响下沉积的，而 HD76 站位其他样品的配分曲线与 76-2 I 类似，只是出现 HREE 的亏损，这是后期的重结晶作用造成的。

REE 元素组虽然化学性质接近，但还是有特例。铈(Ce)有+3 和+4 两种价态，在中度氧化条件下，铈就能被氧化成 $Ce^{4+}$，转化成 $CeO_2$ 或 $Ce(OH)_4$ 的形式沉积(Henderson, 1984; Elderfield and Sholkovitz, 1987; Ge et al., 2010)，或被吸附于矿物颗粒表面(Bau and Dulski, 1996)，从而脱离其他 REE 元素，造成铈相对邻近 REE 元素的亏损。反过来，因氧化而被分离沉积的铈会在还原条件下重新被释放出来，在该环境下形成的沉积物会富集铈(Elderfield and Sholkovitz, 1987; Ge et al., 2010)。所以，铈相对邻近元素的异常情况可以指示形成时的氧化还原性(Feng et al., 2010a, 2010b; Henderson, 1984)。$Ce/Ce^*$异常的计算是根据邻近的镧和镨而来，有时镧的异常会引起 $Ce/Ce^*$的假异常，通过图 4-21 判断可知，初始相中，具有真 $Ce/Ce^*$正异常的有 4-3 I、4a-2 I 内、4a-3 I 内，无异常的有 314-2 Y 和 314-2 I，没有负异常的样品。部分神狐和东沙海区样品的初始相的 $Ce/Ce^*$表现为正异常至无异常，说明是在还原至半还原条件下形成的。

绝大多数初始相的铀含量都高于海相碳酸盐岩的平均值(2.2ppm；Turekian and Wedepohl, 1961)。钍可以代表陆源碎屑，根据主量元素分析的结果，碎屑供应稳定，全部样品的钍含量也变化不大，钍和铀性质相近，常一同行动，可以用 Th/U 比值来表示 U 的变化。南海大陆架沉积物的 Th/U 比值都在 3 以上(Wang et al., 2014b)，大大高于我们的样品比值，表明自生碳酸盐比周围的沉积物相对富集铀。铀具有+6 和+4 两种价态，在海洋环境中，$U^{6+}$以 $UO_2(CO_3)_2^{2-}$和 $UO_2(CO_3)_3^{4-}$的形式迁移，当被还原成 $U^{4+}$后就沉积下来(Cangemi et al., 2010; Ge et al., 2010)。从 REE 配分曲线可知，样品沉积时受到还原性的孔隙水影响，所以，样品可以获得较多的铀，导致 Th/U 比值降低。也许因为 $U^{4+}$所需的还原程度不高，并且能大量进入碳酸盐晶格(Reeder, 1983)，使得在较还原的条件下都能富集铀，导致 Th/U 比值不像 Ce/Ce*异常、Y/Ho 比值和 Y/Y*异常一样，能区分初始相、改造相和海相碳酸盐岩的特征。

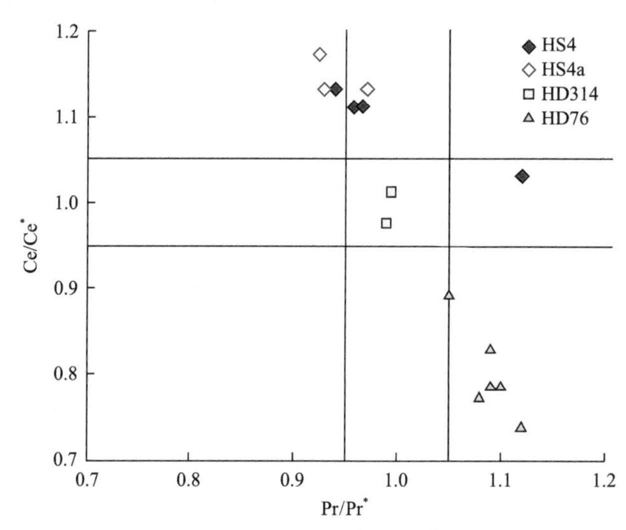


图 4-21　初始相和 HD76 站位碳酸盐岩的 Pr/Pr*-Ce/Ce*关系图(用于辨别真 Ce 正异常)

4. 混合来源的沉积流体

自生碳酸盐的形成环境受到多种流体的共同影响，主要是海水和孔隙水，冷泉在本书被认为是一种富甲烷等烃类的特殊孔隙水，前人也报道过沉积物的 REE 也会被释放出来(Elderfield and Sholkovitz, 1987)，所以，这 3 种来源的流体如何影响各海区的样品值得探讨。

南海北部陆架沉积物的 REE 参见杨文光等(2012)的文献，其 PAAS 标准化的配分曲线分布平坦，没有 MREE 富集，表现为 Ce/Ce*负异常，Eu/Eu*正异常。南海海水的 REE 参见 Alibo 和 Nozaki(2000)的文献，PAAS 标准化的配分曲线表现为 HREE 富集和 Ce/Ce*负异常。孔隙水的 REE 参考 Bayon 等(2011)的文献，PAAS 的标准化配分曲线与本书样品的总趋势接近，表现为 MREE 略微富集和 Ce/Ce*正异常。沉积物全岩来源的 REE 的配分曲线与本书样品差别较大，而且它的 REE 含量高，即使仅有 1%的混入，也使得最后的流体中 REE 表现为沉积物的特征(图 4-22)，所以我们认为沉积物全岩的 REE 对样品的影响小到可以忽略不计。

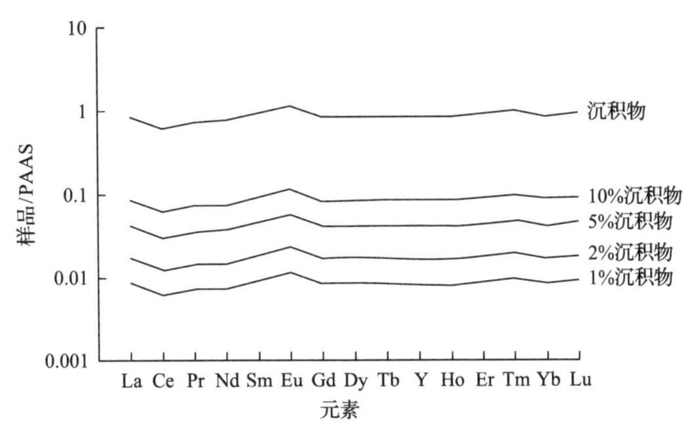


图 4-22　不同比例的南海陆架沉积物的 REE 与 1∶1 混合的南海海水和尼日尔三角洲孔隙水的 REE 的混合配分曲线

南海陆架沉积物的值据杨文光等(2012)，南海海水的值据 Alibo 和 Nozaki(2000)，尼日尔三角洲孔隙水的值据 Bayon 等(2011)。由于海水和孔隙水 REE/PAAS 的值相对沉积物的值要小 6～8 个数量级，因此不在该图中显示，其分配曲线见图 4-23

孔隙水本身的 REE 特征接近海水的，只有还原溶解了再悬浮的铈沉积物和铁的氧化物或氢氧化物后才具有 MREE 富集和 Ce/Ce*正异常的特征(Bayon et al., 2011)。还原的方式可分为：①冷泉的还原环境还原，也许有微生物的参与；②无冷泉时微生物利用有机质还原(Cangemi et al., 2010; Elderfield and Sholkovitz, 1987)；③其他方式还原。孔隙水的 REE 含量比海水高一个数量级，与海水混合后主要表现为孔隙水的 REE 配分特征，随着孔隙水的比例越来越多，Ce/Ce*正异常越来越大，LREE 和 MREE 越来越富集(图 4-23)。所以，对于神狐海区和东沙海区的初始相，在冷泉的作用下沉积，配分模式表现为 MREE 富集，Ce/Ce*无异常或正异常，LREE 和 MREE 相对富集，其中神狐样

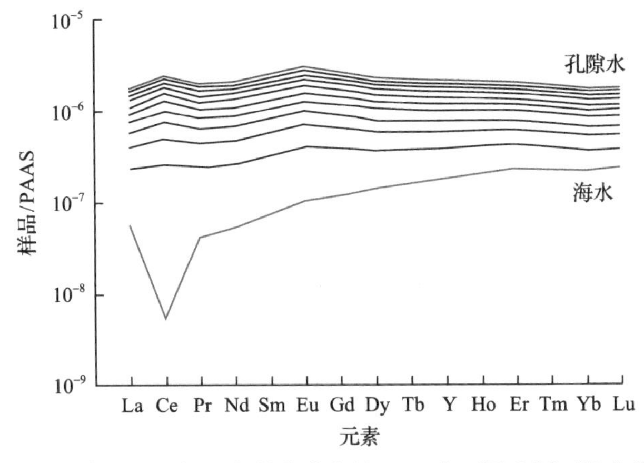


图 4-23　南海海水和尼日尔三角洲孔隙水的 REE 在不同比例下混合的配分曲线

下方的蓝线是海水，上方的红线是孔隙水，它们之间的线由下向上孔隙水的比例由 10%到 90%

品的 Ce/Ce*的正异常和 LREE 富集程度大于东沙海区的样品，表明受冷泉作用更大。对应的改造相受海水后期的作用，带入更多的 REE，使 Ce/Ce*的异常程度相对初始相的相反方向发展，HREE 也相对富集。HD76 站位碳酸盐岩的配分曲线主要为海水特征，有特征性的 Ce/Ce*的负异常，部分样品的 HREE 亏损是因为后期的作用，所以它们沉积时主要受海水作用。

钇(Y)和钬(Ho)具有相近的离子半径和与碳酸根络合能力，在陆地环境中，它们表现近似的地球化学性质(Cangemi et al., 2010)。但是到了海洋环境中，由于 Ho 或其他的 REE 相对 Y 更容易与颗粒表面有机质络合，导致它们之间的分异(Cangemi et al., 2010; Zhang et al., 1994)，Y 和 Ho 在海水中的平均滞留时间为 5100a 和 2700a，Y 相对 REE 较难在海水中沉积，最终导致海洋环境中的 Y/Ho 比值升高(Nozaki et al., 1997; Webb and Kamber, 2000)，所以受海水影响的沉积物，Y/Ho 比值会升高，Y/Y*正异常越来越明显。根据南海 297m、398m 和 495m 深度的平均值，得到 Y/Ho 物质的量比值高达 107.2(Alibo and Nozaki, 2000)。而初始相的 Y/Ho 比值都低于 58.6，具有 Y/Y*负异常。这主要是由于冷泉碳酸盐岩的沉积受海洋沉积物中冷泉来源的孔隙水的影响，孔隙水具有 Y/Ho 比值较低的特征，也许是由于吸附 REE 的铁氧化物或氢氧化物被还原而释放大量 REE(Bau and Dulski, 1999)。从初始相到改造相和 HD76 站位的碳酸盐岩，Y/Ho 物质的量比值和 Y/Y*异常分别从低值到高值和负异常到正异常变化，表明海水和孔隙水的博弈中越来越弱的孔隙水作用。值得注意的是，从海相碳酸盐到东沙海区和神狐海区的初始相，Y/Y*-Y/Ho 连续变化(图 4-19)。

## 4.5 冷泉碳酸盐岩的碳和氧同位素特征

### 4.5.1 研究意义

冷泉碳酸盐岩最典型的地球化学特征是通常具有极负的 $\delta^{13}C$ 值，目前报道最低达 –65‰(Naehr et al., 2007)。这是由于冷泉碳酸盐岩的碳源主要来自被氧化的甲烷，继承了以甲烷为主的母源碳的同位素特征(Roberts and Aharon, 1994; Peckmann et al., 2001; Peckmann and Thiel, 2004; Naehr et al., 2007)。并且，甲烷厌氧氧化过程(AOM)过程优先利用碳库中的 $^{12}C$，这个过程最多可造成 10‰的碳同位素分馏。因此，冷泉碳酸盐岩通常具有极轻的碳同位素组成。此外，冷泉环境还发现有偏重碳同位素组成的自生碳酸盐岩，$\delta^{13}C$ 值最多正达+20‰以上，这可能与甲烷生成作用有关(Naehr et al., 2007)。冷泉碳酸盐岩可能的碳源包括生物成因甲烷($\delta^{13}C$(VPDB)= –110‰～–50‰)、热解成因甲烷($\delta^{13}C$(VPDB)= –50‰～–30‰)以及石油重烃类化合物($\delta^{13}C$(VPDB)= –35‰～–25‰)(Sackett, 1978; Whiticar et al., 1986; Roberts and Aharon, 1994)。AOM 过程优先利用碳库中的轻碳同位素，即 $^{12}C$，这个过程形成的 $HCO_3^-$的碳同位素应该比碳库的同位素更轻。因而从理论上讲，所形成的自生碳酸盐岩应该具有与烃类碳库类似或更负的 $\delta^{13}C$ 值。但现代活动冷泉研究发现，绝大多数冷泉碳酸盐岩的碳同位素都比渗漏甲烷的碳同位素要重，$\delta^{13}C$ 值甚至可相差 50‰以上(Peckmann and Thiel, 2004; 冯东等，2005)，这说明冷泉碳酸盐岩形成过程中不可避免地掺入了具有较重碳同位素组成的碳，很可能是正常海水或渗漏流体中的溶解无机碳(Malinverno and Pohlman, 2011)，并且渗漏流体通量及流速大小的变化会导致这些碳源以不同比例混合，从而引起冷泉碳酸盐岩 $\delta^{13}C$ 值具有较宽的变化范围。

自生碳酸盐岩的氧同位素受流体氧同位素、温度及矿物组成的控制。冷泉碳酸盐岩一般显示与海水平衡值接近的氧同位素组成(图 4-24)。但部分样品显示偏重的氧同位素，指示了富集 $^{18}O$ 的流体来源，这种流体来源可能与黏土矿物脱水作用、卤水及水合物分解作用有关。而冷泉环境常伴随水合物形成与分解作用，因此冷泉碳酸盐岩富集 $^{18}O$ 的特征更多地被归结为水合物分解作用来源流体的贡献(Bohrmann et al., 1998; Greinert et al., 2001; Nearh et al., 2007; Feng et al., 2009b)。天然气水合物结晶过程中，优先与含 $^{18}O$ 的水分子结合，使水合物晶格中的水比孔隙水的 $^{18}O$ 高 2‰～3‰，因此，水合物分解过程释放出富集 $^{18}O$ 的水分子，使流体和沉淀碳酸盐矿物的 $\delta^{18}O$ 值偏高(Aloisi et al., 2000; Feng et al., 2009b)。

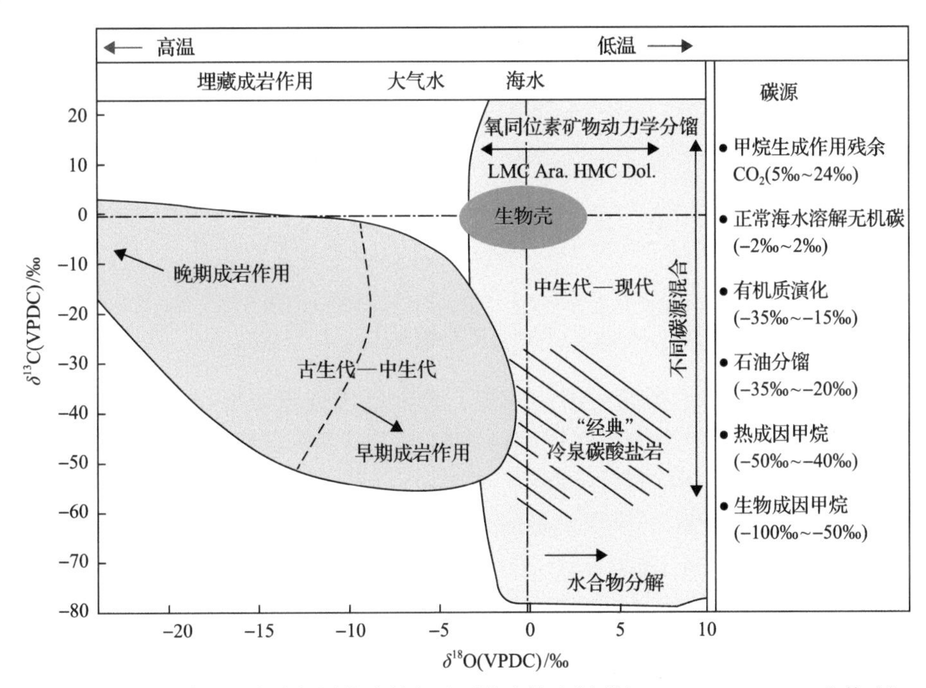


图 4-24　冷泉碳酸盐岩碳氧同位素特征及可能流体来源(据 Campbell，2006，有修改)

LMC-低镁方解石；Ara.-文石；HMC-高镁方解石；Dol.-白云石

本节将分析自生碳酸盐岩的碳氧同位素组成，依据前人的分析方式，寻找本书的样品的碳来源和沉积流体的特征，并分析样品的沉积环境。

### 4.5.2　碳同位素对碳源的指示

两个海区的冷泉碳酸盐岩和海相碳酸盐岩的碳氧同位素($\delta^{13}C$ 和 $\delta^{18}O$)分布在不同的数值范围，同一海区的样品基本聚在一起(图 4-25)。HD76 站位的 76-1 和 76-4 的碳同位素 $\delta^{13}C$(VPDB)接近海水值的 0‰，氧同位素是全部样品中最低的，为–4.8‰～–4.0‰之间。76-2 的$\delta^{13}C$也表现为海水特征，只是$\delta^{18}O$相对 76-1 和 76-4 有所升高。在$\delta^{13}C$-$\delta^{18}O$图上，聚集在另一端的样品来自神狐海区，它们的结果相对 HD76 站位的具有明显的碳同位素负偏移和氧同位素富集，$\delta^{13}C$为–47.8‰～–41.1‰，$\delta^{18}O$(VPDB)为 1.9‰～3.8‰。4a-3 Y 的数值范围脱离了神狐的其他样品的范围，$\delta^{13}C$明显偏高。东沙海区样品的值介于 HD76 站位样品的和神狐样品的值之间，$\delta^{13}C$为–34.8‰～–20.5‰，氧同位素为 0.5‰～0.7‰(表 4-9)。

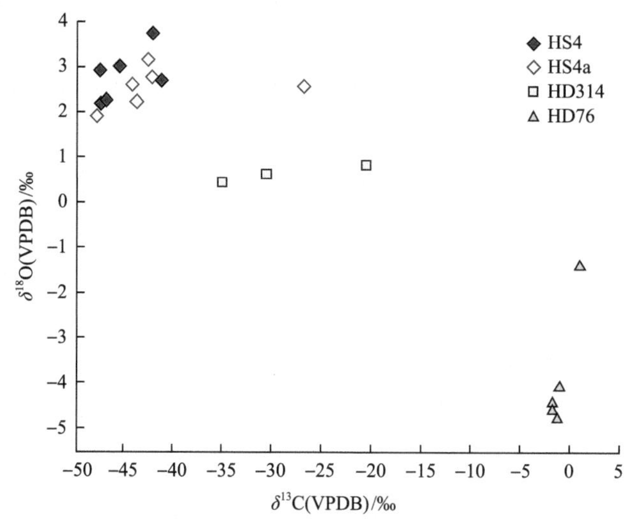


图 4-25　神狐(HS4 站位和 HS4a 站位)与东沙(HD314 站位和 HD76 站位)海区冷泉碳酸盐岩的$\delta^{13}C$与$\delta^{18}O$值对比

碳同位素值可以指示样品中碳的来源，目前已区分出以下 6 种来源：甲烷来源($\delta^{13}C$<–30‰)，可进一步分为生物甲烷($\delta^{13}C$<–60‰)和深部热裂解甲烷($\delta^{13}C$=–60‰～–30‰)；生物降解石油来源($\delta^{13}C$=–30‰～–20‰)；沉积物中的有机碳来源($\delta^{13}C$=–25‰)；海水中的碳来源($\delta^{13}C$=0‰)；产甲烷带的残余碳($\delta^{13}C$=20‰)(Chow et al., 2000; Malone et al., 2002; Han et al., 2004; Chen et al., 2007; Naehr et al., 2007, 2009; Roberts et al., 2010)。

神狐海区样品极负的碳同位素值表明甲烷是主要碳源。冷泉环境中，甲烷代替有机质作为硫酸盐的主要还原剂(Borowski et al., 1999)，同时，该区域没有大量石油渗漏向海底，极负的碳同位素也排除了产甲烷带的碳来源，所以该区的碳来源是甲烷与海水碳的综合贡献。$\delta^{13}C$在一定的范围内变化，符合冷泉喷流环境不稳定和不均匀的特征，冷泉影响大的部位$\delta^{13}C$相对较负，影响较小的部位海水贡献较多，$\delta^{13}C$略微增加。4a-3 Y 的矿物组合也比其他样品特别，黏土矿物含量相对高很多，LMC 和白云石含量较低，几乎不含 HMC(表 4-9)，它位于样品的外部，我们认为是后期海水的作用分解了冷泉成因的 HMC，使其$\delta^{13}C$正偏移。

HD76 站位的碳同位素都聚集在 0‰附近，具有典型的海水碳来源的特征，它们的镜下照片显示含有大量微体生物，碳酸盐相含量高，主要为 LMC，这些特征表明东沙海区的 76-1、76-2、76-4 的碳来源于海水。HD314 样品的碳同位素值介于神狐海区和 HD76 站位碳酸盐岩的值之间，明显来源于甲烷来源，因为 I 部位的$\delta^{13}C$为–34.8‰。但是，样

表 4-9　南海北部陆缘自生碳酸盐相的碳氧同位素组成及相关的推算结果

| 区域 | 样品 | $\delta^{13}C$(VPDB)/‰ | $\delta^{18}O$(VPDB)/‰ | 平衡流体$\delta^{18}O$(VPDB)/‰ | | 与 76-2 沉积流体的偏差(VSMOW)/‰ | | 甲烷碳比例/% | 海水碳比例/% |
|---|---|---|---|---|---|---|---|---|---|
| | | | | 10℃ | 20℃ | 10℃ | 20℃ | | |
| 神狐海区 | 4-1 I | –45.4 | 3.0 | –2.67 | –0.05 | 0.11 | 0.45 | 60.21 | 39.79 |
| | 4-1 O 外 | –42.0 | 3.8 | –1.88 | 0.75 | 0.90 | 1.24 | 55.70 | 44.30 |
| | 4-2 I | –47.4 | 2.2 | –3.47 | –0.84 | –0.69 | –0.35 | 62.86 | 37.14 |
| | 4-2 O 外 | –47.3 | 2.9 | –2.77 | –0.15 | 0.01 | 0.35 | 62.73 | 37.27 |
| | 4-3 I[a] | –46.8 | 2.3 | — | — | — | — | 62.07 | 37.93 |
| | 4-3 O 外[a] | –41.1 | 2.7 | — | — | — | — | 54.51 | 45.49 |
| | 4a-1 I[a] | –43.6 | 2.3 | — | — | — | — | 57.82 | 42.18 |
| | 4a-1 O[a] | –47.8 | 1.9 | — | — | — | — | 63.40 | 36.60 |
| | 4a-2 I 内 | –44.1 | 2.6 | –3.07 | –0.45 | –0.29 | 0.05 | 58.49 | 41.51 |
| | 4a-2 O 外 | –42.5 | 3.2 | –2.48 | 0.15 | 0.30 | 0.65 | 56.37 | 43.63 |
| | 4a-3 I 内 | –42.1 | 2.8 | –2.87 | –0.25 | –0.09 | 0.25 | 55.84 | 44.16 |
| | 4a-3 Y[a] | –26.8 | 2.6 | — | — | — | — | 35.54 | 64.46 |
| 东沙海区 | 314-2-3 I[a] | –34.8 | 0.5 | — | — | — | — | 46.15 | 53.85 |
| | 314-2-3 O | –20.5 | 0.9 | –3.08 | –0.19 | –0.30 | 0.31 | 27.19 | 72.81 |
| | 314-2-3 Y | –30.4 | 0.7 | –2.84 | –0.05 | –0.06 | 0.44 | 40.32 | 59.68 |
| | 76-1 I | –1.5 | –4.4 | –5.67 | –3.41 | –2.89 | –2.92 | — | — |
| | 76-1 O | –1.5 | –4.6 | –5.91 | –3.65 | –3.13 | –3.16 | — | — |
| | 76-2 | 1.2 | –1.4 | –2.78 | –0.49 | 0.00 | 0.00 | — | — |
| | 76-4 I | –1.2 | –4.8 | –6.17 | –3.90 | –3.39 | –3.41 | — | — |
| | 76-4 O | –0.9 | –4.0 | –5.38 | –3.10 | –2.60 | –2.61 | — | — |

a 表示多种钙镁碳酸盐的混合，故没用于计算。

品不同部位的 $\delta^{13}C$ 差别很大，最大的差值达 15‰，如此大范围的变化表明还有其他碳来源。根据水合物晶型结构的差异，水合物分为Ⅰ型、Ⅱ型和 H 型，南海北部的水合物为Ⅰ型，主要烃类是甲烷(Liu et al., 2012)，该区也没有石油来源碳的报道(Chen et al., 2005; Han et al., 2008; Tong et al., 2013; Wang et al., 2014a)。在甲烷环境下，沉积物中的有机碳不会是碳酸盐主要的碳来源(Borowski et al., 1999; Hong et al., 2014)。与上一段类似，该区样品的碳来源于甲烷和海水的混合，相对神狐的样品，海水来源的碳更多。

根据碳同位素的分析，神狐海区和东沙海区样品的碳是海水碳和甲烷碳不同程度的混合。根据冷泉的、海水的和样品的碳同位素来确定冷泉的碳对碳酸盐形成的贡献。两个端元为海水和甲烷，其中海水的 $\delta^{13}C$ 约为 0‰。我国已在神狐海区采集到水合物，其结构为Ⅰ型，烃类气体基本为甲烷，甲烷的 $\delta^{13}C$ 为–65.4‰(Liu et al., 2012)，考虑 AOM 过程的动力效应造成残余甲烷 $\delta^{13}C$ 的 10‰的富集(Alperin et al., 1988)，甲烷的 $\delta^{13}C$ 约为–75‰，由此得到甲烷碳和海水碳的贡献(表 4-9)。我们可以明显地发现，甲烷产生的无机碳是神狐海区冷泉碳酸盐岩的主要碳来源，而东沙海区的冷泉碳酸盐岩海水碳的贡献相对较大。不过，虽然海水的贡献比例较大，但从样品外部至内部，甲烷碳的比例越来越大，表明越来越强的冷泉作用。

### 4.5.3 氧同位素对沉积流体特征的指示

3 个海区的样品的 $\delta^{18}O$ 聚集在不同区域，表明不同的沉积流体特征。碳酸盐的氧同位素受到沉积时的温度、流体的氧同位素和本身矿物相的控制(Ritger et al., 1987)，前人已通过精确的实验，得到了不同温度下碳酸盐矿物-水之间的分馏等式，包括文石(Han et al., 2004)、方解石(Han et al., 2013)、镁方解石(Mavromatis et al., 2012)和(原)白云石的(Horita, 2014)。所以，根据样品的 $\delta^{18}O$ 和沉积时的温度，即可推算沉积时流体的氧同位素，帮助我们推测流体来源。

根据第 3 章 XRD 的定量结果(表 4-2)，针对含有较纯的碳酸盐相的样品计算沉积流体的 $\delta^{18}O$。从表中可知，我们选取的样品有 4-1 I 和 4-1 O 外、4-2 I 和 4-2 O 外、4a-2 I 内和 4a-2 O 外、4a-3 I 内，用(原)白云石的等式计算(Horita, 2014)：

$$1000\ln(\alpha_{\text{dolomite-water}}) = 3.14 \times \frac{10^6}{T^2} - 3.14 \tag{4-1}$$

式中，$T$ 为绝对温度；$\alpha_{\text{dolomite-water}}$ 为白云石与流体水之间的氧同位素分馏系数。

314-2-3 O 和 314-2-3 Y、76-1 I 和 76-1 O、76-2、76-4 I 和 76-4 O，用高镁方解石的等式计算(Mavromatis et al., 2012)：

$$1000\ln(\alpha_{\text{Mg-clacite-H}_2\text{O}}) = \frac{18030}{T} - 32.42 + \left(\frac{6\times10^8}{T^3} - \frac{5.47\times10^6}{T^2} + \frac{16780}{T} - 17.21\right) \times C_{\text{Mg}} \tag{4-2}$$

式中，$C_{Mg}$ 为镁方解石中 $MgCO_3$ 的摩尔分数。值得注意的是，式(4-1)和式(4-2)中矿物的形成方式与本书样品的不同，本书样品中的高镁方解石和白云石是在特殊的冷泉低温条件下形成的，精确的氧同位素分馏等式需要另外设计实验来获得，本书只能暂用上述的等式。

由于样品都是通过拖网获得的，我们认为样品沉积的位置接近海底。根据前人的数据，南海陆架海底的温度为 6～14℃(杨木壮等, 2011)，选取中间值 10℃，得到相应的样品的沉积流体的氧同位素估计(V-SMOW)(表 4-9)。我们发现$\delta^{18}O_{V\text{-}SMOW}$ 结果从–6.17‰至–1.88‰不等，与现代海水的 0‰(SMOW)和末次冰期海水的 1‰～0.5‰(SMOW)不符(Han et al., 2013)，也许当时的沉积温度应高于 10℃。前人提到，墨西哥湾海底冷泉的温度可达 20℃(Feng et al., 2009b)，由此得到的沉积流体的$\delta^{18}O$ 整体上有不同程度的增加，部分接近现代海水值，部分还是相对亏损。冷泉碳酸盐岩的氧同位素值受沉积温度和沉积流体$\delta^{18}O$ 的控制，我们无法确定当时的沉积温度，则无法获得确切的沉积流体的$\delta^{18}O$。但是，我们可以在样品中进行相对比较。

结合矿物学和碳同位素结果，我们发现 HD76 站位的样品代表非冷泉碳酸盐岩，神狐海区和东沙海区的样品为典型的冷泉碳酸盐岩。而且，稀土元素研究结果表明 76-2 的配分曲线最接近海水配分曲线的特征。所以，我们以 76-2 的沉积流体的$\delta^{18}O$ 作为当时的海水值，其他样品的数据与之对比，假设它们的沉积温度相近。发现推算到的 76-1 和 76-4 的沉积流体的$\delta^{18}O$ 具有明显的亏损，亏损程度达 3‰左右，也说明这些站位的碳酸盐岩的$\delta^{18}O$ 相对正常沉积亏损。沉积温度为 10℃时，神狐海区和 HD314 站位部分样品的沉积流体的$\delta^{18}O$ 相对 76-2 从微弱亏损到少量富集变化，但它们的富集或亏损程度都不大，所以我们认为神狐海区和东沙海区的样品的沉积流体的$\delta^{18}O$ 接近当时的海水氧同位素值，即在近平衡条件下沉积的，冷泉没有带来异常的氧同位素组成。

在海底环境中，碳酸盐岩的氧同位素组成受沉积流体的温度、$\delta^{18}O$ 和本身的矿物相的影响。碳酸盐岩的$\delta^{18}O$ 相对偏负可能是因为在相对较高温度下沉积或重结晶(Kulm and Suess, 1990; Gontharet et al., 2007; Rongemaille et al., 2011; Nesbitt et al., 2013)，或者在$\delta^{18}O$ 相对亏损的流体下沉积，如火山岩矿物转化成黏土矿物所释放的水(Greinert et al., 2002)、在沉积物深部发生水岩反应所释放的流体(Bohrmann et al., 1998)、大气降水(Malone et al., 2002)、水合物形成时所遗留的流体(Aloisi et al., 2002; Teichert et al., 2005; Haas et al., 2010; Roberts et al., 2010; Nyman and Nelson, 2011)。相对地，碳酸盐岩的$\delta^{18}O$ 相对富集可能是因为较低的沉积温度(Tran et al., 2014)，或者富集$\delta^{18}O$ 的沉积流体，如蒙脱石转化成伊利石所排出的流体(Bian et al., 2013)、深层富 $^{18}O$ 的卤水(Aloisi et al., 2000; Gontharet et al., 2007)、冰期的海水(Malone et al., 2002; Teichert et al., 2005; Chen et al., 2007)、水合物分解的流体(Aloisi et al., 2002)。根据镜下观察，76-1 和 76-4 的一些钙质生物壳发生了重结晶，这种情况在 76-2 中没有发现，也许是因为它们经历了较高的温度发生了重结晶，由此降低$\delta^{18}O$，或者因为重结晶使得碳酸盐岩的$\delta^{18}O$ 变得相对亏损。另一方面，推算到的神狐海区和东沙海区的样品的沉积温度接近 10℃，对应的沉积流体的氧同位素组成整体相对当时的海水值平衡，表明沉积流体来源较浅。

## 4.6 冷泉碳酸盐岩的镁同位素特征

### 4.6.1 研究意义

镁是两种地球上的主要元素，它们在地球外层的传播广泛，镁同位素值可以帮助示踪不同地质作用的来源(Brenot et al., 2008; Jacobson et al., 2010; Geske et al., 2015a, 2015b; Walter et al., 2015)，判别成岩环境(Geske et al., 2015b; Pokrovsky et al., 2011)。在整个地表循环中，镁从陆地被风化并由河流带入海洋，最后从海洋沉积出来，通过测定代表风化的镁同位素值(de Villiers et al., 2005; Strandmann et al., 2008; Bolou-Bi et al., 2010; Wimpenny et al., 2011)，代表海洋和海洋沉积物的镁同位素值(Wombacher et al., 2011; Saenger and Wang, 2014; Geske et al., 2015b)，根据模型可以推测出海洋的镁同位素循环(Tipper et al., 2006; Shirokova et al., 2013)。特殊微体生物的镁同位素值可以用来推测沉积时的温度(Chang et al., 2004; Young and Galy, 2004; Ra et al., 2010; Saenger and Wang, 2014; Geske et al., 2015a)，然而目前仅有少量物种有微弱的温度效应(Wombacher et al., 2011)。

镁是自生碳酸盐岩中的主要元素，镁同位素记录了相应阳离子进入碳酸盐岩的方式。由于现代海水处于所谓的“文石海”模式，当达到足够的过饱和度时，文石优先沉淀(Hardie，1996)。有人认为，方解石和白云石形成所需的非常还原条件是在冷泉渗漏环境中产生的，它允许 $Mg^{2+}$离子进入碳酸盐晶格(Greinert et al., 2001; Peckmann et al., 2001; Haas et al., 2010; Zhang et al., 2012)。此外，冷泉碳酸盐岩中镁的稳定同位素组成由渗透强度控制，因为已知沉淀速率、pH 和矿物组成会影响镁稳定同位素的分馏(Saenger and Wang, 2014; Schott et al., 2016)。

目前，冷泉碳酸盐岩镁同位素地球化学的研究较少，孔隙水的镁同位素值从浅至深缓慢增加，黏土矿物的沉积使得孔隙水中富集重的镁同位素，白云石的形成会吸收轻的镁同位素，造成同层位孔隙水的镁同位素值相对升高(Higgins and Schrag, 2010)。冷泉区的自生碳酸盐岩形成时，过饱和条件使得 $Mg^{2+}$大量进入碳酸盐晶格，具体的形成方式和沉积条件就记录在镁同位素中。

目前已经基本确定了碳酸盐矿物沉淀过程对镁稳定同位素分馏的影响(Immenhauser et al., 2010; Li et al., 2012; Mavromatis et al., 2013; Saenger and Wang, 2014)。在冷泉环境中，多变的冷泉渗漏强度会影响冷泉碳酸盐岩中镁的分配行为，因此冷泉碳酸盐岩的镁同位素组成可能能够反映冷泉渗漏活动的变化。本节将研究南海北部陆坡冷泉碳酸盐岩的镁同位素地球化学特征，评估镁同位素组成作为冷泉渗漏强度记录指标的潜力。

### 4.6.2 镁同位素分馏方式及其指示意义

我们精心挑选了 12 个具有代表性的样品，测试了它们的镁同位素值($\delta^{26}$Mg，DSM3①)，

① DSM3 是一种标准物质，名称来自 Dead Sea Magnesium Ltd.，Israel，是用 10g 纯金属镁以 0.3mol/L $HNO_3$ 为介质制备的 1%硝酸镁溶液。

结果见表4-10。通过对比冷泉碳酸盐岩(HS4、HS4a和HD314)与海相碳酸盐岩(HD76)之间的镁同位素组成，可以了解其分馏方式。分析结果显示，冷泉碳酸盐岩样品的$\delta^{26}$Mg为–3.25‰～–2.95‰，$\delta^{25}$Mg为–1.69‰～–1.53‰，均高于海相碳酸盐岩样品的值$\delta^{26}$Mg：–4.28‰，$\delta^{25}$Mg：–2.23‰。样品的Ca和Mg含量，Mg/Ca(物质的量比)与碳、氧同位素值(‰)也一并列于表4-10。

表4-10　冷泉碳酸盐岩和海洋生物碎屑碳酸盐岩样品的Ca和Mg含量，Mg/Ca与碳、氧、镁同位素值

| 站位 | 样品编号 | Ca /$10^3$μg/g | Mg /$10^3$μg/g | Mg /Ca | $\delta^{13}$C /‰ | $\delta^{18}$O /‰ | $\delta^{25}$Mg /‰ | 2SD ($^{25}$Mg) | $\delta^{26}$Mg /‰ | 2SD ($^{26}$Mg) |
|---|---|---|---|---|---|---|---|---|---|---|
| HS4(神狐) | 4-1 | 161.9 | 34.7 | 0.35 | –46.6 | 3.0 | –1.60 | 0.02 | –3.08 | 0.04 |
|  | 4-2a | 103.4 | 23.9 | 0.38 | –50.2 | 3.6 | –1.55 | 0.04 | –3.00 | 0.05 |
|  | 4-2b | 94.5 | 32.4 | 0.56 | –49.5 | 3.1 | –1.53 | 0.04 | –2.95 | 0.04 |
|  | 4-3 | 166.2 | 35.3 | 0.35 | –45.9 | 2.6 | –1.66 | 0.02 | –3.21 | 0.05 |
| HS4a(神狐) | 4a-1a | 138.1 | 44.8 | 0.53 | –47.0 | 3.6 | –1.61 | 0.02 | –3.09 | 0.03 |
|  | 4a-1b | 162.6 | 36.7 | 0.37 | –47.5 | 3.7 | –1.58 | 0.01 | –3.08 | 0.01 |
|  | 4a-2 | 166.2 | 42.2 | 0.42 | –41.1 | 3 | –1.69 | 0.02 | –3.25 | 0.04 |
| HD314(台西南) | 314-1 | 199.9 | 23.4 | 0.19 | –29.3 | 1.3 | –1.66 | 0.01 | –3.19 | 0.03 |
|  | 314-2a | 126.7 | 16.6 | 0.22 | –36.5 | 1.9 | –1.64 | 0.01 | –3.17 | 0.04 |
|  | 314-2b | 199.9 | 31.3 | 0.26 | –40.2 | 1.2 | –1.63 | 0.01 | –3.12 | 0.03 |
|  | 314-2c | 105.3 | 20.8 | 0.33 | –32.6 | 1.9 | –1.63 | 0.02 | –3.14 | 0.01 |
| HD76(台西南) | 76-1 | 307.6 | 3.8 | 0.02 | –1.5 | –4.4 | –2.23 | 0.01 | –4.28 | 0.02 |

注：2SD指2倍标准偏差，表示距离均值的程度。

较长时间暴露在海底环境中的碳酸盐岩会受到溶解—再沉积或重结晶等后期成岩作用，从而影响镁同位素组成(Farkaš et al., 2007)。用于镁同位素测试的样品都取自内部，STEM的暗场像观察结果表明，没有观察到4-3 I、4a-3 I内和314-2 I的碳酸盐晶体受到后期作用的痕迹。另外，前述REE配分模式的分析也发现，它们都是初始相，没有受到后期作用的影响。所以，这些结果代表了沉积时的原始镁同位素组成。

$\delta^{26}Mg_{DSM3}$在自然样品中的变化范围很大，其中石灰岩和白云岩的范围分别为–4.5‰～–3‰和–3‰～–1‰(Young and Galy, 2004; Tipper et al., 2006; Saenger and Wang, 2014)，而卡斯凯迪亚地区和非洲西海岸沉积物深部的白云石的结果分别为–2.52‰～–2.38‰和–2.06‰～–1.72‰(Higgins and Schrag, 2010)，本书样品的结果比该范围低。根据前面的矿物学和地球化学的研究结果，76-1和其他样品有明显的区别，前者的沉积条件与冷泉作用关系不大，主要是在海水条件下形成的，并且其中胶结了大量微体生物，而后者是在不同强度的冷泉作用下形成的。

自生碳酸盐岩所处的冷泉区主要受海水和孔隙水的影响。现代海水的$\delta^{26}Mg_{DSM3}$分别为–0.8‰(Tipper et al., 2006)，由于$Mg^{2+}$在海水中的滞留时间很长，分别达到14Ma，所以可以认为它们在全球海水中的分布是均一的，世界各地海水的同位素组成也是接近的(Farkaš et al., 2007)。虽然历史时期上海水中的镁同位素组成是变化的(de Villiers et al.,

2005)，但前人对南海北部陆坡冷泉碳酸盐岩的测年结果表明年龄都小于1Ma(Tong et al., 2013)，所以认为，本书样品测得的$\delta^{26}$Mg值都为现代值。

从已有的少量报道看，冷泉区孔隙水的镁同位素组成变化随深度增加而逐渐升高，卡斯凯迪亚冷泉区孔隙水的镁同位素(DSM3)从浅部的–0.77‰逐渐升高至深部的1.13‰，自生碳酸盐岩的镁同位素低于同层位孔隙水的值(Higgins and Schrag, 2010)。在由大洋钻探计划钻获的秘鲁陆缘沉积物中硫酸盐-甲烷转换带(SMTZ)的孔隙水$\delta^{26}$Mg值则发现接近–0.8‰(Mavromatis et al., 2014)，似乎有可能存在从海水到SMTZ的镁的持续供应。虽然海水的镁同位素值是稳定的，但孔隙水的值却是随深度而变化，而且目前还没有南海冷泉区沉积物孔隙水的镁同位素报道，这使得了解样品沉积流体的镁同位素组成变得困难。不过，我们可以根据以上分析可知，推测样品的沉积流体的镁同位素值的相对大小。碳同位素和稀土元素的分析表明，样品形成于沉积物浅部的AOM环境中，有海水和孔隙水的混合，仔细观察其他冷泉区的结果可以发现，沉积物浅部孔隙水的镁同位素接近海水值，并且自生碳酸盐岩的镁同位素比同层位孔隙水的略低(Higgins and Schrag, 2010)，所以我们认为样品的沉积流体的镁同位素介于海水附近和样品之间，即神狐和东沙海区样品的镁同位素值均小于沉积流体的镁同位素值。

样品与沉积流体之间同位素的差别是因为发生了分馏。一般情况下，碳酸盐矿物在流体中形成时，轻的镁同位素倾向于进入矿物中(Immenhauser et al., 2010; Wombacher et al., 2011; Geske et al., 2015b)。主要的分馏方式有两种：平衡分馏和动力分馏，前者因为轻重同位素与相同的原子或离子在平衡体系之间有不同的键能，后者因为轻重同位素穿越界的能力不同(Gussone et al., 2003)。目前没有找到冷泉环境下自生碳酸盐形成时的镁同位素分馏的研究，只能根据前人实验的结果来推测。低温下含镁碳酸盐矿物与流体之间镁同位素的平衡分馏仅有针对LMC的推测值，因为低温下难以合成含较高镁含量的方解石和白云石(Mavromatis et al., 2013; Saenger and Wang, 2014)。前人研究认为，由于MC-ICPMS提供了高精度的$^{25}$Mg/$^{24}$Mg和$^{26}$Mg/$^{24}$Mg比值，根据因质量的同位素分馏和两者之间的关系，可以用于区分部分样品中的镁同位素分馏方式(Young et al., 2002; Young and Galy, 2004)。根据以下等式将$\delta^{26}$Mg和$\delta^{25}$Mg转换成$\delta^{26}$Mg′和$\delta^{25}$Mg′，并算出$\Delta^{25}$Mg′(Young and Galy, 2004)：

$$\delta^{x}\mathrm{Mg}' = \ln\left[\frac{({}^{x}\mathrm{Mg}/{}^{24}\mathrm{Mg})_{样品}}{({}^{x}\mathrm{Mg}/{}^{24}\mathrm{Mg})_{\mathrm{DSM3}}}\right]\times 10^{3} \tag{4-3}$$

$$\Delta^{25}\mathrm{Mg}' = \delta^{25}\mathrm{Mg}' - 0.521\delta^{26}\mathrm{Mg}' \tag{4-4}$$

式中，$x$为26或25。

通过$\delta^{26}$Mg′-$\delta^{25}$Mg′(图4-26)和$\Delta^{25}$Mg′-$\delta^{26}$Mg′(图4-27)关系图可以判断镁同位素的分馏方式，前者通过数据的线性拟合线的坡度判断分馏方式，后者可以对比不同地质体之间的镁同位素分馏关系。以$y=ax$拟合$\delta^{26}$Mg′和$\Delta^{25}$Mg′的关系，得到斜率0.521，属于平衡分馏。在$\Delta^{25}$Mg′-$\delta^{26}$Mg′图解中，陨石、海水、碳酸盐岩的分布表明，海水的镁同位素从陨石的镁同位素的动力分馏而来，海洋碳酸盐矿物的镁同位素组成是从海水的镁同位素的平衡分馏而来(Young and Galy, 2004)，本书样品分布在 $\Delta^{25}Mg'=0$ 的线上，说明本书样品的镁可能从陨石或地幔的平衡分馏而来，这显然不对。其实，该图解只适用于部分样品，对于一些含有有孔虫的样品，它显示的依然是与海水平衡(Young and Galy, 2004)，但我们知道微体生物在形成碳酸盐时会有额外的生物作用，有倾向性地吸附或排除 $Mg^{2+}$，此过程中有动力分馏(Ra et al., 2010; Wombacher et al., 2011; Saenger and Wang, 2014)。还有，前人通过计算发现通过 $\delta^{26}Mg'$ 和 $\Delta^{25}Mg'$ 的线性关系中的斜率判断分馏类型不适用于低温体系，因为斜率在低温下与温度有关系(Saenger and Wang, 2014)。

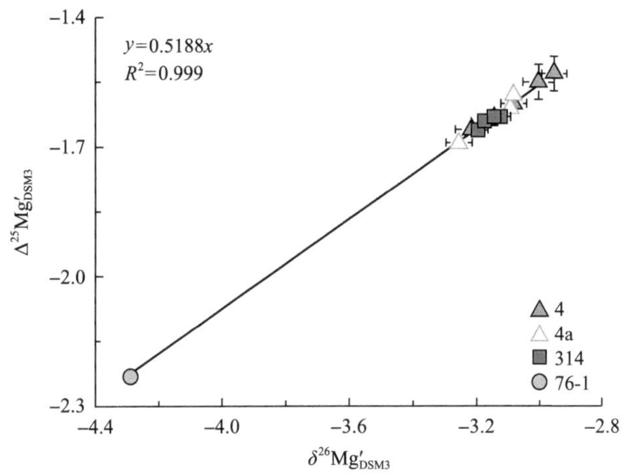


图 4-26　冷泉碳酸盐岩与生物碎屑碳酸盐岩的 $\delta^{26}Mg'_{DSM3}$-$\Delta^{25}Mg'_{DSM3}$ 图解
(据 Young and Galy, 2004, 有修改)

$\delta^{26}Mg'_{DSM3}$ 与 $\Delta^{25}Mg'_{DSM3}$ 的线性关系可以判断样品所经历的质量分馏的类型，线性拟合的斜率为 0.5188，显示平衡质量分馏

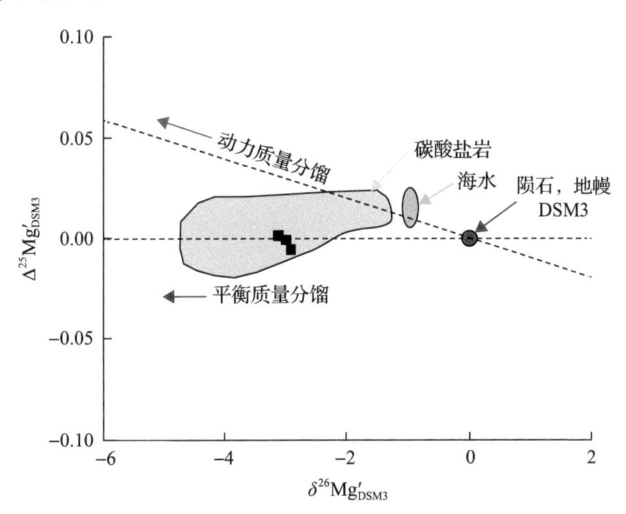


图 4-27　冷泉碳酸盐岩的 $\Delta^{25}Mg'_{DSM3}$-$\delta^{26}Mg'_{DSM3}$ 图解(据 Young and Galy, 2004)

全球不同圈层的镁同位素组成似乎有一定的分馏关系，海水的镁同位素组成是从陨石的经动力质量分馏而来，而碳酸盐岩的镁同位素组成与海水的有一定的平衡分馏关系

至此，只能根据前人在中温实验条件下获得的平衡分馏关系来判断样品沉积时的镁同位素分馏类型。根据氧同位素的分析结果确认的沉积温度（10℃）和白云石与沉积流体间的平衡分馏关系（Li et al., 2015），算得分馏程度为–1.94‰，假如以同样为被动大陆边缘的西非海岸 1082 站位的 AOM 层位的孔隙水的镁同位素值作为本书样品沉积时孔隙水的值（–0.29‰；Higgins and Schrag, 2010），样品沉积时的镁同位素分馏程度远高于计算的平衡分馏程度。因此，样品与沉积流体及样品之间镁同位素的巨大差异主要是某些条件产生的动力分馏造成的，这种分馏可能与生物作用、矿物相、温度、沉积速率有关。

根据样品特征和该区域的条件，微体生物和温度对镁同位素的分馏影响较小。在展开讨论前我们需要知道，白云石的镁同位素值与阳离子有序度有关，低有序度的白云石中镁氧键较长，沉积时倾向性地纳入轻的镁同位素，最大差异可达 0.25‰（Li et al., 2015）。样品的矿物研究表明，314-2 的有序度比 4-3 和 4a-3 的明显偏低。所以，为了正确对比，314-2 的值需要在现今值基础上加 0.25‰。

图 4-28 总结了海洋未固结沉积物的 $\delta^{26}$Mg 值，包括生物成因镁方解石和白云石。海洋沉积物的 $\delta^{26}$Mg 值最高，接近 0‰，而碳酸盐岩为 $^{26}$Mg 亏损，镁方解石具有最低以及最大范围的值（图 4-28）。样品 76-1 以生物成因 LMC 为主，$\delta^{26}$Mg 值属于生物 LMC 值的范围。而神狐样品为含少量 HMC 的白云石，台西南样品为 LMC、HMC 和白云石，$\delta^{26}$Mg 数值均仅在–3.12‰附近。有趣的是，神狐海区白云岩的 $\delta^{26}$Mg 值与秘鲁陆缘沉积物中形成的成岩白云岩的 $\delta^{26}$Mg 值相似（Mavromatis et al., 2014）。冷泉碳酸盐岩的 $\delta^{26}$Mg 值与碳酸盐沉淀流体的 $\delta^{26}$Mg 值的差异主要是由于流体和固体之间的同位素分馏作用，轻的镁同位素比重的同位素更容易进入碳酸盐晶格。因为在扫描电镜图像（图 4-3）和 STEM 图像中没有观察到所研究的冷泉碳酸盐岩发生溶解（Lu et al., 2015），该过程能够引起同位素分馏。所有的冷泉碳酸盐岩很可能是从与海水镁同位素组成相似的流体中沉淀出来的。因此，冷泉碳酸盐岩的镁同位素值的变化应该发生在碳酸盐矿物沉淀过程中。

根据前人的总结，含镁碳酸盐的镁同位素的分馏与矿物相有关，从文石、白云石、菱镁矿到方解石分馏程度越来越大（Saenger and Wang, 2014）。在各碳酸盐矿物相中，$Mg^{2+}$有不同的配位数和镁氧键强度，而且不同相的表面化学性质是不同的，所以镁同位素分馏程度与碳酸盐相的种类有关（Galy et al., 2002; Wombacher et al., 2011）。但是，LMC、HMC、白云石的相对含量与镁同位素的关系却与之相反（图 4-28），表明矿物相对镁同位素结果的影响小。STEM 暗场图像和荧光显微镜图像都表明碳酸盐相与微体生物或微生物的关系都不大，虽然有前人把微生物合成的白云石与沉积流体之间的镁同位素分馏归结为微生物作用，但其分馏程度通过无机条件也能满足（Immenhauser et al., 2010），并且前人对与蓝细菌有关的含水菱镁矿的研究发现，矿物与沉积流体之间的镁同位素分馏没有受到蓝细菌的影响（Mavromatis et al., 2012; Shirokova et al., 2013），所以样品镁同位素的分馏与微生物没有直接关系。

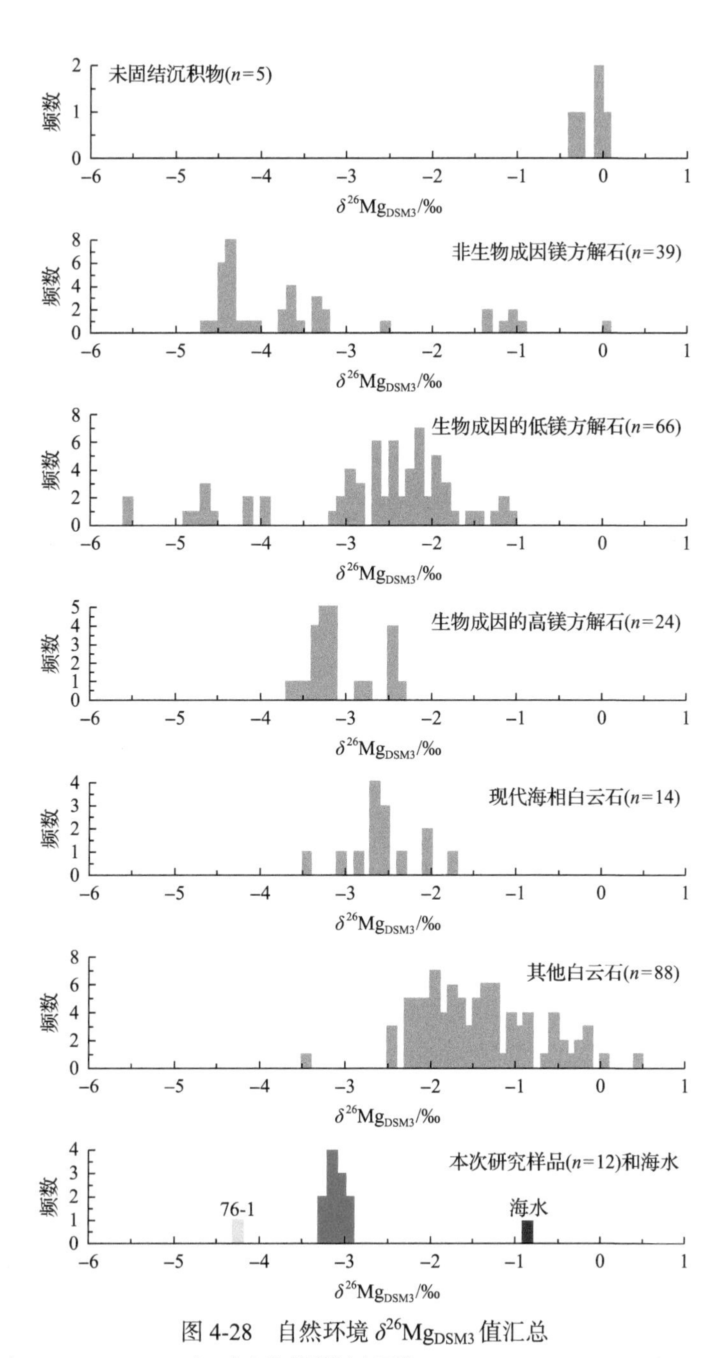


图 4-28　自然环境 $\delta^{26}Mg_{DSM3}$ 值汇总

包括未固结沉积物(Mavromatis et al., 2014)；非生物成因镁方解石(Brenot et al., 2008；Immenhauser et al., 2010；Azmy et al., 2013；Walter et al., 2015)；生物成因低镁方解石(Wombacher et al., 2011；Rollion-Bard et al., 2016)；生物成因高镁方解石(HMC；Wombacher et al., 2011)；现代海相白云石(Higgins and Schrag, 2010；Mavromatis et al., 2014)，其他白云岩，包括塞卜哈、陆相、热液、混合带和湖相白云岩(Brenot et al., 2008；Pokrovsky et al., 2011；Azmy et al., 2013；Geske et al., 2015a, 2015b；Walter et al., 2015)；海水(Higgins and Schrag, 2010)以及本次研究样品

在低温条件下碳酸盐岩具有独特的镁同位素地球化学行为，因为难以直接沉淀形成含镁较高的方解石和白云石(Saenger and Wang, 2014)。白云石和高镁方解石的形成需要$Ca^{2+}$和$Mg^{2+}$吸附在矿物表面，经脱水后进入晶格而形成。然而，$Mg^{2+}$比$Ca^{2+}$进入$CaCO_3$晶格所需的脱水能高很多，导致无法合成高镁相，当提高溶液中的Mg/Ca比值，容易形成非晶态碳酸钙，无法获得理想结果(Saenger and Wang, 2014)。镁同位素的分馏应该发生在$Mg^{2+}$的脱水过程中(Immenhauser et al., 2010; Wombacher et al., 2011)。

冷泉碳酸盐岩样品的镁含量和镁同位素有明显的负关系(图4-28)，结合分析结果，假设样品的沉积流体的镁同位素接近，说明在沉积过程中，越多的$Mg^{2+}$进入碳酸盐，导致形成矿物与沉积流体之间产生越大的镁同位素分馏。要想解释其中的原因，我们必须知道冷泉条件下高镁相碳酸盐形成的机制。

流体与沉淀碳酸盐岩之间的镁同位素分馏受到温度、碳酸盐矿物类型、沉淀速率和强水合的$Mg^{2+}$的反应动力学等因素的影响(Li et al., 2012; Mavromatis et al., 2013; Saenger and Wang, 2014; Pinilla et al., 2015)。在平衡条件下，镁方解石-水体系中的镁同位素分馏随温度的降低而略有上升(Li et al., 2012)。超过100℃的白云石-水体系的反应实验，产生相同温度下镁方解石-水体系反应实验类似的镁同位素分馏趋势(Li et al., 2015)。因为镁方解石中镁氧键的长度不同于白云石，镁同位素分馏在这些矿物之间是不同的(Saenger and Wang, 2014; Pinilla et al., 2015)。而且，不同方解石中的$MgCO_3$含量，导致晶体结构的微小变化，也会影响镁同位素分馏(Pinilla et al., 2015)。然而，镁同位素分馏也可以由动力学因素所控制。较高的沉淀速率会导致镁方解石和水在低温下的分馏明显减小(Mavromatis et al., 2013)。部分脱水的$Mg^{2+}$与流体包裹体加入镁方解石中可能导致高沉淀速率下镁同位素的分馏减小(Mavromatis et al., 2013; Saenger and Wang, 2014)。因此，这种沉淀速率影响了镁同位素分馏，与$Mg^{2+}$离子脱水动力学过程和流体包裹体的体积有关。在碳酸盐岩沉淀过程，水合$Mg^{2+}$离子被吸附在表面，然后在脱水后进入碳酸盐矿物晶格中。然而，$^{24}Mg$脱水所需的能量低于较重的镁同位素，导致碳酸盐矿物中$^{24}Mg$的富集(Immenhauser et al., 2010; Wombacher et al., 2011; Saenger and Wang, 2014)。

尽管镁同位素分馏可能受到微生物活动的影响，有蓝细菌和无蓝细菌的控制实验显示两种情况下含水镁碳酸盐的形成没有明显的差异(Mavromatis et al., 2012)。所有研究样品均形成于相似的温度(见4.5.3节)。因此，这些冷泉碳酸盐岩中镁同位素之间的差异不太可能受到温度的影响。在SD-AOM作用下，$Mg^{2+}$会进入碳酸盐矿物晶格，形成具有不同$MgCO_3$含量的碳酸盐岩。为了评估矿物类型的可能影响，LMC、HMC、白云石的相对含量和$MgCO_3$的总含量均与$\delta^{26}Mg$值进行了相关性分析，但没有发现明显的关系(图4-29)。神狐样品的白云石含量与$\delta^{26}Mg$值呈微弱的正相关关系(图4-28)。因此矿物类型也不是镁同位素分馏的主要因素。基于缺乏其他的证据，冷泉碳酸盐岩形成过程中的镁同位素分馏可能受脱水和$Mg^{2+}$进入碳酸盐晶格的动力过程影响。

为了确定SD-AOM控制镁同位素分馏的机理，分别将$\delta^{26}Mg$值与$\delta^{13}C$值和Mg/Ca比值做了相关性分析(图4-30)。结果显示，随着$\delta^{26}Mg$值增大，Mg/Ca比值增大而$\delta^{13}C$值减小，表明$\delta^{13}C$值与$\delta^{26}Mg$值的相关性较好。更低的$\delta^{13}C$值表明相对更多的碳来自

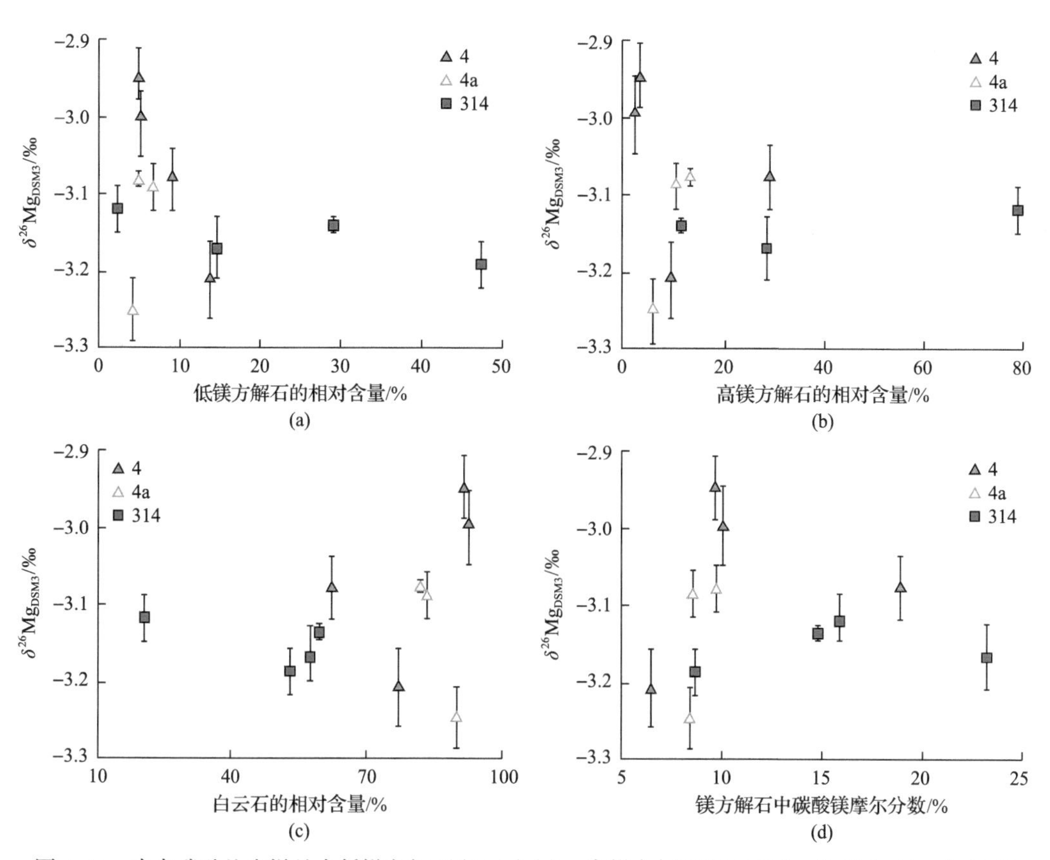


图 4-29　冷泉碳酸盐岩样品中低镁方解石(LMC)(a)、高镁方解石(HMC)(b)和白云石(Dol)(c)的相对含量及镁方解石中碳酸镁摩尔分数(d)和 $\delta^{26}$Mg 关系图(据 Lu et al., 2017，有修改)

根据 Rietveld 获得的 X 射线衍射数据，计算了各碳酸盐相的相对含量和方解石中碳酸镁总含量的方法

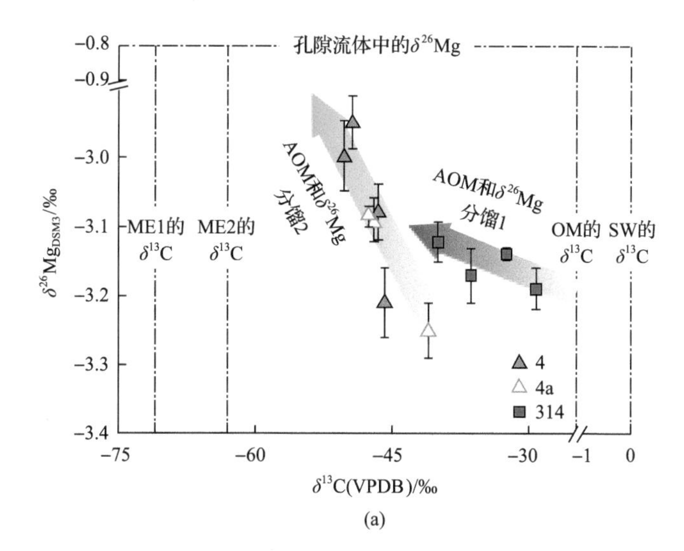

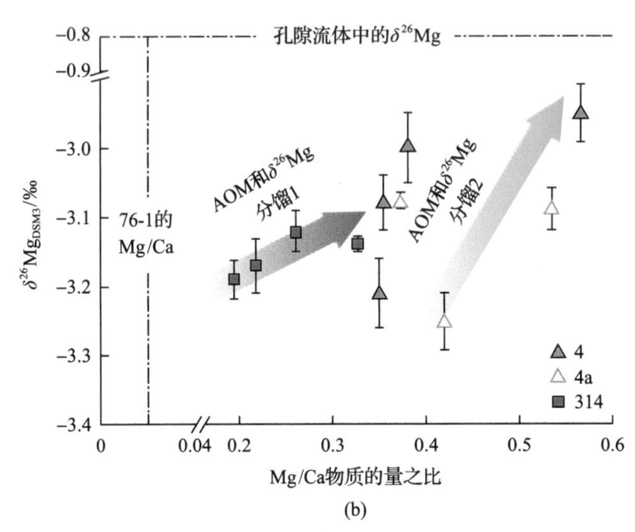


(b)

图 4-30　冷泉碳酸盐岩的 $\delta^{13}$C 值(a) 和 Mg/Ca 物质的量之比(b) 与 $\delta^{26}$Mg 值的关系图
(据 Lu et al., 2017，有修改)

水平线为碳酸盐矿物沉淀时流体的 $\delta^{26}$Mg 估计值。(a) $\delta^{13}$C 与 $\delta^{26}$Mg 值关系图，两者呈负相关，但两个研究海区的相关性不同(绿色箭头：神狐海区，粉红色箭头：东沙海区)。东沙海区(ME1)和神狐海区(ME2)、有机质(OM)和海水(SW)的甲烷 $\delta^{13}$C 值用竖线表示。(b) Mg/Ca(物质的量之比) 与 $\delta^{26}$Mg 值关系图，两者呈正相关，但两个研究海区的相关性不同(绿色箭头：神狐海区，红色箭头：东沙海区)。Mg/Ca 物质的量之比来自 76-1 样品，用竖线表示

SD-AOM，可能是 SD-AOM 增强的结果。尽管 Mg/Ca 比值与 $\delta^{26}$Mg 值之间的相关性较弱，仍然支持上述解释，因为较高 Mg/Ca 比值可能是由于强烈或长期的冷泉流体渗漏，从而有利于不同 $MgCO_3$ 含量的冷泉碳酸盐岩的形成。所有样品的同时代海水的 Mg/Ca 比值很可能接近 5，因为样品在 34～330ka BP(before present) 期间形成(Tong et al., 2013)。当文石优先沉淀时，孔隙水的 Mg/Ca 比值将显著增加(Himmler et al., 2013)，但即使 HMC 和原白云岩沉淀的情况下，孔隙水 Mg/Ca 比值也会增加，因为海水中的镁含量大约是钙的 5 倍(Warren, 2000)。强烈的 SD-AOM 释放的 $HCO_3^-$会影响水溶液中镁的同位素组成。图 4-30 表明随着 SD-AOM 增强，镁同位素分馏作用减弱，表现为低 $\delta^{13}$C 值和高 Mg/Ca 比值。

在冷泉碳酸盐岩沉淀过程中，SD-AOM 使浅表层沉积物孔隙水中的硫酸盐耗尽，硫化物富集，而向下扩散的海水持续供应 $Mg^{2+}$。硫酸盐消耗和硫化物生成很可能大幅降低了动力学障碍，硫酸盐浓度的降低减少了络合的 $MgSO_4$，硫化物能够催化水合 $Mg^{2+}$离子的脱水(Zhang et al., 2012)，均使得镁更容易进入碳酸盐矿物晶格。动力学障碍减小后，轻和重镁同位素进入碳酸盐矿物晶格的能量差异也有所减小(图 4-31)。因此，强烈的 SD-AOM 作用能够减少冷泉碳酸盐岩形成过程中的镁同位素分馏。

因为 SD-AOM 的强度受到甲烷渗漏通量和持续时间的影响(Hong et al., 2014)，所以，通过冷泉碳酸盐岩的镁同位素组成，可能能够认识到冷泉碳酸盐岩形成时的流体渗漏强度。从这个意义上说，对比神狐与东沙海区样品的结果(图 4-30)，神狐海区的 SD-AOM 似乎更强烈。未来还需要做更多的工作，以揭示这种新的稳定同位素指标的有效性和可

靠性。

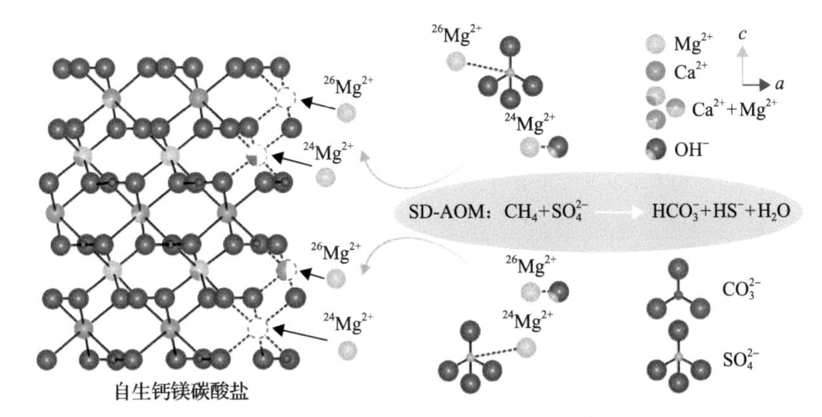


图 4-31　由硫酸盐驱动的甲烷厌氧氧化(SD-AOM)诱导的钙镁碳酸盐岩沉淀过程中的镁同位素分馏机制示意图(据 Lu et al., 2017，有修改)

SD-AOM 会发生以下变化：①排出硫酸盐，释放出流体中络合的 $Mg^{2+}$，使之可以进入碳酸盐晶格；②释放硫化物，促进 $Mg^{2+}$脱水。因此，SD-AOM 会减弱沉淀过程中的动力学障碍，导致轻和重的镁同位素的差异减小。相应地，流体和碳酸盐岩之间的镁同位素分馏也变小

# 第 5 章　典型冷泉区自生黄铁矿地球化学特征

## 5.1　概　　述

在海洋沉积物中，早期成岩过程中由硫酸盐还原作用（SR）产生的 $H_2S$ 可以向上扩散进入上层氧化性海水中被氧化为硫酸盐或中间价态的硫化物，也可以向下扩散到沉积物与二价铁形成各种形式的铁硫化物（FeS）。这些硫化物主要为不稳定的中间态，如酸可挥发性硫（AVS，包括磁黄铁矿、胶黄铁矿、结晶型马基诺矿、游离硫化物等二价金属的硫化物和有机硫化物），再经过一系列成岩转化，在一定条件下会进一步转化为稳定的黄铁矿（$FeS_2$）。所以，一般来说，铁硫化物是沉积物中硫化物的主要成分，而黄铁矿又是最主要的铁硫化物。生成 FeS 还是 $FeS_2$ 主要取决于沉积环境中 $H_2S$ 的持续供给能力。沉积物中的黄铁矿含量主要受控于有机质供给速率、可利用的孔隙水硫酸盐含量和活性铁的含量。

对于正常的海相环境，沉积物中富含铁的氧化物和氢氧化物，$Fe^{3+}$能在缺氧条件下还原为 $Fe^{2+}$，提供大量活性铁。由于富含硫酸盐和活性铁，黄铁矿的含量主要取决于有机质的含量，有机质硫酸盐还原作用（OSR）可使大约一半的海洋有机质被硫酸盐所消耗（Berner, 1984）。而在冷泉区，包含两种 SR 作用，即上层的 OSR 和下层由甲烷缺氧氧化作用（AOM）引起的 SR 作用。与 AOM 耦合的 SR 作用有着重要作用，能够为黄铁矿的形成提供丰富的硫源（Boetius et al., 2000; Michaelis et al., 2002; Jørgensen et al., 2004）。SR-AOM 可导致自生碳酸盐岩与黄铁矿等一系列自生矿物的形成（Peckmann and Thiel, 2004）。其中，自生黄铁矿的产量仅次于自生碳酸盐岩，是该系统中铁和硫两个地球化学循环相耦合的最重要的载体矿物，也是海底冷泉泄漏活动标志性的矿物之一。因此，冷泉系统自生黄铁矿的研究有着重要的科学意义，逐渐成为当前国内外的一个研究热点。

沉积物中不断上升的甲烷流体与下渗硫酸盐反应，在某一深度硫酸盐逐渐被消耗殆尽，该位置即为硫酸盐-甲烷转换带（SMTZ）（Borowski et al., 1996, 1999）。SMTZ 是细菌硫酸盐还原和产甲烷菌两个微生物群落代谢作用的基本界限，SMTZ 之上是细菌硫酸盐还原作用为主，而其下则是产甲烷菌活跃的区域。通常情况下，SR-AOM 速率在 SMTZ 附近最高，在该区域由于硫酸盐还原菌和甲烷厌氧氧化古菌共同作用，形成一个独特的成岩环境（Boetius et al., 2000; Michaelis et al., 2002）。较快的还原速度加快了各种铁硫化物的沉淀（包括自生黄铁矿）。因此，在 SMTZ 内往往能形成较高含量的硫化物（Sassen et al., 2004）。

在硫酸盐还原过程中，由于硫酸盐还原菌会有选择性地优先摄取硫酸盐中较轻的 $^{32}S$，造成较明显的硫同位素分馏，从而形成了具有较低$\delta^{34}S$ 同位素值特征的 $H_2S$，导致残余孔硫酸盐具有较高的$\delta^{34}S$ 同位素值特征（Canfield, 2001）。因为 $H_2S$ 在向黄铁矿转变的过程中的硫同位素分馏作用并不明显，因此 OSR 过程中产生的黄铁矿通常具有较低的$\delta^{34}S$ 同位素值特征（Price and Shieh, 1979; Butler et al., 2004）。长期以来，通过实验室模拟自然条件下发生的 OSR 作用，其产生的硫同位素分馏强度小于 46‰（Kaplan and Rittenberg,

1964；Rees, 1973; Goldhaber and Kaplan, 1980）。自然界中大于 46‰的硫同位素分馏程度通常被认为是由于单质硫等中间产物的歧化反应所引起的分馏效应(Canfield and Thamdrup, 1994; Habicht and Canfield, 2001；Sørensen and Canfield, 2004）。但是，近来研究表明，无论是在自然环境中或是实验室模拟条件下，单纯由 OSR 反应所产生的硫同位素分馏程度是可以大于 46‰的，最高的分馏程度甚至可超过 70‰(Rudnicki et al., 2001; Canfield et al., 2010; Sim et al., 2011; Wortmann and Chernyavsky, 2011）。此外，硫酸盐还原过程的硫同位素分馏强度($\varepsilon^{34}S = \delta^{34}S_{SO_4^{2-}} - \delta^{34}S_{H_2S}$)也受到了硫酸盐还原速率的影响：反应速率越快，分馏强度越弱。

大量研究表明，在硫酸盐驱动甲烷厌氧氧化反应过程中形成的自生硫化物常具有较高的$\delta^{34}S$ 同位素值特征(Jørgensen et al., 2004; Neretin et al., 2004; Peketi et al., 2012；Borowski et al., 2013; Lin Z et al., 2016a, 2016b, 2017a, 2017b）。Jørgensen 等(2004)在解释黑海富甲烷沉积物中孔隙水 $H_2S$ 富集 $^{32}S$ 这一现象时提出，主要与沉积物深部硫化物的沉淀有关。Peketi 等(2012)发现沉积物中自生黄铁矿的含量富集层位与其$\delta^{34}S$ 高值具有明显的对应关系，可能记录了以前甲烷厌氧氧化反应的活动。Borowski 等(2013)认为沉积物中具有异常的$\delta^{34}S$ 值黄铁矿可以用来指示古代的 SMTZ。

随着沉积物成岩作用的逐渐进行，OSR 和 AOM 的发生会造成黄铁矿的不断形成与累积。不同时期不同过程形成的多期次黄铁矿最终混合出现在沉积物中。因此，利用硫同位素手段和黄铁矿生长顺序将不同期次的黄铁矿进行有效分离是一个可能的，但颇具挑战性的问题。Lin Z 等(2016b)利用二次离子探针(SIMS)对南海神狐海域自生黄铁矿进行了系统的硫同位素原位分析，在微区范围内一定程度上厘定了不同硫酸盐过程形成的黄铁矿：早期 OSR 过程主要形成了$\delta^{34}S$ 值较低的草莓状黄铁矿，而后期 AOM 过程导致了$\delta^{34}S$ 值极高的“增生型”黄铁矿。

然而，无论从自然沉积环境还是实验室模拟实验，与 OSR 类似，AOM 过程也会产生较大程度变化的硫同位素分馏作用(20‰～60‰)。同时，硫酸盐还原过程中产生的硫同位素分馏是一个受到多因素影响的过程。除了不同的还原机制(包括 OSR 和 AOM)，还原速率和环境的封闭程度等因素均起到了一定的作用。因此，并不能单纯依靠黄铁矿$\delta^{34}S$ 值的高低作为唯一指标来判断成岩过程中所发生的地球化学过程。近年来研究人员发现，多硫同位素(multiple sulfur isotope，$\delta^{34}S$、$\Delta^{33}S$ 和 $\Delta^{36}S$)作为一项崭新的技术手段，在研究硫酸盐循环以及分析厘定不同的硫循环过程(如硫酸盐还原过程，硫化物再氧化过程以及歧化过程)发挥了重要的作用(Farquhar and Wing, 2003; Johnston et al., 2005, 2006, 2007; Canfield et al., 2007; Farquhar et al., 2007; Scheiderich et al., 2010; Zerkle et al., 2010; Johnston, 2011; Strauss et al., 2012; Pellerin et al., 2015; Zhang G X et al., 2015; Zhang G J et al., 2015, 2017）。该方法能为更深入了解 AOM 中的硫循环过程提供一项有力且崭新的手段。

本章将介绍南海北部陆坡甲烷渗漏区自生黄铁矿的矿物学、全岩多硫同位素($\delta^{34}S$、$\Delta^{33}S$ 和 $\Delta^{36}S$)、微区原位硫同位素($\delta^{34}S$)、铁组分和铁稳定同位素的地球化学特征，探讨自生黄铁矿形成过程的地球化学记录及其指示意义，深入研究不同硫酸盐还原过程(尤其是AOM和OSR)对黄铁矿硫和铁同位素的影响以及之间的差异，深化对冷泉系统硫和铁的生物地球化学过程的认识。

## 5.2 样品与分析方法

研究样品来自广海局“海洋四号”调查船采用大型重力活塞取样器(PC)所获得的海底沉积物柱状样，以及2013年水合物钻探航次(GMGS2)钻获的沉积物岩心，站位涵盖南海北部陆坡东沙海域、神狐海域与西沙海槽海域，包括10根PC样品(973-2、973-4、DH-CL11、DH-CL7、2A、HS148、HS217、HS373、HD109、XH-CL27A)和两个水合物钻孔岩心(GMGS2-08、GMGS2-16)。

其中，中国地质大学(武汉)团队的样品预处理方法包括体视镜挑选与铬还原处理。体视镜挑选步骤如下：①研究样品在广海局岩心库通过锡箔纸包裹，转移到实验室内置于冰箱中冷冻保存，采用取样器对大型重力活塞柱样沉积物(2～5cm间距)进行定体积(约15mL)连续取样，对水合物钻孔岩心样品进行不等间距定体积(约20mL)取样，称量之后在60℃恒温箱中烘干24h，获得样品的干湿比；②将烘干的样品称重后用蒸馏水浸泡24h(对浅表层沉积物样品可以不加分散剂)，然后同时使用直径65μm和30.8μm的筛子进行筛洗，先在蒸馏水水流下用刷子轻刷，然后放入超声波清洗仪震荡3～6s，将上层部分倒出，再加入适量蒸馏水，重复至冲洗干净为止；③将冲洗干净的样品置于60℃恒温箱中烘干，之后分别称量并转入容器中存放；④双目体视镜下观察不小于65μm的沉积物组分，手工挑选出自生矿物(黄铁矿、碳酸盐和石膏等)，并进行称量(图5-1)。

筛洗后的沉积物样品被分为粒径不小于65μm、30.8～65μm和小于30.8μm三部分，粒径不小于65μm的沉积物主要用于自生黄铁矿的观察和挑选，由于每个样品该部分的

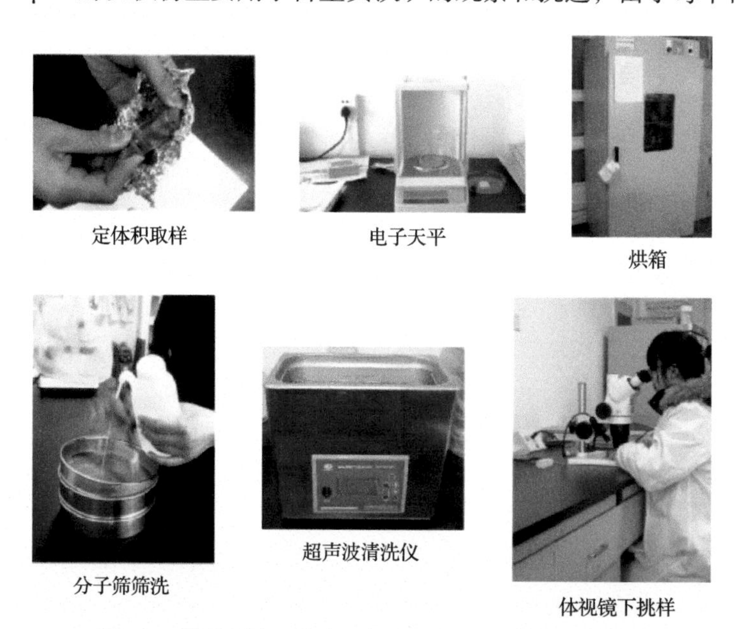


图5-1 样品预处理的主要仪器和操作(据谢蕾，2012)

含量不同，黄铁矿的相对含量均以相比于烘干样品的质量来表示，后两部分供相对含量计算和其他分析测试所用。所有样品的清洗、浸泡均使用蒸馏水，所有接触样品的工具每次均清洗并擦干或使用高压气枪冲刷，以保证样品之间无交叉污染。对体视镜下挑选出的部分黄铁矿进行了扫描电镜(SEM)及能谱的测试分析，黄铁矿的硫同位素测试在东华理工大学核资源与环境国家重点实验室完成，将适量的黄铁矿用锡杯包裹后采用直接燃烧法，利用 FLASH EA 和 MAT 253 联机完成测试，所有硫同位素数据均采用美国亚利桑那州维也纳峡谷陨硫铁(VCDT)标准，重复测试表明测试误差小于 0.02%。

铬还原处理步骤较多，沉积物样品在铬还原处理之前首先进行了自然干燥和研磨至 200 目的处理，然后通过 Multi EA 4000 型碳-硫分析仪测试了总硫(TS)含量。相关工作均在中国地质大学(武汉)生物地质与环境地质国家重点实验室古海洋化学分析平台完成，测试步骤如下(图 5-2)：①称量 200mg～2g 沉积物样品(样品用量根据 TS 含量确定)至组装好的反应容器(图 5-3，仪器连接处使用润滑油密封)，反应容器置于通风橱中；②开启

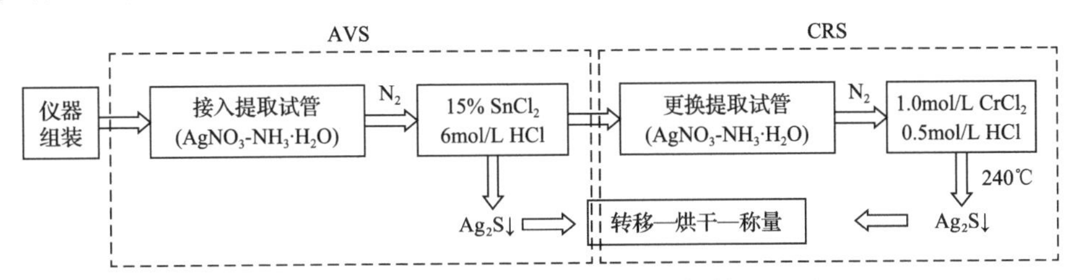


图 5-2　铬还原处理步骤示意图(据林杞等，2014)

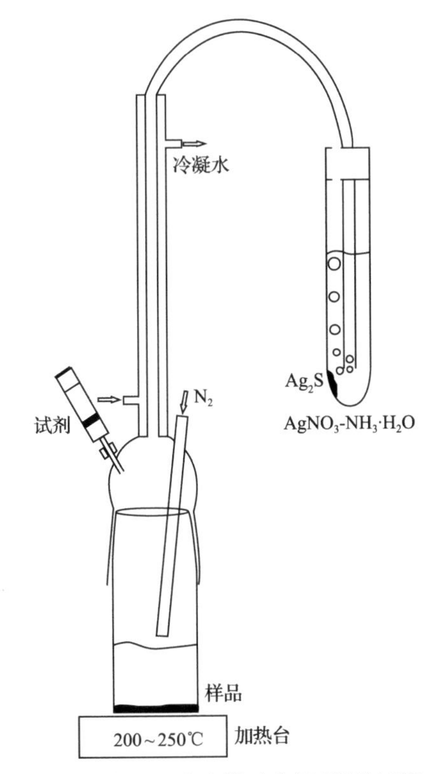


图 5-3　铬还原处理反应容器示意图(据林杞等，2014)

氮气装置(试管中气泡速率大约为 1 个/s)，维持 10min 左右，使得整个装置处于氮气保护状态下；③利用注射器吸取 20mL 15% $SnCl_2$-6mol/L HCl 溶液，紧密连接后缓慢注入反应容器中，加入速度视反应剧烈程度而定；④常温下反应进行 30min 以上，若不需要单硫化物或对于老地层的样品，可以不进行收集，即③、④步操作时盛有 $AgNO_3$-$NH_3·H_2O$ 溶液的试管不接入反应容器；⑤换新的盛有 3% $AgNO_3$-10% $NH_3·H_2O$ 溶液的试管接入反应容器；⑥利用注射器吸取 40mL 已配置好的 1.0mol/L $CrCl_2$-0.5mol/L HCl 溶液和 10mL 浓 HCl，紧密连接后缓慢注入溶液，加入速度视反应剧烈程度而定；⑦开启加热平台装置，温度为 200～250℃，持续 2h；⑧反应结束后将提取的 $Ag_2S$ 仔细过滤至称量过的干燥滤纸上，然后放入烘箱中烘干(50～60℃，需要 1～2d)，之后进行称量并转移到塑料试管中。该过程要求必须仔细，防止提取的 $Ag_2S$ 出现损失。

在整个反应过程和添加试剂的过程中，必须确保整个容器的密闭。反应时间大约需要 2h，确保几乎完全提取黄铁矿中的硫(一般盛有 $AgNO_3$-$NH_3·H_2O$ 溶液的试管中呈无色透明表示基本提取完毕)，该过程需要有人看管，并注意气泡速率和容器密封性等。通过 $Ag_2S$ 提取量，可推算出黄铁矿($FeS_2$)的含量。

提取的 $Ag_2S$ 固体首先使用玛瑙研钵研磨，之后使用电子天平称取适量样品与 $V_2O_5$ 以 1∶2 的比例混合后用锡杯包好，上机测试采用元素分析—同位素比值质谱仪(DELTA V PLUS)，数据经国际标准物质(IAEA-S1、IAEA-S2、IAEA-S3)校正至 VCDT 国际标准，测试标准偏差小于 0.2‰。

中山大学团队样品预处理方法也包括体视镜挑选与铬还原处理。其中，体视镜挑选的步骤与上述基本相同。为了观察光学显微镜下的黄铁矿特征，在真空室内把挑选出来的管状黄铁矿用环氧树脂黏在玻璃薄片上，待树脂干燥固结后，对管状黄铁矿进行打磨和抛光，直至黄铁矿莓球体在光学显微镜下显露和可见。黄铁矿硫同位素测定均在核工业北京地质研究院分析测试研究中心完成。黄铁矿硫同位素测试以 $Cu_2O$ 作氧化剂，将研磨至 200 目的单矿物在真空下恒温 980℃加热生成 $SO_2$，用 Delta V Plus 气体同位素质谱仪分析硫同位素组成。

为了了解硫同位素的微区组成，对黄铁矿进行了高空间分辨率的二次离子探针(SIMS)硫同位素分析，具有代表性管状黄铁矿与黄铁矿标准件一起安装在环氧树脂圆盘(直径 25mm)中，然后抛光以获得光滑平坦的表面。索诺拉黄铁矿被用作 SIMS 研究的标准(Farquhar et al., 2013; Chen et al., 2015)。SIMS 分析通过中国科学院地质与地球物理研究所的 Cameca IMS-1280 二次离子探针质谱仪开展。分析方法和仪器参数与 Chen 等(2015)描述的参数基本一致。用 $Cs^+$离子束测定了黄铁矿的硫同位素比值($^{34}S/^{32}S$)。在 10kV 能量下，以电流为 2.5nA 的一次离子束聚焦于 15μm×10μm 的点上。分析按自动顺序进行，每次分析包含 30s 预溅射，60s 二次离子自动定位和 160s 硫同位素积分信号的数据采集。$\delta^{34}S$ 值为+1.6‰(Farquhar et al., 2013)的索诺拉黄铁矿用作运行标准样品并每隔 5～6 个样品插入分析一次用于校正。仪器精度在±0.5‰(2SD)以内。测试结果采用 VCDT 国际标准。

根据 Malinovsky 等(2003)详细描述的程序，在瑞典 Luleå 理工大学的多接收电感耦合等离子体质谱仪(MC-ICP-MS, NEPTUNE, ThermoScientific)上对手工挑选的黄铁矿进行铁同位素分析。在 50℃下用 6mL 3mol/L 盐酸（HCl）提取约 100mg 沉积物粉末样品或 1.5mg 黄铁矿。该过程持续 3h。离心后，将溶液倒入特氟隆杯中。为了使样品完全溶解，残渣在 20℃下溶解在 0.5mL 浓氢氟酸（HF）和 1.5mL 浓硝酸（$HNO_3$）的混合物中反应 2d。经过多次残渣溶解的步骤后，离心的溶液被转移到聚四氟乙烯烧杯与 HCl 萃取的溶液混合。将溶液放在加热板上蒸发，然后在 4mL 浓度为 7mol/L 的 HCl 中重新溶解。铁萃取物通过阴离子交换纯化色谱法，开展铁同位素分析。所有程序都是在干净的环境中进行的。为所有样本操作准备程序空白并发现含有可忽略的铁。同位素测量误差由两个标准差（2SD）表示两个独立的连续测量。铁同位素测量的不确定度通常优于±0.08‰。这样单个样品的测试误差不受以下任何解释的影响。铁同位素数据采用相对于国际铁标准 IRMM-14 的$\delta$符号表示（其中 $i$ 为 6 或 7）：

$$\delta^{50+i}Fe_{IRMM}(‰) = 1000\times\{[(^{50+i}Fe/^{54}Fe)_{sample}/(^{50+i}Fe/^{54}Fe)_{IRMM}]-1\} \tag{5-1}$$

沉积物中固相铁形态的连续提取按照 Poulton 和 Canfield（2005）、Huerta-Diaz 和 Morse（1990）改进的程序进行，详见 Ding 等（2014），以获得以下五种铁组分的含量。

（1）碳酸盐矿物中的铁组分（$Fe_{carb}$）：在溶液 pH 为 4.5 的条件下，用 10mL 1mol/L 的醋酸钠提取 24h，并同时在 50℃下使用超声波振荡来促进反应。

（2）羟基氧化物中的铁组分（$Fe_{ox}$）：加入 10mL 50g/L 连二亚硫酸钠和 0.2mol/L 柠檬酸三钠，在 pH 为 4.8 时，室温以及超声波振荡条件下反应 2h。

（3）磁铁矿中的铁组分（$Fe_{mag}$）：加入 10mL 0.2mol/L 草酸铵 0.17mol/L 草酸，室温下反应 6h。

（4）硅酸盐矿物中的铁组分（$Fe_{sil}$）：在室温和超声波振荡条件下加入 10mol/L 氢氟酸（HF）反应 16h，然后加入硼酸再次溶解沉淀的氟化物，反应 8h。

（5）黄铁矿中的铁组分（$Fe_{py}$）：在室温和超声波振荡条件下加入 10mL 浓 $HNO_3$，反应 2h，提取所有黄铁矿中的铁组分。

在每个提取步骤之间，用 10mL 去离子水清洗残渣两次。上述步骤中的五种渗滤液采用溶液电感耦合等离子体原子发射光谱法（ICP-AES）进行测定，结果重现性为通常优于±5%（2SD）。

## 5.3　自生黄铁矿的矿物学特征

研究表明，水合物赋存区与甲烷渗漏活动有关的黄铁矿晶体集合体形态丰富（图 5-4），主要以长度或半径不等的管状、棒状等产出，也有交代、充填微体生物壳体。一般认为，管状黄铁矿的形成可能与甲烷在沉积物微小通道（排气通道、生物虫孔、植物碎片等）内汇集过程有关。进一步研究发现，这些形态的黄铁矿集合体通常由草莓状黄铁矿聚合而成。草莓状黄铁矿是现代海洋沉积记录中最常见的黄铁矿形貌类型之一。草莓状黄铁矿通常是由粒径均一的立方体、八面体或球粒状黄铁矿自形微晶所组成的球形紧密堆积体。前人基于晶体粒径分布理论，认为海洋沉积环境中形成于水体中的黄铁矿草莓状球粒相对于沉积物中的黄铁矿草莓状球粒具有更小的平均粒径和更窄的分布范围（Wilkin et al.,

1996)，并据此被广泛地用于岩石地层记录的研究中。近年来的研究表明，甲烷渗漏事件导致在浅表层沉积物(通常小于10mbsf)中的SMTZ内自生黄铁矿的富集，也发现了草莓状黄铁矿的存在。

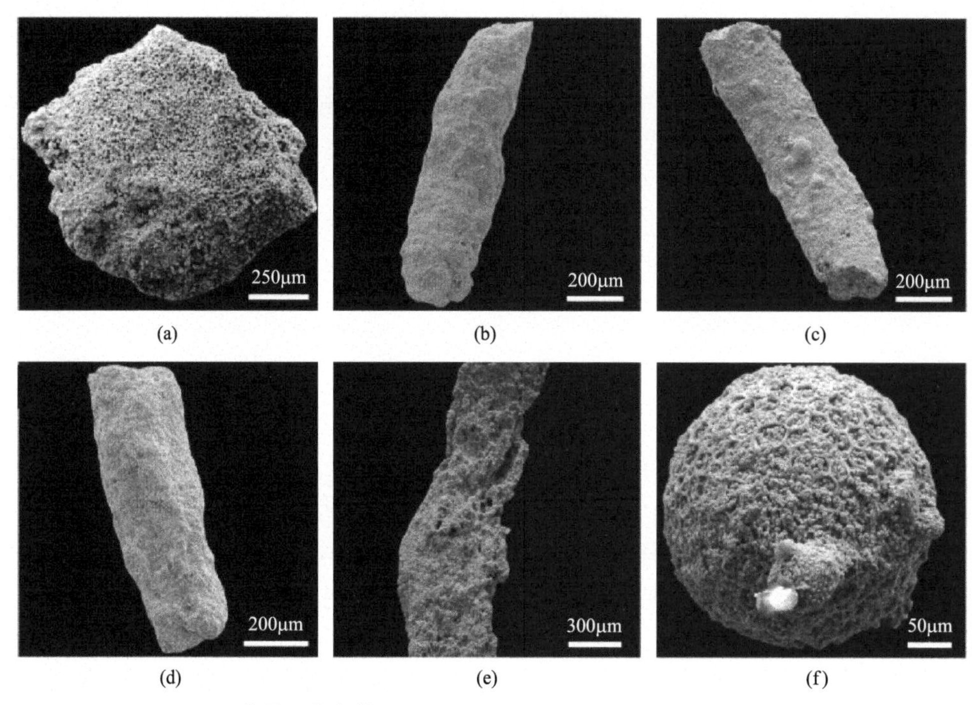


图5-4 黄铁矿集合体的SEM图片(据Lin Q et al., 2016b，有修改)

(a)不规则块状黄铁矿集合体(XH-076号样品)；(b)棒状黄铁矿集合体(XH-060号样品)；(c)棒状黄铁矿集合体(DH-028号样品)；(d)棒状黄铁矿集合体(2A-107号样品)；(e)棒状黄铁矿集合体(DH-037号样品)；(f)充填生物体的黄铁矿集合体(DH-031号样品)

通过对南海北部2A站位和973-4站位沉积物中黄铁矿相对含量、硫同位素组成和黄铁矿草莓状球粒粒径分布的综合研究，SMTZ内草莓状黄铁矿的形成过程和黄铁矿草莓状球粒粒径的指示意义得以确定。我们认为，黄铁矿草莓状球粒粒径的盒须图(box and whisker)可以直观有效地展示自生黄铁矿草莓状球粒的平均粒径和标准偏差均表现出了异常特征(图5-5、图5-6)。草莓状球粒粒径的盒须图与黄铁矿综合特征投图显示黄铁矿草莓状球粒粒径异常的层位普遍存在自生黄铁矿含量的富集，并且两者的耦合均位于SMTZ内，极有可能与该处发生的强烈的AOM过程密切相关。

尽管现代海洋沉积物和岩石地层记录中草莓状黄铁矿都是比较少见，但是南海北部柱状沉积物研究过程中发现了大量草莓状黄铁矿(图5-7)。黄铁矿草莓状球粒绝大部分以聚集的形式存在，并且具有以下的特征：①每个聚莓都由几十至上百个黄铁矿草莓状球粒组成，且组成聚莓的草莓状黄铁矿有的粒径均一，有的粒径有所差异；②组成草莓状黄铁矿的草莓状球粒间或松散分布或紧密堆积，部分草莓状球粒黄铁矿也与散布的八面体黄铁矿共存；③草莓状黄铁矿粒径从几百至几千微米不等，棒状和不规则状是最主要的两种聚莓形态，尤其棒状形态很可能是沿甲烷渗漏通道矿化的结果。综上所述，前

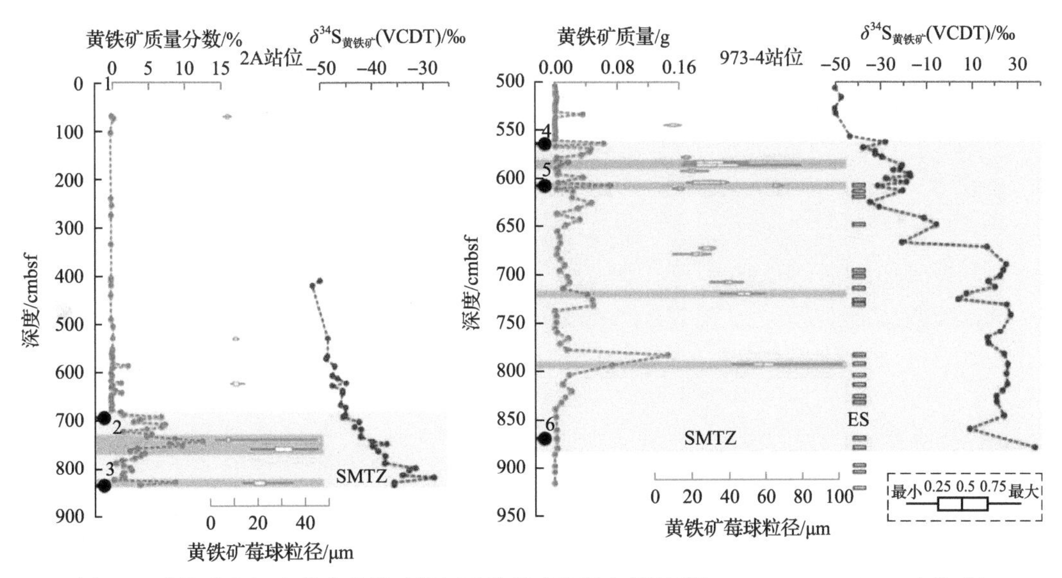


图 5-5　南海北部沉积物中黄铁矿特征及其莓球粒径盒须图(据 Lin Q et al., 2016a，有修改)

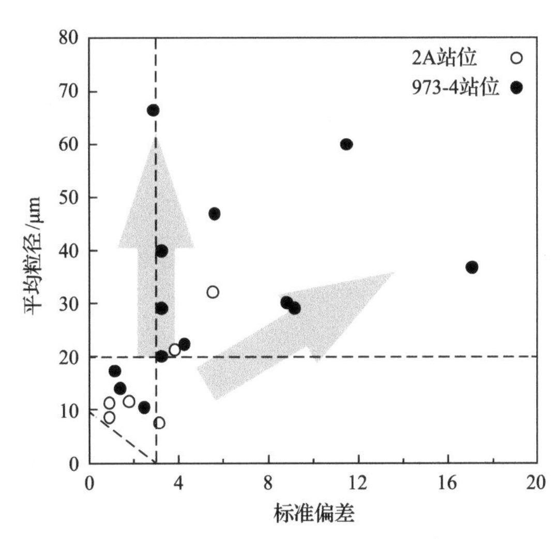


图 5-6　黄铁矿莓球平均粒径(MD)-标准偏差(SD)关系图(据 Wilkin et al., 1996，有修改)

倾斜的虚线可以区分氧化-贫氧的底层水沉积环境和缺氧的底层水沉积环境

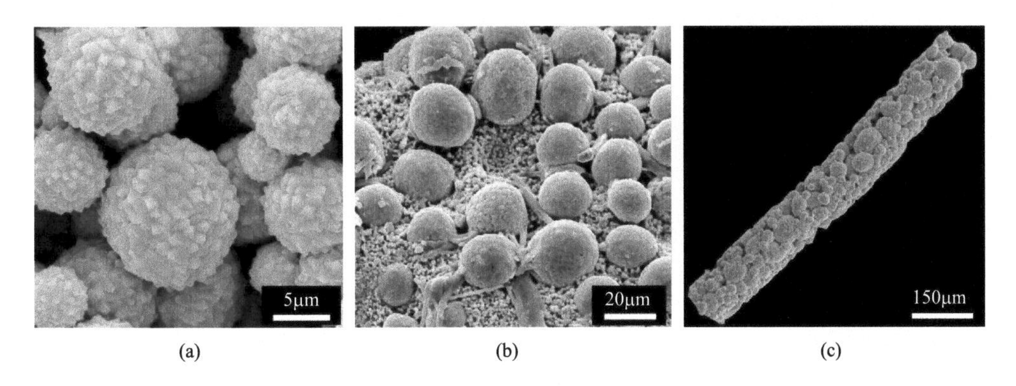


(a)　(b)　(c)

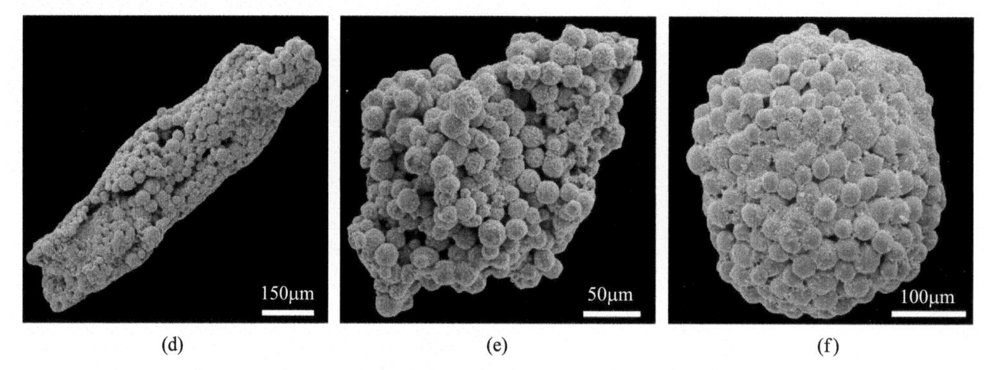


图 5-7　南海北部沉积物中黄铁矿聚莓显微形貌图(据 Lin Q et al., 2016a，有修改)

(a)八面体微晶结构的草莓状黄铁矿(样品号 2A-169)；(b)以更细的八面体微晶为基质填充的草莓状黄铁矿(样品号 2A-167)；(c)棒状的树状簇(样品号 973-4-177)；(d)棒状的树状簇(样品号 973-4-179)；(e)不规则形状的草莓状团(样品号 973-4-176)；(f)球状的草莓状团块(样品号 2A-153)

人研究认为组成聚莓的黄铁矿莓球粒径特征异常和聚莓在形貌特征上的异常均指向一点，即 SMTZ 内加强的甲烷厌氧氧化作用不仅导致了自生黄铁矿的沉淀，持续的反应和转化过程伴随充足的物质供应也促进了黄铁矿莓球的进一步生长，最终导致形成的黄铁矿莓球具有异常的粒径分布特征。

微形貌观察表明，黄铁矿的最小组成单元微晶形态又分为八面体、立方体、截角立方体和五角十二面体等各种晶形(图 5-8)。各种形态的黄铁矿的晶粒大小、形态往往存在差别，有些晶粒常出现次生加大边缘，放射状排列。究其根本，这些不同的形态都反映了其生成环境的不同(Wilkin et al., 1996)。管状黄铁矿也形象地体现了这种特性：例如，管状黄铁矿往往呈现圈层分布，其内壁和外壳在大小、晶形方面均存在一定的差别，黄铁矿内层为单个的大颗粒草莓状黄铁矿，中间层由致密的草莓状核部组成，外层则为疏松胶结状黄铁矿，这种复杂的圈层结构指示了黄铁矿形成于相对弱氧化的微环境，并且内外层的成岩环境不一(Zhang M et al., 2014)。

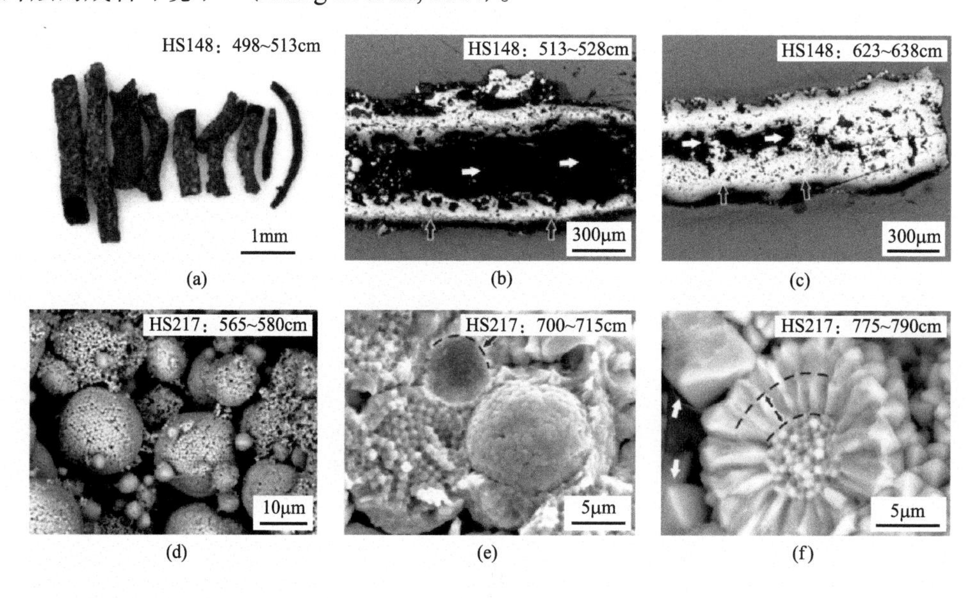

(g)　(h)　(i)

图 5-8　南海北部沉积物中黄铁矿的典型形态（据 Zhang M et al., 2014）

每张照片上的标记（HS148 站位：498～513cm）指的是样本在岩心中的深度位置。(a) 从沉积物中提取的管状黄铁矿。(b)、(c) 不同厚度的管状黄铁矿纵截面的反射光照片。(c) 显示黄铁矿管的填充。黑色箭头指示包围黄铁矿的管道，白色箭头指示管道的空心部分。(d) 由许多黄铁矿微晶组成的黄铁矿碎片的集合体。(e) 一种黄铁矿集合体，周围有一层增生的黄铁矿。箭头处虚线表示增生的壳体。(f) 围绕一个核心的多个增生层。黑色箭头和虚线指示第一个增生层，白色箭头指示处为正八面体晶体。(g) 光薄片的背散射电子模式图像显示增生的片状黄铁矿。黑色箭头和虚线指示第一增生层，白色箭头表示正八面体晶体。光薄片。(h) 重结晶的增生黄铁矿碎屑。黑色箭头和黑色虚线指示第一个增生层，白色虚线指示重结晶黄铁矿的边界。(i) 自形黄铁矿晶体和增生的黄铁矿碎片。黑色箭头和黑色虚线指示第一个增生层，白色箭头指示自形晶体。光薄片

此外，黄铁矿晶体内部可能还广泛发育纳米级石墨碳。我们对东沙海域沉积物中的自生管状黄铁矿开展了扫描电镜（SEM）和高分辨率透射电镜（HRTEM）观测研究。SEM 结果显示条带状黄铁矿主要由草莓状黄铁矿组成，同时还夹杂一些碳酸盐、硅酸盐矿物和后期沉淀的硫酸盐矿物（图 5-9）。EDS 谱图显示，黄铁矿晶体内含有 C 元素，且含量高达 30%。在草莓状黄铁矿表面，依附生长着丝状物，其主要成分为碳，推测为生物遗体（图 5-9）。

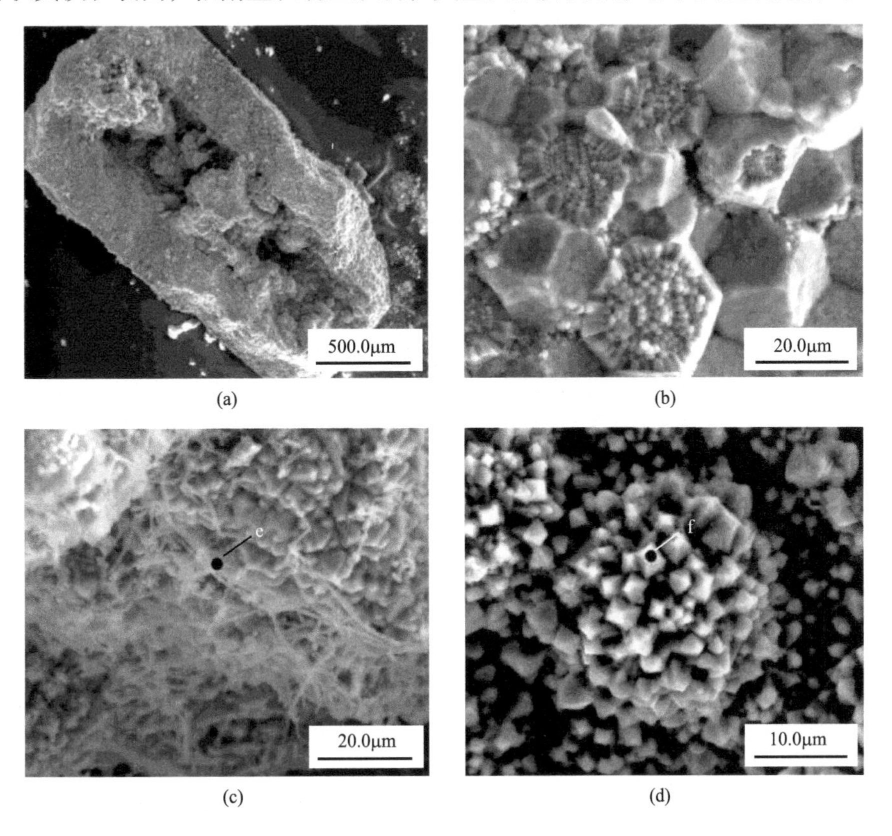


(a)　(b)

(c)　(d)

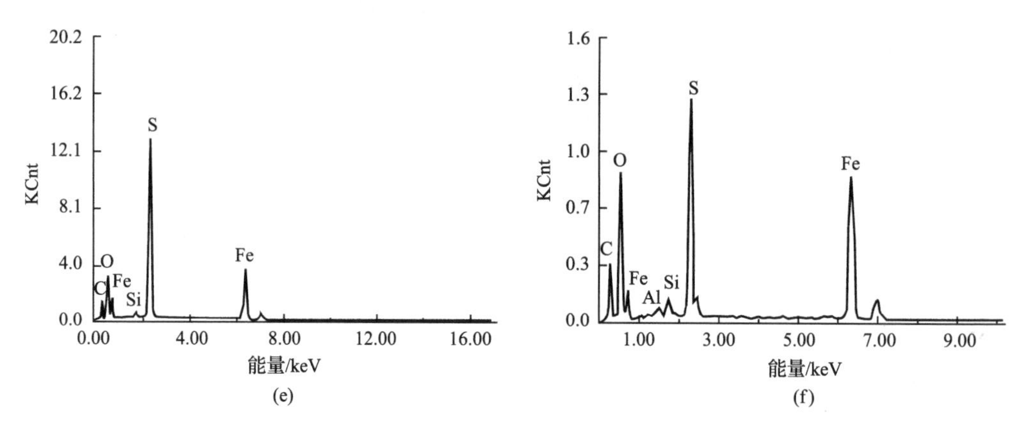


图 5-9　东沙东北下陆坡深水区管状黄铁矿中草莓状黄铁矿扫描电子显微镜图片及其能谱(EDS)图(据张美等，2011)

(a)、(b)、(d)草莓状黄铁矿；(c)草莓状黄铁矿表面丝状物；(e)图 5-9(c)中(圆点)处的 EDS 分析结果；(f)草莓状黄铁矿微粒[图 5-9(d)圆点]EDS 分析结果。(e)和(f)的纵轴中，K 表示 1000，Cnt 表示 counts，KCnt 单位 cps(counts per second)，表示信号强度。样品号：GC10-19b

用高分辨率透射电子显微镜(HRTEM)观测草莓状黄铁矿样品，在其中发现了一种纳米级的石墨碳，结合选区电子衍射花样图上较弱的衍射斑点判断[图 5-10(e)]，该石墨碳

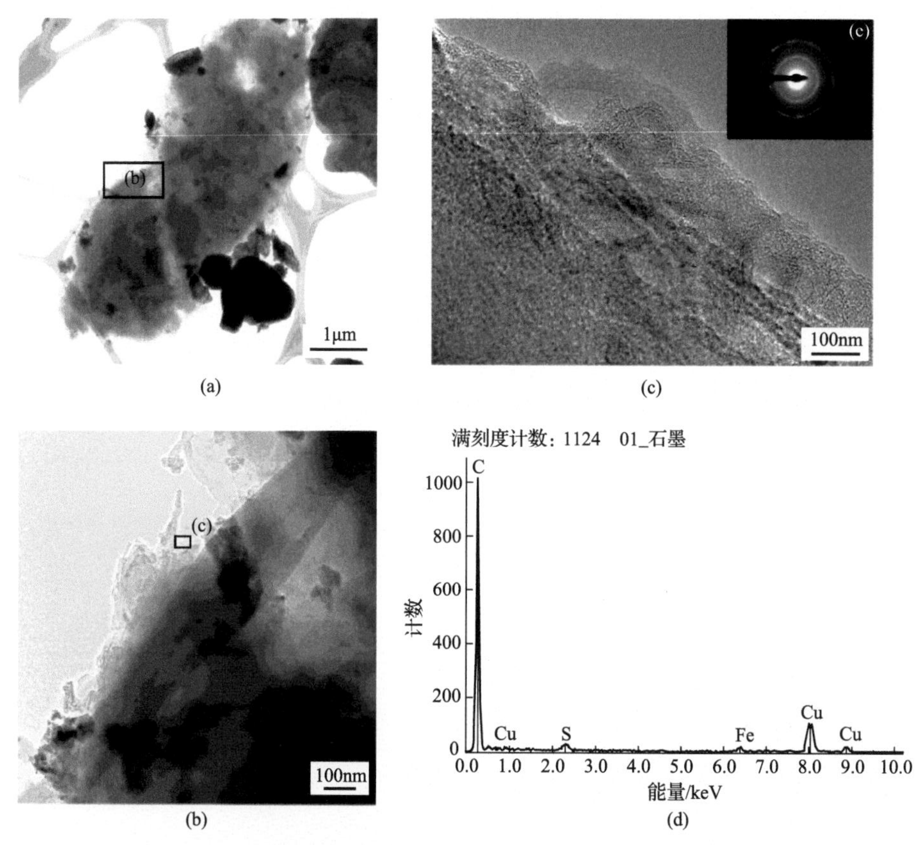


图 5-10　纳米级石墨碳的透射电子显微镜照片[(a)～(c)]及其选区能谱图(d)电子衍射花样(e)(据张美等，2011)

的结晶程度较低。从图 5-10(e)还可以看出，除了明显的石墨衍射环外，还存在几个明显的衍射点，这可能是黄铁矿产生的衍射点。该区的能谱(EDS)图谱[图 5-10(d)]显示，除了明显的碳(C)特征峰外，还可见较小的铜(Cu)、硫(S)、铁(Fe)的特征峰，其中 Cu 来自铜网，S 和 Fe 是样品中的黄铁矿的两种元素，这也说明了石墨碳与黄铁矿的密切共生关系。

图 5-11 为草莓状黄铁矿中共生的各种形态的纳米级石墨碳 HRTEM 照片，从图 5-11 可以看出，有似碳纳米层状和纳米锥形状[图 5-11(f)]，其中似纳米管状包括环状[图 5-11(a)～(c)、(e)]和板状[图 5-11(d)和(e)]两种形态。环状结构者直径多为 10～20nm，在部分环状石墨碳中，有些呈多边形，主要由几层石墨层组成；板状的[图 5-11(d)]一般由 2～10 层石墨碳组成，最大的直径高 20nm；具锥形状结构的为中空，长为 58.19nm，底部最宽为 8.71nm，由 4 层石墨碳组成。锥形石墨的微结构与碳纳米管十分相似，同样由共轴的圆柱形石墨层构成，但该石墨层由内到外长度逐渐增加，构成锥形结构，因而不同于碳纳米管石墨层所具有的等长特征。

含碳物质的变质作用(石墨化)和含 C、H、O 流体的沉淀作用则被认为是岩石中石墨形成的两种主要过程(Luque et al., 2009)。第一种是由沉积物中有机碳变质而原地沉淀，一般呈分散的石墨薄层产出，即为原生石墨；另一种是从含 C、H、O 饱和流体中沉淀、晚于原岩形成的后生石墨，一般呈脉状产出。前人研究表明，从大量流体中沉淀出的石墨通常产生于高温环境中，且结晶度普遍较高(Luque et al., 1998; Luque and Rodas, 1999;

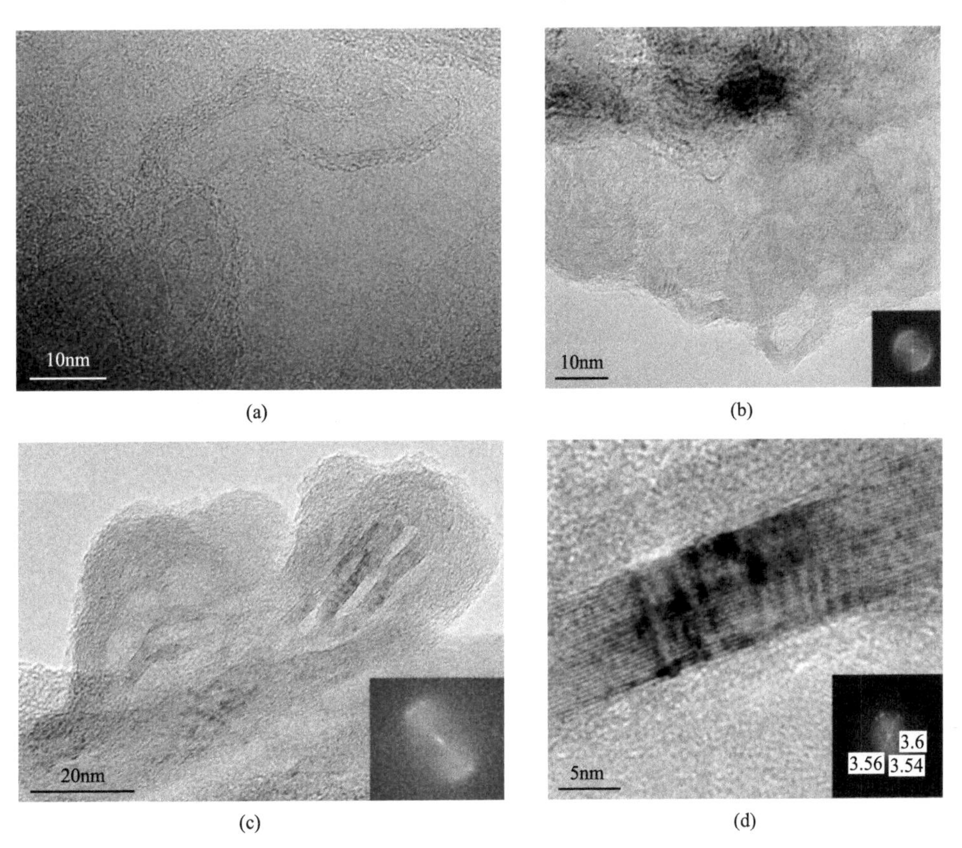


(a)　(b)　(c)　(d)

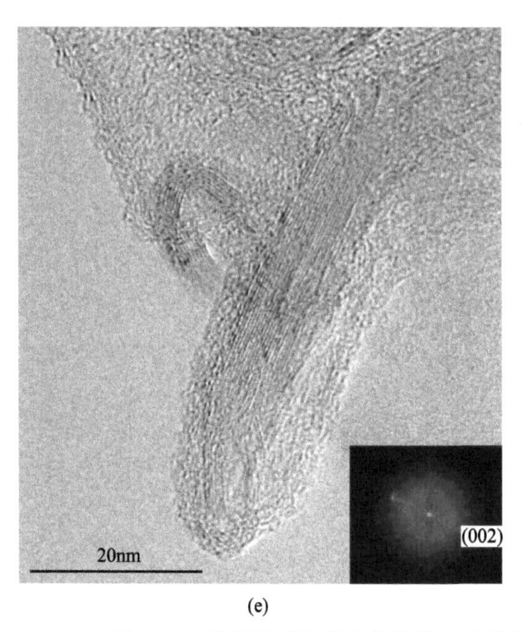


(e)

(f)

图 5-11　纳米级石墨碳的高分辨率透射电子显微镜照片(据张美等，2011)

(a)纳米级石墨碳，具环状结构；(b)纳米级的石墨碳；(c)生长扭曲的纳米级的石墨碳层；(d)纳米级的石墨碳，具板状结构(该小图右下角的数据是晶面间距，单位为 Å)；(e)纳米级石墨化碳层；(f)纳米级石墨锥。(a)、(d)、(e)、(f)样品号为 GC10-16b；(b)和(c)样品号为 GC10-19b

Pasteris, 1999)；而从少量流体中沉淀出的石墨结晶度相对较低，一般与热液石英脉型金矿床或韧性剪切带有关(Pasteris and Chou, 1998)。由此可见，石墨结构的有序度与变质程度以及形成温度呈正相关关系。在富含 C—H—O 饱和流体迁移沉淀的过程中通常存在以下化学反应过程：$CH_4+CO_2 \longrightarrow 2C+2H_2O$，该反应条件为温度 400～500℃，压力 1000～2000bar(1bar =100kPa)(Luque et al., 2009)。因此，在 C、S 和 Fe 供应充足的边缘海低温还原沉积环境中，过饱和的流体在压力增加或温度降低或流体混合的情况下，将有利于自生石墨与黄铁矿的同时形成。

作为含碳过饱和流体在系统温度降低或减压的条件下沉淀形成的产物，这种纳米级石墨碳的存在可能指示冷泉流体在沿沉积物孔隙向上运移(喷溢)过程中，由于温度、压力等物理化学条件发生改变而快速沉淀形成自生石墨碳微粒，并吸附于同时沉积共生的草莓状黄铁矿微晶表面。因此，黄铁矿中的自生纳米级石墨碳，可以用来作为冷泉渗漏活动的又一指示标志。

## 5.4　自生黄铁矿的硫同位素特征

### 5.4.1　自生黄铁矿提取方法对比研究

POCSR 与 AOM 的反应发生在沉积物中不同的深度，前者位于沉积物浅表层，一般小于几十厘米，反应中消耗的 $^{32}SO_4^{2-}$ 能从海水中通过扩散作用持续得到补充，是一个开放的环境，因此形成的自生黄铁矿$\delta^{34}S$偏负(Formolo and Lyons, 2013)。而且由于其还原速率较小，形成的 AVS 能完全转化为黄铁矿，因此沉积物中 AVS 含量很低。而甲烷缺氧氧化硫酸盐还原作用发生层位相对较深，一般为几米到几十米不等，因此所处的环境相对较封闭，AOM 作用消耗的$^{32}SO_4^{2-}$不能从上覆海水中得到及时补充，当$^{32}SO_4^{2-}$反应完全时，硫酸盐还原菌转而利用$^{34}SO_4^{2-}$，因此形成的自生黄铁矿$\delta^{34}S$类似于海水值(21‰)(Borowski et al., 2013)。此外，由于$CH_4$的充分供给，硫酸盐还原速率较大，产生的大量 AVS 来不及全部转化为黄铁矿从而保存在沉积物中，形成的自生碳酸盐岩也具$CH_4$的负$\delta^{13}C$特征。

有人对布莱克海台水合物发育区沉积物孔隙水和沉积物中黄铁矿硫同位素的研究表明：从氧化的沉积物表层到硫酸盐还原带的最上层，各种含硫化合物的氧化和歧化反应导致了黄铁矿硫同位素强烈亏损$\delta^{34}S$，其值为−50‰～40‰，类似于大多数大陆边缘沉积物的值。而在硫酸盐还原带，由于 AOM 作用大量消耗$^{32}SO_4^{2-}$，硫酸盐库随着深度加大，越来越富集$\delta^{34}S$，形成的溶解$H_2S$也越来越富集$\delta^{34}S$，因此此时形成的黄铁矿硫同位素随着深度加大越来越富集$\delta^{34}S$。而在甲烷-硫酸盐转化带(SMTZ)，硫酸盐最富集$\delta^{34}S$，因此此处形成的溶解$H_2S$和黄铁矿也最为富集$\delta^{34}S$。在 SMTZ 之下，沉积物中黄铁矿硫同位素信号得以保存(图 5-12)(Borowski et al., 2013)。

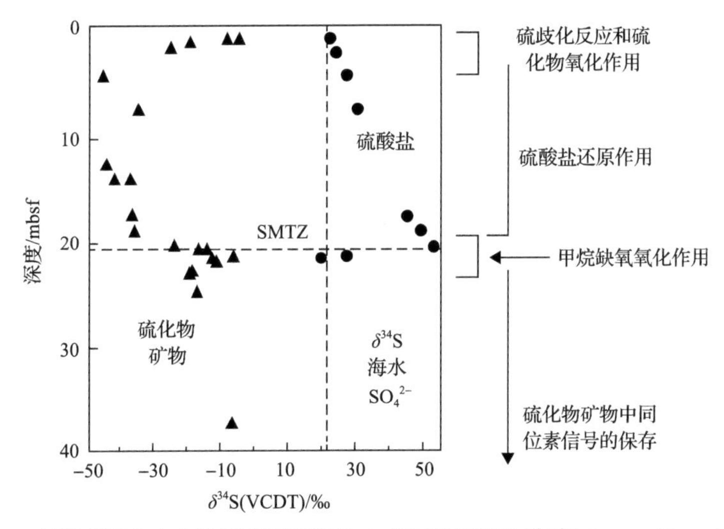


图 5-12　布莱克海台水合物发育区沉积物中不同的硫转化带(据 Borowski et al., 2013)

因此，有人认为沉积物中含铁硫化合物的硫同位素值能识别古冷泉的活动，并且硫同位素的最正值能指示古 SMTZ 界面(图 5-13)(Borowski et al., 2013)。假定在一个成岩速率稳定的沉积环境，向上输入的甲烷通量，沉积速率和埋藏速率共同控制了沉积物中的含铁硫化合物含量及其硫同位素值。沉积物中含铁硫化合物大程度偏负的$\delta^{34}S$值指示铁硫化合物形成于硫酸盐还原带之上，而偏正的$\delta^{34}S$值说明铁硫化合物形成于 SMTZ 界面或靠近 SMTZ，或是古 SMTZ 界面(Borowski et al., 2013)。

目前国内外提取和分析海洋沉积物中黄铁矿的含量及其硫同位素组成的方法主要有

两种：一是筛选后的体视镜下挑选、鉴定和同位素质谱仪测试，大多数国内报道主要采用该法研究水合物赋存区沉积物中的黄铁矿；二是铬还原处理方法，国外学者应用较多。综观国内外前人报道，绝大多数研究是采用上述两种方法中的一种，较少有对两种方法进行对比与分析的报道。

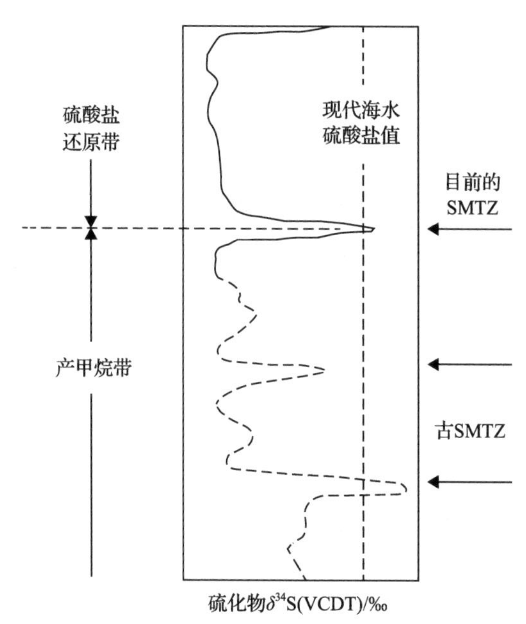


图 5-13　冷泉环境黄铁矿硫同位素在不同时期的变化模式(据 Borowski et al., 2013)

强烈亏损 $^{34}$S 指示硫化物形成于硫酸盐还原带之上，而强烈富集 $^{34}$S 指示硫化物形成于甲烷-硫酸盐转化带或附近(实线)，或者是古 SMTZ(虚线)

本章通过这两种不同方法的对比研究了南海北部沉积物中自生黄铁矿的含量及其硫同位素特征。结果表明，两种方法所提取的黄铁矿相对含量在具体的数值上存在一些差异，即铬还原处理推算的黄铁矿相对含量普遍高于体视镜挑选的，这是理论上铬还原处理比体视镜挑选更精确的必然结果，但两者在几个主要的变化区间均存在良好的同步性，且其硫同位素值也具有类似的同步性(图 6-3)。两种方法获得的沉积物中黄铁矿相对含量及其硫同位素值的差异基本上不随铬还原处理所获得的黄铁矿相对含量和硫同位素值的变化而变化，说明体视镜挑选获得的黄铁矿相对含量及其硫同位素值与铬还原处理获得的结果之间保持在一定的误差范围内。因此，体视镜挑选方法可以很好地反映岩心柱沉积物中自生黄铁矿的相对含量及其硫同位素组成的主要变化规律，单独采用任一种方法都具有良好的可信度。

体视镜挑选出的黄铁矿是沉积物中自生的黄铁矿颗粒或集合体，包含了原始沉积环境的信息，可以进行黄铁矿微观形貌的观察等，从而进一步丰富冷泉区沉积物的成岩过程研究。另外，体视镜挑选方法还可以同步挑选出其他自生矿物(如自生碳酸盐岩)和微体生物壳体(如有孔虫)，便于开展古沉积环境的研究。因此，虽然铬还原处理从理论和实践上均优于半定量的体视镜挑选方法，但其费用高、实验条件要求高、操作复杂、结果单一，而体视镜挑选更加经济、实用。因此，本书建议在初期样品处理上采用体视镜挑选方法，以便更加经济、快捷地获得整个沉积物中黄铁矿等自生矿物相对含量及其产出变化规律，后期再对变化明显的区段采用铬还原处理方法开展精细研究。

在SMTZ内上涌的甲烷流体和孔隙水中的硫酸盐发生AOM反应不仅可以促进自生黄铁矿等矿物的沉淀，也可以导致硫同位素分馏程度的减少，因此，利用自生黄铁矿的含量富集及其硫同位值的正偏趋势的偶合特征可以指示沉积物中的古SMTZ的位置。然而，由于硫化物的形成和累积需要一定的时间，在很多现代海洋沉积物中正在进行的SMTZ位置的黄铁矿含量可能并未表现出明显的富集，其硫同位素组成也未存在异常。此外，沉积速率、活性铁含量等条件也会影响黄铁矿的形成过程，影响利用黄铁矿指示SMTZ的应用。根据研究数据，作者提出了一个经验性的数据指标：铬还原处理和体视镜挑选的黄铁矿相对含量分别超过0.5%和5.0%的统计值可以推测黄铁矿的相对含量存在异常；同时，上述两种方法获得的黄铁矿的硫同位素(VCDT)正偏差值超过10‰的可以推测黄铁矿的硫同位素组成存在异常(图5-14)。

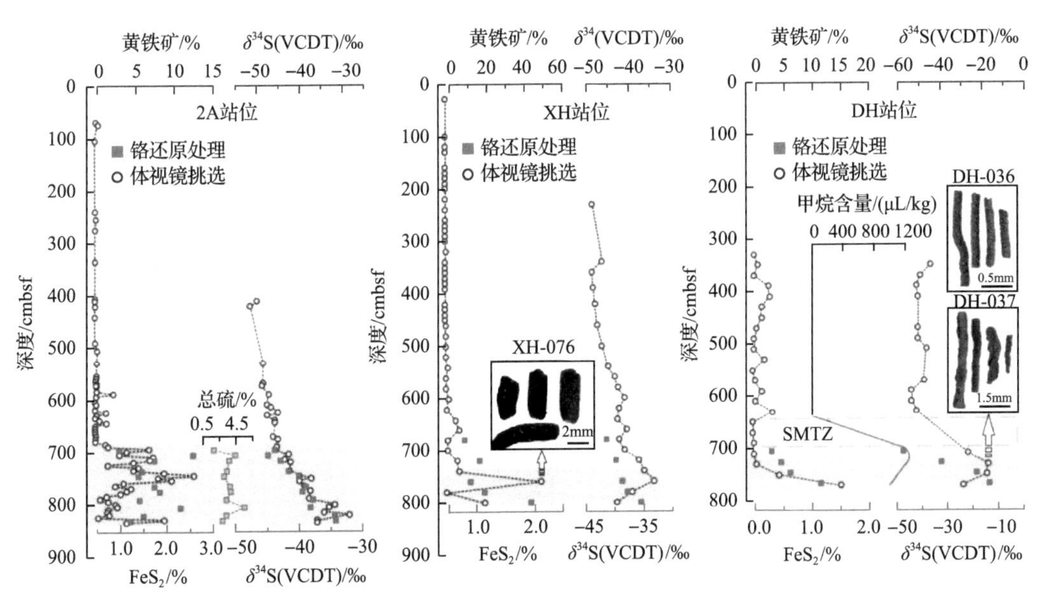


图5-14　南海北部沉积物中黄铁矿含量及其硫同位素组成指示的古SMTZ位置
(据Lin Q et al., 2016a，有修改)

### 5.4.2　自生黄铁矿全岩多硫同位素特征

对南海北部天然气水合物成藏区6根重力活塞柱沉积物样品(HS148、HS217、HS373、HD109、DH-CL11、DH-CL7)进行了全岩铁硫化物的提取。为了反映沉积物中黄铁矿的含量，本节将全岩还原性硫(CRS)的含量等量转化成黄铁矿含量。其含量值垂直变化趋势如图5-15和图5-16所示。

HS148 站位黄铁矿的平均含量(质量分数，下同)为 0.82%。在 50cm 以浅含量较低，随着深度加深黄铁矿含量在 490cm 和 590cm 处出现了含量的高值(分别为 1.84%和 1.47%)，其余层位含量均在平均值附近变化[图 5-15(a)]。

HS217 站位黄铁矿的平均含量为 0.73%。从浅部开始至 700cm 处，黄铁矿含量从 0.11%线性增加到 1.71%。此后，黄铁矿含量随深度增加降低至 0.86%，并在 865cm 处急剧升高到 1.85%[图 5-15(b)]。

HS373 站位黄铁矿的平均含量为 0.50%，其含量变化趋势与 HS217 较为类似。从浅部开始至 778cm 处，黄铁矿含量从 0.03%线性增加到 1.51%，随后下降到 0.49%[图 5-15(c)]。

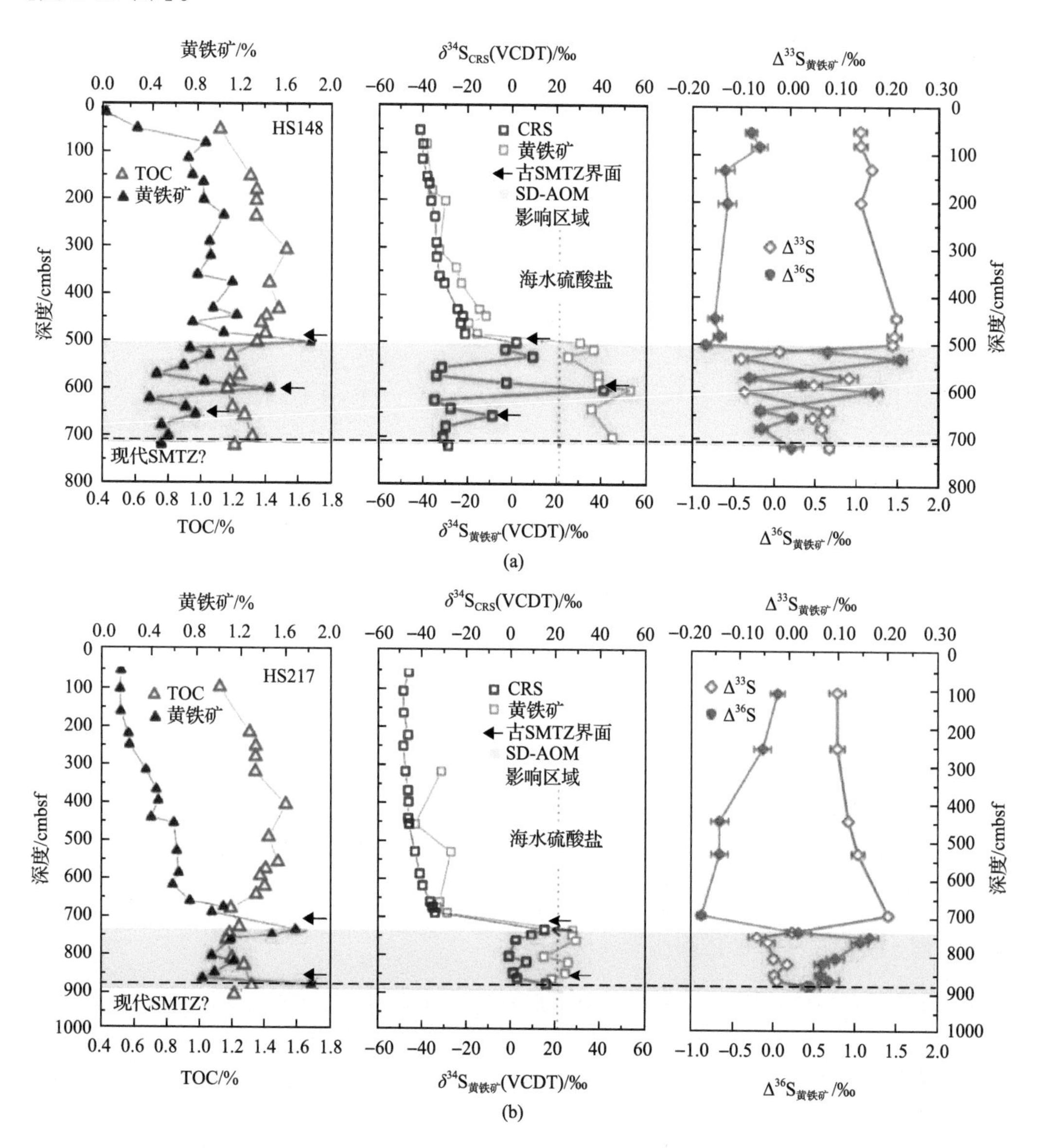

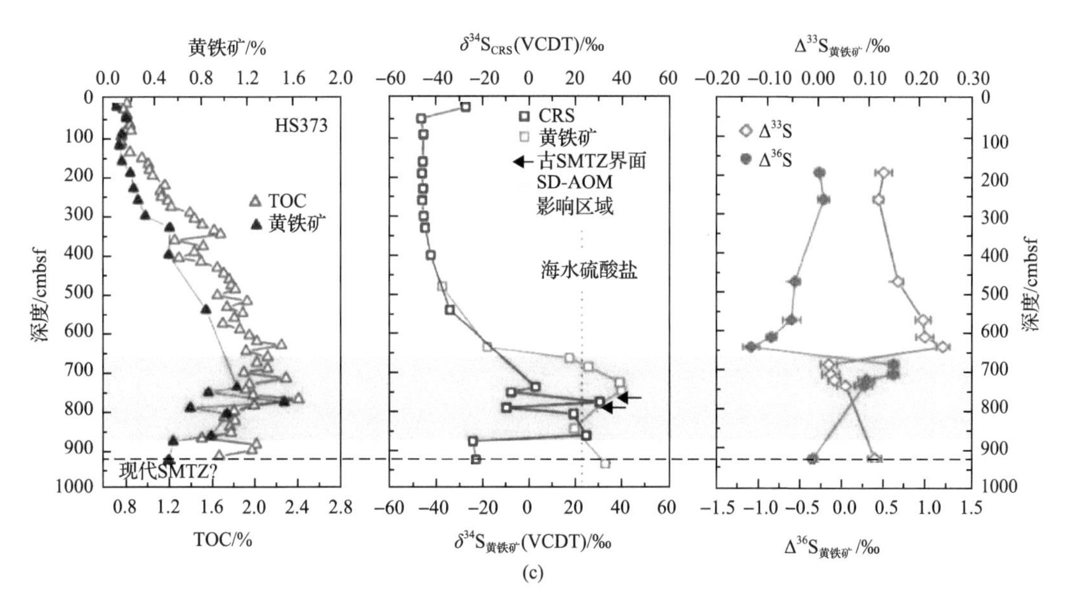


图 5-15　神狐海域 HS148(a)(据 Lin et al., 2017b，有修改)、HS217(b)(据 Lin et al., 2017b，有修改)和 HS373(c)站位沉积物的黄铁矿和有机碳含量及黄铁矿的多硫同位素特征($\delta^{34}S$、$\Delta^{33}S$ 和 $\Delta^{36}S$ 值)

HD109 站位黄铁矿的平均含量为 0.49%，其在浅部含量极低(0.01%)，在 180cm 和 340cm 处出现了含量的高值(分别为 0.89%和 1.09%)。在 340cm 以深，黄铁矿含量变化较小，在 0.40%附近变化[图 5-16(a)]。

DH-CL11 站位黄铁矿的平均含量为 0.26%，从浅部开始至 707cm 处，黄铁矿含量从 0.03%线性增加到 0.36%，此后急剧上升到 1.20%[图 5-16(b)]。

DH-CL7 站位黄铁矿的整体含量较低且无太大变化,平均值仅为 0.20%[图 5-16(c)]。

针对全岩沉积物中提取出来的硫化物(黄铁矿)以及神狐海域三个站位中(HS148、HS217、HS373)的挑选出来的自生黄铁矿颗粒分别进行了$\delta^{34}S$ 值的分析。其硫同位素值垂直变化趋势如图 5-15 所示。

HS148 站位的 CRS 的$\delta^{34}S$ 值有较大的变化范围,表现为从−40.5‰至 41.0‰($n$=28)。在沉积物 483cm 以浅层位，$\delta^{34}S$ 值随着深度加深线性增长，从表层的−40.5‰增长到−20.4‰；而在 483cm 至 719cm 处，$\delta^{34}S$ 值变化较大，在沉积物 490cm 至 520cm、590cm 和 650cm 三处层位出现了明显的$\delta^{34}S$ 正偏特征，为−8‰至 41‰；其余层位的同位素特征与浅部负偏的$\delta^{34}S$ 特征类似，为−34‰～−27‰。对于黄铁矿颗粒，其$\delta^{34}S$ 特征和变化趋势与 CRS 在 483cm 以浅层位均较为一致；而在 483cm～719cm 处，黄铁矿的$\delta^{34}S$ 特征与该层位的 CRS 差异巨大,所有黄铁矿均表现出极高的$\delta^{34}S$ 值,最高可达 52.7‰。$\Delta^{33}S$ 值变化范围为−0.10‰～0.21‰,在沉积物 483cm 以浅层位,$\Delta^{33}S$ 值较高,整体变化不大,而到了 483cm 以深层位，$\Delta^{33}S$ 值急剧下降，且在 520cm 和 590cm 处出现低谷值。$\Delta^{36}S$ 值变化范围为−1.0‰～1.5‰($n$=19)，其变化趋势与 $\Delta^{33}S$ 的相反，整体上呈现镜像关系[图 5-15(a)]。

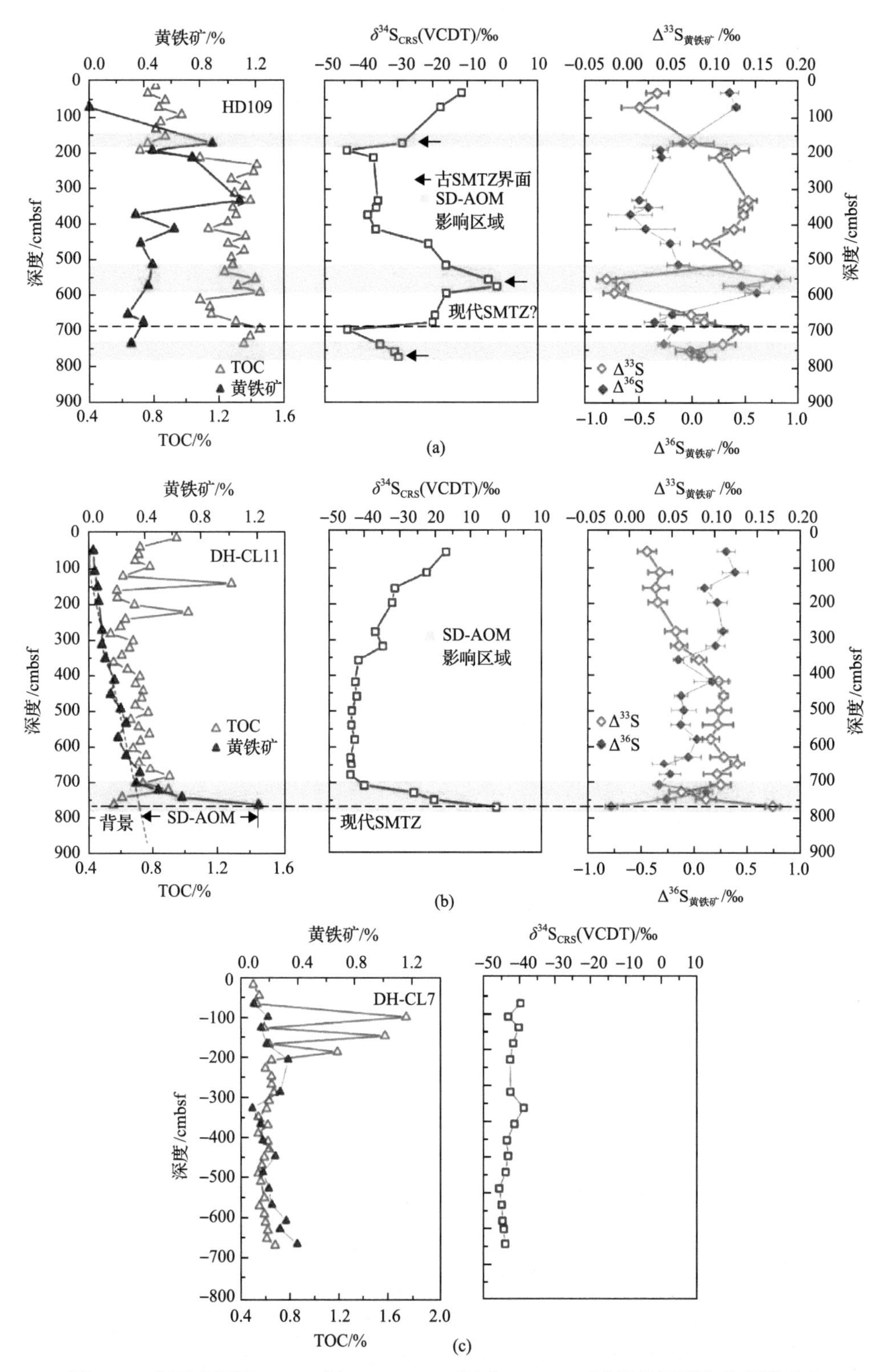


图 5-16 台西南海域 HD109(a)、DH-CL11(b)和 DH-CL7(c)站位沉积物的黄铁矿和有机碳含量及黄铁矿的多硫同位素特征($\delta^{34}S$、$\Delta^{33}S$ 和 $\Delta^{36}S$ 值)

HS217站位CRS的$\delta^{34}S$值同样有着明显的变化范围(–47.6‰～16.4‰，$n$=28)。与HS148类似，在沉积物浅部层位(665cm以浅)，$\delta^{34}S$值表现出明显的负偏特征且随着深度加深线性增长，从表层的–47‰增长到–33.3‰；而在沉积物底部(665cm以深)，$\delta^{34}S$值出现明显的正偏特征，表现为–0.2‰～16.4‰。虽然黄铁矿的$\delta^{34}S$值要比CRS更高，但整体上黄铁矿颗粒的$\delta^{34}S$变化趋势与CRS较为一致，在浅部表现出负偏的特征，而在深部表现出正偏的特征(最高可达29.5‰)。$\Delta^{33}S$值变化范围为–0.06‰～0.20‰($n$=13)，在沉积物665cm以浅层位，$\Delta^{33}S$值较高，随深度加大有缓慢增加的趋势；在700cm以深层位，$\Delta^{33}S$值急剧降低至–0.06‰，随后缓慢升高。$\Delta^{36}S$值变化范围为–0.9‰～1.2‰($n$=13)，其变化趋势与$\Delta^{33}S$的相反，整体上呈现镜像关系[图5-15(b)]。

HS373站位CRS的$\delta^{34}S$值变化趋势与HS148站位较为类似。在沉积物650cm以浅层位(除了最浅部的样品，–28.1‰)，$\delta^{34}S$值从浅部的–46.9‰线性增长到–24.1‰；而在深部层位(650cm以深)，$\delta^{34}S$值变化较大，在沉积物770cm和793～863cm两处层位出现了明显的$\delta^{34}S$正偏特征，为18‰～29.1‰；其余层位的同位素特征表现出明显的负偏特征，为–25‰～–8.7‰。在650cm以浅层位，黄铁矿的$\delta^{34}S$特征和变化趋势与CRS均较为一致；而在650cm以深层位，所有黄铁矿均表现出极高的$\delta^{34}S$值，最高可达43.6‰。HS373站位黄铁矿的$\Delta^{33}S$和$\Delta^{36}S$值变化趋势与HS272的较为类似。$\Delta^{33}S$值变化范围为0.02‰～0.24‰($n$=11)，在沉积物650cm以浅层位，$\Delta^{33}S$值较高，随深度加大有缓慢增加的趋势；在700cm以深层位，$\Delta^{33}S$值急剧降低至0.02‰，随后缓慢升高至0.11‰。$\Delta^{36}S$值变化范围为–1.1‰～0.6‰($n$=11)，其变化趋势与$\Delta^{33}S$相反，整体上呈现镜像关系[图5-15(c)]。

HD109站位黄铁矿的$\delta^{34}S$值变化范围为–43.8‰～–1.6‰($n$=20)，随深度变化有明显的浮动。其中，在170cm以浅、450～670cm、730～765cm三个沉积区间内出现明显的$^{34}S$富集情况(大于–35‰)，而其余层位黄铁矿的硫同位素特征表现出明显的负偏特征(–43.8‰～–35.1‰)。$\Delta^{33}S$值变化范围为从–0.02‰～0.14‰($n$=20)，其变化趋势与$\delta^{34}S$相反，呈现出一定的镜像关系，在$\delta^{34}S$值出现正偏的层位中，$\Delta^{33}S$值均较低。$\Delta^{36}S$值变化范围为–0.6‰～0.8‰($n$=20)，其变化趋势与$\delta^{34}S$较为一致，在$\delta^{34}S$值出现正偏的层位中，$\Delta^{36}S$值均较高[图5-16(a)]。

DH-CL11站位CRS的$\delta^{34}S$值变化范围为–44.1‰～–2.9‰($n$=19)。从浅部开始至355cm处层位，$\delta^{34}S$值从–17.1‰线性降低到–41.7‰；在355～675cm层位，其$\delta^{34}S$值几乎保持不变，均表现出明显的负偏特征(约–43.4‰)；而在675cm处至沉积柱底部，$\delta^{34}S$值急剧升高到–2.9‰。$\Delta^{33}S$值变化范围为0.02‰～0.17‰($n$=19)。从沉积物浅部至645cm层位，$\Delta^{33}S$值随深度加深呈现缓慢升高趋势；在645～725cm层位中，$\Delta^{33}S$缓慢下降到0.06‰，随后迅速上升至0.17‰。$\Delta^{36}S$值变化范围为–0.8‰～0.7‰($n$=19)，其变化趋势与$\Delta^{33}S$呈现较好的镜像关系[图5-16(b)]。

DH-CL7站位CRS的$\delta^{34}S$值从上至下表现出明显的负偏特征，且随深度加深无明显变化，其范围为–44.2‰～–37.4‰($n$=16)。本节未对该站位黄铁矿的$\Delta^{33}S$和$\Delta^{36}S$值进行测试[图 5-16(c)]。

### 5.4.3 自生黄铁矿微区原位硫同位素特征

为了进一步了解自生黄铁矿的生长机制，本节利用二次离子探针(SIMS)对神狐海域(HS148 站位、HS217 站位)和台西南海域(HD109 站位、DH-CL11 站位)沉积物中三种类型黄铁矿(草莓状黄铁矿、增生型黄铁矿与自形黄铁矿)进行微区的原位硫同位素分析。由于黄铁矿晶体较小且不同类型黄铁矿之间有着复杂的共生结构，本节仅对晶体较大(直径大于 20μm)的黄铁矿类型进行原位硫同位素分析。

利用 SIMS 对神狐海域和台西南海域沉积物三种类型黄铁矿进行研究，发现其原位$\delta^{34}$S 值有着极大的变化范围(图 5-17～图 5-19)，其整体变化趋势与全岩$\delta^{34}$S 值(CRS 和黄铁矿)较为一致。通过对比相同层位三种不同类型黄铁矿原位$\delta^{34}$S 值，发现草莓状黄铁矿常具有较低的$\delta^{34}$S 值，而增生型黄铁矿和自形黄铁矿则具有更高的$\delta^{34}$S 值。

HS148 站位的原位$\delta^{34}$S 值有着极大的变化范围(–41.6‰～+114.8‰，幅度达 156.4‰)。在 500cm 以浅，黄铁矿类型主要为草莓状黄铁矿，其原位$\delta^{34}$S 值以负偏为特征且变化范围较小，与全岩$\delta^{34}$S 值变化趋势较为一致。在 500cm 以深，原位$\delta^{34}$S 值变化范围变大，草莓状黄铁矿除了表现出负偏的$\delta^{34}$S 值，还出现了较高的$\delta^{34}$S 值。此外增生型黄铁矿和自形黄铁矿的出现更为普遍，且均表现出极高的原位$\delta^{34}$S 值(高达+114.8‰)。

与 HS148 站位类似，HS217 站位的原位$\delta^{34}$S 值变化范围较大(–38.8‰～+74.3‰，幅度达 113.1‰)。在 700cm 以浅主要发育为$\delta^{34}$S 值以负偏的草莓状黄铁矿，且与全岩$\delta^{34}$S 值有着类似的变化趋势。到了 700cm 深部层位，草莓状黄铁矿的原位$\delta^{34}$S 值比浅部明显升高。此外，增生型黄铁矿和自形黄铁矿的出现更为普遍，且均表现出极高的原位$\delta^{34}$S 值(高达+74.3‰)。

DH-CL11 站位的原位$\delta^{34}$S 值变化范围为–50.3‰～–2.7‰。在 450cm 处，黄铁矿颗粒均由草莓状黄铁矿构成，且表现出较低的原位$\delta^{34}$S 值。增生型黄铁矿和自形黄铁矿在 725～767cm 处大量发育，且均表现出较高的原位$\delta^{34}$S 值。

HD109 站位的原位$\delta^{34}$S 值变化范围较大(–50.1‰～+52.4‰，幅度达 102.5‰)，其变化趋势与全岩黄铁矿较为类似。在全岩$\delta^{34}$S 值正偏区域(170cm、490～670cm、730cm 处)，增生型黄铁矿和自形黄铁矿大量出现，且均表现出较高的原位$\delta^{34}$S 值；而大部分草莓状黄铁矿表现为$\delta^{34}$S 值负偏的特征。

### 5.4.4 自生黄铁矿硫同位素分馏机制及其指示意义

1. 有机质硫酸盐还原和歧化反应的影响

黄铁矿是沉积物中硫循环过程的最终稳定产物。由于在 $H_2S$ 向黄铁矿转化过程中仅产生较弱的硫同位素分馏作用，因此黄铁矿的硫同位素值能够大致反映出孔隙水中 $H_2S$ 的原始特征(Price et al., 1979; Butler et al., 2004)。早期成岩过程是一个较为复杂的过程，黄铁矿的形成通常受到不同微生物地球化学作用的影响，例如有机质硫酸盐还原(OSR)，单质硫歧化反应和 AOM(Borowski et al., 2013; Goldhaber and Kaplan, 1980)。

本节通过对沉积物中的黄铁矿开展了详细的全岩以及原位的硫同位素分析($\delta^{34}S$)，结合多硫同位素手段($\Delta^{33}S$、$\Delta^{36}S$)，试图揭示成岩过程中不同生物地球化学作用对黄铁矿化的具体影响。

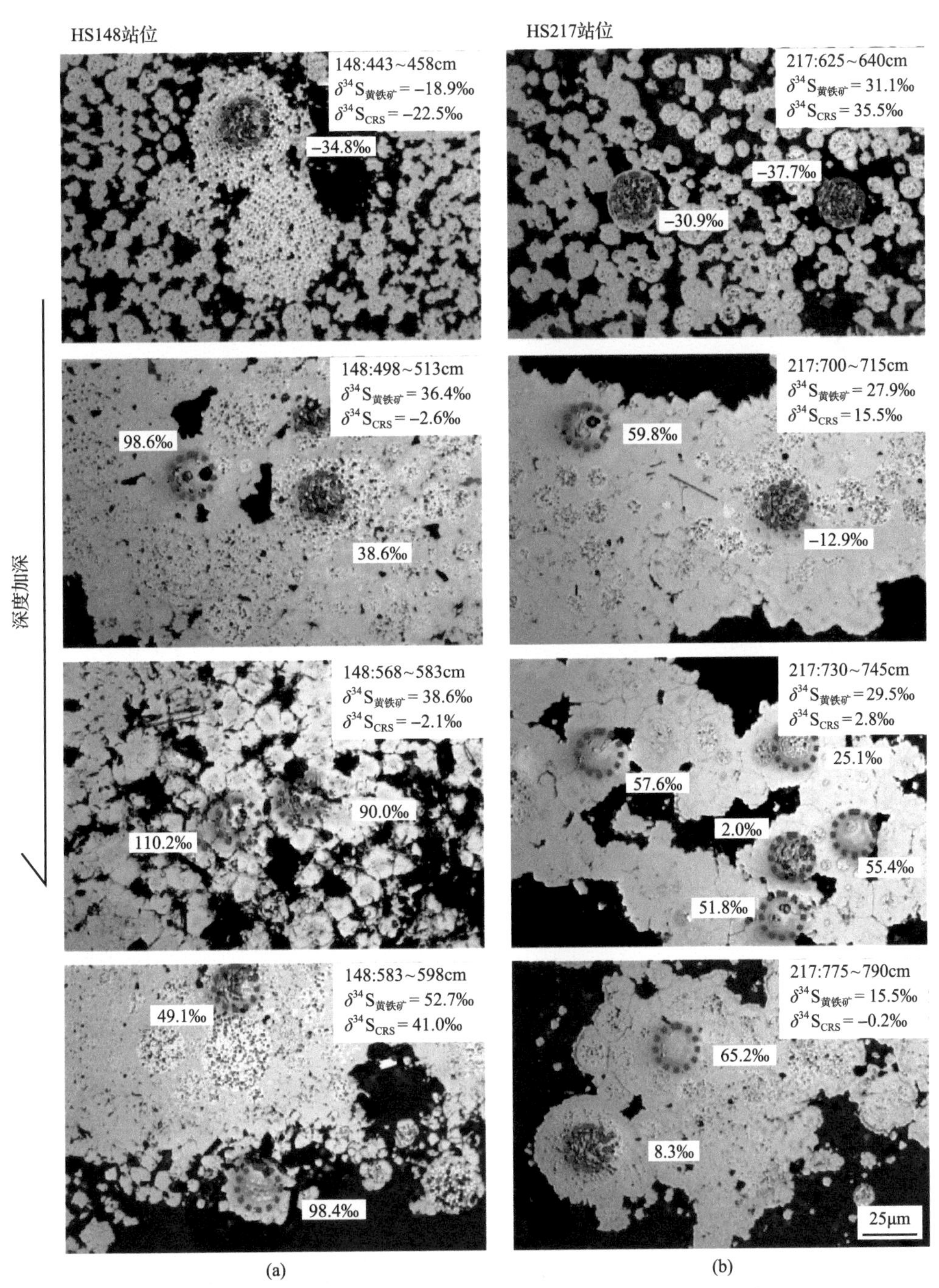


图 5-17　神狐海域(HS148 站位和 HS217 站位)不同类型黄铁矿的原位(SIMS) $\delta^{34}S$ 值(据 Lin Z et al., 2016b，有修改)

红色圆圈代表样品剥蚀位置

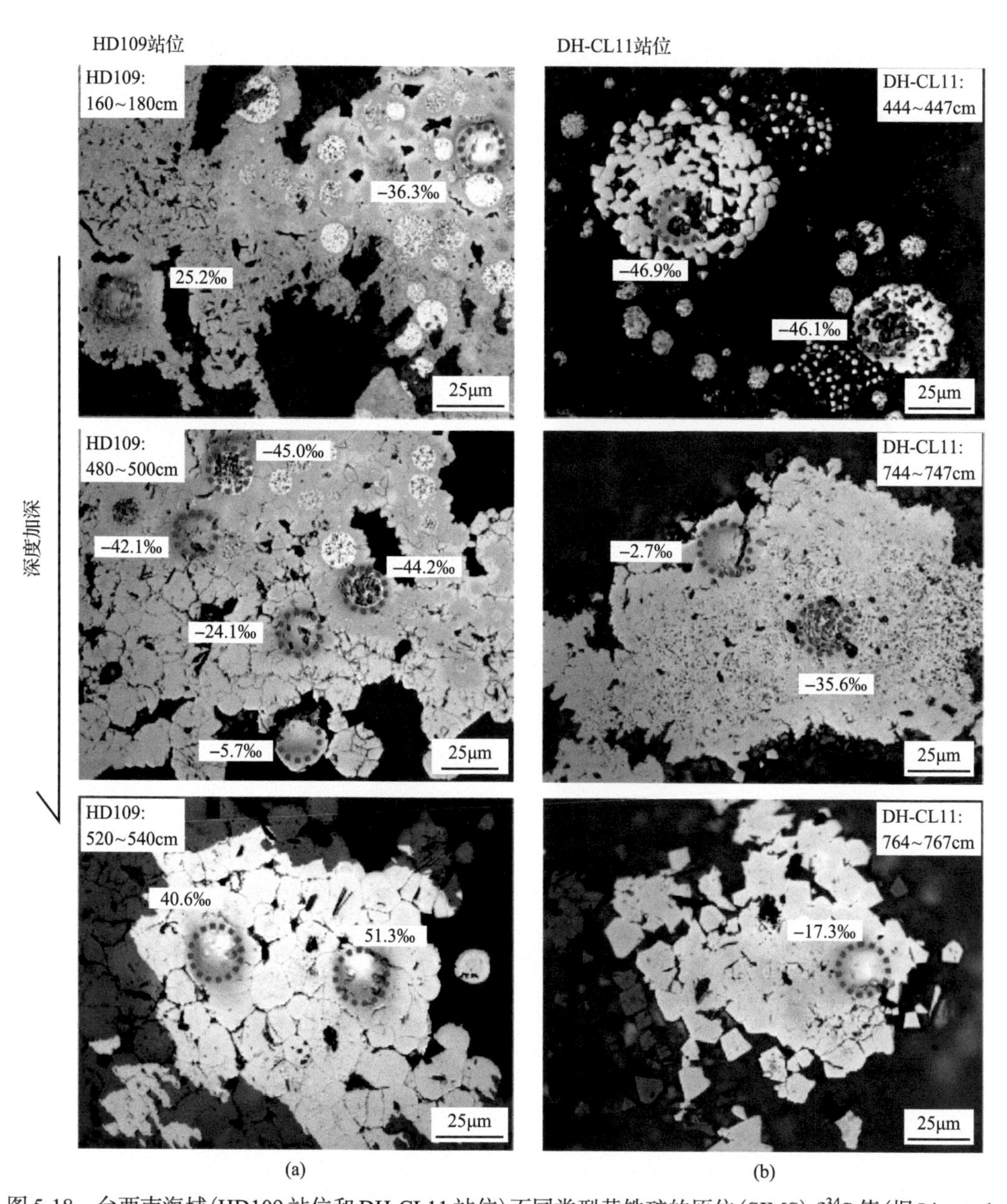


图 5-18　台西南海域(HD109 站位和 DH-CL11 站位)不同类型黄铁矿的原位(SIMS) $\delta^{34}$S 值(据 Lin et al., 2017a，有修改)

红色圆圈代表样品剥蚀位置

除了 DH-CL7 站位以外，神狐海域(HS148、HS217、HS373)和台西南海域(HD109、DH-CL11、GMGS16)研究站位的黄铁矿样品均表现出较大范围的原位 $\delta^{34}$S 组成(包括全岩和原位分析)。神狐海域三个站位的全岩硫化物和黄铁矿颗粒的 $\delta^{34}$S 值变化趋势较为一致，在浅部层位其 $\delta^{34}$S 值均表现出明显的负偏特征；而在台西南海域其 $\delta^{34}$S 值变化趋势各异，但 $\delta^{34}$S 值的负偏程度与神狐海域的也较为一致。这些 $\delta^{34}$S 值明显负偏的黄铁矿的存在，说明当时黄铁矿沉淀环境中的 $H_2S$ 具有 $\delta^{34}$S 值负偏的特征，从而指示了这些 $H_2S$

是在开放体系中、早期成岩过程中 OSR 的产物(Jørgensen, 1982; Canfield, 2001)。

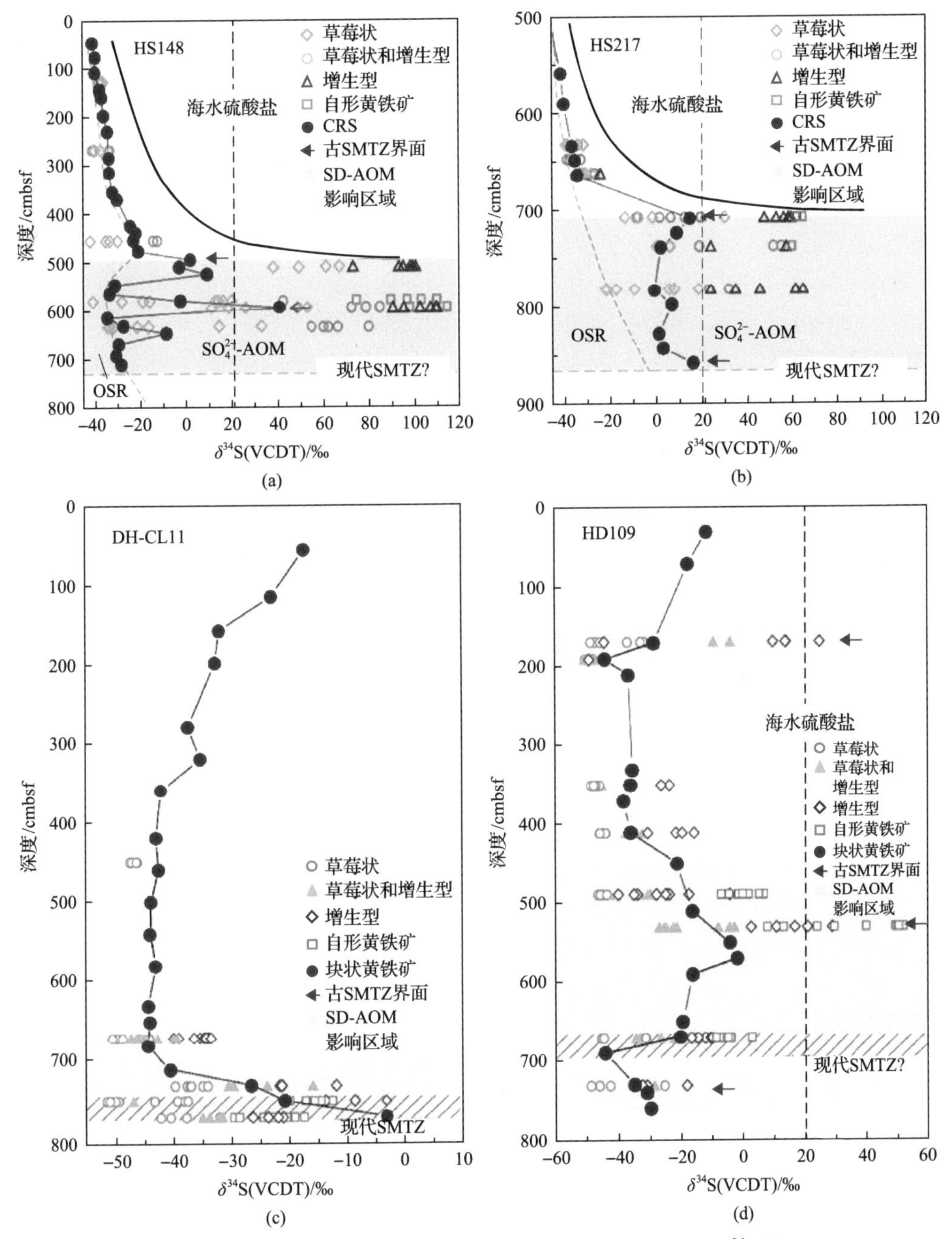


图 5-19　神狐和台西南海域不同类型黄铁矿的原位(SIMS) $\delta^{34}$S 值和全岩硫化物(CRS) $\delta^{34}$S 值的垂向变化图

阴影部分为受 AOM 影响区域，具有较高的全岩硫同位素值。(a) 和 (b) 据 Lin Z 等(2016b)；(c) 和 (d) 据 Lin 等(2017a)，均有修改

有趣的是，在 DH-CL11、HD109 和 HS373 站位的最浅部层位(DH-CL11 站位为 400cm 以浅，HD109 站位为 70cm 以浅，HS373 站位为 35cm 以浅)，虽然其黄铁矿含量较低，

其$\delta^{34}S$值却表现出明显的正偏现象。通过孔隙水甲烷和硫酸根浓度可以排除了 AOM 在该层位的影响。更有可能的是，由于沉积物最浅部往往富集较高的易降解有机质，促使该层位进行的 OSR 有着较高的反应速率，从而限制了该过程中所产生的硫同位素分馏，导致产生的 $H_2S$ 具有较高的$\delta^{34}S$ 值(Böttcher, 2010)。从上述中对研究站位(DH-CL11、HS217、HS373)孔隙水硫酸盐的硫和氧同位素分析结果得出，在沉积物最浅部层位中，除了受到以有机质为基质的 OSR 过程以外，硫化氢再氧化作用和生物歧化作用对浅部层位的硫循环也起到了重要的影响，从而加速了反应过程中氧同位素的交换，导致氧同位素的快速增长，随着深度加深，硫化氢再氧化作用和生物歧化作用减弱，以 OSR 为主导过程。

Farquhar 等(2007)利用多硫同位素对硫酸盐还原过程进行了研究，并建立了经典的"伞状(umbrella)"模型，通过对硫酸盐还原过程孔隙水硫酸盐和 $H_2S$ 的硫同位素值($\delta^{34}S$ 和 $\Delta^{33}S$)进行对比，从而限定该过程。考虑到沉积过程中可能发生的歧化作用和硫化氢再氧化作用，Zhang G J 等(2015)及 Zhang G X 等(2015)对该模型进行了完善和修改。由于上覆海水与浅部沉积物的孔隙水不断进行交换，浅表层孔隙水硫酸盐的多硫同位素特征($\delta^{34}S$，$\Delta^{33}S$，$\Delta^{36}S$)与海水硫酸盐的特征(Tostevin et al., 2014)较为类似。因此在利用多硫同位素手段对 DH-CL11 站位和 HD109 站位浅表层(DH-CL11 为 400cm 以浅；HD109 为 70cm 以浅)黄铁矿进行研究时，可以将该层位内黄铁矿形成时孔隙水硫酸盐的多硫同位素与现代海水的多硫同位素值设为一致。因此，将该区间黄铁矿与孔隙水硫酸盐的$\delta^{34}S$ 和 $\Delta^{33}S$ 进行差值处理后投影到"伞状"模型中(Zhang G J et al., 2015, 2017; Zhang G X et al., 2015)，落在了发生 $H_2S$ 再氧化作用和歧化作用的区间内。这说明了在形成这些黄铁矿的成岩过程中，除了 OSR 作用，$H_2S$ 再氧化作用和歧化作用也参与其中。正是由于 $H_2S$ 再氧化作用和歧化作用的进行，才导致了该区间内黄铁矿具有低含量、高$\delta^{34}S$、低 $\Delta^{33}S$ 的特征；同时与孔隙水硫酸根硫同位素-氧同位素变化曲线在该层位有着较陡的斜率($\delta^{18}O/\delta^{34}S$)较为吻合。

在神狐海域沉积物浅部$\delta^{34}S$ 负偏的层位，可以发现其黄铁矿含量和$\delta^{34}S$ 值具有随深度加深逐渐升高的特征。这个增长趋势说明了在成岩过程中，黄铁矿形成环境逐渐从开放体系(硫酸盐充足)向封闭体系(硫酸盐缺乏)过渡。从原位 SIMS 分析发现这些层位所发育黄铁矿均为$\delta^{34}S$ 值负偏的草莓状黄铁矿，进一步说明了这些黄铁矿是形成于早期的 OSR 过程中。部分黄铁矿的原位$\delta^{34}S$ 值(SIMS)比全岩$\delta^{34}S$ 值(CRS 和黄铁矿颗粒)更低，说明了全岩$\delta^{34}S$ 值是不同黄铁矿混合作用下的产物。此外，在浅部$\delta^{34}S$ 明显正偏的层位中，也发现了部分$\delta^{34}S$ 值(SIMS)负偏的草莓状黄铁矿，说明 OSR 在整个沉积物成岩过程中都扮演了重要的角色。

根据研究站位黄铁矿在$\delta^{34}S$-$\Delta^{33}S$ 投影到图 5-20 中的位置，可以明显看到所有$\delta^{34}S$ 值负偏的背景黄铁矿(被认为是形成于早期成岩过程 OSR 中的产物)均处于该投影图中的第二象限($\delta^{34}S$＜0‰，$\Delta^{33}S$＞0‰)。这与世界上其他沉积环境下由硫酸盐还原作用导致形成的硫化物具有类似的特征(Canfield et al., 2010；Johnston et al., 2011；Siedenberg et al., 2016)。在 DH-CL11 站位和 HD109 站位发育$\delta^{34}S$ 值负偏黄铁矿的层位中，其$\delta^{34}S$ 值表现出较为一致的负偏程度，指示了硫酸盐较为充足的成岩过程，说明体系较为开放，因此可认为黄铁矿形成时孔隙水的硫同位素特征与海水一致；而神狐海域 HS217 站位和

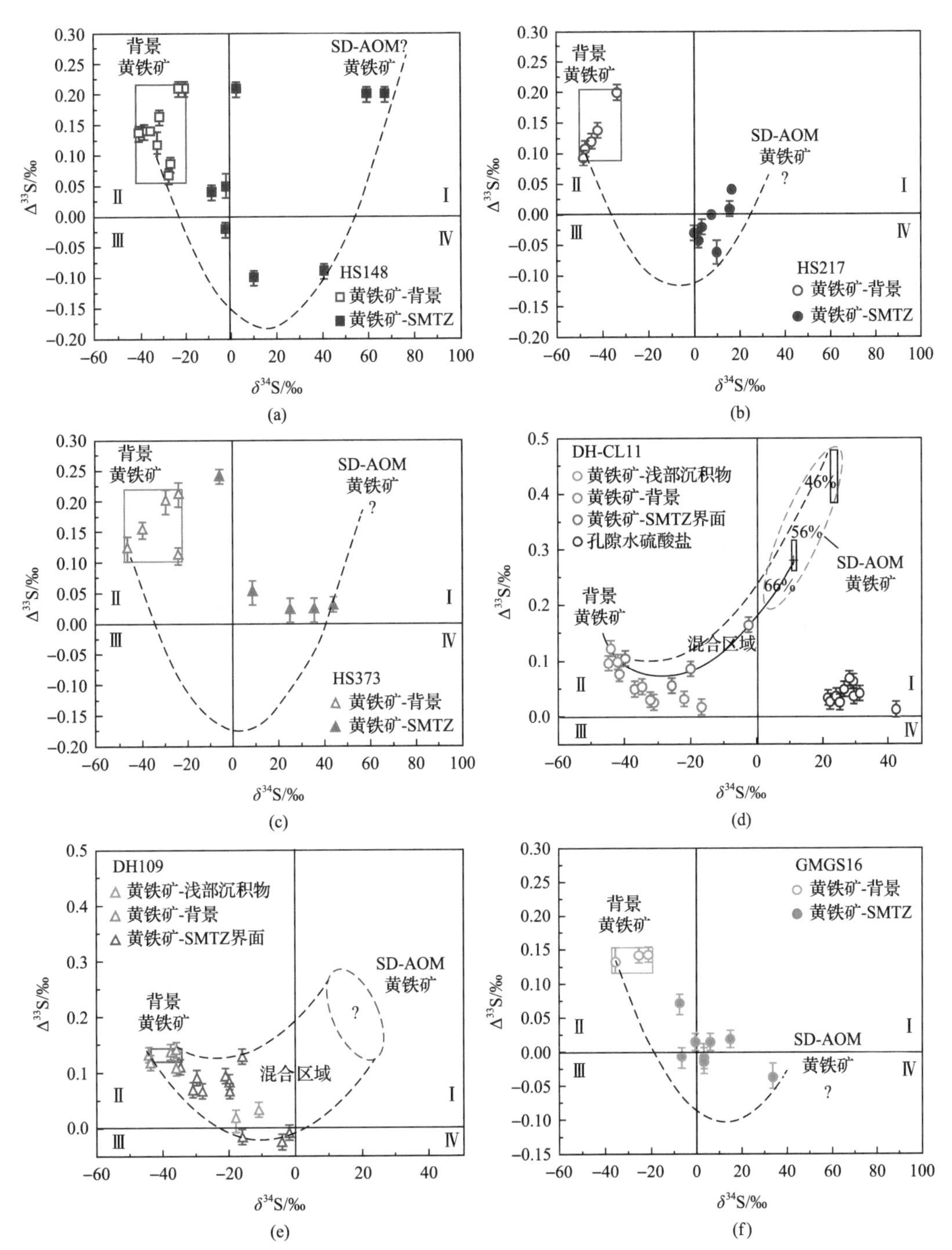


图 5-20　神狐海域和台西南海域黄铁矿的$\delta^{34}S$-$\Delta^{33}S$图解

虚线代表两种黄铁矿端元(背景黄铁矿和 AOM 黄铁矿)混合线。背景黄铁矿均位于第二象限，为早期成岩过程 OSR 产物；SMTZ 中黄铁矿硫同位素分布范围较大，可认为由背景黄铁矿和 AOM 黄铁矿混合而成。(d) 和 (e) 据 Lin 等 (2017b)；(f) 据 Lin 等 (2018b)，均有修改

HS373 孔隙水的硫同位素特征在浅部沉积物中(500cm 以浅)也较为均一，与海水值类似。将这些黄铁矿与孔隙水硫酸盐的$\delta^{34}S$ 和 $\Delta^{33}S$ 进行差值处理后投影到“伞状”模型中

(Canfield et al., 2010；Johnston et al., 2011；Siedenberg et al., 2016)。结果发现，DH-CL11 站位和 HD109 站位所有点均落在了发生 OSR 的区间内，而 HS217 站位和 HS373 站位的点落在了发生 OSR 和歧化作用的边界上。相对于现代海洋中的海水硫酸盐的$\delta^{34}S$ 值($\delta^{34}S$=21‰)(Böttcher et al., 2007；Tostevin et al., 2014)，研究站位中较低的$\delta^{34}S$ 特征(如 DH-CL11 站位为−50.3‰)指示了较大的硫同位素分馏作用(如 DH-CL11 站位为 71.3‰)。如此大的硫同位素分馏作用接近于自然界中 OSR 作用的最大值分馏值(77‰)(Rudnicki et al., 2001；Wortmann and Chernyavsky, 2011)，同时超过了实验室中模拟自然条件培养的硫细菌同位素分馏强度的最大值(66‰)(Sim et al., 2011a)。这说明在早期的 OSR 过程中，$H_2S$ 再氧化作用和歧化作用可能参与了其中的硫循环过程，因此加大了硫同位素的分馏强度。

2. 甲烷缺氧氧化对黄铁矿含量及硫同位素的影响

前人研究表明，当沉积物中富含甲烷时，孔隙水中的硫酸盐会与其产生 AOM 作用，尽管该过程比 OSR 要消耗更多的能量(Niewöhner et al., 1998; Antler et al., 2014)。尽管在 AOM 过程中微生物会优先摄取质量较轻的 $^{34}SO_4^{2-}$，导致形成的 $H_2S$ 具有$\delta^{34}S$ 值负偏的结果，但是由于大部分孔隙水的硫酸盐会在 SMTZ 被消耗，因此在 SMTZ 产生的 $H_2S$ 往往具有$\delta^{34}S$ 值正偏的特征。由于在 $H_2S$ 向黄铁矿转化过程中硫同位素分馏作用较小，因此该过程中形成的黄铁矿也出现了 $H_2S$ 的$\delta^{34}S$ 值正偏的特征(Price et al., 1979)。因此，这些$\delta^{34}S$ 值正偏黄铁矿被认为是 AOM 的产物，其在沉积物中的分布层位被认为能够指示古代 SMTZ 的位置(Peketi et al., 2012; Borowski et al., 2013; Lin Z et al., 2016a, 2016b)。

从神狐海域和台西南海域研究站位黄铁矿的全岩$\delta^{34}S$ S 值垂向分布上看，从$\delta^{34}S$ 值负偏的层位到出现较高$\delta^{34}S$ 值的层位往往是一个突变的过程，这指示了这些$\delta^{34}S$ 值正偏的层位主要是受到了后期黄铁矿(具有较高$\delta^{34}S$ 值)的叠加影响。这些层位中除了草莓状黄铁矿的存在，大量发育增生型黄铁矿和自形黄铁矿。利用 SIMS 对这些不同类型黄铁矿进行原位硫同位素分析，发现在微区范围内，硫同位素变化范围较大，草莓状黄铁矿主要表现出$\delta^{34}S$ 值负偏的特征，而增生型黄铁矿和自形黄铁矿往往具有比草莓状黄铁矿更高的$\delta^{34}S$ 特征。这也进一步证实了上述从黄铁矿微观结构推出的“草莓状黄铁矿为早期成岩产物，而增生型黄铁矿和自形黄铁矿为后期成岩产物”这一推论。

草莓状黄铁矿较低的$\delta^{34}S$ 值指示其主要受到早期成岩过程中 OSR 的影响。与其相比，后期形成的$\delta^{34}S$ 值正偏的黄铁矿主要为后期 AOM 的作用产物。从 SIMS 分析中可知，HS148 站位黄铁矿原位$\delta^{34}S$ 值极高(高达 114.8‰)，代表了有报道以来自然界硫化物中最高的硫同位素值(Boyce et al., 1994; Ferrini et al., 2010; Drake et al., 2013)。

在神狐海域站位 HS148、HS217、HS373 及台西南海域的 HD109 站位中，其$\delta^{34}S$ 值(全岩 CRS 或黄铁矿颗粒)正偏的层位(如图 5-15 的箭头所示)均高出现代的 SMTZ(如图 5-15 的虚线所示)，说明这些黄铁矿的分布层位代表古 SMTZ。从全岩黄铁矿的含量上看，这些古 SMTZ 上往往也具有较高的黄铁矿含量，进一步证明受到了 AOM 的作用。

在天然气水合物赋存区和冷泉区，沉积物中向上扩散的甲烷通量会发生空间和时间上的改变，因此 SMTZ 在空间和时间上也会发生相应的变迁(Tréhu et al., 1999)。如上所述，当甲烷扩散通量增强时，SMTZ 会向浅部迁移；而当甲烷扩散通量变弱时，SMTZ 会向深部迁移(Borowski et al., 1996)。神狐海域站位 HS148、HS217、HS373 及台西南海域的 HD109 站位中发育的古 SMTZ 均比现代 SMTZ 更浅，说明该区域的 SMTZ 经历了从浅部向深部变迁的过程，从而指示了该地区经历了甲烷扩散通量变弱的地质过程(Lin Z et al., 2016a)。

有趣的是，在神狐海域 3 个研究站位底部(HS148 为 483cm 以浅，HS217 为 700cm 以浅，HS373 为 668cm 以浅)，虽然全岩 CRS 的$\delta^{34}$S 值有着较大幅度的变化，但是该层位发育的黄铁矿颗粒(>0.063mm)均具有比 CRS 更高的$\delta^{34}$S 值特征。由于 AOM 过程中会产生$\delta^{34}$S 值较高的 $H_2S$，当 $H_2S$ 由 SMTZ 向上下沉积物扩散时，会与沉积物中的活性铁反应，从而导致了黄铁矿的形成。由于 SMTZ 在成岩过程中会发生改变，加上 $H_2S$ 的扩散程度无从可知，因此利用黄铁矿颗粒中具有较高的$\delta^{34}$S 值的增生型黄铁矿和自生黄铁矿可能代表了不同时期的产物。虽然 $H_2S$ 的扩散对这些层位的黄铁矿颗粒产生了影响，但仍可发现该层位内有部分 CRS 比浅部经受 OSR 作用的 CRS 具有更低的$\delta^{34}$S 值(HS148)。因为孔隙水硫酸盐在 SMTZ 会被消耗殆尽，限制了 SMTZ 以下 OSR 的持续进行，从而使 SMTZ 以下沉积物中的黄铁矿保持着较低的$\delta^{34}$S 值。

为了估计 AOM 产生的 $H_2S$ 对黄铁矿的贡献，可以简单认为自生黄铁矿主要由两个端元组成(Lin Z et al., 2016b)，分别是早期 OSR 过程中形成的黄铁矿(以$\delta^{34}$S 值负偏为特征)以及 AOM 过程中形成于 SMTZ 的黄铁矿(以$\delta^{34}$S 值正偏为特征)。由于 HS148 站位 575～590cm 处的古 SMTZ 具有非常高的$\delta^{34}$S 特征(590cm 处全岩$\delta^{34}$S = 41‰；质量分数为 0.78%)，因此在此对该 SMTZ 进行计算(表 5-1 和表 5-2)。为了方便起见，将该 SMTZ 相邻层位黄铁矿的含量及$\delta^{34}$S 值平均值等同于该界面早期 OSR 黄铁矿的特征($\delta^{34}$S= −33.7‰；质量分数为 0.23%)。根据质量守恒定律，可计算出在该 SMTZ 处的后期黄铁矿(AOM)的$\delta^{34}$S 值为 58.8‰。

$$\delta^{30+i}\mathrm{S}_{\text{全岩黄铁矿}} = \delta^{30+i}\mathrm{S}_{\text{早期黄铁矿}}\, f_{\text{早期黄铁矿}} + \delta^{30+i}\mathrm{S}_{\text{后期黄铁矿}}\,(1-f_{\text{早期黄铁矿}})$$

式中，$f_{\text{早期黄铁矿}}$为早期 OSR 过程中形成的黄铁矿占全岩黄铁矿的质量比例($i$ = 3 或 4)。

**表 5-1　HS148 站位古 SMTZ 中早期 OSR 及后期 AOM 成岩黄铁矿的含量和同位素值计算结果(据质量平衡方程)**

| 深度 /cmbsf | 硫化物总量 (质量分数)/% | $\delta^{34}$S /‰ | 早期 OSR 黄铁矿 (质量分数)/% | $\delta^{34}S_{OSR}$ /‰ | 后期 AOM 黄铁矿 (质量分数)/% | $\delta^{34}S_{AOM}$ /‰ | $\delta^{34}S_{AOM}$ 平均值/‰ |
|---|---|---|---|---|---|---|---|
| 553～568[a] | 0.24 | −33.2 | 0.24 | −33.2 | 0 | — | 58.8 |
| 568～583 | 0.47 | −2.1 | 0.23[b] | −33.7[c] | 0.24 | 28.2 | |
| 583～598 | 0.78 | 41.0 | 0.23[b] | −33.7[c] | 0.55 | 72.2 | |
| 606～623[a] | 0.21 | −34.1 | 0.21 | −34.1 | 0 | — | |

a 表示该深度可认为未受到后期 AOM 的影响，视为背景值；

b, c 表示背景值的平均值。

表 5-2　DH-CL11 站位现代 SMTZ 中早期 OSR 及后期 AOM 成岩黄铁矿的含量和同位素值计算结果(据质量平衡方程)

| 深度/cmbsf | 硫化物总量(质量分数)/% | $\delta^{34}S$/‰ | 早期 OSR 黄铁矿(质量分数)/% | $\delta^{34}S_{OSR}$/‰ | $\Delta^{33}S_{OSR}$/‰ | 后期 AOM 黄铁矿(质量分数)/% | $\delta^{34}S_{AOM}$/‰ | $\Delta^{33}S_{AOM}$/‰ | $\delta^{34}S_{AOM}$平均值/‰ | $\Delta^{33}S_{AOM}$平均值/‰ |
|---|---|---|---|---|---|---|---|---|---|---|
| 724～727 | 0.49 | −26.3 | 0.33[a] | −43.2[b] | 0.103[c] | 0.16 | 9.9 | 5.3 | 11.2 | 0.28 |
| 744～747 | 0.66 | −20.6 | 0.35[a] | −43.2[b] | 0.103[c] | 0.31 | 4.2 | 2.4 | | |
| 764～767 | 1.2 | −2.9 | 0.36[a] | −43.2[b] | 0.103[c] | 0.84 | 14.1 | 7.6 | | |

a 表示 SMTZ 处早期 OSR 黄铁矿的含量由浅部黄铁矿含量线性推导而出；

b, c 表示背景黄铁矿的平均值。

在 AOM 过程中，由于向下渗透的孔隙水硫酸盐在 SMTZ 处被消耗殆尽，因此可认为产生的 $H_2S$ 与孔隙水硫酸盐具有相同的硫同位素特征(Borowski et al., 2013)。由于该 SMTZ 处的后期黄铁矿(AOM)的$\delta^{34}S$ 值为 58.8‰，推断当时该 SMTZ 沉积物孔隙水硫酸盐的$\delta^{34}S$ 值约为 60‰。

对该区域沉积物中铁相矿物的分析结果可知，沉积物中发育有大量的活性铁，导致硫酸盐还原过程中产生的 $H_2S$ 会不断与活性铁发生化学反应，从而形成黄铁矿。由于该过程属于较典型的瑞利分馏过程(Canfield, 2001)，因此此处利用瑞利分馏模型对该过程进行还原。设定上述 SMTZ 处的孔隙水硫酸盐的浓度为 5.5mmol/L，$\delta^{34}S$ 值为 60‰，同时假定 AOM 过程中从硫酸盐到 $H_2S$ 的转化会产生 60‰的硫同位素分馏(Jørgensen et al., 2004; Deusner et al., 2014)。按照瑞利分馏模型计算得出，当 90%的孔隙水硫酸盐被消耗时，残余的孔隙水硫酸盐的$\delta^{34}S$ 值为 180‰，进而可以形成硫酸盐的$\delta^{34}S$ 值为 120‰的 $H_2S$。从 SIMS 分析结果可知，该 SMTZ 中黄铁矿的$\delta^{34}S$ 值最高可达 114.8‰，这与瑞利分馏过程的结算结果较为吻合，进一步说明了 AOM 是该界面产生极高$\delta^{34}S$ 值黄铁矿的原因。

对于 DH-CL11 站位，全岩黄铁矿含量及其$\delta^{34}S$ 值在 705～770cm 处急剧升高。此外，大量增生型黄铁矿和自生黄铁矿在该界面处普遍出现，且表现出较高的原位$\delta^{34}S$ 值，说明了 AOM 在该处剧烈反应。由于该界面恰好处在现代 SMTZ 处，说明在该处出现的$\delta^{34}S$ 正偏的黄铁矿是现代正在进行的 AOM 的产物，而非古代 AOM 的作用产物，从而反映了该站位的 SMTZ 处于一个稳定的状态。此外，孔隙水硫酸盐的硫和氧同位素特征指示该界面有着较高的硫酸盐还原速率，进一步说明 AOM 在该界面起到重要作用。

图 5-21 总结展示了硫酸盐驱动-甲烷厌氧氧化反应对沉积物黄铁矿硫同位素产生影响的模式。在早期 OSR 阶段，沉积物孔隙水硫酸盐含量随深度加深缓慢降低，硫化物$\delta^{34}S$ 值随深度加深缓慢升高；随着甲烷向上迁移，与孔隙水硫酸盐发生 AOM 反应，硫酸盐在 SMTZ 被完全消耗；随着成岩作用进行，在 SMTZ 的黄铁矿出现了$\delta^{34}S$ 值正偏现象；当甲烷通量降低，SMTZ 向沉积物深处迁移，在新的 SMTZ 再次出现$\delta^{34}S$ 值正偏现象。

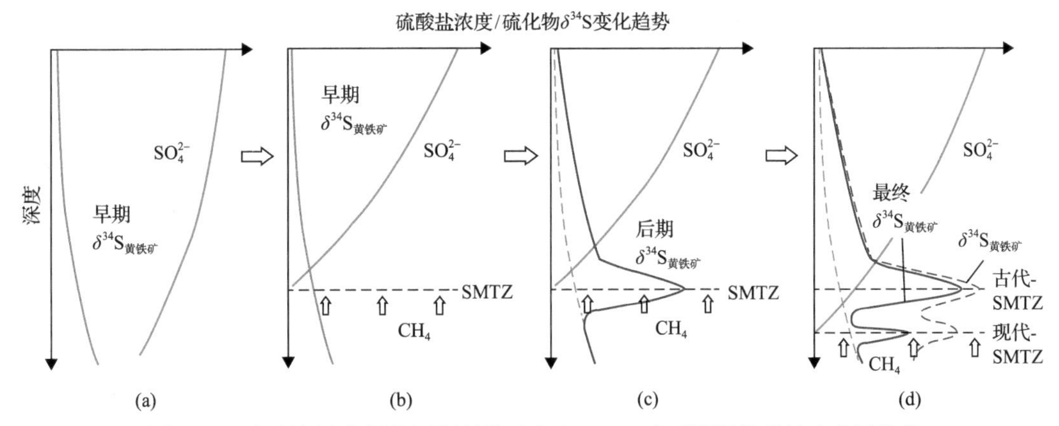


图 5-21　硫酸盐驱动-甲烷厌氧氧化反应(SD-AOM)对沉积物黄铁矿硫同位素产生影响的模式图(据 Lin Z et al., 2016b)

(a)早期 OSR 阶段，沉积物孔隙水硫酸盐含量随深度加深缓慢降低，硫化物$\delta^{34}S$值随深度加深缓慢升高；(b)甲烷向上迁移，与孔隙水硫酸盐发生 AOM 反应，硫酸盐在 SMTZ 被完全消耗；(c)随着成岩作用进行，在 SMTZ 的黄铁矿出现了$\delta^{34}S$值正偏现象；(d)当甲烷通量降低，SMTZ 向沉积物深处迁移，在新的 SMTZ 再次出现$\delta^{34}S$值正偏现象

综合自生黄铁矿矿物学和硫同位素地球化学研究结果，我们提出 SD-AOM 影响沉积物中黄铁矿生长机制的模式(图 5-22)。在靠近海底的浅表层沉积物中，草莓状黄铁矿在沉积物中较为均匀分布，代表了早期成岩过程 OSR 的产物；在 SMTZ 附近 SD-AOM 导致 $H_2S$ 含量较高，从而造成该区域含有较高含量的管状黄铁矿，管状形态可能代表了流

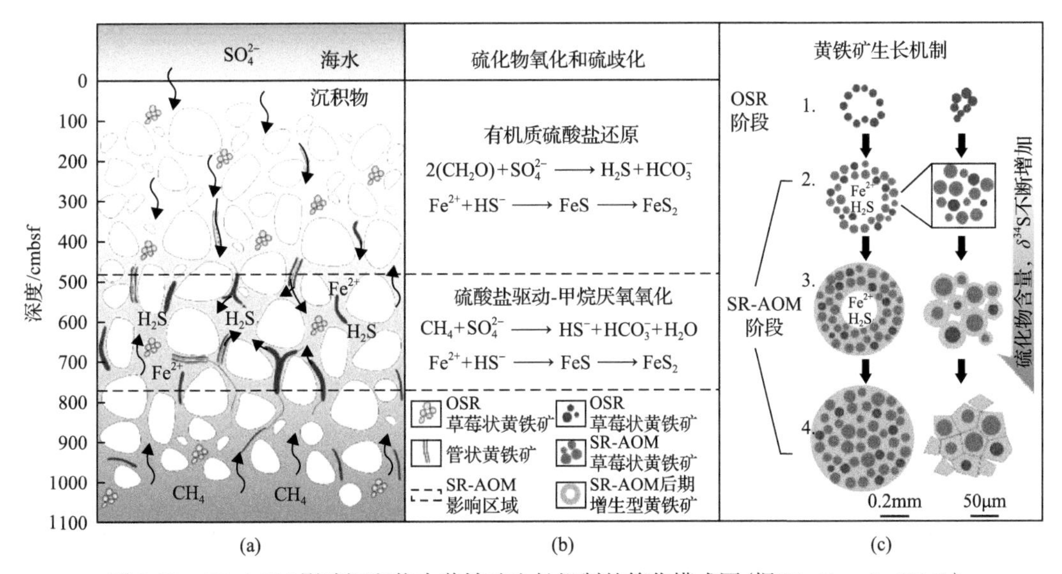


图 5-22　SD-AOM 影响沉积物中黄铁矿生长机制的简化模式图(据 Lin Z et al., 2016b)

(a)草莓状黄铁矿在沉积物中较为均匀分布，代表了早期成岩过程 OSR 的产物，在 AOM 影响区域内(SMTZ 附近)$H_2S$ 含量较高，导致了该区域含有较高含量的管状黄铁矿，管状形态可能代表了流体运移时的微小通道；(b)沉积物中不同层位的成岩作用；(c)黄铁矿的生长机制简图：早期 OSR 阶段主要形成$\delta^{34}S$值较低的草莓状黄铁矿，后期 AOM 过程中形成$\delta^{34}S$值较高的增生型黄铁矿和自形黄铁矿。在 SMTZ 内，扩散甲烷与孔隙水硫酸根离子反应而生成硫化氢，导致富 $^{34}S$ 的自生黄铁矿生成(SR-AOM 阶段的 2～4)。在黄铁矿生长初期，草莓状黄铁矿首先生成，随后早期草莓状黄铁矿边缘逐渐被后期生成的黄铁矿包围而形成增生型黄铁矿。最后阶段则沉淀自形黄铁矿，并且一些黄铁矿发生了重结晶

体运移时的微小通道。早期 OSR 阶段主要形成$\delta^{34}S$值较低的草莓状黄铁矿，后期 AOM 过程中形成$\delta^{34}S$值较高的增生型黄铁矿和自形黄铁矿。当甲烷向沉积物浅部扩散时与向下运移的硫酸盐反应并消耗殆尽，从而释放出硫化氢并造成具有较高$\delta^{34}S$值黄铁矿的形成。该过程初期由于硫化氢过度饱和，导致了草莓状黄铁矿的出现，随着饱和度下降，黄铁矿开始围绕早期草莓状黄铁矿进行生长（增生型黄铁矿），之后自形黄铁矿逐步出现。最后，一些黄铁矿发生了重结晶。

由于该站位的 AOM 正处于活跃状态且 SMTZ 处在一个稳定的状态，因此该站位是我们研究 AOM 过程中硫循环过程的多硫同位素特征的一个理想样本。由于在采样过程中并未对 SMTZ 处的溶解 $H_2S$ 进行采集，因此无法对 $H_2S$ 进行硫同位素测定。但因为沉积物中具有大量的活性铁，大量产生在 SMTZ 中的 $H_2S$ 最终会以自生黄铁矿的形式存于该界面处，并且继承了 $H_2S$ 的硫同位素特征。因此，可采用质量守恒定律对 AOM 形成黄铁矿的硫同位素特征进行计算，从而反推 $H_2S$ 的硫同位素特征。在 SMTZ 以浅，可以观察到黄铁矿含量随深度增加缓慢升高，并显示出较强的线性关系，反映了随着成岩过程 OSR 作用的进行，产生的黄铁矿不断积累到沉积物中。根据该线性关系可推测在 SMTZ 处早期 OSR 产生的黄铁矿含量约为 0.35%。由于该站位 OSR 产生的黄铁矿的硫同位素特征较为一致，因此认为该 SMTZ 处早期 OSR 产生的黄铁矿的$\delta^{34}S$值为–43.2‰，而$\Delta^{33}S$值为 0.1‰。据质量守恒定律计算得出，在 SMTZ 处 AOM 产生黄铁矿的$\delta^{34}S$值为 11.2‰，$\Delta^{33}S$值为 0.28‰。将该数值点体现在$\delta^{34}S$-$\Delta^{33}S$投影图中，同时认为该估算方式存在 10% 的误差，可发现 AOM 产生黄铁矿的多硫同位素特征具有一定的变化范围（如图 5-23 中椭圆区域所示）。有趣的是，在 SMTZ 区间上的全岩黄铁矿的$\delta^{34}S$和$\Delta^{33}S$值均落在该 AOM 黄铁矿与早期 OSR 黄铁矿的混合线上。

在 SMTZ 中，黄铁矿 $^{34}S$ 的富集现象通常被认为是硫酸盐在该界面的大量消耗（Borowski et al., 2013）或者硫酸盐和硫化氢与海水的强烈交换（Jørgensen et al., 2004）。此外，甲烷的浓度也是影响 AOM 反应速率的重要因素，从而影响了该过程所产生的硫同位素分馏（$^{32}S$-$^{34}S$）（Deusner et al., 2014）。大量研究表明，相比于 SMTZ 上覆的沉积物，在 SMTZ 处发生的硫酸盐还原速率较高（Boetius et al., 2000; Jørgensen et al., 2004; Treude et al., 2005）。与此类似，从上述对 DH-CL11 站位孔隙水的硫同位素和氧同位素研究中可以看出，在 SMTZ 处的硫酸盐还原速率更高。因此，AOM 过程中较高的硫酸盐还原速率可能是导致黄铁矿富集 $^{34}S$ 的原因之一。此外，由于 AOM 是 SMTZ 的主导过程，其对该过程产生的黄铁矿的硫同位素特征（$\Delta^{33}S$和$\delta^{34}S$）具有重要的影响作用。

目前，沉积物中$\delta^{34}S$偏正的黄铁矿的富集被大量用于识别古 SMTZ，指示过去的甲烷渗漏活动（Borowski et al., 2013; Lin Q et al., 2016a, 2016b, 2016c; Lin Z et al., 2016a, 2016b, 2017a, 2017b）。然而，该地球化学异常指标存在一定的局限性。事实上，冷泉区沉积物中黄铁矿的硫同位素组成会受到多种因素的影响：①甲烷渗漏强度的变化（Li et al., 2016; Hu et al., 2017）；②OSR 形成的黄铁矿（Borowski et al., 2013; Lin Z et al., 2016）；③铁的供给（Formolo and Lyons, 2013）；④歧化反应等硫循环过程（Pierre, 2017）。例如，原位黄铁矿的硫同位素测试发现，冷泉沉积物中 SMTZ 处黄铁矿的$\delta^{34}S$值可正偏至 114.8%。而同层位中$\delta^{34}S_{CRS}$却可负偏达–35.7‰（Lin Z et al., 2016a, 2016b）。这种纳米

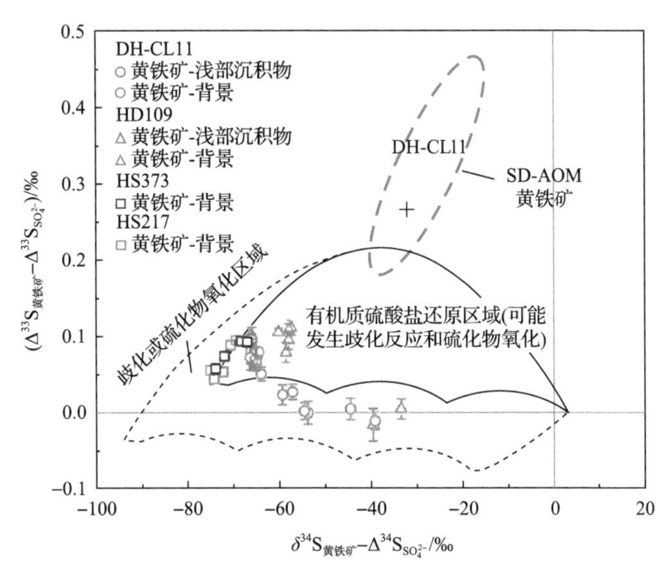


图 5-23 神狐海域和台西南海域黄铁矿硫同位素($\delta^{34}S_{黄铁矿}$和 $\Delta^{33}S_{黄铁矿}$)相对于孔隙水硫酸盐的硫同位素($\delta^{34}S_{SO_4^{2-}}$ 和 $\Delta^{33}S_{SO_4^{2-}}$)的差值图(据 Lin et al., 2017b,有修改)

底图修改自 Zhang G J 等(2015)。HD109 站位和 DH-CL11 站位的背景黄铁矿落在了 OSR 的范围,指示其形成过程受到 OSR 的影响(不需要有歧化反应的参与),其浅部的黄铁矿落在了歧化反应的范围,指示其形成过程必须要有歧化反应的参与;HS373 站位和 HS217 站位的背景黄铁矿落在了 OSR 和歧化反应的边界处,指示其形成过程可能受到歧化反应的影响。十字符号代表在 DH-CL11 站位 SMTZ 黄铁矿的硫同位素特征,其落在了 OSR 和歧化反应范围之外,虚线代表误差范围

尺度上黄铁矿 $\delta^{34}S$ 的巨大变化与微环境中残余硫酸根富集 $^{34}S$ 的硫同位素分馏效应(Peckmann et al., 2001; Peckmann and Thiel, 2004; Lin Z et al., 2016a, 2016b)及早期 OSR 产生的硫同位素偏负的黄铁矿密切相关(Lin Z et al., 2017a, 2017b)。

Feng 等(2018)近期统计了已发表的数百个南海北部冷泉区沉积物和自生碳酸盐岩中硫化物的硫同位素数据,发现它们倾向于偏正的 $\delta^{34}S$ 值,但同时具有极大的变化范围(–51.3‰~+114.8‰,图 5-24)。值得注意的是,冷泉沉积和正常沉积环境(OSR 主导的)

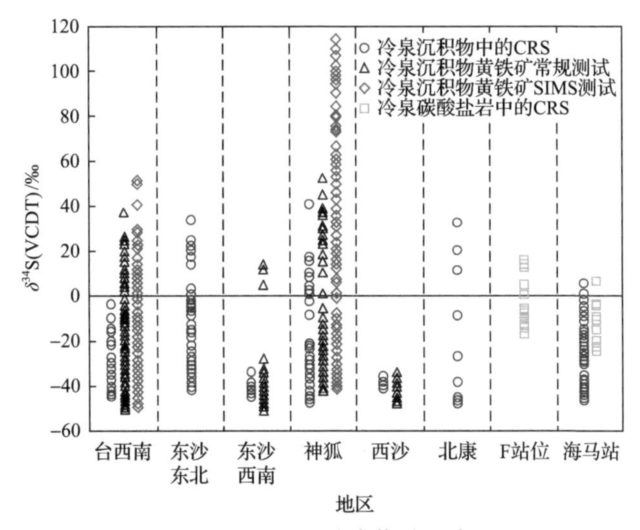


图 5-24 南海不同冷泉区铁硫化物的硫同位素值对比(据 Feng et al., 2018,有修改)

中 BSR 形成的硫化物$\delta^{34}S$值变化范围都很大且没有本质区别(Borowski et al., 2013; Formolo and Lyons, 2013; Pierre, 2017)。因此，这种$\delta^{34}S$值异常偏正黄铁矿的产生并不是冷泉区特有的。通过黄铁矿的$\delta^{34}S$值来确定现代海洋环境甲烷通量和识别古 SMTZ 时还需要有其他指标的支撑，如沉积物中有机质和碳酸盐的碳同位素组成等。

近年来兴起的多硫同位素地球化学在冷泉研究领域已有初步应用(Lin Z et al., 2017a, 2017b, 2018a, 2018b; Gong et al., 2018b)。微生物过程中多硫同位素分馏遵循质量分馏原理，但硫的 3 个稳定同位素($^{32}S$、$^{33}S$、$^{34}S$)仍会因生物地球化学过程的不同而表现出有可测量的差异。反过来，测量到的多硫同位素的微小差异就可以被用来反推其分馏过程(Johnston, 2011)。因此，首先需要确定 SD-AOM 过程中多硫同位素分馏系数($^{33}\theta$ 和 $1000\ln^{34}\alpha$，其中 $^{33}\theta=\ln^{33}\alpha/\ln^{34}\alpha$，$^{34}\alpha=0.970\sim0.990$)，才能确定其产物和反应物的多硫同位素组成($\Delta^{33}S$ 和$\delta^{34}S$)究竟是否可以区分不同环境中的 BSR 过程。目前实验室甲烷厌氧氧化古菌纯培养和富甲烷环境中孔隙水硫酸根原位采集均存在很大的难度。鉴于此，Gong 等(2018b)通过墨西哥湾 5 个不同冷泉站位的重晶石多硫同位素组成的研究，首次获得了富甲烷环境中多硫同位素分馏系数，即 $1000\ln^{34}\alpha$ 为–30‰～–10‰，$^{33}\theta$ 值为 0.5100～0.5112(±0.005)。而正常海洋沉积环境中 $1000\ln^{34}\alpha$ 的分馏系数通常小于–40‰(Claypool, 2004)，$^{33}\theta$ 值较大(0.5125～0.5148; Leavitt et al., 2013; Tostevin et al., 2014)。而自生重晶石的多硫同位素组成呈负相关关系(图 5-25)，指示孔隙水硫酸根的消耗受到 SD-AOM 作用的控制，记录了 SD-AOM 作用的多硫同位素特征信号(Gong et al., 2018a, 2018b)。由于不同环境中硫酸盐还原过程的多硫同位素分馏系数不同，因此其自生沉积矿物记录的多硫同位素组成可能存在系统性差异。

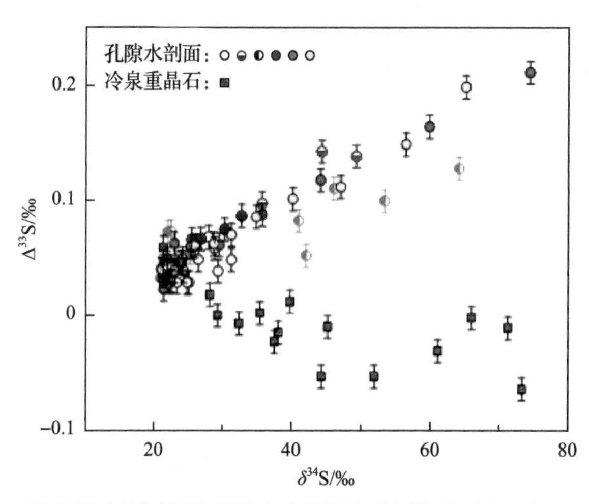


图 5-25 冷泉重晶石与正常海洋表层沉积物孔隙水硫酸根多硫同位素对比(据 Gong et al., 2018b，有修改)

黄铁矿是沉积记录中最普遍的含硫化合物。虽然 OSR 和 SD-AOM 过程中多硫同位素分馏系数不同，但黄铁矿的硫同位素组成也受硫酸根供给速率、硫酸盐还原速率、活性铁供给等其他因素的影响(Formolo and Lyons, 2013; Lin Q et al., 2016a, 2016b; Lin Z et al., 2016a, 2016b, 2017a, 2017b; Gong et al., 2018)。因此，利用黄铁矿识别富甲烷环境的沉积记录具有很大的挑战性。本次研究首次测试了现代海洋沉积物 SMTZ 层位中黄铁矿和硫酸根的多硫同位素组成($\Delta^{33}S$-$\delta^{34}S$)(Lin et al., 2017b)。由于甲烷渗漏较弱，孔隙水硫酸根的消耗同时受到 SD-AOM 和 OSR 作用的影响(Lin et al., 2017b)，因此该研究中孔隙水硫酸根的多硫同位素组成并没有呈负相关关系(图 5-21)。正因为 SMTZ 上部的 OSR 作用，SMTZ 内的 AOM-BSR 释放的 $H_2S$ 具有高$\delta^{34}S$ 值和高 $\Delta^{33}S$ 值特征。所以，有些学者推测富甲烷环境(SD-AOM 主导的孔隙水硫酸根消耗)中黄铁矿的多硫同位素组成与甲烷扩散型环境中黄铁矿的多硫同位素组成可能存在很大差异。

截至目前，尚未有实验对 AOM 过程中的多硫同位素($\delta^{34}S$、$\Delta^{33}S$ 和 $\Delta^{33}S$)分馏过程进行研究。因此，AOM 如何影响硫化物 $\Delta^{33}S$ 特征的机制还不得而知。针对 AOM 过程中的硫化物多硫同位素特征进行了首次研究，但由于该过程机制尚未明确，限制了我们对 AOM 过程的进一步认识。尽管多硫同位素指标体系存在一定的局限性，我们发现 AOM 产生硫化物的多硫同位素特征与 OSR 过程的相差甚远，这有可能为我们研究 OSR 和 AOM 机制的异同提供一个崭新且有效的手段。

## 5.5　自生黄铁矿的铁同位素特征

### 5.5.1　沉积物铁组分含量特征

作为氧化还原敏感性元素之一，铁在海洋沉积物的存在方式和种类受到沉积物沉降以及成岩过程中氧化还原条件的影响。“活性铁”(reactive iron)被定义为沉积物中容易与溶解 $H_2S$ 反应形成硫化物的铁组分部分(包括硫化物)(Berner et al., 1970; Canfield et al., 1992; 王天天, 2016)。目前，越来越多的研究通过对海洋沉积物(岩)中“活性铁”的含量及其种类的研究来反映地质历史时期沉积物中的铁循环及其相应的生物地球化学过程，或指示古代海洋的氧化还原结构(Raiswell and Canfield, 1998)。

通常认为在大部分海洋缺氧沉积环境中，除了沉积物中溶解的 $H_2S$ 以外，黄铁矿的形成主要受到沉积物中活性铁含量的影响。前人通过化学提取方法，依据沉积物中不同铁组分与溶解 $H_2S$ 反应的难易程度，将沉积物的铁组分为三类：高活性铁(highly reactive Fe, $Fe_{HR}$)、弱活性铁(poorly reactive Fe, $Fe_{PR}$)和非活性铁(unreactive Fe, $Fe_U$)(Canfield et al., 1992; Raiswell and Canfield, 1998; Poulton et al., 2004)。这些不同的铁组分与溶解 $H_2S$ 发生完全反应的时间范围较大，尺度为几分钟至几百天的范围(Canfield et al., 1992; Raiswell and Canfield, 1998; Poulton et al., 2004)。结晶程度较低的铁矿物比较容易与溶解 $H_2S$ 反应，反应时间通常为几分钟至几小时(如水铁矿的反应时间为 5min 至 12.3h，纤铁矿的反应时间为 10.9h)。而结晶程度较高的铁矿物则较难与溶解 $H_2S$ 发生反应，反应时间通常为几十天(如针铁矿的反应时间为 63d；磁铁矿的反应时间为 72d；赤铁矿的反应时间为 182d)(Poulton et al., 2004)；而非活性铁(如含铁硅酸盐矿物)与溶解 $H_2S$ 基本不反应，其反应时间极其漫长，可为高活性铁的 $10^8$ 倍(Canfield et al., 1992)。

黄铁矿化程度(degree of pyritization, DOP)最初被定义为沉积物中黄铁矿含量与活性铁含量的比例，其中活性铁为利用沸腾的 12mol/L HCl 溶解出来的铁组分(Berner, 1970)。利用不同的化学试剂对沉积物不同铁组分进行反应，连续将铁相碳酸盐($Fe_{carb}$)、铁氧化物($Fe_{ox}$)、磁铁矿($Fe_{mag}$)、黄铁矿($Fe_{py}$)和铁相硅酸盐($Fe_{sil}$)五种含铁组分进行连续萃取，并将前四种 Fe 组分含量之和视为高活性铁($Fe_{HR} = Fe_{carb} + Fe_{ox} + Fe_{mag} + Fe_{py}$)。与 Berner(1970)定义的黄铁矿化程度类似，下面所指的黄铁矿化程度是指黄铁矿含量与高活性铁含量的比值($Fe_{py}/Fe_{HR}$)。

神狐海域 HS148 站位和 HS217 站位沉积物总铁含量($Fe_T$)较为类似，其质量分数平均值分别为 3.14%和 2.75%[表 5-3,图 5-26(a)、(d)];活性铁含量平均值分别为 1.37%和 1.29%。在 HS148 站位中，5 种不同铁组分的平均含量分别为 0.29%($Fe_{carb}$)、0.43%($Fe_{ox}$)、0.25%($Fe_{mag}$)、0.39%($Fe_{py}$)和 1.74%($Fe_{sil}$)。与 HS148 站位类似，HS217 站位中 5 种不同铁组分的平均含量分别为 0.29%($Fe_{carb}$)、0.36%($Fe_{ox}$)、0.30%($Fe_{mag}$)、0.33%($Fe_{py}$)和 1.46%($Fe_{sil}$)。硅酸盐矿物相中的铁含量在 5 种铁组分中最高，其含量接近于总铁含量的一半。黄铁矿含量($Fe_{py}$)在神狐海域两个沉积站位中均有较大的变化，在 HS148 站位中，$Fe_{py}$ 含量的变化范围为 0.12%～0.71%，在 583cm 处含量达到最高(0.71%)；而 HS217 站位中，$Fe_{py}$ 含量随着深度加深呈现出一定的增加趋势，变化范围为 0.05%～0.72%，在 700cm 处附近含量达到最高(0.71%)。黄铁矿化程度($Fe_{py}/Fe_{HR}$)在该两个站位也表现出较大的变化范围[(图 5-26(b)、(e)]。在 HS148 站位，黄铁矿化程度的平均值为 0.28，从浅部 35cm 至 373cm 处，黄铁矿化程度从 0.1 增长到 0.38；在 413cm 至该站位底部,黄铁矿化程度整体较高,在 583cm 处达到最高值(0.45);而 HS217 站位的黄铁矿化程度在 55cm 至 715cm 处表现出线性增长趋势(从 0.05 增长到 0.47)，此后随着深度加深，黄铁矿化程度有所下降，在 790cm 处降为 0.30。与黄铁矿化程度变化趋势不同,($Fe_{ox} + Fe_{mag}$)/$Fe_{HR}$ 在 HS148 站位和 HS217 站位整体上表现出随深度加深而降低的趋势[图 5-26(b)、(e)]。

台西南海域 HD109 沉积物的总铁含量($Fe_T$)平均值为 3.76%，稍微高出神狐海域的沉积物(未对 GMGS 站位的硅酸盐相进行提取，故未能计算其总铁含量)。HD109 站位和 GMGS16 站位沉积物活性铁含量与神狐海域的较为类似，平均含量分别为 1.43%和 1.21%[表 5-3，图 5-27(a)、(d)]。在 HD109 站位中，5 种不同铁组分的平均含量分别为 0.35%($Fe_{carb}$)、0.48%($Fe_{ox}$)、0.36%($Fe_{mag}$)、0.23%($Fe_{py}$)和 2.33%($Fe_{sil}$)；而 GMGS16 站位中，4 种不同铁组分的平均含量分别为 0.49%($Fe_{carb}$)、0.46%($Fe_{ox}$)、0.15%($Fe_{mag}$)和 0.11%($Fe_{py}$)。这两个站位沉积物中黄铁矿的平均含量分别为 0.23%和 0.11%，明显低于神狐海域的黄铁矿含量；并且黄铁矿的含量变化在深度上并无整体的变化规律。在 HD109 站位，黄铁矿化程度平均值为 0.16，在浅部极低(接近 0)，而在 100cm 以深，黄铁矿化程度整体变化不大，变化范围大致为 0.10%～0.25%[图 5-27(b)]。在 GMGS16 站位，黄铁矿化程度随深度变化有着较大的变化范围，为 0.01%～0.36%，但整体上黄铁矿化程度较低，平均值仅为 0.11[图 5-27(e)]。与 HS148 站位和 HS217 站位类似，HD109 站位的($Fe_{ox} + Fe_{mag}$)/$Fe_{HR}$ 变化趋势与黄铁矿化程度的变化相反，在最浅部出现最大值；而 GMGS16 站位的($Fe_{ox} + Fe_{mag}$)/$Fe_{HR}$ 与黄铁矿化程度并无明显的镜像关系，在深度上未表现出明显的变化趋势[图 5-27(b)、(e)]。

表 5-3　沉积物铁组分含量及黄铁矿和沉积物全岩铁同位素组成

| 站位 | 深度/cmbsf | 铁组分 | | | | | | | | 黄铁矿铁同位素值 | | | | | 沉积物全岩的铁同位素值 | | | | |
|---|---|---|---|---|---|---|---|---|---|---|---|---|---|---|---|---|---|---|---|
| | | $Fe_{carb}$/% | $Fe_{ox}$/% | $Fe_{mag}$/% | $Fe_{py}$/% | $Fe_{sil}$/% | $Fe_{HR}$/% | $Fe_T$/% | $Fe_{py}/Fe_{HR}$ | $\delta^{56}Fe_{IRMM}$/‰ | $\delta^{56}Fe_{IgRx}$/‰ | $2SD_{(^{56}Fe)}$ | $\delta^{57}Fe_{IRMM}$/‰ | $2SD_{(^{57}Fe)}$ | $\delta^{56}Fe_{IRMM}$/‰ | $\delta^{56}Fe_{IgRx}$/‰ | $2SD_{(^{56}Fe)}$ | $\delta^{57}Fe_{IRMM}$/‰ | $2SD_{(^{57}Fe)}$ |
| HS148 | 35～50 | 0.22 | 0.54 | 0.33 | 0.12 | 1.76 | 1.20 | 2.97 | 0.10 | — | — | — | — | — | — | — | — | — | — |
| | 60～85 | — | — | — | — | — | — | — | — | –0.259 | –0.349 | 0.062 | –0.390 | 0.128 | 0.074 | –0.016 | 0.056 | 0.111 | 0.062 |
| | 133～148 | 0.30 | 0.78 | 0.30 | 0.34 | 1.59 | 1.72 | 3.31 | 0.20 | — | — | — | — | — | — | — | — | — | — |
| | 163～178 | 0.22 | 0.71 | 0.26 | 0.26 | 2.01 | 1.44 | 3.44 | 0.18 | –0.179 | –0.269 | 0.066 | –0.248 | 0.118 | — | — | — | — | — |
| | 218～233 | 0.39 | 0.73 | 0.27 | 0.48 | 1.78 | 1.87 | 3.65 | 0.26 | — | — | — | — | — | — | — | — | — | — |
| | 288～303 | 0.34 | 0.71 | 0.29 | 0.48 | 1.65 | 1.82 | 3.46 | 0.27 | –0.128 | –0.218 | 0.070 | –0.168 | 0.092 | 0.075 | –0.015 | 0.048 | 0.126 | 0.070 |
| | 323～343 | — | — | — | — | — | — | — | — | 0.044 | –0.046 | 0.074 | 0.089 | 0.080 | — | — | — | — | — |
| | 358～373 | 0.26 | 0.39 | 0.26 | 0.56 | 1.51 | 1.48 | 2.99 | 0.38 | 0.128 | 0.038 | 0.062 | 0.226 | 0.108 | — | — | — | — | — |
| | 413～428 | 0.28 | 0.40 | 0.23 | 0.39 | 1.95 | 1.30 | 3.26 | 0.30 | — | — | — | — | — | — | — | — | — | — |
| | 443～458 | — | — | — | — | — | — | — | — | — | — | — | — | — | 0.122 | 0.032 | 0.050 | 0.153 | 0.036 |
| | 463～483 | 0.27 | 0.32 | 0.21 | 0.48 | 1.53 | 1.27 | 2.80 | 0.38 | 0.197 | 0.107 | 0.078 | 0.291 | 0.092 | — | — | — | — | — |
| | 498～513 | — | — | — | — | — | — | — | — | — | — | — | — | — | 0.107 | 0.017 | 0.056 | 0.141 | 0.066 |
| | 513～528 | 0.27 | 0.26 | 0.22 | 0.36 | 1.80 | 1.11 | 2.91 | 0.32 | 0.126 | 0.036 | 0.066 | 0.168 | 0.132 | — | — | — | — | — |
| | 568～583 | 0.35 | 0.23 | 0.24 | 0.36 | 1.80 | 1.18 | 2.98 | 0.30 | 0.357 | 0.267 | 0.086 | 0.505 | 0.112 | 0.116 | 0.026 | 0.048 | 0.179 | 0.068 |
| | 583～598 | 0.36 | 0.27 | 0.25 | 0.71 | 1.80 | 1.59 | 3.39 | 0.45 | 0.280 | 0.190 | 0.078 | 0.405 | 0.088 | — | — | — | — | — |
| | 623～638 | 0.28 | 0.28 | 0.22 | 0.32 | 1.96 | 1.10 | 3.05 | 0.29 | 0.133 | 0.043 | 0.080 | 0.187 | 0.068 | — | — | — | — | — |
| | 638～653 | 0.34 | 0.23 | 0.26 | 0.34 | 1.95 | 1.17 | 3.13 | 0.29 | 0.119 | 0.029 | 0.074 | 0.205 | 0.080 | 0.115 | 0.025 | 0.032 | 0.176 | 0.080 |
| | 683～698 | 0.26 | 0.24 | 0.20 | 0.23 | 1.77 | 0.93 | 2.70 | 0.24 | — | — | — | — | — | 0.074 | –0.016 | 0.056 | 0.111 | 0.062 |
| 平均值 | | 0.30 | 0.44 | 0.25 | 0.39 | 1.78 | 1.37 | 3.15 | 0.28 | 0.070 | –0.020 | — | 0.120 | — | 0.098 | 0.008 | — | 0.142 | — |
| HS217 | 55～70 | 0.21 | 0.40 | 0.37 | 0.05 | 1.76 | 1.03 | 2.78 | 0.05 | — | — | — | — | — | — | — | — | — | — |
| | 115～130 | 0.20 | 0.43 | 0.37 | 0.06 | 1.35 | 1.06 | 2.41 | 0.06 | — | — | — | — | — | — | — | — | — | — |
| | 205～220 | 0.23 | 0.45 | 0.38 | 0.08 | 1.75 | 1.14 | 2.89 | 0.07 | –0.703 | –0.793 | 0.048 | –0.975 | 0.084 | 0.077 | –0.013 | 0.058 | 0.092 | 0.072 |

续表

| 站位 | 深度/cmbsf | 铁组分 | | | | | | | | 黄铁矿铁同位素值 | | | | | 沉积物全岩的铁同位素值 | | | | |
|---|---|---|---|---|---|---|---|---|---|---|---|---|---|---|---|---|---|---|---|
| | | $Fe_{carb}$/% | $Fe_{ox}$/% | $Fe_{mag}$/% | $Fe_{py}$/% | $Fe_{sil}$/% | $Fe_{HR}$/% | $Fe_T$/% | $Fe_{py}/Fe_{HR}$ | $\delta^{56}Fe_{IRMM}$/‰ | $\delta^{56}Fe_{IgRx}$/‰ | $2SD_{(^{56}Fe)}$ | $\delta^{57}Fe_{IRMM}$/‰ | $2SD_{(^{57}Fe)}$ | $\delta^{56}Fe_{IRMM}$/‰ | $\delta^{56}Fe_{IgRx}$/‰ | $2SD_{(^{56}Fe)}$ | $\delta^{57}Fe_{IRMM}$/‰ | $2SD_{(^{57}Fe)}$ |
| HS217 | 325～340 | 0.31 | 0.40 | 0.36 | 0.19 | 1.68 | 1.27 | 2.95 | 0.15 | −0.319 | −0.409 | 0.038 | −0.419 | 0.07 | — | — | — | — | — |
| | 415～430 | 0.21 | 0.32 | 0.32 | 0.20 | 1.47 | 1.05 | 2.52 | 0.19 | −0.044 | −0.134 | 0.052 | −0.084 | 0.118 | 0.039 | −0.051 | 0.068 | 0.062 | 0.076 |
| | 490～505 | 0.38 | 0.30 | 0.32 | 0.36 | 1.18 | 1.36 | 2.54 | 0.27 | −0.363 | −0.453 | 0.072 | −0.539 | 0.196 | 0.050 | −0.040 | 0.052 | 0.074 | 0.066 |
| | 550～565 | 0.25 | 0.31 | 0.33 | 0.32 | 1.62 | 1.21 | 2.84 | 0.26 | −0.208 | −0.298 | 0.058 | −0.312 | 0.11 | — | — | — | — | — |
| | 640～655 | 0.30 | 0.42 | 0.26 | 0.53 | 1.56 | 1.52 | 3.08 | 0.35 | 0.202 | 0.112 | 0.062 | 0.357 | 0.11 | — | — | — | — | — |
| | 655～670 | 0.35 | 0.37 | 0.25 | 0.41 | 1.18 | 1.37 | 2.55 | 0.30 | 0.078 | −0.012 | 0.07 | 0.096 | 0.068 | 0.092 | 0.002 | 0.066 | 0.124 | 0.078 |
| | 700～715 | 0.30 | 0.31 | 0.21 | 0.72 | 1.42 | 1.54 | 2.96 | 0.47 | 0.166 | 0.076 | 0.062 | 0.276 | 0.092 | — | — | — | — | — |
| | 715～730 | 0.42 | 0.32 | 0.23 | 0.66 | 1.4 | 1.64 | 3.03 | 0.41 | 0.093 | 0.003 | 0.082 | 0.136 | 0.106 | — | — | — | — | — |
| | 775～790 | 0.35 | 0.33 | 0.23 | 0.39 | 1.19 | 1.31 | 2.50 | 0.30 | −0.056 | −0.146 | 0.088 | −0.069 | 0.082 | 0.065 | −0.025 | 0.054 | 0.093 | 0.042 |
| 平均值 | | 0.29 | 0.36 | 0.30 | 0.33 | 1.46 | 1.29 | 2.75 | 0.24 | −0.080 | −0.171 | — | −0.103 | — | 0.060 | −0.030 | — | 0.084 | — |
| HD109 | 20～40 | 0.22 | 0.79 | 0.42 | 0.01 | 2.57 | 1.44 | 4.01 | 0.01 | — | — | — | — | — | — | — | — | — | — |
| | 140～160 | 0.32 | 0.61 | 0.47 | 0.42 | 2.45 | 1.82 | 4.27 | 0.23 | — | — | — | — | — | — | — | — | — | — |
| | 180～200 | 0.30 | 0.43 | 0.29 | 0.22 | 2.33 | 1.24 | 3.57 | 0.18 | −0.468 | −0.558 | 0.042 | −0.7 | 0.035 | 0.040 | −0.050 | 0.029 | 0.058 | 0.042 |
| | 220～240 | 0.32 | 0.40 | 0.36 | 0.35 | 2.42 | 1.44 | 3.86 | 0.24 | — | — | — | — | — | — | — | — | — | — |
| | 300～320 | — | — | — | — | — | — | — | — | −0.632 | −0.722 | 0.053 | −0.951 | 0.067 | — | — | — | — | — |
| | 320～340 | 0.39 | 0.48 | 0.36 | 0.51 | 2.35 | 1.74 | 4.09 | 0.29 | −0.558 | −0.648 | 0.034 | −0.849 | 0.056 | — | — | — | — | — |
| | 340～360 | — | — | — | — | — | — | — | — | −0.574 | −0.664 | 0.036 | −0.847 | 0.047 | — | — | — | — | — |
| | 380～400 | 0.35 | 0.39 | 0.33 | 0.16 | 2.15 | 1.23 | 3.38 | 0.13 | −0.627 | −0.717 | 0.029 | −0.925 | 0.033 | 0.074 | −0.016 | 0.023 | 0.123 | 0.042 |
| | 400～420 | 0.35 | 0.41 | 0.39 | 0.29 | 2.29 | 1.44 | 3.73 | 0.20 | −0.504 | −0.594 | 0.037 | −0.744 | 0.039 | — | — | — | — | — |
| | 460～480 | 0.61 | 0.47 | 0.37 | 0.18 | 2.25 | 1.62 | 3.87 | 0.11 | — | — | — | — | — | — | — | — | — | — |
| | 500～520 | 0.41 | 0.40 | 0.38 | 0.22 | 2.07 | 1.40 | 3.46 | 0.16 | −0.737 | −0.827 | 0.04 | −1.093 | 0.069 | 0.059 | −0.031 | 0.039 | 0.078 | 0.031 |
| | 520～540 | — | — | — | — | — | — | — | — | −0.506 | −0.596 | 0.036 | −0.756 | 0.052 | — | — | — | — | — |

续表

| 站位 | 深度/cmbsf | 铁组分 | | | | | | | | 黄铁矿铁同位素值 | | | | | 沉积物全岩的铁同位素值 | | | | |
|---|---|---|---|---|---|---|---|---|---|---|---|---|---|---|---|---|---|---|---|
| | | $Fe_{carb}$/% | $Fe_{ox}$/% | $Fe_{mag}$/% | $Fe_{py}$/% | $Fe_{sil}$/% | $Fe_{HR}$/% | $Fe_{T}$/% | $Fe_{py}/Fe_{HR}$ | $\delta^{56}Fe_{IRMM}$/‰ | $\delta^{56}Fe_{IgRx}$/‰ | $2SD_{(^{56}Fe)}$ | $\delta^{57}Fe_{IRMM}$/‰ | $2SD_{(^{57}Fe)}$ | $\delta^{56}Fe_{IRMM}$/‰ | $\delta^{56}Fe_{IgRx}$/‰ | $2SD_{(^{56}Fe)}$ | $\delta^{57}Fe_{IRMM}$/‰ | $2SD_{(^{57}Fe)}$ |
| HD109 | 560～580 | 0.38 | 0.46 | 0.37 | 0.20 | 2.17 | 1.41 | 3.59 | 0.14 | — | — | — | — | — | — | — | — | — | — |
| | 620～640 | 0.34 | 0.48 | 0.37 | 0.13 | 2.42 | 1.31 | 3.74 | 0.10 | — | — | — | — | — | — | — | — | — | — |
| | 660～680 | 0.32 | 0.46 | 0.39 | 0.19 | 2.49 | 1.35 | 3.84 | 0.14 | –0.771 | –0.861 | 0.039 | –1.156 | 0.044 | 0.081 | –0.009 | 0.031 | 0.125 | 0.039 |
| | 700～720 | 0.30 | 0.43 | 0.24 | 0.14 | 2.34 | 1.12 | 3.46 | 0.13 | –0.559 | –0.649 | 0.038 | –0.819 | 0.046 | — | — | — | — | — |
| GMGS16 | 10 | 0.21 | 0.23 | 0.18 | 0.01 | — | 0.63 | — | 0.02 | — | — | — | — | — | — | — | — | — | — |
| | 200 | 0.24 | 0.23 | 0.18 | 0.33 | — | 0.98 | — | 0.34 | — | — | — | — | — | — | — | — | — | — |
| | 297 | 0.26 | 0.32 | 0.11 | 0.38 | — | 1.07 | — | 0.36 | — | — | — | — | — | — | — | — | — | — |
| | 660 | 0.35 | 0.39 | 0.13 | 0.31 | — | 1.18 | — | 0.26 | — | — | — | — | — | — | — | — | — | — |
| | 925 | 0.42 | 0.47 | 0.13 | 0.16 | — | 1.17 | — | 0.14 | — | — | — | — | — | — | — | — | — | — |
| | 1030 | 0.45 | 0.5 | 0.14 | 0.1 | — | 1.19 | — | 0.09 | — | — | — | — | — | — | — | — | — | — |
| | 1070 | 0.45 | 0.61 | 0.12 | 0.11 | — | 1.29 | — | 0.09 | — | — | — | — | — | — | — | — | — | — |
| | 1138 | 0.41 | 0.63 | 0.14 | 0.02 | — | 1.19 | — | 0.01 | — | — | — | — | — | — | — | — | — | — |
| | 1205 | 0.41 | 0.66 | 0.14 | 0.04 | — | 1.25 | — | 0.03 | — | — | — | — | — | — | — | — | — | — |
| | 1655 | 0.6 | 0.47 | 0.16 | 0 | — | 1.23 | — | 0 | — | — | — | — | — | — | — | — | — | — |
| | 1810 | 0.59 | 0.5 | 0.15 | 0.05 | — | 1.3 | — | 0.04 | — | — | — | — | — | 0.661 | 0.571 | 0.031 | 0.984 | 0.066 |
| | 2174 | 0.41 | 0.39 | 0.1 | 0.13 | — | 1.03 | — | 0.13 | — | — | — | — | — | 0.608 | 0.518 | 0.033 | 0.857 | 0.037 |
| | 3070 | 0.52 | 0.47 | 0.15 | 0.01 | — | 1.15 | — | 0.01 | — | — | — | — | — | — | — | — | — | — |
| | 3105 | 0.47 | 0.42 | 0.14 | 0 | — | 1.04 | — | 0 | — | — | — | — | — | — | — | — | — | — |
| | 4135 | 0.48 | 0.5 | 0.16 | 0.01 | — | 1.15 | — | 0.01 | — | — | — | — | — | — | — | — | — | — |

续表

| 站位 | 深度/cmbsf | 铁组分 | | | | | | | | 黄铁矿铁同位素值 | | | | | 沉积物全岩的铁同位素值 | | | | |
|---|---|---|---|---|---|---|---|---|---|---|---|---|---|---|---|---|---|---|---|
| | | $Fe_{carb}$/% | $Fe_{ox}$/% | $Fe_{mag}$/% | $Fe_{py}$/% | $Fe_{sil}$/% | $Fe_{HR}$/% | $Fe_T$/% | $Fe_{py}/Fe_{HR}$ | $\delta^{56}Fe_{IRMM}$/‰ | $\delta^{56}Fe_{IgRx}$/‰ | $2SD_{(^{56}Fe)}$ | $\delta^{57}Fe_{IRMM}$/‰ | $2SD_{(^{57}Fe)}$ | $\delta^{56}Fe_{IRMM}$/‰ | $\delta^{56}Fe_{IgRx}$/‰ | $2SD_{(^{56}Fe)}$ | $\delta^{57}Fe_{IRMM}$/‰ | $2SD_{(^{57}Fe)}$ |
| GMGS16 | 4220 | 0.49 | 0.47 | 0.16 | 0.02 | — | 1.14 | — | 0.02 | — | — | — | — | — | — | — | — | — | — |
| | 5070 | 0.47 | 0.54 | 0.16 | 0 | — | 1.17 | — | 0 | — | — | — | — | — | — | — | — | — | — |
| | 5075 | 0.45 | 0.5 | 0.15 | 0.01 | — | 1.11 | — | 0.01 | — | — | — | — | — | — | — | — | — | — |
| | 6130 | 0.49 | 0.52 | 0.15 | 0.31 | — | 1.46 | — | 0.21 | –1.086 | –1.176 | 0.06 | –1.509 | 0.055 | — | — | — | — | — |
| | 7100 | 0.51 | 0.34 | 0.15 | 0.03 | — | 1.02 | — | 0.03 | –1.478 | –1.568 | 0.093 | –2.17 | 0.051 | — | — | — | — | — |
| | 8130 | 0.43 | 0.63 | 0.13 | 0.32 | — | 1.51 | — | 0.21 | –0.157 | –0.247 | 0.03 | –0.25 | 0.033 | — | — | — | — | — |
| | 9065 | 0.47 | 0.49 | 0.16 | 0 | — | 1.12 | — | 0 | — | — | — | — | — | — | — | — | — | — |
| | 9020 | 0.44 | 0.65 | 0.13 | 0.18 | — | 1.4 | — | 0.13 | –0.724 | –0.814 | 0.088 | –1.084 | 0.062 | 0.726 | 0.636 | 0.074 | 1.044 | 0.087 |
| | 10120 | 0.67 | 0.48 | 0.17 | 0.01 | — | 1.33 | — | 0.01 | — | — | — | — | — | — | — | — | — | — |
| | 11065 | 0.57 | 0.49 | 0.16 | 0.01 | — | 1.23 | — | 0.01 | — | — | — | — | — | — | — | — | — | — |
| | 12065 | 0.63 | 0.49 | 0.18 | 0.01 | — | 1.31 | — | 0.01 | — | — | — | — | — | — | — | — | — | — |
| | 13000 | 0.57 | 0.5 | 0.16 | 0.01 | — | 1.24 | — | 0.01 | — | — | — | — | — | — | — | — | — | — |
| | 13970 | 0.44 | 0.37 | 0.19 | 0.05 | — | 1.05 | — | 0.05 | –1.008 | –1.098 | 0.06 | –1.544 | 0.066 | — | — | — | — | — |
| | 14005 | 0.51 | 0.47 | 0.16 | 0.14 | — | 1.28 | — | 0.11 | — | — | — | — | — | 0.764 | 0.674 | 0.043 | 1.066 | 0.058 |
| | 14882 | 0.51 | 0.36 | 0.15 | 0.06 | — | 1.09 | — | 0.05 | –0.957 | –1.047 | 0.032 | –1.507 | 0.075 | | | | | |
| | 15915 | 0.52 | 0.4 | 0.15 | 0.24 | — | 1.31 | — | 0.19 | — | — | — | — | — | — | — | — | — | — |
| | 17015 | 0.65 | 0.42 | 0.15 | 0 | — | 1.22 | — | 0 | — | — | — | — | — | — | — | — | — | — |
| | 17205 | 0.62 | 0.36 | 0.16 | 0.11 | — | 1.25 | — | 0.09 | –0.814 | –0.904 | 0.091 | –1.206 | 0.094 | 0.834 | 0.744 | 0.086 | 1.157 | 0.086 |
| | 17330 | 0.48 | 0.57 | 0.16 | 0.01 | — | 1.23 | — | 0.01 | — | — | — | — | — | — | — | — | — | — |

续表

| 站位 | 深度 /cmbsf | 铁组分 | | | | | | | | 黄铁矿铁同位素值 | | | | | 沉积物全岩的铁同位素值 | | | | |
|---|---|---|---|---|---|---|---|---|---|---|---|---|---|---|---|---|---|---|---|
| | | $Fe_{carb}$ /% | $Fe_{ox}$ /% | $Fe_{mag}$ /% | $Fe_{py}$ /% | $Fe_{sil}$ /% | $Fe_{HR}$ /% | $Fe_T$ /% | $Fe_{py}$ /$Fe_{HR}$ | $\delta^{56}Fe_{IRMM}$ /‰ | $\delta^{56}Fe_{IgRx}$ /‰ | $2SD_{(^{56}Fe)}$ | $\delta^{57}Fe_{IRMM}$ /‰ | $2SD_{(^{57}Fe)}$ | $\delta^{56}Fe_{IRMM}$ /‰ | $\delta^{56}Fe_{IgRx}$ /‰ | $2SD_{(^{56}Fe)}$ | $\delta^{57}Fe_{IRMM}$ /‰ | $2SD_{(^{57}Fe)}$ |
| GMGS16 | 18085 | 0.58 | 0.32 | 0.16 | 0.02 | — | 1.09 | — | 0.02 | –0.399 | –0.489 | 0.022 | –0.607 | 0.041 | — | — | — | — | — |
| | 18955 | 0.43 | 0.46 | 0.15 | 0.56 | — | 1.6 | — | 0.35 | — | — | — | — | — | — | — | — | — | — |
| | 19230 | 0.64 | 0.49 | 0.18 | 0.23 | — | 1.54 | — | 0.15 | –0.749 | –0.839 | 0.088 | –1.135 | 0.099 | 0.814 | 0.724 | 0.087 | 1.221 | 0.091 |
| | 19430 | 0.54 | 0.47 | 0.15 | 0.17 | — | 1.33 | — | 0.13 | — | — | — | — | — | — | — | — | — | — |
| | 20440 | 0.72 | 0.32 | 0.14 | 0.01 | — | 1.19 | — | 0.01 | — | — | — | — | — | — | — | — | — | — |
| | 20550 | | | | | — | | — | | –0.826 | –0.916 | 0.044 | –1.235 | 0.09 | 0.78 | 0.69 | 0.063 | 1.121 | 0.08 |
| 平均值 | | 0.49 | 0.46 | 0.15 | 0.11 | — | 1.21 | — | 0.08 | — | — | — | — | — | — | — | — | — | — |

注：所有铁同位素值都取两次测试的平均值，测试误差为两次重复测试的 2 倍标准偏差（2SD）；$Fe_T$ -总铁。

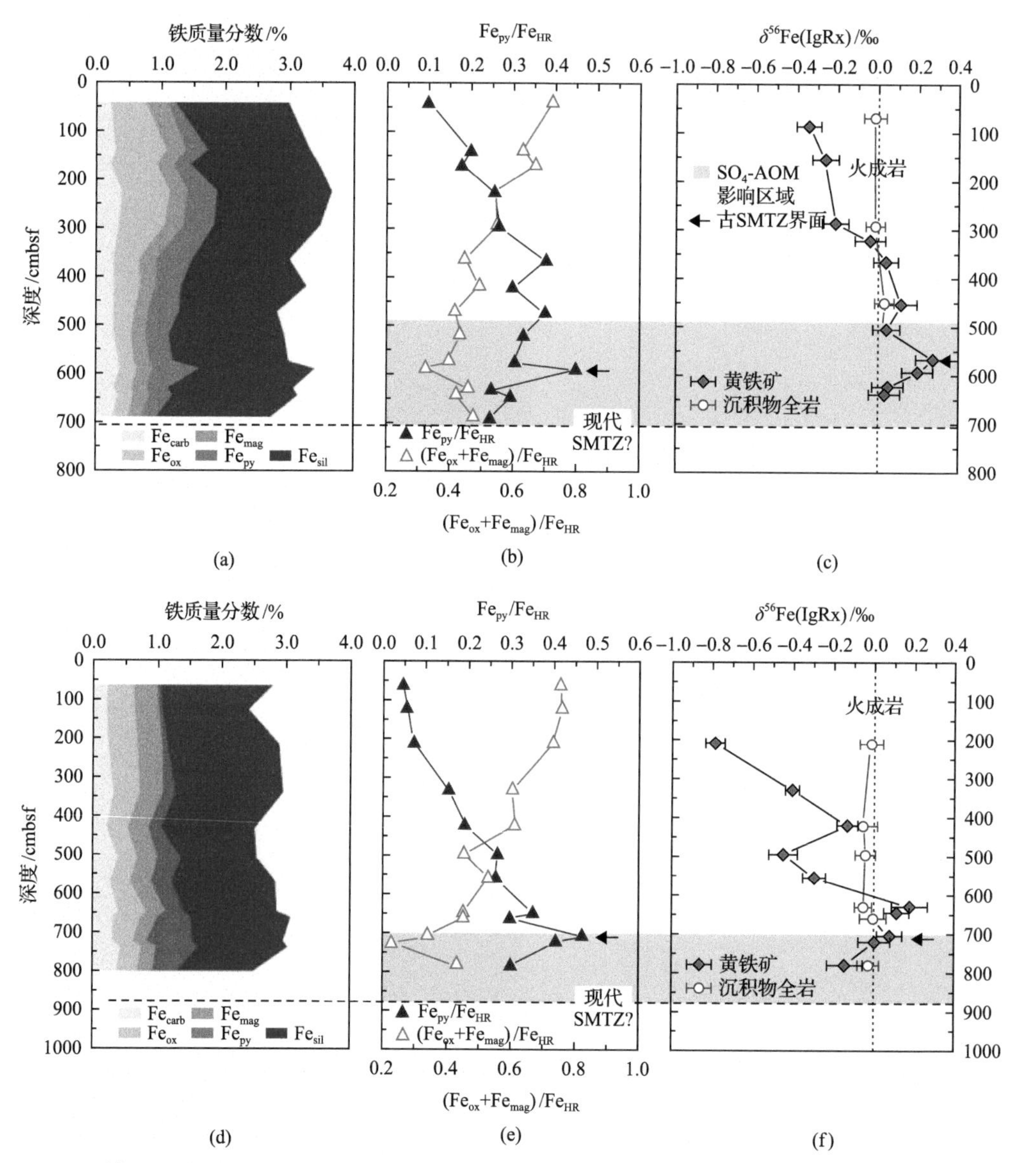


图 5-26　神狐海域 HS148 站位[(a)～(c)]、HS217 站位[(d)～(f)]沉积物地球化学特征垂向变化图（据 Lin et al., 2017a，有修改）

(a)、(d)沉积物 5 种铁相组分含量；(b)、(e)黄铁矿化程度 $Fe_{py}/Fe_{HR}$ 和$(Fe_{ox}+Fe_{mag})/Fe_{HR}$值；(c)、(f)黄铁矿和沉积物全岩铁同位素组成。阴影部分指示 AOM 影响区域，该区域黄铁矿具有较高的$\delta^{34}S$值

由上述可知，黄铁矿($Fe_{py}$)是沉积物中铬还原硫化物(CRS)的主要成分，为了进一步分析黄铁矿($Fe_{py}$)与 CRS 的关系，我们将 HS148、HS217 及 GMGS16 站位沉积物中的 $Fe_{py}$ 和 CRS 含量投到图 5-28 上，结果发现二者有着较高的相关性，且大部分数据均落在了黄铁矿的趋势线附近(原子物质的量比：S/Fe = 2)。这不仅说明了黄铁矿是 CRS 的主要成分，而且从另一个角度验证了铁组分萃取实验的可靠性。

根据对现代和古代沉积物中铁组分的分析，一些铁组分指标能够有效地指示不同沉积环境的沉积条件(如氧化还原条件)。通过对现代硫化水体(如现代黑海)沉积物铁组分的研究，表明其沉积物黄铁矿化程度($Fe_{py}/Fe_{HR}$)一般高于 0.8；反之，当黄铁矿化程度小于 0.8 时，一般指示富含铁质的沉积环境(Raiswell and Canfield, 1998)，这种情况下，黄铁矿的形成主要受沉积物中硫化氢含量(而非活性铁含量)的影响(Taylor and Macquaker, 2011; Raiswell and Canfield, 2012)。

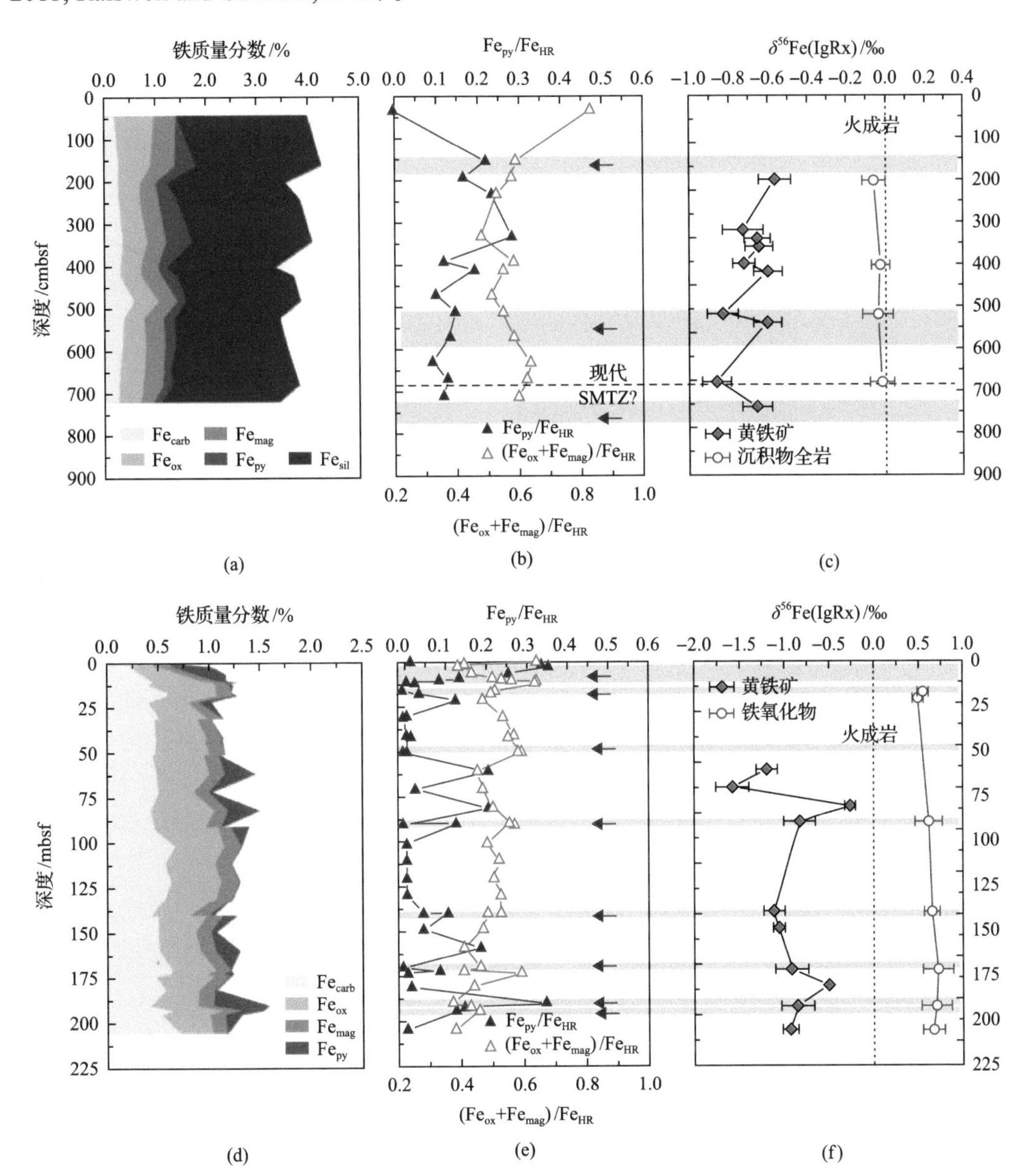


图 5-27　台西南海域 HD109 站位[(a)～(c)]、GMGS16 站位[(d)～(f)]沉积物铁相组分，黄铁矿和沉积物全岩铁同位素组成的垂向变化图

(a)、(d)沉积物 5 种铁相组分含量；(b)、(e)黄铁矿化程度 $Fe_{py}/Fe_{HR}$ 和($Fe_{ox}$+ $Fe_{mag}$)/$Fe_{HR}$ 值；(c)、(f)黄铁矿和沉积物全岩铁同位素组成。阴影部分指示 AOM 影响区域，该区域黄铁矿具有较高的$\delta^{34}S$ 值。(a)～(c)据 Lin 等(2018a)，有修改

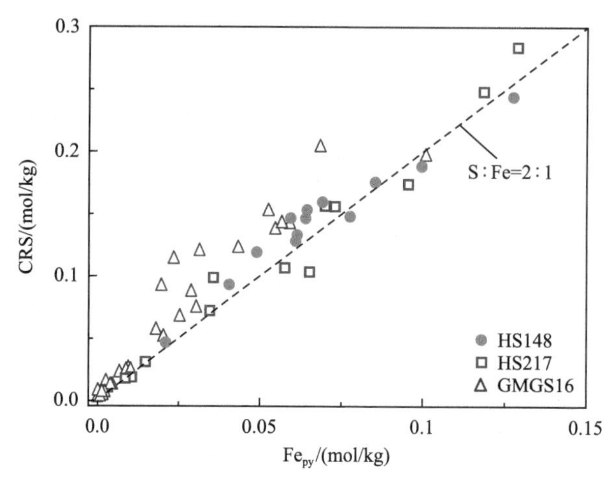


图 5-28　沉积物中浓硝酸提取黄铁矿（$Fe_{py}$）和铬还原硫化物（CRS）之间的关系（据 Lin et al., 2017a，有修改）

从前述对神狐海域和台西南海域沉积物黄铁矿化程度的分析结果可以看出，神狐海域的黄铁矿化程度虽然相对较高（HS148 站位最高为 0.45；HS217 站位最高为 0.47），但均小于 0.8，说明了该区域沉积物富含铁质，黄铁矿形成过程主要受到硫化物的限制。根据前述神狐海域 HS148 站位和 HS217 站位黄铁矿$\delta^{34}$S 值和含量的变化情况，可知其$\delta^{34}$S 值正偏和黄铁矿含量增加的层位代表了古代的 SMTZ（图 5-15），指示当时较强的 AOM 过程。从这两个站位黄铁矿化程度上看，其在古代的 SMTZ 附近均出现了富集现象，进一步说明 AOM 对黄铁矿化的影响。此外，在古代 SMTZ 浅部层位，黄铁矿化程度随深度加深表现出逐渐升高的趋势，这主要反映出沉积物中逐渐进行的 OSR 作用：随着成岩作用的进行，OSR 释放的硫化氢与沉积物中的活性铁不断反应形成黄铁矿。

而对于 HD109 站位，虽然黄铁矿$\delta^{34}$S 值在 170cm 以浅、450～670cm、730～765cm 三个沉积区间内出现明显的 $^{34}$S 富集情况（图 5-16），但黄铁矿化程度整体上较为均一，与$\delta^{34}$S 值的变化并无同步性。这可能与该站位甲烷扩散通量长期变化有关，导致 SMTZ 不断发生变迁，从而促使了不同期次黄铁矿的互相叠加，此外也反映了硫化氢在垂直方向上发生扩散，导致黄铁矿的分布较为分散。

GMGS16 站位含水合物，其钻探及取心深度超过 200m，相对其他重力活塞柱样品，其反映了一个较长期的地质历史。与 CRS 含量变化趋势一致，黄铁矿化程度也表现出较大的变化范围。在沉积物中 CRS 的$\delta^{34}$S 值发生正偏的层位中（海底以下 6.6～10.3m、50.7m、90.6m、140.1～170.2m、190m 和 194m）[图 5-16（a）]，并非所有层位的黄铁矿含量均出现了对应的升高。该站位的黄铁矿化程度较低，说明沉积物中有着足够的活性铁矿物，一旦有硫化氢的释放，将会与其发生反应从而形成黄铁矿。因此，较低的黄铁矿含量一方面说明 SMTZ 的变迁在该站位非常迅速，当 AOM 尚未释放出大量硫化氢时，SMTZ 已发生变迁，从而限制了黄铁矿含量的积累；另一方面则说明沉积物可能受到封闭环境的影响，当海水硫酸盐未能向沉积物补充时，沉积物中发生的硫酸盐还原过程会受到抑制，从而限制了黄铁矿的形成，此外，由于体系封闭，形成黄铁矿的硫同位素与原来硫酸盐的硫同位素值应较为一致（通常表现为正偏的$\delta^{34}$S 值）。

HS148 站位、HS217 站位和 HD109 站位的($Fe_{ox}$ + $Fe_{mag}$)/$Fe_{HR}$ 值与黄铁矿化程度有着相反的变化趋势：在沉积物黄铁矿化程度较高的层位，($Fe_{ox}$ + $Fe_{mag}$)/$Fe_{HR}$ 值较低[图 5-26(b)、(e)和图 5-27(b)、(e)]。虽然铁相碳酸盐矿物($Fe_{carb}$，如菱铁矿、铁白云石)也能与硫化氢发生反应(Mcanena, 2011)，但是这些站位沉积物中的 $Fe_{carb}$ 在垂向上并没有明显的变化，说明其对黄铁矿化的贡献较小。因此说明铁氧化物($Fe_{ox}$，如纤铁矿、针铁矿和赤铁矿)和磁铁矿($Fe_{mag}$)这两种铁组分是黄铁矿化过程中铁的主要来源。

### 5.5.2　自生黄铁矿的铁同位素地球化学特征

1. 铁同位素表示方法

铁元素是地球主要的组成元素之一，其含量仅次于氧、硅和铝，广泛参与在地球内部和表面发生的高温/低温、有机/无机的地质过程。铁的原子序数为 26，为元素周期表中第四周期第八副族的过渡金属元素。其具有 4 个稳定的同位素子体，分别为 $^{54}Fe$、$^{56}Fe$、$^{57}Fe$ 和 $^{58}Fe$，分别的相对丰度为 5.84%、91.76%、2.12%和 0.28%。铁在自然界中主要以三种价态形式存在，分别为 0 价、+2 价和+3 价，其变价特性使其在不同的氧化还原条件下显示不同的地球化学属性。由于铁的原子量较大，造成了自然界样品的铁同位素分馏程度相对于其他小原子量元素(C、H、O、S 等)较小。随着铁同位素分析手段的不断进步，铁同位素分析的效率和测试精度得到了大幅度的提高。

目前，国际上主要应用的铁同位素组成表示方法为$\delta^{56}Fe$ 和$\delta^{57}Fe$，为相对于参考物质铁同位素组成的千分偏差。迄今为止，地球上所报道的样品均未发现显著的铁同位素非质量分馏现象。对于遵循质量分馏的样品，$\delta^{56}Fe$ 和$\delta^{57}Fe$ 二者存在一定的线性关系：

$$\delta^{57}Fe = \delta^{56}Fe \times 1.475$$

因为上述的铁同位素组成表示方法($\delta$)是相对于标准物质进行计算的，因此选择不同的标准物质也会造成$\delta$的差异。目前来说，国际上主要采用两种标准物质：①火成岩标样(igneous rock)(Beard et al., 2003a)；②欧洲标准局的 IRMM-14 纯铁(The Institute for Reference Materials and Measurements)。基于这两种标准物质所计算的$\delta^{56}Fe$ 值之间的转化关系为

$$\delta^{56}Fe(IRMM\text{-}14) = \delta^{56}Fe(IgRx) + 0.09‰$$

由于现代海洋沉积物样品的铁同位素平均值更接近于火成岩标样，因此前人在研究海洋沉积物样品时，更倾向于采用以火成岩标样作为标准的铁同位素表示方法[$\delta^{56}Fe$(IgRx)](Severmann et al., 2006, 2008; Scholz et al., 2014a, 2014b)。因此，本部分仅在表 5-3 中对$\delta^{56}Fe$(IgRx)和$\delta^{56}Fe$(IRMM-14)进行报道，但为了更直观地反映出研究样品铁同位素组成的富集或亏损情况，下面所有提及的铁同位素组成一律采用以火成岩标样作为标准的铁同位素表示方法[$\delta^{56}Fe$(IgRx)]。

2. 铁的来源及铁同位素分馏机制

现代海洋沉积物中的物质主要来源于大陆地壳的风化产物。研究表明，现代海洋沉

积物的铁同位素值($\delta^{56}$Fe)的变化范围大致为–0.21‰～+0.14‰(Fehr et al., 2010; Beard et al., 2003b)，与火成岩标样的$\delta^{56}$Fe值较为接近(0.00±0.05‰)(Beard et al., 2003b)。因此，任何超出该$\delta^{56}$Fe值范围(–0.21‰～+0.14‰)的沉积物均可能是受到沉积物成岩过程中生物地球化学作用的影响(Rickard, 2015)。通过对HS148站位、HS217站位和HD109站位沉积物的$\delta^{56}$Fe值进行分析，发现其变化范围均较小[图5-26(c)、(f)和图5-27(c)、(f)]，其中HS148站位沉积物的$\delta^{56}$Fe值变化范围为–0.016‰～+0.032‰，HS217站位沉积物的$\delta^{56}$Fe值变化范围为–0.052‰～+0.002‰，而HD109站位沉积物的$\delta^{56}$Fe值变化范围为–0.050‰～–0.009‰。这些沉积物的$\delta^{56}$Fe值的变化范围均与其他现代海洋沉积物的较为一致(Beard et al., 2003b; Severmann et al., 2006)，说明成岩过程中的生物地球化学作用并未对全岩的铁同位素产生较大影响，可能与该区域较快的沉积速率有关。

在研究区沉积物中，黄铁矿是成岩过程中主要的自生矿物之一，其铁同位素组成主要受到了两点因素的控制：①黄铁矿形成过程中铁源的$\delta^{56}$Fe值；②黄铁矿形成过程中产生的铁同位素分馏程度(Butler et al., 2005; Archer and Vance, 2006; Johnson et al., 2008; Guilbaud et al., 2010, 2011a)。在大陆边缘沉积物中，为黄铁矿形成提供铁源的主要为沉积物中的陆源、活性铁矿物(一般为三价铁)(Berner, 1970; Raiswell and Canfield, 1998; Poulton et al., 2004)。矿物沉淀过程中往往会伴随相应的流体-矿物的分馏，在矿物发生快速沉淀的情况下，容易发生动力学分馏，同位素分馏的程度与沉淀的速率相关(Skulan et al., 2002; Crosby et al., 2007; Guilbaud et al., 2011a)。热力学计算和模拟实验结果显示，三价铁矿物(如赤铁矿、针铁矿和磁铁矿)从二价铁溶液中沉淀的过程中一般遵循平衡/动力学分馏，其在沉淀过程中往往比溶液中的二价铁显示更高的$\delta^{56}$Fe值(Polyakov and Mineev, 2000; Bullen et al., 2001; Beard and Johnson, 2004; Beard et al., 2010; Dauphas et al., 2012; Frierdich et al., 2014; 何永胜等, 2015)。当反应过程中遵循动力学分馏时，较轻的铁同位素($^{54}$Fe)倾向于优先进入矿物相中，造成沉淀产物的$\delta^{56}$Fe值一般比两相达到平衡时更低。

大量研究表明，自然界中的大部分活性铁矿物(以含三价铁的氧化物类为主)的铁同位素组成比硫化物的铁同位素组成更高(Rouxel et al., 2008; Fehr et al., 2010; Scholz et al., 2014a, 2014b; Liu et al., 2015; Wolfe et al., 2016)。Rickard(2015)认为这种$^{56}$Fe在三价铁矿物的富集现象是矿物形成过程中还原剂和氧化剂在同位素组成上存在不对称性所导致。GMGS16站位沉积物中的氧化铁颗粒铁同位素分析发现其$\delta^{56}$Fe值分布范围为+0.52‰～+0.74‰，比一般的硫化物和沉积物全岩具有更高的$\delta^{56}$Fe值，说明该区域沉积物中黄铁矿形成过程的铁源具有较高的铁同位素特征。

一般来说，二价铁离子($Fe^{2+}$)从活性铁矿物中释放出来主要通过两种途径：①铁异化还原作用[dissimilatory iron reduction，DIR；式(5-2)](Lovley, 1997; Severmann et al., 2006; Johnson et al., 2008)；②非生物参与的硫化氢溶解作用(Canfield et al., 1992; Poulton et al., 2004)。

$$4Fe(OH)_3 + CH_2O + 8H^+ \longrightarrow 4Fe^{2+} + CO_2 + 11H_2O \tag{5-2}$$

由于DIR过程是在铁异化还原细菌(dissimilatory iron reducing bacteria)的参与下进

行的，该过程会以 $Fe^{2+}$的形式优先释放出较轻的铁同位素值，释放出来的 $Fe^{2+}$的$\delta^{56}Fe$值相对于铁矿物小 0.5‰～2.5‰(Beard, 1999; Johnson and Beard, 2005; Crosby et al., 2007)。同样，在非生物参与的硫化氢与活性铁的反应过程中，形成的$Fe^{2+}$也具有较轻的铁同位素值。然而，与 DIR 相比，该过程产生的铁同位素分馏程度更低，二者之间的分馏最大可达 0.8‰ ($\Delta^{56}Fe_{Fe(II)-Fe(III)}$ = −0.8‰)。此外，铁还原驱动下发生的甲烷厌氧氧化作用(iron driven anaerobic oxidation of methane)也能向孔隙水中释放出具有低$\delta^{56}Fe$值的$Fe^{2+}$ (Beal et al., 2009; Sivan et al., 2011; Norði et al., 2013; Segarra et al., 2013; Riedinger et al., 2014; Egger et al., 2015)。

尽管 DIR 能够和硫酸盐还原作用同时发生在沉积过程中，但 DIR 发生的有利条件必须在沉积物中具有充足的三价铁矿物和有机物(Canfield et al., 1992; Thamdrup et al., 1993; Johnson et al., 2008)。由于 OSR 和 AOM 是研究站位沉积物中主要的成岩作用，这些作用生成的硫化氢消耗了沉积物中的活性铁矿物，另一方面也消耗了有机质，从而对 DIR 产生了一定的抑制作用。

我们为对研究站位沉积物孔隙水中的铁含量和种类进行研究，但前人对附近冷泉区域的孔隙水研究发现孔隙水中的铁含量随着深度加深呈现明显的下降趋势(Hu et al., 2015)，可能与沉积物深部存在 AOM 作用有关，该过程形成的硫化氢与孔隙水中的铁相互反应形成铁硫化物。当溶液中存在足量的溶解$Fe^{2+}$和硫化氢时，首先沉淀的是 FeS，进而反应形成黄铁矿。因此在研究黄铁矿铁同位素分馏机制时，必须弄清楚$Fe^{2+}$向 FeS 转化，以及最终形成 $FeS_2$ 过程中所有存在的铁同位素分馏过程。实验表明，FeS 在$Fe^{2+}$溶液中沉淀的过程主要发生动力学分馏，FeS 沉淀比$Fe^{2+}$溶液具有更低的$\delta^{56}Fe$ 值，二者之间的分馏程度($\Delta^{56}Fe_{Fe(II)-FeS}$，即溶液中的二价铁 FeS 矿物之间的铁同位素分馏值)为+0.85‰±0.30‰(Butler et al., 2005)。然而，当$Fe^{2+}$-FeS 二者处于平衡分馏过程时，FeS 沉淀则比$Fe^{2+}$溶液具有更高的$\delta^{56}Fe$ 值：在 2℃时，二者之间的分馏程度($\Delta^{56}Fe_{Fe(II)-FeS}$)为−0.52‰±0.16‰；在 25°C 时，二者之间的分馏程度($\Delta^{56}Fe_{Fe(II)-FeS}$)为−0.33‰±0.12‰(Guilbaud et al., 2011b)。此外，最新研究表明，在 FeS 向 $FeS_2$ 转化的过程中主要发生动力学分馏，且二者存在着非常大的同位素分馏($\Delta^{56}Fe_{FeS-py}$= +2.20‰±0.70‰，即 FeS 矿物与黄铁矿(py)之间的铁同位素分馏值)。基于以上对黄铁矿形成过程中存在的同位素分馏的研究，可以得出，黄铁矿与$Fe^{2+}$溶液之间存在着较大区间的铁同位素分馏范围($\Delta^{56}Fe_{Fe(II)-py}$= −3.1‰～+0.5‰，即溶液中的二价铁与黄铁矿(py)之间的铁同位素分馏值)，这主要取决于沉积过程黄铁矿化的程度。当黄铁矿化程度较低时，黄铁矿可以表现出较低的$\delta^{56}Fe$ 值；而黄铁矿化程度较高时，黄铁矿可以表现出较高的$\delta^{56}Fe$ 值(Guilbaud et al., 2011a; Rickard, 2014)，这说明现代或古代海洋沉积物(岩)中黄铁矿的铁同位素组成主要受其黄铁矿化过程的影响，沉积物中铁源对其影响较小。

### 3. 铁同位素组成及其指示意义

对神狐海域和台西南海域 4 个站位沉积物中自生黄铁矿的铁同位素进行研究，其同位素值变化趋势见图 5-26(c)、(f)和图 5-27(c)、(f)，具体数值见表 5-3。

HS148 站位黄铁矿的$\delta^{56}Fe$ 值的变化范围为−0.349‰～+0.267‰。从浅部开始，$\delta^{56}Fe$

值随着深度加深呈现出明显的增加趋势，并在 568cm 处达到最高值(+0.267‰)，此后随着深度加深，$\delta^{56}$Fe 值下降至+0.029‰[图 5-26(c)]。HS217 站位黄铁矿的$\delta^{56}$Fe 值的变化范围更大，为−0.793‰～+0.178‰，其总体变化趋势与 HS148 站位类似，均为“浅部低、深部高”的特点，$\delta^{56}$Fe 值在 415cm 和 625cm 处出现较明显的高值[图 5-26(f)]。HD109 站位的黄铁矿$\delta^{56}$Fe 值变化范围较小且均为负值，在−0.861‰～−0.558‰变化[图 5-27(c)]。与 HD109 站位类似，GMGS16 站位黄铁矿$\delta^{56}$Fe 值均为负值，其变化范围为−1.568‰～−0.247‰，在 71m 深处出现$\delta^{56}$Fe 值最高值(−0.247‰)[图 5-27(f)]。将研究站位黄铁矿的$\delta^{56}$Fe 值和$\delta^{57}$Fe 值进行投图，可以看出所有点均落在了质量分馏线之上，说明黄铁矿形成过程属于质量分馏过程。

一般来说，发育在现代海洋沉积物中的黄铁矿通常具有较低的$\delta^{56}$Fe 值，并且不同研究区黄铁矿$\delta^{56}$Fe 值的分布范围通常也较小(图 5-29)。研究区台西南海域(HD109 站位和 GMGS16 站位)发育的黄铁矿与其他海域具有较为类似的情况，也表现出较低的$\delta^{56}$Fe 值；然而，对于神狐海域(HS148 站位和 HS217 站位)，其黄铁矿$\delta^{56}$Fe 值的分布范围较大且表现出明显的 $^{56}$Fe 富集现象(HS148 站位黄铁矿$\delta^{56}$Fe 值高达+0.267‰，HS217 站位黄铁矿$\delta^{56}$Fe 值高达+0.178‰)。

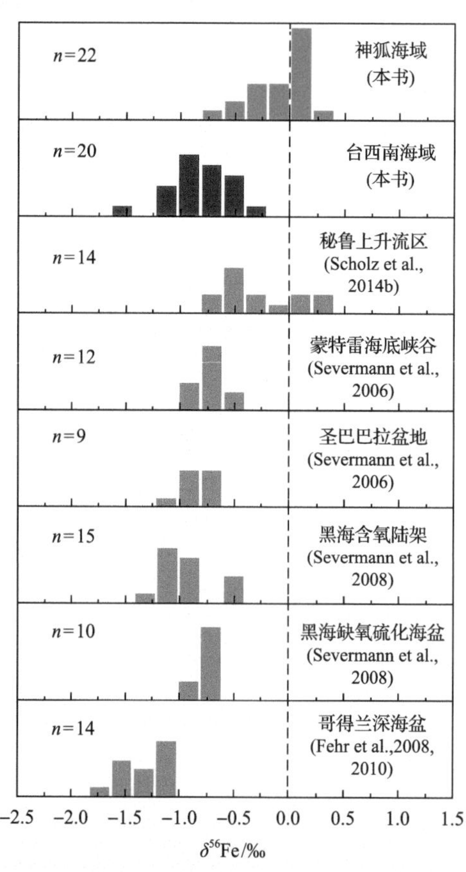


图 5-29 现代海洋沉积物中黄铁矿的铁同位素组成对比图(据 Lin et al., 2017a, 2018a，有修改)

虚线代表火成岩标样的$\delta^{56}$Fe 值($\delta^{56}$Fe = 0‰)(据 Beard et al., 2003a)

对于神狐海域 HS148 和 HS217 两个站位，其黄铁矿 $\delta^{56}$Fe 值整体上表现出随着深度加深不断升高的趋势。此外，这两个站位黄铁矿的 $\delta^{56}$Fe 值与其黄铁矿化程度均在同一层位上同时出现了峰值，并且均处于古代的 SMTZ 上（如图 5-22 箭头所指处）。相比之下，台西南海域的 HD109 站位和 GMS16 站位的黄铁矿 $\delta^{56}$Fe 值变化与黄铁矿化程度，及其古代 SMTZ 并没有明显的关系。

为了进一步研究 OSR 和 AOM 对黄铁矿铁同位素值的影响，首先需要了解黄铁矿铁同位素值与黄铁矿化程度之间的联系。从 $Fe_{py}/Fe_{HR}$ -$\delta^{56}$Fe 图解中，可以看出神狐海域沉积物中黄铁矿 $\delta^{56}$Fe 值与其对应的黄铁矿化程度有着较高的正相关关系（HS148 站位和 HS217 站位的相关系数分别可达 0.49 和 0.70），随着黄铁矿化程度的升高，黄铁矿的 $\delta^{56}$Fe 值也随之升高[图 5-30（a）、（b）]。相比之下，台西南海域黄铁矿 $\delta^{56}$Fe 值与其对应的黄铁矿化程度表现出较弱的正相关性（HD109 站位和 GMGS16 站位的相关系数 $R^2$ 仅为 0.16 和 0.13）[图 5-30（c）、（d）]。将两个研究区域的黄铁矿进行统一对比，可以发现神狐海域的黄铁矿化程度和黄铁矿 $\delta^{56}$Fe 值均高，而台西南海域的黄铁矿化程度和黄铁矿 $\delta^{56}$Fe 值均较低（图 5-26 和图 5-27）。前人对秘鲁上升流区域沉积物进行分析，发现其中黄铁矿 $\delta^{56}$Fe 值也具有较大的变化范围，并且有明显的 $^{56}$Fe 富集现象。此外，沉积物黄铁矿化程度与黄铁矿铁同位素组成有着明显的正相关关系：随着黄铁矿化程度升高，黄铁矿的 $\delta^{56}$Fe 值随着升高，并不断接近沉积物中活性铁的铁同位素组成（Scholz et al., 2014b）。这

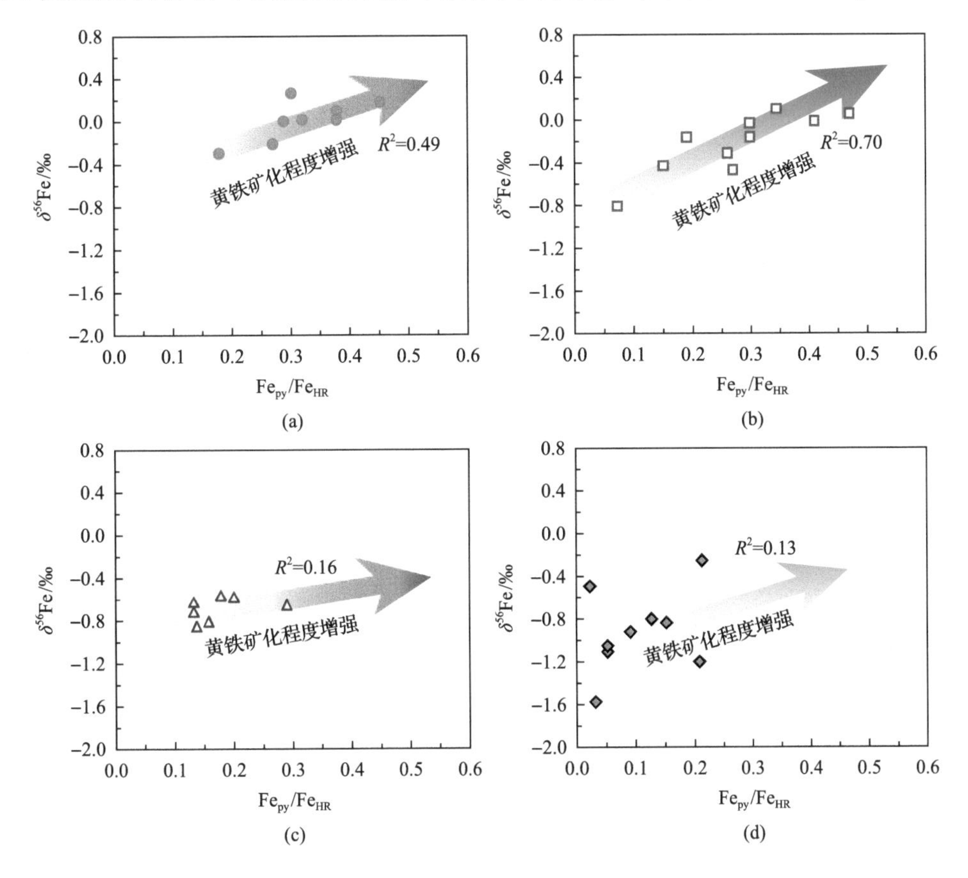

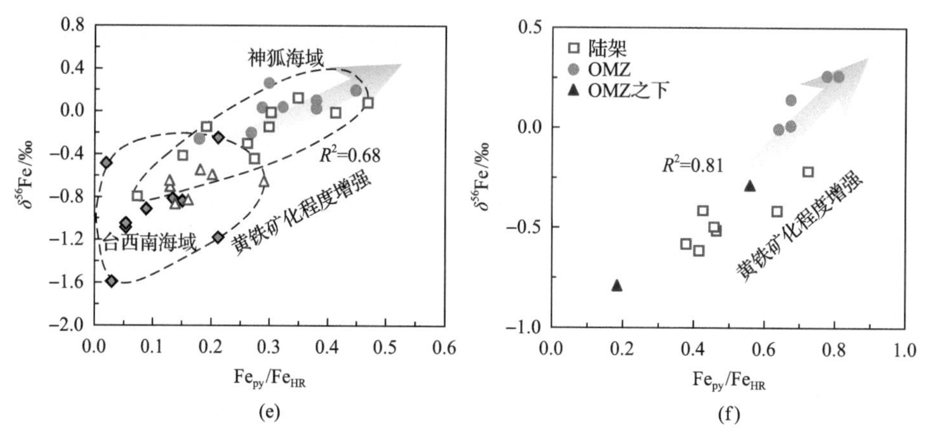


图 5-30　沉积物黄铁矿化程度与黄铁矿铁同位素组成之间的关系(据 Lin et al., 2018a，有修改)

(a)神狐海域 HS148 站位；(b)神狐海域 HS217 站位；(c)台西南海域 HD109 站位；(d)台西南海域 GMGS16 站位；(e)神狐海域和台西南海域所有站位；(f)秘鲁上升流区域

种情况反映了沉积物在封闭条件下活性铁矿物被逐步消耗殆尽的过程：当活性铁矿物被逐步消耗时，黄铁矿的$\delta^{56}$Fe 值会逐步接近铁源的$\delta^{56}$Fe 值(Scholz et al., 2014b)。

HS148 站位、HS217 站位及 HD109 站位沉积物全岩的铁同位素均为 0‰左右，且随着深度变化基本上没有发生变化，然而这些站位的黄铁矿的$\delta^{56}$Fe 值却具有较大的变化范围，说明引起黄铁矿$\delta^{56}$Fe 值变化的原因可能是成岩过程中发生的 OSR 和 AOM 作用，黄铁矿铁同位素组成起到主要控制因素的可能是沉积物中硫化氢的含量。

在沉积物成岩过程中，OSR 和 AOM 会释放出硫化氢。这些硫化氢与沉积物中的活性铁矿物(如铁氧化物)发生反应，最终形成黄铁矿。由于该反应过程硫化氢会优先与质量较轻的 $^{54}$Fe 反应，首先形成$\delta^{56}$Fe 值较低的黄铁矿，从而导致沉积物剩余的活性铁矿物的$\delta^{56}$Fe 值越来越高(Guilbaud et al., 2011b)。随着 OSR 和 AOM 的持续进行，硫化氢的含量越来越高，消耗的活性铁也随之增加：这种情况下，后期形成的硫化氢不得不与沉积物中剩余的活性铁(具有较高的$\delta^{56}$Fe 值)进行反应，从而形成具有较高$\delta^{56}$Fe 值的黄铁矿。从神狐海域 HS148 站位和 HS217 站位的数据来看，在黄铁矿铁同位素值较高的层位中，沉积物的黄铁矿化程度也较高，并且这些层位与古代 SMTZ 相互吻合(或基本吻合)(图 5-26)，从而证明在 AOM 过程中产生的大量硫化氢对黄铁矿的铁同位素组成有重要的影响作用，导致了 SMTZ 处具有较高$\delta^{56}$Fe 值黄铁矿的出现。

在神狐海域 HS148 站位和 HS217 站位中，浅部沉积物中发育的黄铁矿具有较低的硫同位素值，说明 OSR 在黄铁矿形成过程中起到主要作用。在这些浅部的沉积物中，虽然其黄铁矿化程度和黄铁矿的$\delta^{56}$Fe 值相比于深部的较低，但二者整体上均显示出随着深度加深逐步升高的趋势。在沉积物较浅部层位，黄铁矿含量相对更低，指示了沉积物中较低的硫化氢的含量。由于硫化氢优先与 $^{54}$Fe 发生反应，从而使形成的黄铁矿具有较低的$\delta^{56}$Fe 值。而随着沉积物的加深，OSR 过程持续不断的进行，产生的硫化氢不断消耗掉沉积物中的活性铁矿物，导致形成的黄铁矿表现出相对浅部较高的$\delta^{56}$Fe 值。

根据神狐海域两个站位黄铁矿的结构特征和原位硫同位素分析得出，AOM 形成的黄铁矿主要以后期的增生型黄铁矿和自形黄铁矿为主。相比于早期 OSR 形成的草莓状黄铁矿，这些后期的 AOM 黄铁矿表现出极高的硫同位素组成，与早期形成的$\delta^{56}$Fe 值极低的草莓状黄铁矿形成鲜明的对比(Lin et al., 2017a, 2017b)。由于黄铁矿形成过程中也是优先利用质量较轻的铁同位素，因此，本书推测这些增生型黄铁矿和自形黄铁矿应该比草莓状黄铁矿具有更高的铁同位素组成(Archer and Vance, 2006)，这与硫同位素特征有一定的类似性。

对于台西南海域的 HD109 站位和 GMGS16 站位，其黄铁矿$\delta^{56}$Fe 值普遍较低(均为负值)，且在古代的 SMTZ 处未见出现相对高值，这可能与这两个站位研究样品黄铁矿化程度较低有关。由于沉积物中含有大量的活性铁矿物，促使硫化氢与活性铁矿物反应时均与质量较轻的 $^{54}$Fe 反应，从而抑制了沉积物中铁的“储库效应”(reservior effect)。这种情况下，可能导致后期形成于 SMTZ 的黄铁矿也同样具有较低的$\delta^{56}$Fe 值。

如上所述，利用黄铁矿的硫同位素组成能够较为有效地判别并区分 OSR 和 AOM 这两个成岩过程中重要的生物地球化学过程。但是与硫同位素不一样，单纯利用铁同位素较难对这两个过程进行区分，这主要是因为铁并没有直接参与到这两个生物过程中。因此，为了研究 OSR 和 AOM 这两个过程对铁同位素的影响，有必要将硫同位素和铁同位素统一起来进行研究。下面我们将研究站位的$\delta^{34}$S-$\delta^{56}$Fe 和$\delta^{34}$S-$Fe_{py}/Fe_{HR}$ 关系进行分析。

研究结果显示，在神狐海域的 HS148 站位和 HS217 站位中，利用$\delta^{34}$S-$\delta^{56}$Fe 和$\delta^{34}$S-$Fe_{py}$ /$Fe_{HR}$ 关系可有效区分 OSR 和 AOM。在$\delta^{34}$S-$\delta^{56}$Fe 关系图中，本章分别采用全岩沉积物 CRS 和挑选出来的黄铁矿颗粒的$\delta^{34}$S 值分别与黄铁矿颗粒的$\delta^{56}$Fe 值进行比较。

首先对古代 SMTZ 及其附近的层位进行研究，该处的黄铁矿均具有较高$\delta^{34}$S 值特征，虽然黄铁矿颗粒的$\delta^{34}$S 值比 CRS 的更高，但整体上黄铁矿$\delta^{56}$Fe 值均随着二者的升高而升高，且$\delta^{34}$S 和$\delta^{56}$Fe 表现出一定的正相关关系(图 5-31)。而在沉积物浅部层位(以较低$\delta^{34}$S 值为特征)，黄铁矿颗粒的$\delta^{34}$S 值与该层位 CRS 的$\delta^{34}$S 值较为接近，同时黄铁矿$\delta^{56}$Fe 值与$\delta^{34}$S 值有着较强的正相关关系：$\delta^{56}$Fe 值随着$\delta^{34}$S 值升高而升高(图 5-31)。相比于 SMTZ 附近的$\delta^{34}$S-$\delta^{56}$Fe 趋势线，位于沉积物浅部的趋势线斜率较小。HS148 站位和 HS217 站位在浅部的趋势线较为一致，说明这两个站位中影响 OSR 过程的生物地球化学背景较为类似(如有机物含量、微生物种类、温度等)。

在不同的硫酸盐还原过程(OSR 和 AOM)影响下，黄铁矿$\delta^{56}$Fe 值有着不同的表现形式，反映了这两种生物地球化学过程对沉积物地球化学过程有着不同影响。单从黄铁矿的$\delta^{34}$S 值变化趋势也能较好地反映出这两个过程的区别。在浅部层位，黄铁矿的$\delta^{34}$S 值缓慢地升高，说明成岩过程中沉积物硫酸盐的消耗速率超过了硫酸盐的供给速率。相反，在 SMTZ 处，快速增长的$\delta^{34}$S 值反映了硫酸盐在 AOM 过程中被全部消耗(Borowski et al., 2013)。HS148 和 HS217 这两个站位在 SMTZ 处的$\delta^{34}$S -$\delta^{56}$Fe 趋势线的斜率相差较大，可能是由于这两个站位甲烷扩散通量不同，从而导致 AOM 强度的差异所引起的。

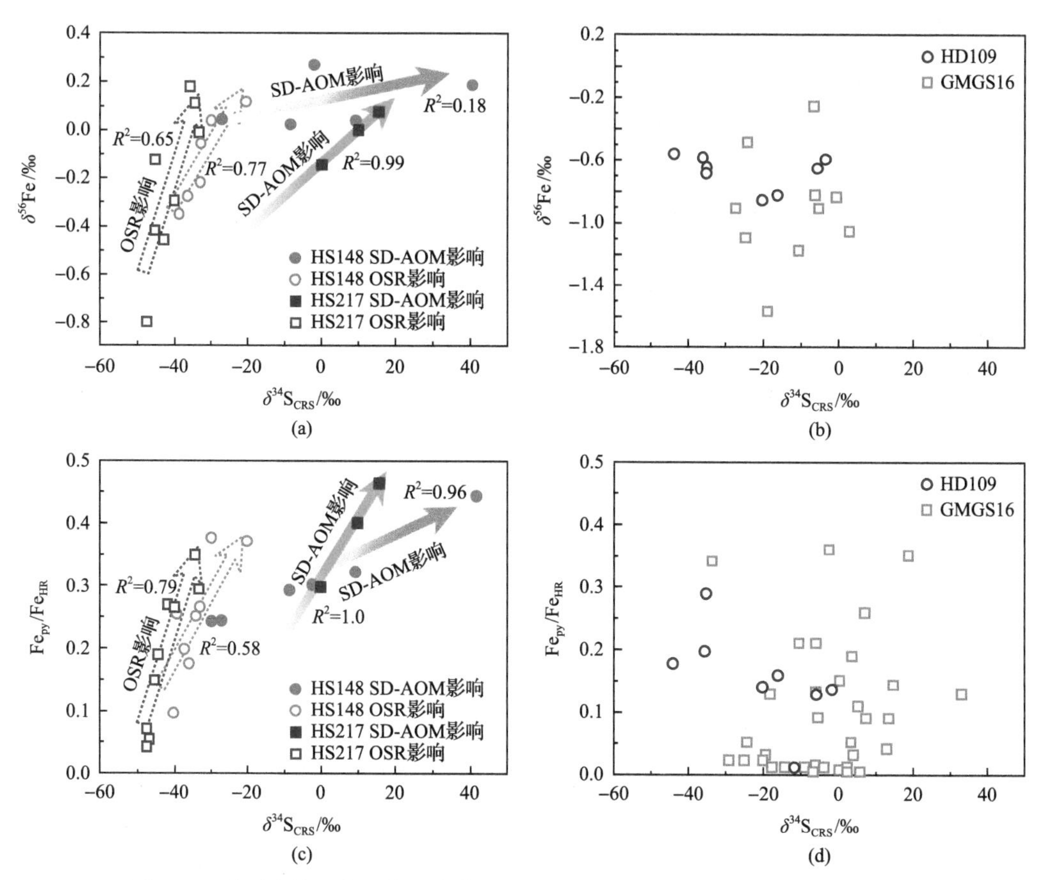


图 5-31　神狐海域和台西南海域黄铁矿硫同位素值与铁同位素值[(a)、(b)]和黄铁矿化程度[(c)、(d)]之间的相关性(据 Lin et al., 2017a，有修改)

事实上，黄铁矿形成过程中所涉及的铁同位素分馏机制是十分复杂的，其受到诸多因素的共同影响，如硫化物浓度、黄铁矿沉淀速率、沉积环境的 pH 和温度等(Rickard and Morse, 2005; Rickard and Luther, 2007)。假定这些因素对我们神狐海域的研究站位的影响是一致的，因此引起黄铁矿 $\delta^{56}$Fe 值产生差异的最大原因就是 OSR 和 AOM 过程中产生硫化氢的含量差异。这一点在沉积物中的 SMTZ 具有最明显的体现，其较高的黄铁矿 $\delta^{56}$Fe 值反映了该处较强的 AOM 反应及较高含量的硫化氢。

因此，黄铁矿较高的铁同位素可以作为一个潜在的地球化学指标用来指示古代或者现代沉积物中发生的 AOM 的层位(SMTZ)。同时，铁同位素、硫同位素以及黄铁矿化程度三者的结合，可以为我们判断和区分沉积物中不同的成岩作用(如 OSR 和 AOM)提供有效的研究手段。

综合自生黄铁矿矿物学和铁同位素地球化学研究结果，我们建立了 SD-AOM 影响沉积物中黄铁矿铁同位素分馏的模式(图 5-32)。在靠近海底的浅表层沉积物中，草莓状黄铁矿在沉积物中分布较为均匀，代表了早期成岩过程 OSR 的产物；在 SMTZ 附近 SD-AOM 导致 $H_2S$ 含量较高，从而造成该区域管状黄铁矿含量较高，管状形态可能来源于流体运移时的微细通道。由于活性铁库富集重同位素效应的影响，早期 OSR 阶段有较多的活性铁能够参与形成草莓状黄铁矿，其$\delta^{56}$Fe 值较低，后期 AOM 过程中活性铁含量相对较少，生成的管状黄铁矿具有较高的$\delta^{56}$Fe 值。

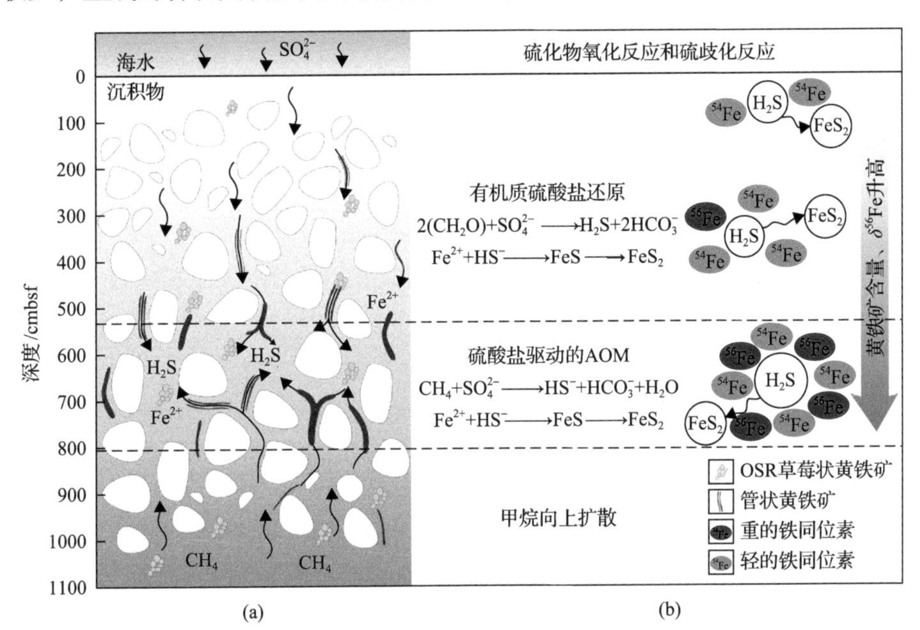


图 5-32　SD-AOM 导致沉积物中黄铁矿铁同位素分馏的模式图(据 Lin et al., 2017a)

(a)草莓状黄铁矿在沉积物中较为均匀分布，为早期成岩过程 OSR 的产物；在 AOM 影响区域内(SMTZ 附近)$H_2S$ 含量较高，使得较多的管状黄铁矿能够在该区域形成；(b)黄铁矿的铁同位素分馏过程及机制。由于活性铁库富集重同位素效应的影响，早期 OSR 阶段主要形成$\delta^{56}$Fe 值较低的草莓状黄铁矿，后期 AOM 阶段形成$\delta^{56}$Fe 值较高的管状黄铁矿

# 第6章 典型冷泉区自生石膏矿物学与地球化学特征

## 6.1 概　　述

石膏($CaSO_4·2H_2O$)作为典型的蒸发岩类矿物之一，通常形成于硫酸盐过饱和的蒸发性沉积环境中。然而，非蒸发成因的石膏也偶见报道，最常见的成因机制为硫化物的氧化、酸性硫酸盐溶液对含钙质岩石的作用和硬石膏(anhydrite，$CaSO_4$)的水化作用。石膏在海洋沉积物中较少出现，其形成可能与强烈的底流活动、天然气渗漏活动有关。由于黄铁矿和石膏形成环境差异较大，二者在海洋中的共生现象更为罕见。近年来自生石膏被频繁地在赋存天然气水合物藏的海域的沉积物中被发现，并且存在自生黄铁矿与石膏共存的现象(Sassen et al., 2004; Wang et al., 2004; 陈忠等, 2007a; Pierre et al., 2012; Kocherla, 2013; Novikova et al., 2015)。虽然黄铁矿和石膏形成环境差异较大，但是两者能够在甲烷渗漏环境中共生。因此，一些研究将石膏的形成归因于沉积硫化物矿物(如黄铁矿 $FeS_2$)的氧化(Pirlet et al., 2010; Kocherla, 2013; Pierre et al., 2014b)。

Pirlet 等(2010)在爱尔兰西南海域中同时发现了石膏和黄铁矿，并由二者硫同位素特征推测石膏的形成受黄铁矿氧化作用的影响；Kocherla(2013)在印度西海岸天然气渗漏环境中发现石膏和黄铁矿二者共存的现象。我国学者在南海海槽沉积物中也发现过黄铁矿和石膏同时存在的现象，但二者是完全独立的相，未见相互生长现象(陈忠等，2007a)。迄今为止，石膏的自生成因机制尚未得到充分证明。此外，石膏形成与甲烷渗漏和水合物藏演化的关系还少有探讨。对石膏的研究有助于理解与甲烷通量变化有关的氧化还原环境变化过程，从而加深冷泉-天然气水合物系统演化过程的认识。

本章将介绍南海北部陆坡冷泉区自生石膏的形貌结构与硫、氧同位素地球化学特征，探究非蒸发成因石膏的形成机制及其与黄铁矿的共生关系。

## 6.2 样品与分析方法

研究样品来自广海局“海洋四号”调查船采用大型重力活塞取样器(PC)所获得的海底沉积物柱状样，以及 2013 年水合物钻探航次(GMGS2)钻获的沉积物岩心，站位涵盖南海北部陆坡东沙海域、神狐海域与西沙海槽海域，包括 1 块 PC 样品(HS373)和 1 块水合物钻孔岩心(GMGS08)。

沉积物中的石膏样品通过体视镜挑选获得。体视镜挑选步骤如下：①研究样品在广海局岩心库通过锡箔纸包裹，转移到实验室内置于冰箱中冷冻保存，采用取样器对大型重力活塞柱样沉积物(2～5cm 间距)进行定体积(约 15mL)连续取样，对水合物钻孔岩心样品进行不等间距定体积(约 20mL)取样，称量之后在 60℃恒温箱中烘干 24h，获得样品的干湿比；②将烘干的样品称重后用蒸馏水浸泡 24h(对于浅表层沉积物样品可以不加分散剂)，然后同时使用直径 65μm 和 30.8μm 的筛子进行筛洗，先在蒸馏水水流下用刷子轻刷，然后放入超声波清洗仪震荡 3～6s，将上层部分倒出，再加入适量蒸馏水，重复至冲洗干净为止；③将冲洗干净的样品置于 60℃恒温箱中烘干，之后分别称量并转入容器中存放；④双目体视镜下观察粒度不小于 65μm 的沉积物组分，手工挑选出自生矿物(黄铁矿、碳酸盐和石膏等)，并进行称量。

筛洗后的沉积物样品被分为粒径不小于 65μm、30.8～65μm 和小于 30.8μm 三个部分，第一部分沉积物主要用于自生黄铁矿的观察和挑选，由于每个样品此部分的含量不同，黄铁矿的相对含量均以相比于烘干样品的质量来表示，后两部分供相对含量计算和其他分析测试所用。所有样品的清洗、浸泡均使用蒸馏水，所有接触样品的工具每次均清洗并擦干或使用高压气枪冲刷，以保证样品之间无交叉污染。通过扫描电镜(SEM)及能谱测试对挑选出的石膏进行观察和分析。

石膏硫同位素测定利用碳酸钠-氧化锌半熔法，提取出硫酸钡，将硫酸钡、五氧化二钒和石英砂按一定比例混合，真空下恒温 980℃生成 $SO_2$，用 Delta V Plus 气体同位素质谱仪分析硫同位素组成，分析精度优于±0.2‰。硫同位素测量结果采用 VCDT 国际标准。石膏氧同位素测定先将样品进行纯化并分离出 $BaSO_4$，将 $BaSO_4$ 与 $BrF_5$ 在 580℃条件下反应生成 $O_2$，用冷冻法对 $O_2$ 进行提纯，在铂催化剂的条件下，与石墨反应生成 $CO_2$，用 MAT253 气体同位素质谱分析氧同位素组成，分析精度优于±0.2‰。测量结果以标准平均大洋水(SMOW)为标准。

## 6.3　自生石膏的矿物学特征

在含水合物的钻孔 GMGS08 岩心中发现了大量石膏，石膏矿物以块状和微晶针状发育，其中块状石膏单独产出，个体较大，解理明显，偶见燕尾双晶。微晶针状石膏矿物通常与黄铁矿伴生，放射状集合体为主，个体较小(图 6-1)。

(a)

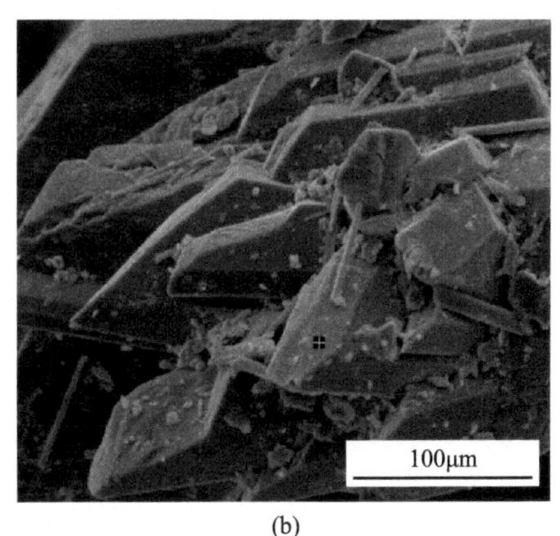


(b)

(c) (d)

| 元素 | 质量分数/% | 原子分数/% | 化合物百分数/% | 化学式 |
|---|---|---|---|---|
| S、K | 23.15 | 16.44 | 57.81 | $SO_3$ |
| Ca、K | 30.16 | 17.13 | 42.19 | CaO |
| O | 46.69 | 66.44 | | |

图 6-1 GMGS08 站位所采集的沉积物中自生石膏矿物的显微形貌及能谱分析结果

(a) 011-002 样品；(b) 010-002 样品；(c) 018-003 样品；(d) 018-004 样品。图中表格百分数据因四舍五入，各数据之和与 100% 存在一定误差

在 HS-373 站位浅表层沉积物中也发现了与自生黄铁矿共生的石膏。自生黄铁矿多为长条管状，长度为 2～6mm，直径为 0.1～0.5mm[图 6-2(a)、(b)]，部分黄铁矿呈碎屑状或充填在生物壳体之中[图 6-2(e)]。经 SEM 观察，管状黄铁矿主要由草莓状黄铁矿组成，单个莓球体粒径为 10～20μm，大部分由结晶良好的八面体微晶聚合形成[图 6-2(c)]。另外还发现部分结晶良好的截角立方体晶体，直径大小为 10～50μm，多以晶簇形态出现[图 6-2(d)]。

石膏以细球状颗粒为主，表面多被黏土矿物所胶结[图 6-2(f)]，直径为 0.5～5mm，原位激光拉曼分析可确定其为石膏($CaSO_4{\cdot}H_2O$)。石膏颗粒主要由较纯净的板片状石膏组成，多呈棕灰色、半透明状，解理非常发育，从颗粒横切面可见板片状石膏呈放射状簇合而成[图 6-2(g)、(h)]，颗粒核部通常发育有孔洞，其内部石膏结晶程度较为良好[图 6-2(i)]。

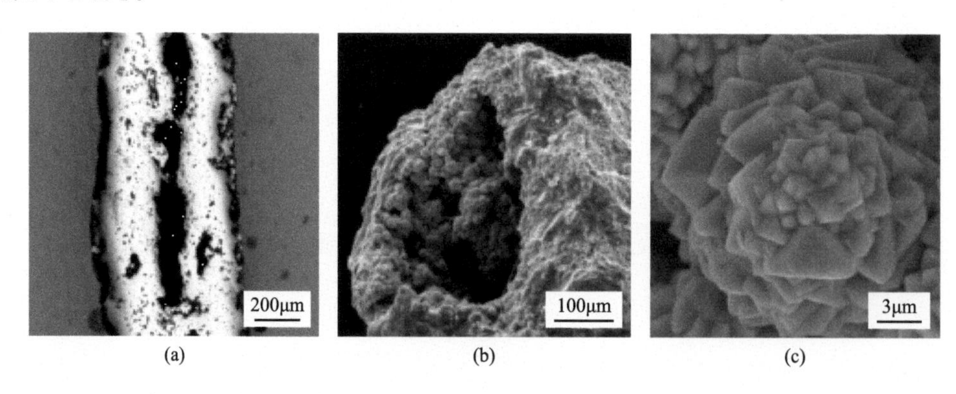


(a) (b) (c)

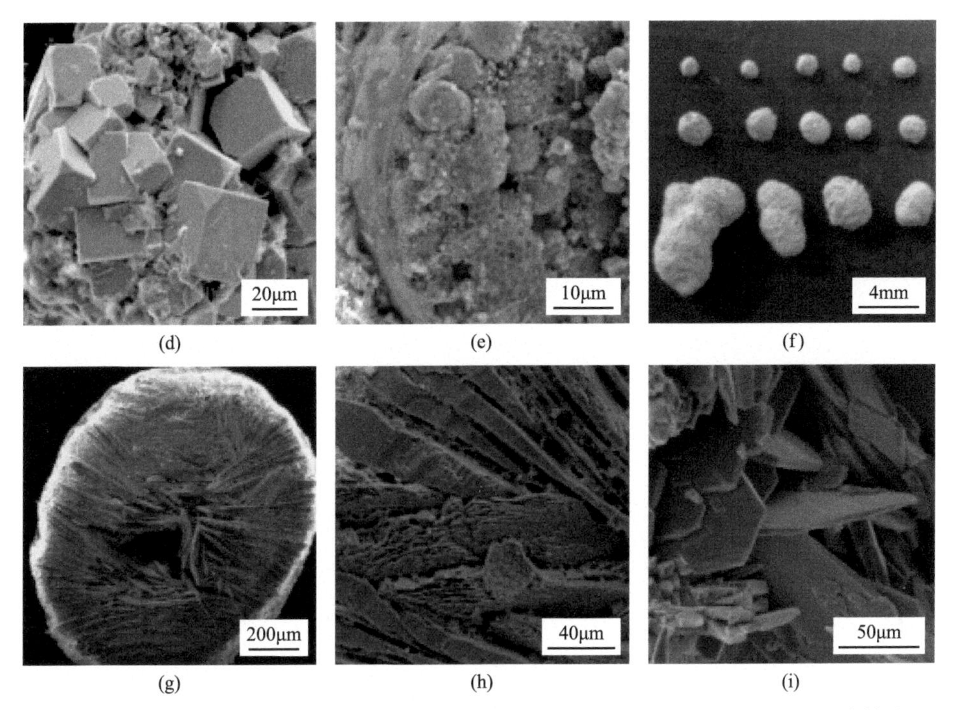

(d)　(e)　(f)
(g)　(h)　(i)

图 6-2　神狐海域沉积物中自生黄铁矿与石膏的微形貌特征(Lin Z et al., 2016a，有修改)

(a)管状黄铁矿横剖面(反射光)；(b)管状黄铁矿通道口；(c)由八面体微晶组成的莓球状黄铁矿；(d)截角立方体黄铁矿晶簇；(e)黄铁矿化的有孔虫壳体；(f)细球状石膏(实体镜)；(g)石膏颗粒横剖面，呈放射状；(h)石膏颗粒放大图；(i)石膏颗粒核部孔洞内结晶程度良好

该岩心发育的黄铁矿和石膏多为独立的矿物相，但研究过程中作者发现了部分黄铁矿与石膏紧密共生的现象，因此将其称为黄铁矿-石膏共生体。共生体中黄铁矿多为管状黄铁矿，而石膏有两种类型：一种为细球状石膏颗粒，大部分包裹在管状黄铁矿上面[图 6-3(a)]；另一种为微晶石膏集合体，微晶多呈六方板状或短柱状，直径大小为 10～30μm，结晶程度良好[图 6-3(b)～(d)]。此外，在部分细球状石膏颗粒中也发现了草莓状黄铁矿，它们有的生长在石膏晶体外的黏土碎屑之中[图 6-3(f)、(g)]，也有的被石膏晶体直接包裹[图 6-3(h)]，甚至可见到整个管状黄铁矿被包裹在石膏颗粒之内[图 6-3(e)]。

(a)　(b)　(c)

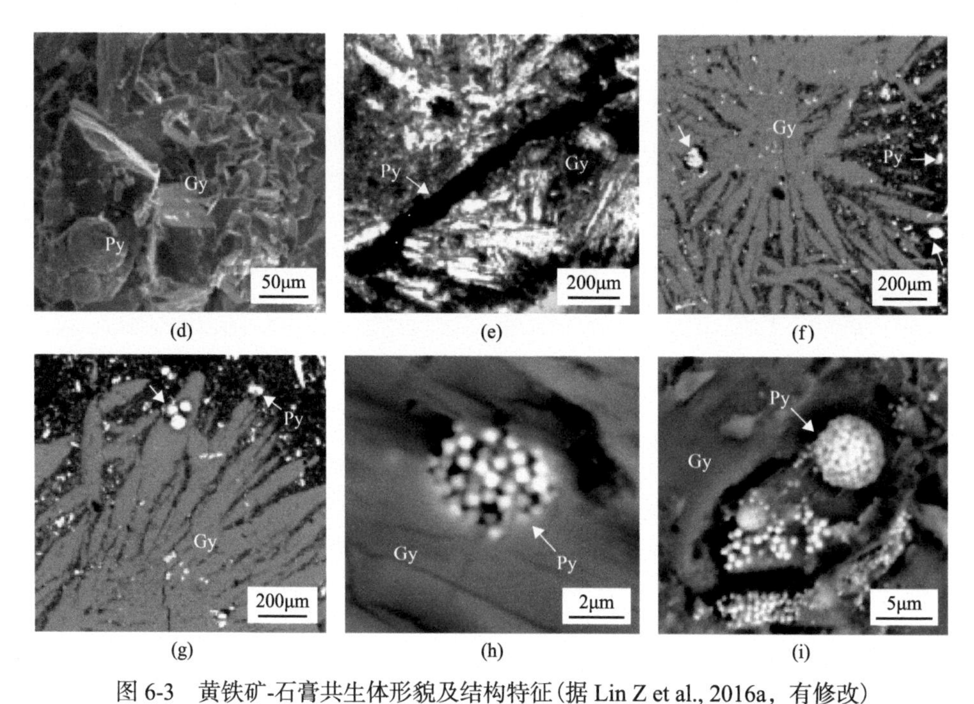


图 6-3　黄铁矿-石膏共生体形貌及结构特征(据 Lin Z et al., 2016a，有修改)

(a)细球状石膏包裹管状黄铁矿；(b)～(d)微晶石膏集合体与黄铁矿共生；(e)被细球状石膏完全包裹的管状黄铁矿(正交偏光下摄)；(f)、(g)“放射状”石膏及外围黄铁矿；(h)石膏晶体内的草莓状黄铁矿；(i)石膏孔隙中的莓球状黄铁矿。Py 为黄铁矿，Gy 为石膏

## 6.4　自生石膏的硫和氧同位素特征

HS373 岩心主要发育有黄铁矿和石膏两种类型的自生矿物，其余的碎屑为有孔虫壳体，以及少量碳酸盐颗粒、石英和长石颗粒。黄铁矿和石膏含量变化曲线如图 6-4(a)和(b)所示，从图中可以看出二者含量均有较大变化。黄铁矿在 0～598cm 层位含量极低，平均仅为 0.01%，而在 598～928cm 层位中黄铁矿含量最高，平均可达 0.9%；石膏在 0～345cm 层位含量基本为零，主要富集在 345～723cm 层位，该层位平均含量高达 2.87%。

草莓状黄铁矿是海底沉积物中普遍存在的自生矿物，通常被认为是缺氧还原性环境的标志，而石膏通常形成于氧化环境中，理论上二者难以同时形成在同一沉积环境之中。由于黄铁矿在空气中容易发生氧化作用，该过程可能导致石膏的形成，因此本章非常有必要对石膏的原生性进行详细的讨论。

从样品采集到保存的过程中，环境的改变可能导致样品中的微生物、孔隙水以及气体含量等发生改变，但对于以固态形式存在的黄铁矿而言，其含量并未受太大影响。并且样品自采获后便立即密封保存在 2℃以下的冷冻库中，这也可有效防止黄铁矿发生氧化作用。

从同位素角度出发，由于硫化物在氧化过程中并未产生太大的硫同位素分馏，氧化产物与硫化物的硫同位素特征应较为一致，但是本书黄铁矿和石膏二者的硫同位素值相差较大，某些层位可高达 20‰。另外，石膏硫酸根中的氧同位素值与垂直深度表现出很好的线性关系，说明该站位石膏的形成与其所处深度有一定的关系。此外，细球状石膏颗粒外围草莓状黄铁矿的出现，说明这些黄铁矿早于石膏形成，而黄铁矿不可能是样品存放期间的产物，从而暗示了石膏是早期沉积物中的自生矿物。通过上述现象可以断定 HS373 站位出现的石膏是海洋原生沉积的，并非样品存放期间的氧化产物。

黄铁矿与石膏的硫同位素变化曲线如图 6-4(c)所示，其中黄铁矿的硫同位素$\delta^{34}$S(VCDT)值为–37.6‰～37.9‰，变化幅度达 74.6‰，在 638cm 层位以上黄铁矿$\delta^{34}$S 值为负值，而 638cm 层位以下均为正值，且在 700cm 附近存在明显的高异常区间，其$\delta^{34}$S 值出现明显的正偏。石膏$\delta^{34}$S(VCDT)值为–24.5‰～18.4‰，变化幅度为 42.9‰，其变化趋势与黄铁矿较为一致。石膏硫酸根中的氧同位素$\delta^{18}$O(VSMOW)值为 7‰～12.3‰，$\delta^{18}$O 值随着深度增加线性下降，相关性为 0.9925[图 6-4(d)]。

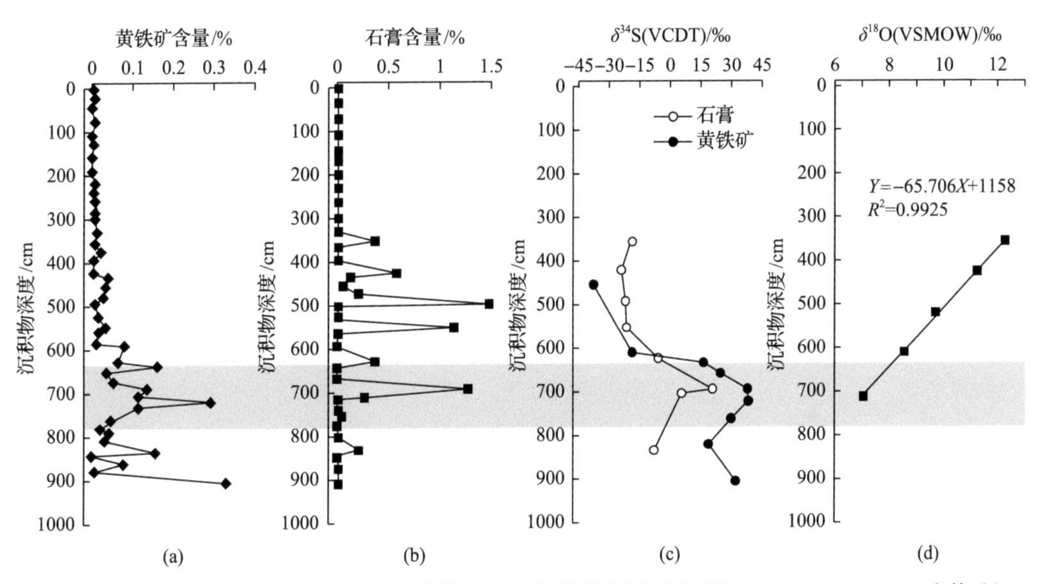


图 6-4　HS373 站位沉积物柱样石膏和黄铁矿地球化学数据剖面图(据 Lin Z et al., 2016a，有修改)
(a)黄铁矿含量；(b)石膏含量；(c)黄铁矿和石膏的硫同位素；(d)石膏的氧同位素

一般而言，海洋天然气水合物背景下的自生硫酸盐类矿物均具有较高的硫同位素值，然而 HS373 站位石膏的$\delta^{34}$S 值均低于现代海水硫酸盐$\delta^{34}$S 值(20.3‰)，且在浅部出现了负偏的现象(低至–24.5‰)，说明石膏既非 AOM 过程残余硫酸盐的产物，又不是海水单纯的沉淀产物，其硫元素必须来自一个具有低$\delta^{34}$S 值的端元组分。

据前人研究，海洋环境中由于海水溶解氧($O_2$)及其他氧化剂($Fe^{3+}$、$MnO_2$、$NO_3^-$)的存在，使硫化物氧化作用在海洋中得以普遍进行，这种氧化作用不仅作用在沉积物表面，也能作用于最低含氧带的氧化物-硫化物转换带附近。考虑到该站位存在较多黄铁矿与石膏共生的现象，且石膏$\delta^{34}$S 值的变化趋势与黄铁矿非常类似[图 6-4(a)]，据此，我们认为沉积物中黄铁矿的氧化对石膏的形成起到了最关键的作用。

黄铁矿遭受氧化的过程主要受氧气及三价铁离子的影响[式(6-1)和式(6-2)]，氧化过程中形成的$H^+$引起局部 pH 降低，有利于碳酸盐发生溶解并释放出$Ca^{2+}$[式(6-3)]，为石膏的沉淀提供了必要条件。石膏的结晶主要受控于$Ca^{2+}$和$SO_4^{2-}$的浓度，当二者的离子积超过石膏的溶度积时石膏便得以沉淀[式(6-4)]：

$$FeS_2+7/2O_2+H_2O = Fe^{2+}+2SO_4^{2-}+2H^+ \quad (6\text{-}1)$$

$$FeS_2+14Fe^{3+}+8H_2O = 15Fe^{2+}+2SO_4^{2-}+16H^+ \quad (6\text{-}2)$$

$$H^++CaCO_3 = Ca^{2+}+HCO_3^- \quad (6\text{-}3)$$

$$Ca^{2+}+SO_4^{2-}+2H_2O = CaSO_4\cdot 2H_2O \quad (6\text{-}4)$$

由于黄铁矿氧化过程中硫的分馏作用较弱，形成的硫酸盐基本继承了黄铁矿的同位素特征。从图 6-4(c)可看出在 638cm 以上黄铁矿$\delta^{34}S$值比石膏低，说明石膏形成过程中硫的来源主要由黄铁矿和海水硫酸盐两种端元提供。而 638cm 以下石膏的$\delta^{34}S$值比同层位黄铁矿$\delta^{34}S$值偏低，可能是受到浅部黄铁矿氧化产物的影响。

在硫化物氧化过程中，氧同位素的分馏主要受到氧化剂和氧化机制的影响，但由于海洋存在多种氧化剂并且氧化机制较为复杂，使氧同位素的分馏过程存在较多的不确定因素。但较明确的是，氧化过程中参与反应的氧元素主要来自海洋中的溶解氧气[$O_2$，$\delta^{18}O$(VSMOW)=23.5‰]、海水本身[$H_2O$，$\delta^{18}O$(VSMOW)=0‰]以及海水中的$SO_4^{2-}$[$\delta^{18}O$(VSMOW)= 9.6‰]，这些端元都会对石膏的氧同位素产生影响。将 HS373 站位黄铁矿与石膏的$\delta^{34}S$与$\delta^{18}O$值进行投图(图 6-5)，结果显示，石膏的硫酸根$\delta^{18}O$值随着深度线性下降，从浅部的 12.3‰降到深部的 7‰。当沉积体系处在一个开放平衡体系时，石膏从含$SO_4^{2-}$孔隙水中析出的过程中存在着比较明显的氧同位素分馏，其分馏程度

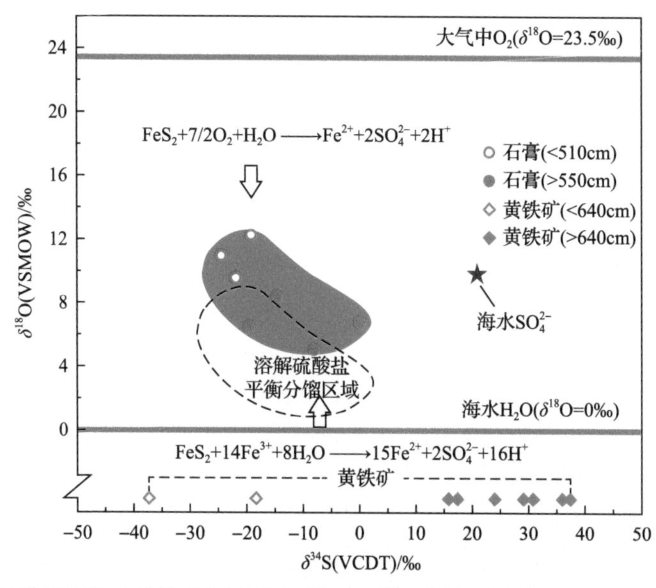


图 6-5 HS373 站位沉积物中黄铁矿与石膏的$\delta^{34}S$与$\delta^{18}O$值关系图(据 Lin Z et al., 2016a，有修改)

$\Delta^{18}O_{硫酸根-石膏}$为 3.5‰。因为该站位存在着较为强烈的甲烷喷溢活动，沉积体系通常处于较开放的状态，据此可推算出石膏形成时孔隙水中 $SO_4^{2-}$的$\delta^{18}O$ 值为 10.5‰(深部)～15.8‰(浅部)。该范围超出海水 $SO_4^{2-}$的$\delta^{18}O$ 值(9.6‰)，说明孔隙水中的 $SO_4^{2-}$在不同程度上受到了溶解氧气的影响，并且氧气对 $SO_4^{2-}$的影响随着深度加深而逐渐减弱，说明氧化作用对浅部的黄铁矿影响更大，这也是该站位石膏富集的层位浅于黄铁矿的原因[图 6-4(a)、(b)]。当然，氧化过程中也不能排除其他氧化剂对氧同位素的影响。

类似地，GMGS08 站位沉积物中的石膏具备自生矿物的形貌特征，在扫描电镜下均具有良好的自形晶体，其晶面完整、光滑，未表现出明显的磨损或侵蚀，表明了石膏晶体的原生性(Briskin and Schreiber, 1978)。对于研究站位沉积环境而言，沉积物中的石膏不可能是蒸发作用的结果。虽然样品在处理过程中的干燥过程有可能导致石膏的沉淀，但是所有的样品均采用相同的处理条件和方式，却仅在少部分的样品中发现了石膏的富集。因此，本书站位沉积物中的石膏也并非是预处理过程中人为因素形成的产物。综上所述，现代海洋沉积环境中石膏的 $SO_4^{2-}$来源和同位素组成与海洋硫酸盐库和沉积铁硫化物之间具有密切的联系。

GMGS08 站位共有 4 个沉积物样品同时获得了石膏和黄铁矿的硫同位素数据。为了了解海水硫酸盐和黄铁矿对石膏中的硫的贡献。我们采用一个简单的两端元模型：

$$\delta^{34}S_{石膏}=M\times\delta^{34}S_{黄铁矿}+(1-M)\times\delta^{34}S_{硫酸盐}$$

式中，$M$ 为硫化物矿物氧化贡献的硫酸盐的比例；$\delta^{34}S_{石膏}$、$\delta^{34}S_{黄铁矿}$与$\delta^{34}S_{硫酸盐}$分别为石膏、硫化物和海水硫酸盐的硫同位素值(现代海洋中海水硫酸盐的$\delta^{34}S$ 为+21‰；Rees et al., 1978)。

计算结果显示，海水硫酸盐和黄铁矿均贡献了 40%±20%的 $SO_4^{2-}$，两者均是本书石膏沉淀的重要硫源(图 6-6，图 6-7)。这个结论对本书自生石膏的形成机制提供了重要的约束，其成因很可能与水合物藏演化过程中 SMTZ 的波动有关。

海底天然气水合物系统作为一个动态的地质系统，其天然气水合物稳定性容易受到外界构造活动、海平面升降、海水温度变化等因素的影响。在冷泉环境中，水合物经过长期的演化，AOM 的持续发生使得孔隙水中的硫酸盐离子发生了较强的分馏，从而导致了黄铁矿硫同位素出现了异常高值。另外，石膏的富集层位明显比黄铁矿更浅，也说明了氧化作用对浅部的黄铁矿影响更大，这与石膏的硫氧同位素分析结果是吻合的。从共生体中的接触关系也可发现，大部分石膏形成于黄铁矿之后，而石膏外围形成的黄铁矿可能受后期甲烷流体的影响。

综上所述，冷泉环境可能经过长期的演化，甲烷发生了阶段式的喷溢作用。当天然气水合物发生分解时，大量的甲烷喷溢会导致大量的黄铁矿的形成(图 6-8 中的阶段Ⅰ)；随着甲烷渗溢强度变弱，沉积环境发生较大改变，使海水中的氧化性流体得以保存，并沿着原来甲烷的喷溢通道下渗，在氧化性流体的作用下使黄铁矿发生氧化并形成石膏(图 6-8 中的阶段Ⅱ)。

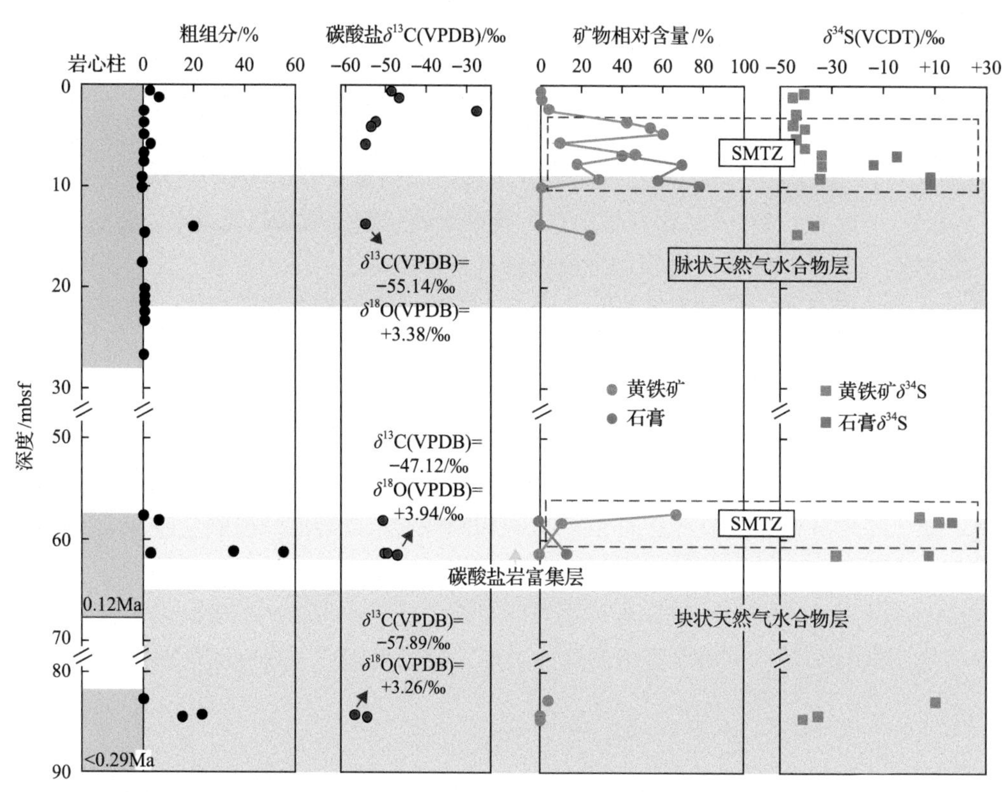


图 6-6　GMGS08 站位沉积物中石膏-黄铁矿-水合物层分布特征综合图(据 Lin Q et al., 2016c，有修改)

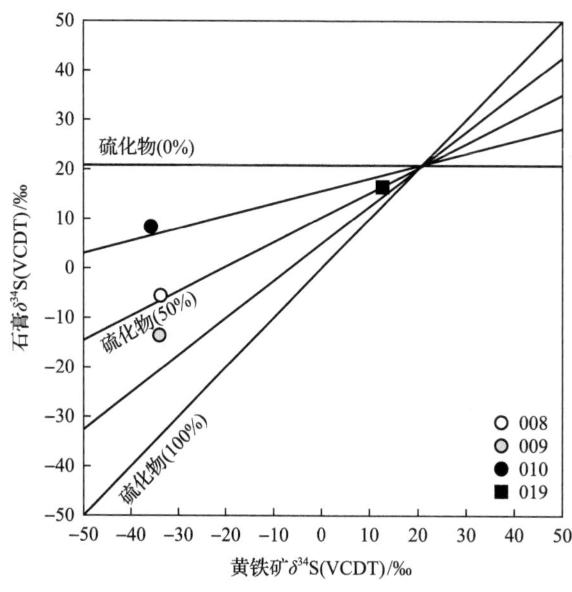


图 6-7　GMGS08 站位同一沉积物样品中石膏和黄铁矿的硫同位素组成对比图(据 Lin Q et al., 2016c，有修改)

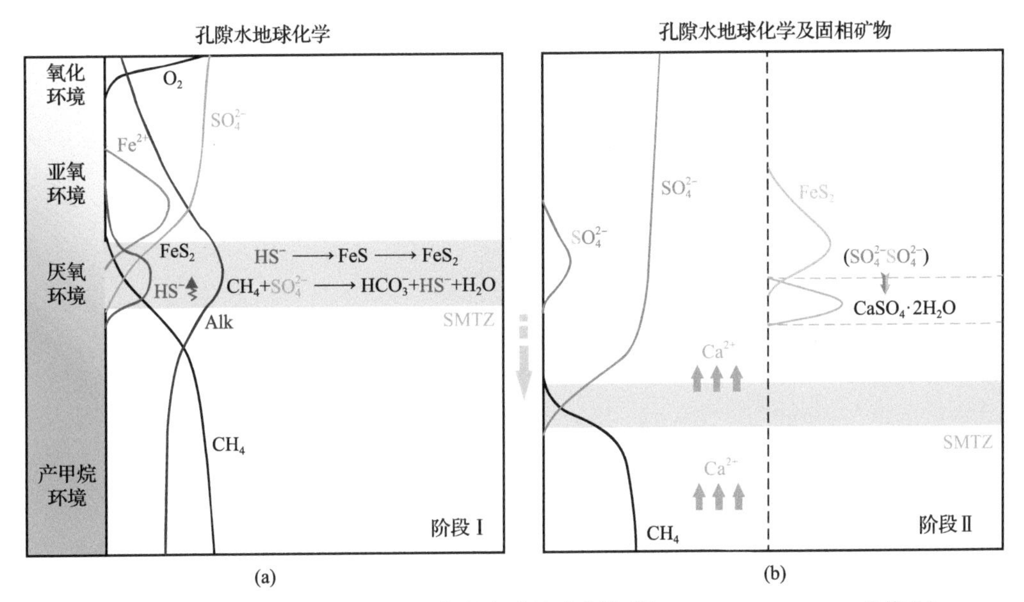


图 6-8　冷泉环境沉积物中自生石膏形成过程示意图(据 Lin Q et al., 2016c，有修改)

# 第7章 典型冷泉区单质硫矿物学与地球化学特征

## 7.1 概 述

海水中溶解硫酸盐、海洋沉积物中硫化物和蒸发岩中硫酸盐是全球无机硫循环中 3 个最主要的硫库，$SO_4^{2-}$、黄铁矿($FeS_2$)和石膏($CaSO_4·2H_2O$)分别是 3 种不同硫库中主要的硫物质形态(Bottrell and Newton, 2006)。单质硫或元素硫(elemental sulfur, ES; $S_8$)属于固态的零价态硫(zero-valent sulfur, ZVS, $S_0$)，其含量通常高于亚硫酸盐(sulfite, $SO_3^{2-}$)和硫代硫酸盐(thiosulfate, $S_2O_3^{2-}$)等其他硫化物氧化的中间产物(sulfide oxidation intermediates, SOIs)(Canfield and Thamdrup, 1996; Zopfi et al., 2004)。单质硫等 SOIs 作为海洋沉积环境中硫循环的中间产物，在研究不同硫库之间的硫循环以及同位素分馏过程具有重要的意义。单质硫等 SOIs 可以在多种细菌的参与下发生歧化反应，生成氧化态的 $SO_4^{2-}$和还原态的 $H_2S$[式(7-1)；Thamdrup et al., 1993; Canfield and Thamdrup, 1994]；由单质硫转化而来的多硫化物(polysulfides, $S_n^{2-}$, $n$=2～9)可以通过“多硫化物途径”参与黄铁矿的形成[式(7-2)；Rickard, 1975; Luther, 1991; Butler et al., 2004]。此外，除甲烷厌氧氧化反应[anaerobic oxidation of methane, AOM; 式(7-3)]所伴随的异化硫酸盐还原反应(dissimilatory sulfate reduction, DSR)可以造成明显的硫同位素分馏外(Canfield et al., 2010; Sim et al., 2011b; Antler et al., 2013; Leavitt et al., 2013; Deusner et al., 2014)，单质硫等 SOIs 的歧化反应也是导致硫同位素分馏的重要过程(Habicht and Canfield, 2001; Mangalo et al., 2007; Canfield et al., 2010; Sim et al., 2011b)。

$$4S^0+4H_2O \longrightarrow 3H_2S+SO_4^{2-}+2H^+ \tag{7-1}$$

$$FeS+S_n^{2-} \longrightarrow FeS_2+S_{n-1}^{2-} \tag{7-2}$$

$$CH_4+SO_4^{2-} \longrightarrow HS^-+HCO_3^-+H_2O \tag{7-3}$$

目前对单质硫的研究主要集中在现代和古代的正常海洋沉积环境中，大部分研究主要是通过研究其含量和硫同位素组成，从而加深对沉积物硫循环过程的认识(Holmkvist et al., 2011a, 2011b; Treude et al., 2014)。近年来，随着对冷泉区或天然气水合物赋存区沉积物中硫循环过程了解的逐步深入，人们开始关注和重视单质硫在硫循环过程中发挥的作用(Lin et al., 2015; Milucka et al., 2012; Lin Q et al., 2016a; Lichtschlag et al., 2013)。在深海甲烷富集区的沉积物中，当存在较强的甲烷渗漏作用时，AOM-DSR 反应得以从深部的厌氧环境向浅部的亚氧化-氧化环境转移，甚至在水体中发生。由于海洋环境中多种氧化剂(Zopfi et al., 2004, 2008)和甲烷渗漏区丰富的微生物群落(Boetius and Suess, 2004; Niemann et al., 2006; Leloup et al., 2009; Rossel et al., 2011)的存在，进一步地提高了硫循环的通量和效率，为单质硫的形成提供了有利条件。单质硫的研究不仅可以深入解释沉积物中硫的转化途径和方向，还有助于加深对整个硫循环过程硫同位素分馏的认识，对现代海洋和地质历史时期的海洋环境与生物演化均有重要的意义。Milucka 等(2012)认为，单质硫是 AOM 过程中的重要中间产物，硫酸盐在甲烷氧化古菌的作用下直接还原成单质硫，随后在硫酸盐还原菌作用下歧化成 $H_2S$。Lin 等(2015)认为，单质硫的形成可能是部分 $H_2S$ 被氧化的结果，其形成过程与 SMTZ 的变迁存在密切关系。

多硫同位素分析($\delta^{34}S$、$\Delta^{33}S$ 和 $\Delta^{36}S$ 值)作为目前一项较为先进的硫同位素研究方法，能为我们深入了解沉积物硫循环过程提供有力的手段。然而，目前尚未有研究针对冷泉区或天然气水合物赋存区沉积物中的单质硫开展硫同位素研究，从而限制了我们进一步认识单质硫在冷泉环境下的硫循环过程中扮演的角色。本项目首次针对在南海天然气水合物赋存区(GMGS16 站位)(Zhang G X et al., 2015)沉积物中发现的单质硫开展详细的多硫同位素分析($\delta^{34}S$、$\Delta^{33}S$ 和 $\Delta^{36}S$)，同时结合共生黄铁矿的多硫同位素组成以及详细的矿物微观结构，试图从多硫同位素的角度对冷泉环境下单质硫的物质来源和形成机制进行解读。

## 7.2　样品与分析方法

研究样品来自广海局“海洋四号”调查船采用大型重力活塞取样器(PC)所获得的海底沉积物柱状样，以及 2013 年水合物钻探航次(GMGS2)钻获的沉积物岩心，包括两根 PC 样品(973-2、973-4)和 1 个水合物钻孔岩心(GMGS16)。

单质硫通过体视镜挑选而被发现。体视镜挑选的步骤详见第 5 章第 5.2 节。

采用改进后的甲醇萃取法提取单质硫及测定其含量，具体操作步骤如下：

(1)称取定量(1～3g)冷冻的湿海洋沉积物样品，加入 50mL 离心管中，快速加入 5%的醋酸锌($ZnAc_2$)溶液(每 1g 沉积物加入 2～3mL 溶液)，振荡均匀，固定硫化物并将多硫化物转化为单质硫。

(2)待沉积物解冻后(约 1min)，加入甲醇(色谱纯)，放入超声波振荡器至固液混合均匀，将离心管置于圆周摇床 12～16h，使单质硫萃取至甲醇中。

(3)离心，将上清液通过装有无水硫酸钠的漏斗，滴入鸡心瓶中，除去液相中的水。

(4)再次向离心管中加入甲醇，重复上述步骤，共萃取三次，保证单质硫回收率。沉积物与甲醇的比值为 1/30～1/10(质量体积比)，根据沉积物中的硫含量，选择合适的比值。

(5)过滤[0.45μm 聚偏氟乙烯(PVDF)注射式过滤器]，旋转蒸发甲醇萃取液至约 1mL，加入色谱瓶，用甲醇润洗鸡心瓶三次，保证回收率(根据蒸发速度缓慢调节压强，防止萃取液沸腾)。

(6)氮气吹干萃取液，用微量针加入 0.5mL 或 1mL 甲醇，放入超声波振荡器使单质硫再次萃取至甲醇中。若超声震荡后的溶液仍有较多盐类沉淀，可将上清液移至新色谱瓶中，防止堵塞仪器管路。

(7)高效液相色谱仪(HPLC，Agilent1100)测试，参数如下：进样量 20μL，流速 1mL/min，

流动相甲醇(95%)+水(5%),柱温 40℃,检测波长 254nm,保留时间 15min,色谱柱 Agilent HC-C18(250mm×4.6mm，5μm)。

单质硫成分通过激光拉曼光谱分析确定，利用 JY/Horiba LabRam HR 拉曼系统，激发激光为 532.06nm。

此外，为了开展单质硫硫同位素分析，采用湿化学法提取单质硫，首先把样品放在纯丙酮溶液中，在旋转摇床上搅拌 18h 来提取单质硫(Rice et al., 1993)。过滤丙酮溶液，将该溶液与 1mol/L $CrCl_2$ 在氮气中以亚沸腾温度反应 2h 来提取 $H_2S$。溶解在丙酮中的单质硫将被转化为 $H_2S$ 而被提取出来。余下步骤与铬还原法的步骤相同。提取的 $Ag_2S$ 用于测定其多硫同位素。在镍反应器中，300℃条件下，约 2.5mg 的 $Ag_2S$ 通过超过 8h 的 5 次反应氟化为六氟化硫($SF_6$)(Ono et al., 2006)。在经过低温气相色谱法提纯后，通过 ThermoScientific MAT 253 质谱仪测定多硫同位素。

## 7.3 单质硫的矿物学特征

单质硫常常形成于硫化还原环境中。沉积物中单质硫的物质状态包括结晶态、胶态和少量的溶解态，其含量通常高于硫代硫酸盐($S_2O_3^{2-}$)、亚硫酸盐($SO_3^{2-}$)、连四硫酸盐($S_4O_6^{2-}$)等其他硫循环中间产物的含量。

973-2 站位中共 6 个样品中发现单质硫颗粒，所发现的单质硫颗粒整体呈球形-椭球形，直径 10μm 左右，基本没有明显的晶型特征；大多与黄铁矿共存，且主要分布于黄铁矿集合体的表层，也可见石膏晶体[图 7-1(a)～(c)]。973-4 站位中共 21 个样品中发现单质硫颗粒，所发现的单质硫颗粒形态上更加多样，包括球形-椭球形、圆饼状和不规则状等，粒径也明显偏大，直径通常大于 20μm。除了与黄铁矿及其氧化物共存，单质硫颗

(a) (b) (c)

(d) (e) (f)

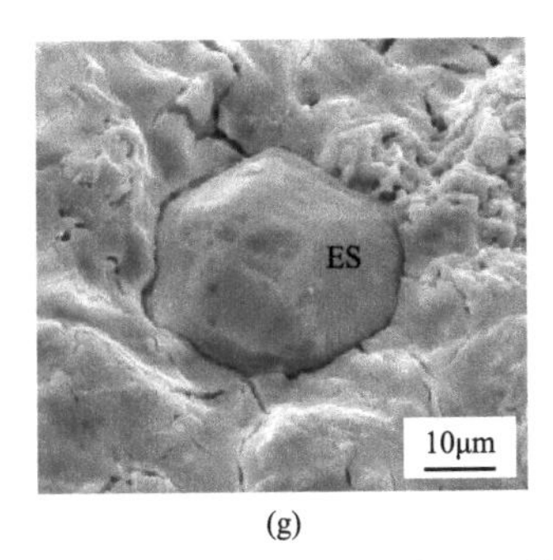


(g)

(h)

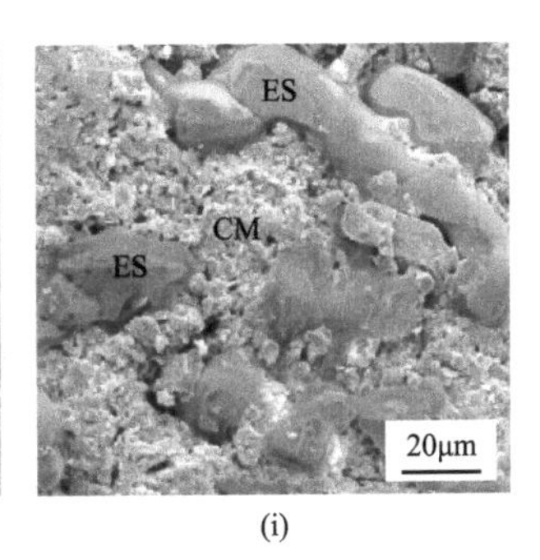


(i)

图 7-1　单质硫颗粒的显微形貌图(据林杞等，2015)

(a)样品号 973-2-128，平均深度 523cmbsf；(b)、(c)样品为(a)的局部放大；(a)～(c)棒状-管状黄铁矿表层呈斑点状分布大量单质硫颗粒，局部放大可见莓状黄铁矿、放射状石膏和单质硫颗粒三者共存。(d)样品号 973-4-266，平均深度 868.5cmbsf；(e)、(f)样品为(d)的局部放大；(d)～(f)棒状矿物集合体，扫描电子显微镜下可见大量单质硫颗粒分布，颗粒表面具有一定规则的凹陷，参差状断面，颗粒间界限不明显，黏土矿物等充填缝隙。(g)样品号 973-4-184，平均深度 605.5cmbsf；(h)样品号 973-4-226，平均深度 729.0cmbsf；(i)样品号 973-4-275，平均深度 896.5cmbsf；(g)～(i)单质硫颗粒分别与黄铁矿的氧化物、八面体黄铁矿和黏土矿物等共存。ES-单质硫；Py-黄铁矿；Gy-石膏；CM-黏土矿物

粒也与黏土矿物等共存[图 7-1(d)～(i)]。973-4 站位中发现的单质硫颗粒表面均不平整，分布具有一定规则的凹陷或者呈现出明暗不同的斑点[图 7-1(d)～(i)]，很可能与矿物不同程度的溶蚀有关。此外，虽然扫描电子显微镜下大部分单质硫颗粒分布在矿物的表层，但是也有少量单质硫颗粒与其他矿物之间显示出了复杂的空间关系(图 7-1)。

对数个自生矿物集合体样品进行了激光拉曼光谱测试，采用随机选取进行线扫描，在 973-4-226 号样品中发现了单质硫颗粒的峰谱(图 7-2)，样品的拉曼光谱特征峰明显，与单质硫的标准峰主要谱线比几乎完全吻合，该样品的扫描电子显微镜观察也证实了单质硫颗粒的存在[图 7-1(h)]，说明无论是扫描电子显微镜观察，还是激光拉曼光谱测试，均表明单质硫确实存在于沉积物中，但其含量可能较少，分布不均匀。

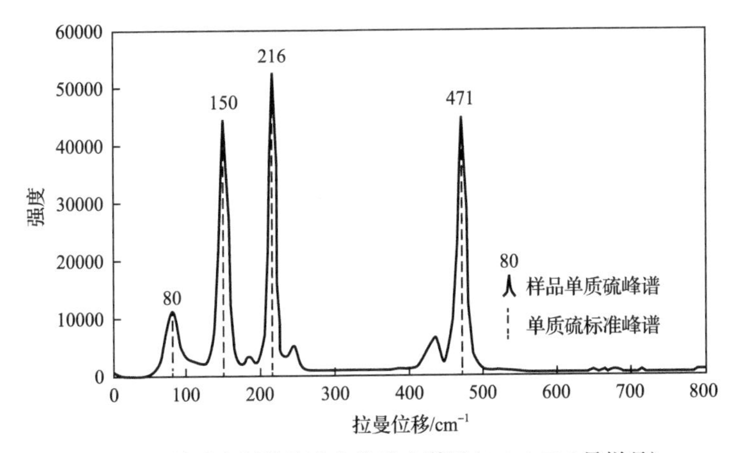


图 7-2　单质硫颗粒的激光拉曼光谱图(973-4-226 号样品)

对 973-4 站位沉积物中赋存的单质硫进行深入测试分析，发现单质硫颗粒呈胶态-晶态产出，主要赋存于 SMTZ 下部及其以下深部的沉积物中(图 7-1)。针对矿物形貌及元素组成的研究发现，同一单质硫颗粒在扫描电镜下大多呈现两种色调，灰黑色透明者，

多位于颗粒外部，单质密度小，结晶差，为胶态单质硫；灰白色不透明者，多位于颗粒内部，其中可见少量灰黑色斑点状胶态硫，单质密度大，结晶好，为晶态的单质硫，结合 973-4 站位单质硫激光拉曼光谱测试的结果，可判断其为环状结构的斜方硫($α$-$S_8$)。

斑点状胶态硫主要沿晶棱规律分布或在晶体表面无规律分布，由于单质硫晶体性脆，具热膨胀不均匀性，易受热破裂，且物质结晶为放热过程，所以单质硫在结晶过程中晶体开裂，外部胶态的单质硫充填这些裂口，故形成斑点状的特殊显微形貌。除此之外，少量单质硫颗粒的表面可见凹陷或孔洞，具有一定规则的凹陷可能是由于单质硫生成速率低，未被后生成的胶态硫充填而形成的；而明显离群的孔洞则可能与晶体形成后因孔隙水化学性质改变而造成的溶蚀有关。大多单质硫颗粒呈不规则状，晶型不可辨识；少数颗粒部分晶面发育良好，可辨认晶型，主要单形为平行双面{001}，斜方双锥{113}、{111}，斜方柱{011}等，推测晶型可能为双锥状或厚板状。不同颗粒中胶态与晶态单质硫比值明显不同，不同层位单质硫的结晶程度对分析其形成时间及形成机理有一定帮助。具有上述形貌的单质硫颗粒不仅在南海的沉积物中发育，还广泛存在于现代海洋及古代地层中，因此可作为鉴别单质硫颗粒的重要形貌学方法。

另外，通过面扫描发现单质硫颗粒富集磷元素(图 7-3)，这与磷元素的强吸附能力有关。973-4 站位 SMTZ 及其以下深部的沉积物中由于成岩作用等因素导致磷元素相对富集，硫与磷在元素周期表中的位置相近，元素某些性质较相似，且磷元素具有极强的吸附能力，因此在单质硫胶结形成的过程中吸附孔隙水中的含磷阴离子，使得单质硫颗粒富集磷元素。

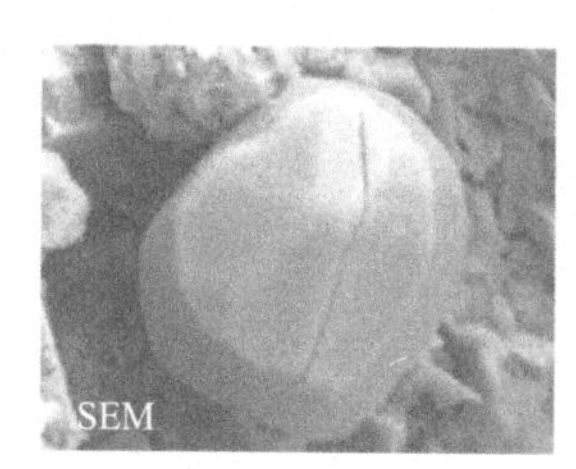

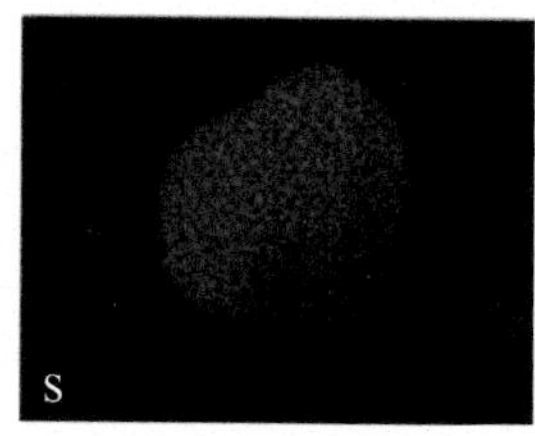

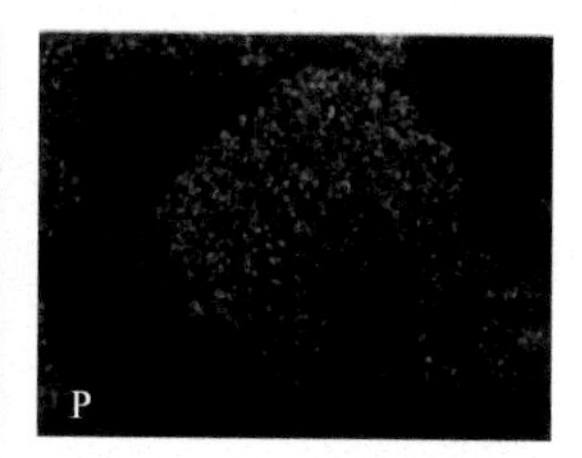


图 7-3　973-4 站位单质硫颗粒面扫描及硫、磷元素富集程度(据 Liu et al., 2020，有修改)

在水合物钻孔 GMGS16 不同深度位置的沉积物岩心中也发现了单质硫固体。它与氧化铁聚集体共存。大部分元素硫表现为大小不等的不规则颗粒，粒径从 4μm 到 30μm 不等，散布在氧化铁之间(图 7-4)。

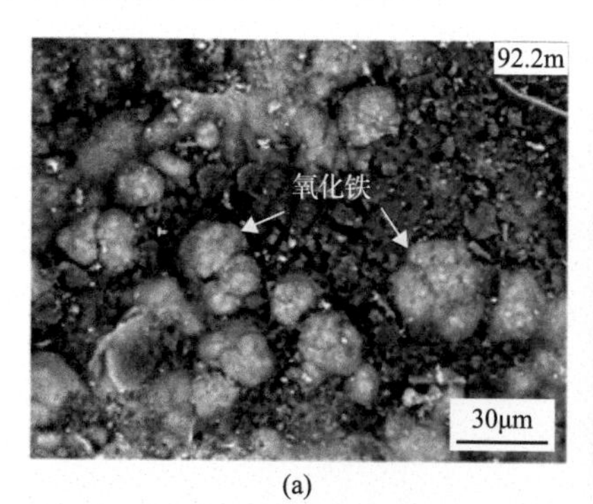

(a)

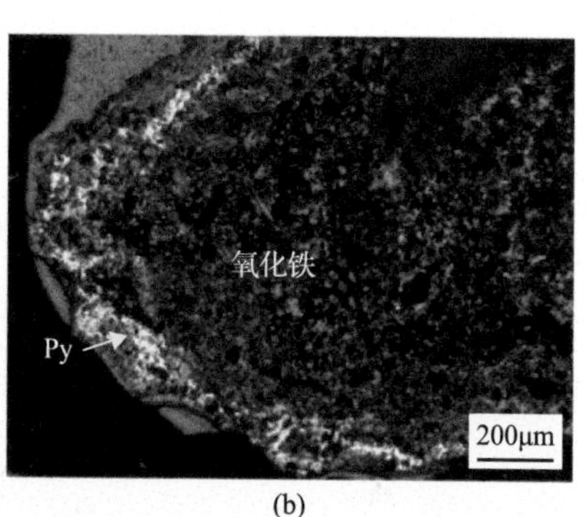

(b)

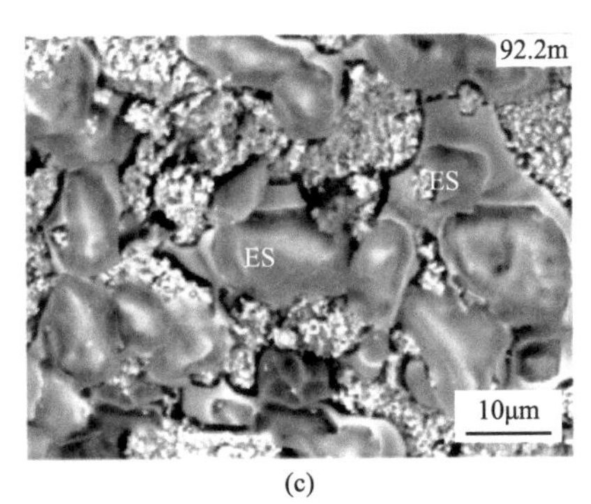


(c)

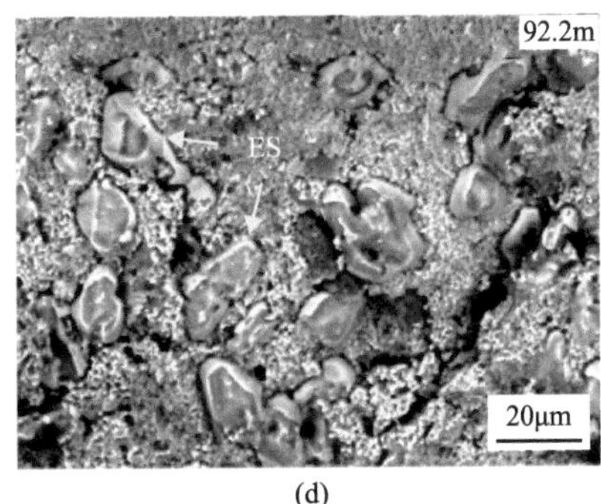


(d)

图 7-4　GMGS16 岩心沉积物中自生黄铁矿、氧化铁和单质硫典型结晶习性的扫描电镜图像
（据 Lin et al., 2018b，有修改）

(a) 氧化铁 (FeOX) 聚集体，由纳米晶氧化铁的块状球形团簇组成。黄色箭头表示球形氧化铁团簇。(b) 黄铁矿的反射光显微照片，出现在氧化铁周围的边缘。黄色箭头表示黄铁矿 (Py)。(c)、(d) 单质硫 (ES) 晶体以不规则的颗粒形式出现，尺寸为 4～30μm，分散在氧化铁之间。黄色箭头表示单质硫

## 7.4　单质硫含量及其多硫同位素特征

本节主要通过扫描电子显微镜观察、能谱分析和激光拉曼光谱测试等手段，确认在多个样品中存在结晶态的单质硫颗粒(图 7-1 和图 7-3)，包括 973-2 站位 6 个样品和 973-4 站位 21 个样品(图 7-5)。两个站位中含有单质硫颗粒的沉积物样品均主要集中分布在 SMTZ 内及其附近深度(图 7-5)。

通过甲醇萃取方法获得 973-4 站位沉积物中更精确的单质硫含量数据(表 7-1)。针对沉积物中单质硫含量的测试发现(图 7-5)，单质硫主要赋存于 SMTZ 下部及其以下深部的沉积物中，单质硫在深度为 0～7m 的沉积物中浓度极低，从 7m 左右开始上升，至 9m 达到峰值。在 SMTZ 以下的沉积物中单质硫一直保持较高浓度，且波动变化，这与酸可挥发性硫化物(主要为 FeS)的变化情况相似。而粗组分黄铁矿的相对含量及硫同位素组成仅在现代 SMTZ 内异常变化，SMTZ 以下的深色矿物颗粒主要为蓝铁矿，几乎未见黄铁矿。

自生黄铁矿的相对含量及其硫同位素组成特征可以用于指示 SMTZ 的相对位置，在 SMTZ 内及其附近层位沉积物中自生黄铁矿的相对含量增多，且其硫同位素值通常趋向正偏(Jørgensen et al., 2004; Peketi et al., 2012; Borowski et al., 2013)。通过体视镜对黄铁矿集合体的挑选和相对含量的计算，表明 973-2 站位岩心柱沉积物中黄铁矿的含量普遍不高，但其硫同位素(V-CDT)组成在 450～500cmbsf 处呈现出明显正偏的特征，最高值为 15.94‰；973-4 站位的黄铁矿相对含量在 600～900cmbsf 处明显增多，其硫同位素(V-CDT)组成也呈现出明显正偏的特征，最高值为 37.2‰。据此，我们推测 973-2 站位和 973-4 站位岩心柱的 SMTZ 分别在 450～500cmbsf 和 600～900cmbsf 深度位置(图 7-5)。张劼等(2014)通过对总硫和 $\delta^{34}$S 等的综合研究，以及史春潇等(2014)通过对细菌群落结构特征分析，均获得了 973-4 站位岩心柱类似的 SMTZ 深度(图 7-5)。这些研究都指示单质硫颗粒的形成很可能与 SMTZ 存在某种成因上的联系。

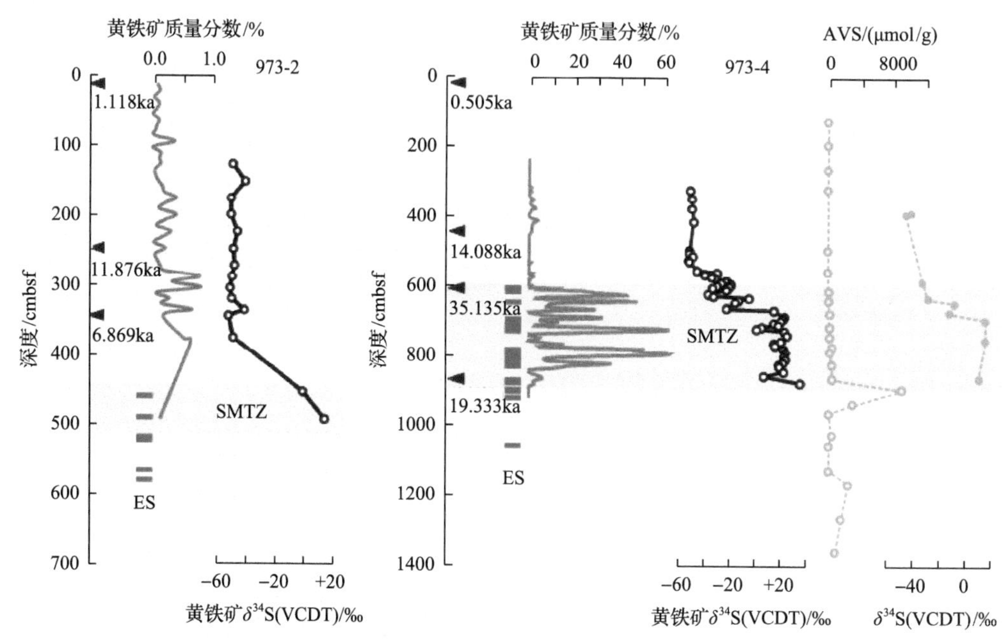


图 7-5 研究站位沉积物中单质硫分布、黄铁矿相对含量、硫同位素组成和 SMTZ 的位置图（据林杞等，2015）

973-2 站位和 973-4 站位中发现单质硫颗粒的沉积物样品以蓝色矩形标注了其在岩心柱中分布位置。根据黄铁矿的含量及其硫同位素组成所推测的 973-2 站位和 973-4 站位的 SMTZ 分别在 450～500cmbsf 和 600～900cmbsf 深度位置（灰色阴影）；灰色的 AVS 和硫同位素数据引自张劼等（2014）。AVS-酸可挥发性硫化物（acid volatile sulfide）；黄铁矿质量分数（%）=100%×黄铁矿质量/大于 65μm 组分的质量

表 7-1 973-4 站位沉积物中单质硫浓度（据 Liu et al., 2020，有修改）

| 样品号 | 深度/cm | 单质硫沉积物中浓度/(μmol/g) |
|---|---|---|
| 1 | 17.5 | 0.0040 |
| 22 | 106.5 | 0.0116 |
| 97 | 329 | 0.0368 |
| 159 | 531.5 | 0.0086 |
| 169 | 561.5 | 0.0076 |
| 174 | 576.5 | 0.0037 |
| 184 | 605.5 | 0.0065 |
| 190 | 623.5 | 0.0114 |
| 198 | 646.5 | 0.0132 |
| 206 | 670.5 | 0.0075 |
| 214 | 693.5 | 0.0180 |
| 224 | 723.5 | 0.1455 |
| 226 | 729 | 2.4848 |
| 236 | 758.5 | 0.1064 |
| 240 | 770.5 | 0.0396 |
| 246 | 792.5 | 0.2359 |
| 254 | 825.5 | 0.3713 |
| 263 | 859.5 | 0.6608 |

续表

| 样品号 | 深度/cm | 单质硫沉积物中浓度/(μmol/g) |
|---|---|---|
| 269 | 878 | 0.7708 |
| 275 | 896.5 | 4.0431 |
| 283 | 920 | 1.7982 |
| 295 | 958.5 | 1.5116 |
| 305 | 989.5 | 0.3254 |
| 315 | 1019.5 | 0.0102 |
| 326 | 1056.5 | 0.7322 |
| 339 | 1096.5 | 1.2553 |
| 351 | 1131.5 | 0.0120 |
| 374 | 1204.5 | 0.5517 |
| 387 | 1246.5 | 0.6818 |
| 399 | 1283.5 | 0.0118 |
| 413 | 1323.5 | 0.2086 |
| 426 | 1372.5 | 1.3558 |

注：单质硫在沉积物(干重)中的浓度已经过沉积物干湿比校正。

单质硫存在或产生于厘米级的表层沉积物中或氧化还原界面附近，并且难以长时间保存(Zopfi et al., 2004)。两个站位的 AMS $^{14}$C 测年结果(图 7-5)表明，岩心柱部分沉积物存在年龄倒转，但是含有单质硫颗粒的沉积物基本上不在表层，单质硫颗粒不太可能是表层形成后被埋藏的结果，而可能是深层沉积物在早期成岩过程中由于氧化还原界面变动的产物，很可能与 SMTZ 位置的变迁有关(图 7-5)，这一推测与前人研究结果类似(Zerkle et al., 2010; Holmkvist et al., 2011a, 2011b)。在 SMTZ 内，AOM 反应显著增强，不仅导致了大量 $H_2S$ 的生成，促进了铁硫化物等自生矿物的沉淀，还提高了硫循环的通量和效率。丰富的 $H_2S$ 和铁硫化物为单质硫颗粒的形成提供了最有利条件。

单质硫与铁硫化物之间没有必然的成因联系。首先，单质硫颗粒不但发育在黄铁矿含量丰度高的层位，而且在黄铁矿含量丰度低，甚至未发现黄铁矿(粒径大于 65μm)的层位也存在(图 7-5)；其次，显微形貌观察表明单质硫颗粒不仅与黄铁矿及其氧化物共存，还与黏土矿物等共存(图 7-1)。因此，黄铁矿及其氧化物与单质硫颗粒虽然共存，但是并不存在成因上的必然联系。实验也表明黄铁矿在厌氧环境中被氧化剂氧化的最终产物并非单质硫，而是 $SO_4^{2-}$(Schippers and Sand, 1999; Schippers and Jørgensen, 2001; Balci et al., 2007)。此外，973-4 站位 AVS 主要赋存于 SMTZ 之下，其含量普遍较低(张劼等，2014)，与单质硫颗粒在岩心柱中的分布也未表现出密切的关系(图 7-5)。

不同途径形成的黄铁矿具有不同形态的微晶或集合体特征，本书研究中单质硫颗粒主要与立方体状和草莓状黄铁矿共存，指示了 $H_2S$ 相对过剩的沉积环境。实验证明 FeS 通过“多硫化物途径”(Rickard, 1975; Luther, 1991; Butler et al., 2004)主要形成八面体黄铁矿(Gartman and Luther, 2013)，而通过“$H_2S$ 途径”(Rickard, 1997; Rickard and Luther, 1997; Butler et al., 2004)主要形成立方体和草莓状黄铁矿(Gartman and Luther, 2013)。本书研究显微形貌的观察表明，与单质硫颗粒共存的黄铁矿主要为立方体黄铁矿和草莓状黄铁矿(图 7-1)，说明研究站位沉积物中自生黄铁矿主要是通过“$H_2S$ 途径”形成的，很可能是 AOM 反应生成的部分 $H_2S$ 与活性铁反应生成 FeS，另有一部分 $H_2S$ 通过“$H_2S$ 途径”参与了立方体黄铁矿的形成。这也表明生成 FeS 时沉积环境中的 $H_2S$ 是相对过剩的，沉积环境以厌氧和还原为主。因此，本研究站位沉积物中大部分 FeS 向黄铁矿的转换过程可能处于相对过剩的 $H_2S$ 沉积环境，铁硫化物是这一过程中主要的产物。然而，本书研究中也发现了少量样品中单质硫颗粒与八面体黄铁矿共存，前人也报道了南海北部水合物赋存区自生黄铁矿的微晶以八面体黄铁矿为主(谢蕾，2012；吴丽芳等，2014)。本书研究认为，可能存在部分单质硫先转化为多硫化物，再通过“多硫化物途径”参与了八面体黄铁矿的形成(Gartman and Luther, 2013)，因为单质硫向多硫化物的转换反应可以在较短的时间内达到平衡(Kamyshny and Ferdelman, 2010)，本书研究中少量的单质硫颗粒与八面体黄铁矿共存可能是上述过程的残留物。

综上所述，本书研究中的铁硫化物主要形成于 $H_2S$ 相对过剩的沉积环境，其含量的相对富集和硫同位素值的明显正偏共同指示了 SMTZ 的相应位置，单质硫的分布特征与 SMTZ 的位置基本吻合，SMTZ 位置的变迁很可能控制了研究站位中单质硫的形成过程。研究站位及其附近海域晚更新世以来的沉积记录中未有明显滞留和分层的报道，并且两个站位的 SMTZ 分别位于 450～500cmbsf 和 600～900cmbsf 深度范围(图 7-5)，相比于神狐海域 7.7～87.9mbsf 的 SMTZ 深度分布(吴庐山等，2013)是比较浅的。由此可知，两个站位海水硫酸根离子向下的扩散应该是充足的，在该条件下 SMTZ 位置的变迁主要受控于向上渗漏的甲烷通量(Borowski et al., 1996, 1999)。此外，单质硫颗粒主要分布在自生矿物集合体的表层，说明其形成时间可能晚于自生矿物的形成时间。因此，当甲烷含量较高时，SMTZ 内 AOM 反应产生了丰富的 $H_2S$，沉积环境以厌氧和还原为主，大部分 $H_2S$ 参与了铁硫化物的形成。当甲烷含量降低时 SMTZ 随之向深部迁移，早前 SMTZ 位置的厌氧和还原程度也开始减弱，甚至部分处于弱氧化环境。新产生的 $H_2S$ 和先前残余的 $H_2S$ 可能随着流体迁移，在氧化-还原界面附近被氧化生成单质硫，呈矿物颗粒的形态保存于黄铁矿和黏土矿物等的表层(图 7-1)。

我们利用湿化学方法对单质硫进行提取，并对单质硫进行了多硫同位素($\delta^{34}S$、$\Delta^{33}S$ 和 $\Delta^{36}S$)测试。在 GMGS16 站位，沉积物单质硫的含量相对较低(比黄铁矿含量低 1 个数量级)，变化范围为 0.00%～0.33%(表 7-2)。单质硫的含量随着深度加深有着较大幅度的变化，其中在 16.55m、31.05m、50.7m、90.2m、120.65m、173.3m、192.3m 和 204.4m 处单质硫的含量较高，在其余层位含量普遍较低，大多数含量接近于零值。

表 7-2　GMGS16 站位沉积物中碳酸盐岩的 $\delta^{13}C$-$\delta^{18}O$ 及黄铁矿和单质硫的 $\delta^{34}S$ 组成(据 Lin et al., 2018b，有修改)

| 深度/m | $\delta^{13}C$/‰ | $\delta^{18}O$/‰ | $S^0$ 质量分数/% | $\delta^{34}S_{S^0}$/‰ | CRS/% | $\delta^{34}S_{CRS}$/‰ | $\delta^{34}S_{S^0}$–$\delta^{34}S_{CRS}$/‰ |
|---|---|---|---|---|---|---|---|
| 0.1 | — | — | 0.00 | — | 0.03 | –29.6 | — |
| 1.6 | — | — | 0.00 | — | 0.61 | –30.2 | — |
| 2 | –50.5 | 5.2 | 0.00 | — | 0.46 | –34.0 | — |
| 2.97 | –52.5 | 4.8 | 0.00 | — | 0.65 | –2.6 | — |

续表

| 深度/m | $\delta^{13}C$/‰ | $\delta^{18}O$/‰ | $S^0$ 质量分数/% | $\delta^{34}S_{S^0}$/‰ | CRS/% | $\delta^{34}S_{CRS}$/‰ | $\delta^{34}S_{S^0}-\delta^{34}S_{CRS}$/‰ |
|---|---|---|---|---|---|---|---|
| 6.6 | −49.8 | 4.7 | 0.02 | 1.2 | 0.49 | 6.9 | −5.7 |
| 9.25 | — | — | 0.04 | 12.2 | 0.28 | 14.8 | −2.6 |
| 10.3 | — | — | 0.02 | 17.0 | 0.18 | 14.5 | 2.5 |
| 10.7 | −48.5 | 5.0 | 0.04 | 7.1 | 0.29 | 8.1 | −1.0 |
| 11.38 | — | — | 0.00 | — | 0.05 | 2.3 | — |
| 12.05 | — | — | 0.00 | — | 0.07 | 4.1 | — |
| 16.55 | — | — | 0.20 | 12.0 | 0.01 | 6.4 | 5.6 |
| 18.1 | −50.4 | 4.6 | 0.00 | — | 0.09 | 13.0 | — |
| 19.5 | — | — | 0.06 | 7.3 | 0.01 | −5.1 | 12.4 |
| 21.74 | −57.0 | 4.6 | 0.00 | — | 0.36 | −18.0 | — |
| 30.7 | — | — | 0.14 | 6.6 | 0.01 | −6.0 | 12.6 |
| 31.05 | — | — | 0.16 | 7.8 | 0.01 | −6.1 | 13.9 |
| 41.35 | — | — | 0.02 | 4.2 | 0.02 | −12.0 | 16.2 |
| 42.2 | — | — | 0.03 | 7.7 | 0.03 | −19.9 | 27.6 |
| 50.7 | — | — | 0.33 | 2.3 | 0.03 | 3.0 | −0.8 |
| 50.75 | — | — | 0.16 | 0.3 | 0.02 | −2.7 | 3.0 |
| 61.3 | — | — | 0.00 | — | 0.44 | −10.5 | — |
| 71 | — | — | 0.03 | −4.3 | 0.04 | −19.3 | 15.0 |
| 81.3 | — | — | 0.00 | — | 0.46 | −6.2 | — |
| 90.2 | −55.8 | 4.7 | 0.32 | 22.4 | 0.38 | −6.5 | 28.9 |
| 90.65 | — | — | 0.08 | 9.7 | 0.01 | 2.8 | 6.9 |
| 101.2 | — | — | 0.04 | 5.3 | 0.01 | −8.6 | 13.9 |
| 110.65 | — | — | 0.10 | 1.1 | 0.01 | −12.0 | 13.1 |
| 120.65 | — | — | 0.23 | −8.5 | 0.02 | −13.8 | 5.3 |
| 130 | — | — | 0.05 | −1.9 | 0.02 | −18.2 | 16.3 |
| 139.7 | — | — | 0.00 | — | 0.08 | −24.0 | — |
| 140.05 | −55.3 | 4.7 | 0.06 | 18.5 | 0.22 | 6.1 | 12.4 |
| 148.82 | — | — | 0.04 | −12.9 | 0.08 | 3.2 | −16.1 |
| 159.15 | — | — | 0.00 | — | 0.39 | 3.6 | — |
| 170.15 | — | — | 0.10 | 8.1 | 0.01 | 0.5 | 7.6 |
| 172.05 | −52.6 | 4.6 | 0.08 | 23.3 | 0.17 | −5.3 | 28.6 |
| 173.3 | — | — | 0.13 | 2.6 | 0.02 | −18.6 | 21.2 |
| 180.85 | — | — | 0.03 | 0.3 | 0.04 | −24.6 | 24.9 |

续表

| 深度/m | $\delta^{13}C$/‰ | $\delta^{18}O$/‰ | $S^0$ 质量分数/% | $\delta^{34}S_{S^0}$/‰ | CRS/% | $\delta^{34}S_{CRS}$/‰ | $\delta^{34}S_{S^0}$–$\delta^{34}S_{CRS}$/‰ |
|---|---|---|---|---|---|---|---|
| 189.55 | — | — | — | — | 0.63 | 18.5 | — |
| 192.3 | –56.9 | 4.8 | 0.30 | 13.7 | 0.13 | 0.0 | 13.7 |
| 194.3 | — | — | 0.04 | –5.3 | 0.24 | 33.2 | –38.5 |
| 204.4 | –49.2 | 5.0 | 0.18 | –15.7 | 0.02 | –18.1 | 2.4 |
| 205.5 | –56.7 | 4.6 | 0.00 | — | 0.12 | –26.9 | — |

该站位单质硫的 $\delta^{34}S$ 值的变化范围为–15.7‰至 23.3‰（$n$=28）（表 7-2），相对于该站位的 CRS 变化范围较小（$\delta^{34}S_{CRS}$：–34.0‰～33.2‰）。单质硫的 $\delta^{34}S$ 值随深度变化表现出一定的变化幅度，其中在 9.25m、90.2m、130m、172m、192m 处出现较高的 $\delta^{34}S$ 值。有趣的是，通过对比同层位沉积物中黄铁矿和单质硫 $\delta^{34}S$ 值，发现大部分沉积物中单质硫的 $\delta^{34}S$ 值比同层位黄铁矿的更高（最高可达 29‰）[图 7-6（f）]。此外，单质硫的 $\Delta^{33}S$ 值变化范围为–0.08‰至 0.06‰，而 $\Delta^{36}S$ 值变化范围为 0.1‰～1.1‰（$n$=13）（表 7-3）。

表 7-3　GMGS16 站位黄铁矿和单质硫的多硫同位素特征（据 Lin et al., 2018b，有修改）

| 深度/m | $\delta^{34}S$/‰ | SD（$^{34}S$） | $\Delta^{33}S$/‰ | SD（$^{33}S$） | $\Delta^{36}S$/‰ | SD（$^{36}S$） | 矿物类型 |
|---|---|---|---|---|---|---|---|
| 9.25 | 13.1 | 0.0 | –0.01 | 0.01 | 0.9 | 0.1 | 单质硫 |
| 10.7 | 7.6 | 0.0 | –0.01 | 0.02 | 1.1 | 0.1 | 单质硫 |
| 30.7 | 6.9 | 0.0 | 0.00 | 0.01 | 0.6 | 0.1 | 单质硫 |
| 42.2 | 8.1 | 0.0 | 0.02 | 0.01 | 0.7 | 0.1 | 单质硫 |
| 50.7 | 2.3 | 0.0 | 0.06 | 0.01 | 0.1 | 0.1 | 单质硫 |
| 50.75 | 0.3 | 0.0 | 0.05 | 0.02 | 0.5 | 0.1 | 单质硫 |
| 90.65 | 9.9 | 0.0 | –0.03 | 0.01 | 0.9 | 0.1 | 单质硫 |
| 90.2 | 22.4 | 0.0 | –0.02 | 0.01 | 0.9 | 0.2 | 单质硫 |
| 140.05 | 18.5 | 0.0 | 0.02 | 0.02 | 0.6 | 0.1 | 单质硫 |
| 173.3 | 2.6 | 0.0 | –0.08 | 0.01 | 1.1 | 0.1 | 单质硫 |
| 192.3 | 13.7 | 0.0 | 0.01 | 0.01 | 0.6 | 0.1 | 单质硫 |
| 194.3 | –5.7 | 0.0 | –0.01 | 0.01 | 0.8 | 0.1 | 单质硫 |
| 204.4 | –16.2 | 0.0 | 0.02 | 0.01 | 0.4 | 0.1 | 单质硫 |
| 1.6 | –35.3 | 0.0 | 0.13 | 0.02 | –0.4 | 0.1 | 黄铁矿 |
| 9.25 | 15.4 | 0.0 | 0.02 | 0.01 | 0.3 | 0.1 | 黄铁矿 |
| 30.7 | –6.3 | 0.0 | –0.01 | 0.02 | 0.7 | 0.1 | 黄铁矿 |
| 42.2 | –20.7 | 0.0 | 0.15 | 0.01 | –0.5 | 0.1 | 黄铁矿 |
| 50.7 | 3.2 | 0.0 | –0.01 | 0.02 | 0.8 | 0.1 | 黄铁矿 |
| 90.2 | –6.6 | 0.0 | 0.07 | 0.01 | –0.1 | 0.1 | 黄铁矿 |
| 90.65 | 2.8 | 0.0 | –0.01 | 0.02 | 0.5 | 0.1 | 黄铁矿 |

续表

| 深度/m | $\delta^{34}S$/‰ | SD($^{34}S$) | $\Delta^{33}S$/‰ | SD($^{33}S$) | $\Delta^{36}S$/‰ | SD($^{36}S$) | 矿物类型 |
|---|---|---|---|---|---|---|---|
| 140.05 | 6.4 | 0.0 | 0.01 | 0.02 | 0.6 | 0.1 | 黄铁矿 |
| 180.85 | –25.4 | 0.0 | 0.14 | 0.01 | –0.4 | 0.1 | 黄铁矿 |
| 192.3 | –0.1 | 0.0 | 0.02 | 0.01 | 0.7 | 0.1 | 黄铁矿 |
| 194.3 | 34.4 | 0.0 | –0.03 | 0.02 | 0.9 | 0.1 | 黄铁矿 |

GMGS16 站位沉积物中的自生碳酸盐岩在垂向上的分布并不连续，对其碳氧同位素进行分析[图 7-6(a)]，显示其 $\delta^{13}C$ 值为–57.0‰～–48.5‰，平均值为–52.9‰($n$=12)；$\delta^{18}O$ 值为 4.6‰～5.2‰，平均值为 4.8‰($n$=12)。明显可以看出，这些碳酸盐岩样品均出现了明显的碳同位素负偏移和氧同位素富集的现象。

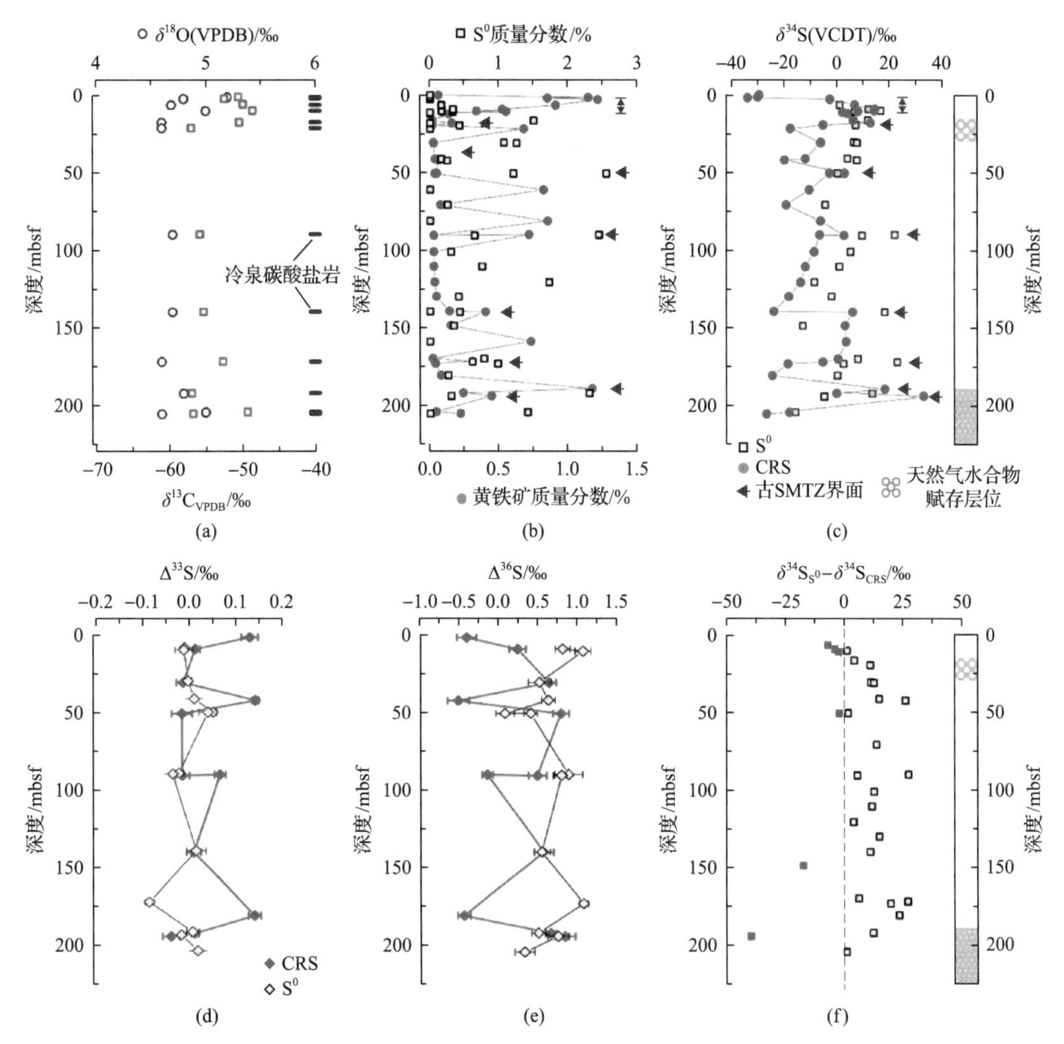


图 7-6　GMGS16 站位碳酸盐岩、黄铁矿和单质硫的同位素和含量垂向变化(据 Lin et al., 2018b，有修改)

(a)碳酸盐岩的 $\delta^{13}C$ 和 $\delta^{18}O$ 值；(b)黄铁矿和单质硫的含量；(c)～(e)黄铁矿和单质硫的 $\delta^{34}S$、$\Delta^{33}S$ 与 $\Delta^{36}S$ 值；(f)单质硫和黄铁矿 $\delta^{34}S$ 值的差值

在富甲烷区，由于携带甲烷的流体向上运移过程中与孔隙水中的硫酸盐发生 AOM 反应，该过程会增加环境的碱性($HCO_3^-$)，从而导致了自生碳酸盐岩在 SMTZ 富集发生沉淀。在富甲烷的冷泉区形成的自生碳酸盐岩通常具有很低的碳同位素值，这个特征指示了过去海底较强的冷泉活动同时也为判断其碳的来源提供依据(Peckmann and Thiel, 2004；Suess, 2014)。GMGS16 站位的碳酸盐岩具有明显的碳同位素负偏移特征，说明这些碳酸盐岩是在强烈 AOM 反应下的产物，因此这些含有较低 $\delta^{13}C$ 值的碳酸盐岩层位可用来指示当时的 SMTZ。此外，该站位碳酸盐岩较高的 $\delta^{18}O$ 值与台西南海域其他地区的冷泉碳酸盐岩较为类似，可能与沉积物中天然气水合物发生分解有关(Suess, 2014; Han et al., 2008)。

如上所述，在沉积物 SMTZ 处，由于孔隙水中硫酸盐被完全消耗形成硫化氢，因此该界面形成的黄铁矿通常具有较高的 $\delta^{34}S$ 值(Borowski et al., 2013; Lin Z et al., 2016b)。在 GMGS16 站位中，可以看出在碳酸盐岩出现的层位中(如图 7-6 中红色箭头所指)，黄铁矿的 $\delta^{34}S$ 值也出现了高值(尽管黄铁矿含量没有一一对应出现高值)，进一步说明 AOM 在 SMTZ 上对碳酸盐岩碳同位素和黄铁矿硫同位素产生的共同影响。

沉积物中不同深度出现的碳酸盐岩为冷泉区 AOM 在不同时期的活动留下了痕迹，直接指示了沉积物中多个不同层位的古代 SMTZ。冷泉活动的强弱能够直接影响到沉积物中 SMTZ 的深浅程度，冷泉活动越强，SMTZ 越浅。但前人研究表明，在天然气水合物赋存区内，SMTZ 的深度大部分小于 50m(Borowski et al., 1999)。由于该站位发现的多个古代 SMTZ 均位于 50m 以下，说明这些 SMTZ 应该是古代形成之后经过埋藏保存下来的(Borowski et al., 2013)。因此，对这些古代 SMTZ 的研究可以为研究该区域冷泉历史活动过程提供重要的证据。

从图 7-6 中可以看出，GMGS16 站位中单质硫的 $\delta^{34}S$ 值在垂向上有较大的变化幅度。通过对比单质硫及其同层位黄铁矿的硫同位素组成($\delta^{34}S_{S0}$–$\delta^{34}S_{py}$)，可以发现大部分单质硫的 $\delta^{34}S$ 值比同层位黄铁矿的 $\delta^{34}S$ 值更高($\delta^{34}S_{S0}$–$\delta^{34}S_{py}$ 表现为正值)。由于单质硫的形成与沉积物中 $H_2S$ 的氧化密切相关，并且在 $H_2S$ 氧化形成单质硫的过程中硫同位素的分馏作用非常微弱，因此单质硫的硫同位素可以代表 $H_2S$ 的硫同位素组成。在沉积物成岩过程中，OSR 和 AOM 是沉积物中 $H_2S$ 来源的主要形成过程。一般来说，在硫酸盐较为充足的沉积环境中，通过 OSR 形成的 $H_2S$ 具有较低的 $\delta^{34}S$ 值特征；而 AOM 过程中产生的 $H_2S$ 具有较高的 $\delta^{34}S$ 值特征。

本书认为 GMGS16 站位中具有较高 $\delta^{34}S$ 值的黄铁矿主要是 AOM 过程下的产物，但由于沉积物全岩黄铁矿 $\delta^{34}S$ 值代表的是沉积物不同期次(包括早期的 OSR 和后期的 AOM)形成黄铁矿的混合信号，所以这些黄铁矿的全岩 $\delta^{34}S$ 值并不能准确反映出 AOM 过程中形成的 $H_2S$ 的信号。从 GMGS16 站位的黄铁矿结构上看，可以明显观察到其具有明显的结构分带现象：①位于核部的草莓状黄铁矿；②围绕草莓状黄铁矿生长的增生型黄铁矿；③自形黄铁矿。Lin Z 等(2016b)在神狐海域也发现了类似的黄铁矿结构并利用 SIMS 对这三类黄铁矿进行了原位硫同位素分析，结果表明草莓状黄铁矿表现出较低的 $\delta^{34}S$ 值，主要受到成岩作用早期 OSR 的影响；而增生型黄铁矿和自形黄铁矿则表现出极高的 $\delta^{34}S$

值，主要受到成岩作用后期 AOM 的影响。因此可以推断该站位黄铁矿的生长规律与 Lin Z 等(2016b)所报道的较为一致，即黄铁矿受到了早期 OSR 和后期 AOM 的影响，从而导致了不同期次黄铁矿的形成。

为了进一步研究黄铁矿和单质硫之间的关系，本书首次利用黄铁矿和单质硫的 $\delta^{34}S$ 和 $\Delta^{33}S$ 值对这两种矿物的关系进行研究。在 $\delta^{34}S$-$\Delta^{33}S$ 图解中，可以看出黄铁矿相对于单质硫具有较大的变化范围。从图 7-7 的第二象限中，部分黄铁矿具有较低的 $\delta^{34}S$ 值和较高的 $\Delta^{33}S$ 值，这些特征反映了其 OSR 成因(Canfield et al., 2010; Johnston, 2011)。由于 AOM 形成的 $H_2S$ 通常具有较高的 $\delta^{34}S$ 值,而 OSR 形成的 $H_2S$ 通常具有较低的 $\delta^{34}S$ 值，为了简单起见，本书选取黄铁矿中 $\delta^{34}S$ 值最高的数值作为 AOM 的端元值(第四象限：$\delta^{34}S$=34.4‰，$\Delta^{33}S$= −0.03‰)，并选取黄铁矿中 $\delta^{34}S$ 值最低的数值作为 OSR 的端元值(第二象限：$\delta^{34}S$= −35.3‰，$\Delta^{33}S$=0.13‰)。从图 7-7 中可以发现，该站位所有的黄铁矿均落在 OSR 和 AOM 两端元的混合线上方，进一步说明沉积物中的黄铁矿是不同成岩作用下(OSR 和 AOM)的混合产物。该结论与黄铁矿在微观结构发现的不同其次的黄铁矿类型(草莓状黄铁矿、增生型黄铁矿和自形黄铁矿)得以相互映衬。

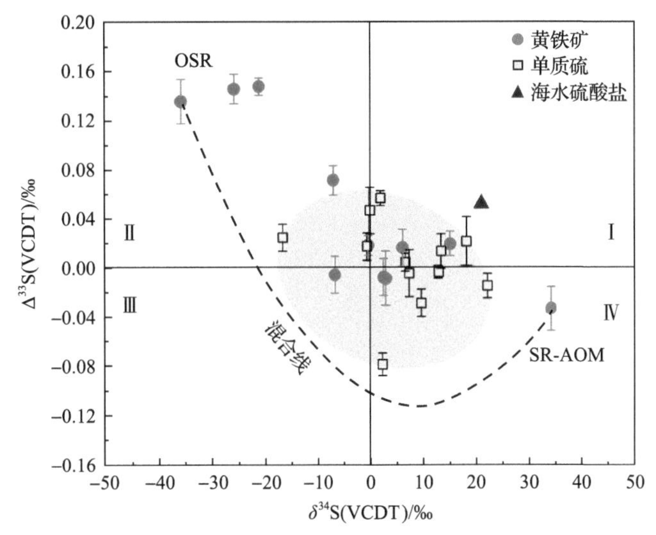


图 7-7 GMGS16 站位黄铁矿和单质硫的 $\delta^{34}S$-$\Delta^{33}S$ 图解(据 Lin et al., 2018b，有修改)

其中虚线为 OSR 黄铁矿端元和 AOM 黄铁矿端元的混合线；椭圆黄色区域代表单质硫的大致区间

此外，可以发现单质硫落在的区间(如图 7-7 中黄色椭圆区域所示)较为集中，也位于 OSR 和 AOM 两个端元的混合线上方,这也说明其硫的来源主要是 OSR 和 AOM 过程中所产生的 $H_2S$。从图中可以看出,大部分单质硫的 $\delta^{34}S$ 值比这些黄铁矿的 $\delta^{34}S$ 值更高，一方面说明形成单质硫的 $H_2S$ 具有较高的硫同位素组成，指示其主要为 AOM 的产物；另一方面说明单质硫的 $\delta^{34}S$ 值比黄铁矿的 $\delta^{34}S$ 值更接近 AOM 形成 $H_2S$ 的 $\delta^{34}S$ 值。有趣的是，前面通过碳酸盐和黄铁矿共同确定的 SMTZ 处(如图 7-6 中红色箭头所述)，单质硫也表现出较高的 $\delta^{34}S$ 值特征，说明单质硫的形成确实与 SMTZ 的 AOM 过程有关。

在 GMGS16 站位中，单质硫与黄铁矿在含量上没有必然的联系，在黄铁矿含量较高的层位上单质硫并没有出现相应的含量高值，相反，较多的单质硫含量较高的层位发育在黄铁矿含量较低的层位上。从显微结构上观察，大部分单质硫与黄铁矿颗粒并未有密切的共生关系。同时，模拟实验也表明黄铁矿在厌氧条件下被氧化的最终产物是硫酸盐，而非单质硫(Balci et al., 2007)。此外，单质硫与同层位黄铁矿在 $\delta^{34}S$ 值上也没有一定的联系。因此，本书单质硫颗粒的出现可以排除是黄铁矿氧化的结果。

通常来说，单质硫是在沉积物浅表层(厘米级别)或氧化还原界面附近形成的(Zopfi et al., 2008)。单质硫的形成一般认为是硫化氢($H_2S/HS^-$)在有氧环境下被 $O_2$ 氧化形成[式(7-4)]，或者在厌氧环境下被 Fe(Ⅲ)氧化物[式(7-5)]或锰(Ⅳ)氧化物[式(7-6)]氧化形成(Thamdrup et al., 1993; Yao and Millero, 1996)。

$$3H_2S+4O_2 \longrightarrow S^0+3H_2O+SO_2+SO_3 \tag{7-4}$$

$$HS^-+2FeOOH+5H^+ \longrightarrow S^0+2Fe^{2+}+4H_2O \tag{7-5}$$

$$HS^-+MnO_2+3H^+ \longrightarrow S^0+Mn^{2+}+2H_2O \tag{7-6}$$

在 GMGS16 站位中，单质硫并非出现在表层的沉积物中，所以可以排除单质硫为有氧环境下 $H_2S$ 的氧化产物被埋藏的结果。单质硫的硫同位素表明其硫的来源与 AOM 过程相关，因此，我们认为单质硫应该是深层沉积物在早期成岩过程中由于氧化还原界面变动的产物，可能与 SMTZ 的变迁有关(Lin Q et al., 2015，2016a)。

AOM 的反应强度受到甲烷通量的影响和控制，但冷泉活动加强(或甲烷通量变大)时，甲烷和硫酸盐在 SMTZ 处剧烈反应(AOM)，产生大量的 $H_2S$，沉积环境以厌氧和还原为主，这些 $H_2S$ 大部分会与沉积物中的活性铁矿物(如针铁矿、赤铁矿和磁铁矿)发生一系列反应形成黄铁矿(图 7-8)。这种情况下，即使有单质硫的形成，也会与 $H_2S$ 继续反应形成黄铁矿。当冷泉活动减弱(或甲烷通量变小)时，沉积物的 SMTZ 会往沉积物深度发生迁移，导致先前 SMTZ 所处的层位厌氧和还原程度有所减弱，甚至出现了弱氧化的现象。早期 SMTZ 处由于缺乏 $H_2S$ 的继续供给，残余的 $H_2S$ 会在铁氧化物的氧化下形

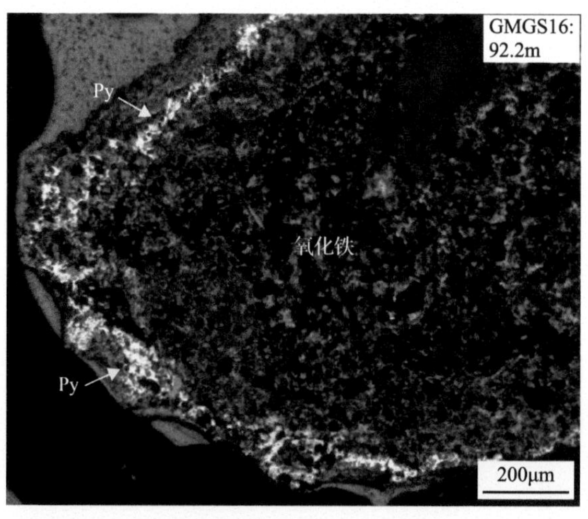


图 7-8 铁氧化物颗粒的外围遭受黄铁矿化的显微图像(据 Lin et al., 2018b，有修改)

成单质硫。这与黄铁矿和单质硫含量的观察结果较为吻合，在黄铁矿含量较高的层位上，单质硫的含量往往较低：说明在 AOM 剧烈反应的情况下，$H_2S$ 的大量出现反而不利于单质硫的形成；相反，大部分单质硫出现在黄铁矿含量较低的层位上，指示环境的还原性有所下降。因此，单质硫的出现不仅能够指示古代 SMTZ 的位置，还反映了 SMTZ 变迁的一个演化历史。

总的来说，南海北部九龙甲烷礁附近海域沉积物中单质硫颗粒主要分布于 SMTZ 及其附近深度，其成因很可能与 SMTZ 位置的变迁密切相关。因此，沉积物中单质硫颗粒的发育特征，从某种程度上可以指示 SMTZ 的位置变迁(图 7-9)。SMTZ 内 AOM 反应显著增强，导致了大量 $H_2S$ 的生成，促进了铁硫化物等自生矿物的沉淀，为单质硫颗粒的形成提供了最有利的条件。由于研究站位的 SMTZ 的位置主要受控于沉积物中上涌的甲烷通量的变化，而在海洋天然气水合物成藏海域，水合物藏的分解释放可以带来异常高的甲烷通量，造成 SMTZ 位置波动。因此，沉积物中单质硫颗粒的发育也一定程度上可能指示了水合物藏的演化历史。

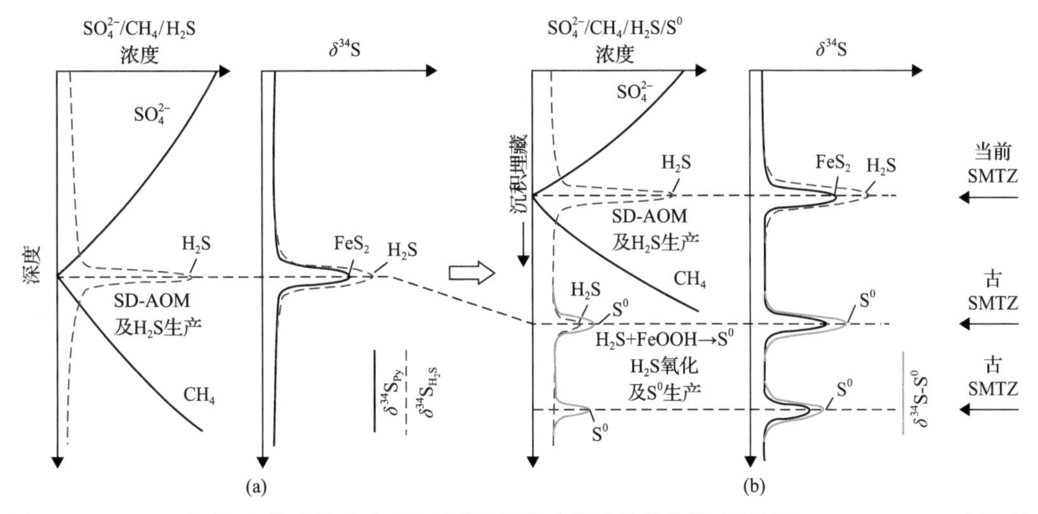


图 7-9　SMTZ 迁移对沉积物中单质硫形成及其硫同位素影响的简化模式图(据 Lin et al., 2018b，有修改)

(a) 甲烷和硫酸盐在 SMTZ 中被消耗，硫酸盐被消耗到接近零浓度和硫化氢累积。强烈的硫酸盐驱动的甲烷厌氧氧化(SD-AOM)导致硫化氢富集和沉淀黄铁矿中的 $^{34}S$。(b) 当甲烷的流量较高时，硫酸盐在较浅的深度排出，导致在当前较浅的 SMTZ 中硫化物和黄铁矿中富集 $^{34}S$。由于持续的沉积作用，古 SMTZ 现在处于更大的深度。残余硫化物古 SMTZ 被铁还原氧化为元素硫。黄铁矿的 $\delta^{34}S$ 值低于硫化氢和元素硫的 $\delta^{34}S$ 值，即由于黄铁矿团聚体的复合性质，由反映早期有机碎屑硫酸盐还原和后期 SD-AOM 的生长阶段组成。或者，这些偏移量也可以反映元素硫歧化过程中硫同位素的分馏，这会产生在 $^{34}S$ 内耗尽的硫化物可能有助于晚期黄铁矿的形成

# 第8章 主要结论

南海北部陆坡存在丰富的天然气水合物资源，也存在大量烃类天然气渗漏现象，并在海底形成冷泉系统。本书通过详细研究南海北部陆坡典型冷泉区沉积物孔隙水、自生碳酸盐岩、黄铁矿、石膏与单质硫等载体的地球化学特征，从地质地球化学角度研究冷泉系统的生物地球化学过程及其形成与演化机制，探讨其与冷泉渗漏和天然气水合物藏分解演化之间的耦合关系，主要研究结论如下。

(1)为了更加明确与天然气水合物相关的孔隙水地球化学异常指标，在国内外相关研究的基础上将孔隙水指标分为直接指标和间接指标。直接指标主要是相对保守的元素，如氯、钠、氢、氧等，其异常与水合物形成分解相关，在对这些指标进行校正和比对后可以较为明确地判别水合物赋存与否。当直接指标没有出现异常时，如采样深度浅不能触及水合物赋存层位，就需要使用间接指标来进行判断，其中硫酸盐还原过程和碘的释放过程是比较有代表性的两大体系，每个体系又会产生诸多附加反应，从而引起更多的地球化学异常。这些指标不能直接用来判别水合物的生储，但是其异常反映出的高气源通量，以及目前高的甲烷释放速度很有可能与天然气的产出以及水合物的分解相关，再结合其他如 BSR 等指标可以间接指示水合物的赋存。

(2)对东沙海域三个站位(CL7 站位、CL11 站位和 CL16 站位)开展了孔隙水地球化学研究，同一工区内 3 个站位的沉积特征与物理化学条件接近，因此在工区内部具有很好的对比性。CL7 无明显 AOM 特征，而 CL11 站位与 CL16 站位则 AOM 现象明显，尤其是 CL11 站位取样已经接近 SMTZ 界面，AOM 过程在硫酸盐的消耗过程中占据重要地位。因此可以假设无异常的站位为工区的背景站位，代表着工区的正常沉积特征，而异常站位在此基础上受到下伏地层中释放的甲烷影响，而渗漏的甲烷可能与天然气水合物相关。通过对各指标的量化和综合分析我们还得出除了碳同位素与 SMTZ 深度外，硫酸盐以及碘含量的相关性及梯度大小也可能成为识别 AOM 过程的指标。通过模拟计算得到 CL11 站位的 AOM 速率约为 0.020mol/($m^3 \cdot a$)，与国际上其他烃渗漏区域速率相当，在 AOM 过程的控制下，硫酸根还原速度加快，导致了硫同位素在还原过程中分馏不平衡，表现出来的硫同位素分馏系数远远低于理论值。

(3)南海北部海底碳酸盐岩样品矿物学研究表明，其中的钙镁碳酸盐相有文石、低镁方解石(LMC)、高镁方解石(HMC)、原白云石和白云石。东沙海区 HD76 站位的碳酸盐为 LMC 和少量文石。神狐海区的碳酸盐相主要为白云石、原白云石、HMC、LMC 和文石。台西南盆地 HD314 站位的碳酸盐相主要为 LMC 和 HMC，还有一定含量的原白云石。通过对白云石和原白云石的透射电镜观察，发现神狐样品的(原)白云石的微成分和微结构较为均一分布，但局部还是存在富 $Ca^{2+}$的方解石结构纳米微区，有的与母体白云石呈(104)双晶的关系，也可见富 $Ca^{2+}$微区与白云石交互生长。314-2 的原白云石为白云石结构微区零散分布在方解石结构区域中，表现为极不均匀的 $Mg^{2+}$分布，交互生长没有白云石样品中的明显,但还是有与局部方解石结构和白云石结构微区呈(104)双晶的方解石结构微区。虽然白云石和原白云石中有众多微区存在，但它们的结晶方向是一致的。微成分和微结构的观察表明它们是由早期的纳米晶体聚合而成。超结构衍射强度与$MgCO_3$含量的不匹配，以及傅里叶变换和高分辨率扫描透射电镜观察结果表明，神狐样品中的(原)白云石和台西南样品中的原白云石的阳离子排布为部分有序，后者的有序度较低。

(4)南海北部海底碳酸盐岩样品矿物学与地球化学研究表明，HD76站位的样品的碳来源于海水，神狐海区和台西南盆地的自生碳酸盐岩的碳是冷泉甲烷碳和海水碳不同程度混合的结果，其中前者以甲烷碳为主，后者混入较多的海水碳。利用前人的氧同位素平衡等式，根据前人的研究成果合理假定沉积温度，算得全部样品的沉积流体的$\delta^{18}O$。HD76站位的一个样品76-2的矿物学、碳同位素和稀土元素特征代表海相碳酸盐岩，以它为标准,通过沉积流体的$\delta^{18}O$对比,发现另外两个样品76-1和76-4的$\delta^{18}O$明显亏损，认为是较高温度下重结晶的结果。神狐海区和台西南盆地样品的$\delta^{18}O$与海水值平衡，说明沉积流体的氧同位素特征与当时的海水的类似，来源较浅。

(5)冷泉碳酸盐岩元素地球化学表明,自生碳酸盐在沉积物中形成,并胶结碎屑矿物,造成全岩CaO和MgO的明显变化。通过REE配分曲线及相关参数鉴别了在冷泉作用下形成的初始相和沉积后受后期海水作用的改造相。初始相的REE配分曲线、$Ce/Ce^*$异常和铀的富集表明冷泉碳酸盐形成于不同程度的还原环境中。76-1和76-4的配分曲线类似海水的，但HREE略微亏损，可能是重结晶时造成的。混合的REE配分曲线表明，自生碳酸盐的沉积受到海水和孔隙水的共同影响，通过$Ce/Ce^*$异常、$Y/Y^*$异常和LREE的相对富集或亏损情况，认为神狐海区和台西南盆地的样品主要是在冷泉环境中形成的，前者的冷泉作用更强烈。

(6)冷泉碳酸盐岩样品的镁同位素在样品之间和样品与沉积流体间的差异是由于存在动力学分馏。随着$\delta^{26}Mg$值增大,Mg/Ca比值增大而$\delta^{13}C$值减小,表明$\delta^{13}C$值与$\delta^{26}Mg$值的相关性较好。更低的$\delta^{13}C$值表明相对更多的碳来自SD-AOM，可能是SD-AOM增强的结果。镁含量与镁同位素的负相关关系表明，镁同位素的分馏与高镁相碳酸盐岩的形成机制密切相关。硫酸盐还原作用能够降低镁进入碳酸盐矿物晶格的动力障碍，导致轻和重镁同位素进入碳酸盐矿物晶格的能量差异也减小。因此，冷泉环境强烈的AOM作用能够减少冷泉碳酸盐岩形成过程中的镁同位素分馏。

(7)利用全岩硫化物、黄铁矿颗粒和SIMS原位硫同位素分析三种手段对神狐海域和台西南盆地两个研究区沉积物中自生黄铁矿进行研究，结果表明两个区域的黄铁矿具有极大的硫同位素变化范围(神狐海域:–41.6‰～114.8‰;台西南盆地:–50.3‰～52.4‰)。在全岩$\delta^{34}S$值较低的层位中，黄铁矿主要呈草莓状，其原位$\delta^{34}S$值较低，说明其受到早期有机物降解-硫酸盐还原过程(OSR)或者歧化反应的影响；而在全岩$\delta^{34}S$值较高的层位，黄铁矿含量也随之增高，此外增生型黄铁矿和自形黄铁矿大量出现且具有较高的原位$\delta^{34}S$值，表明这些黄铁矿主要受到了后期成岩阶段AOM的影响。

(8)利用多硫同位素($\delta^{34}S$、$\Delta^{33}S$，$\Delta^{36}S$)手段对沉积物黄铁矿进行研究，结果表明形成于早期OSR过程中形成的黄铁矿具有明显的多硫同位素特征，其通常落在$\delta^{34}S$-$\Delta^{33}S$

图解的第二象限($\delta^{34}S<0$，$\Delta^{33}S>0$)；而 SMTZ 处黄铁矿的多硫同位素具有较大的变化范围，在 $\delta^{34}S$-$\Delta^{33}S$ 图解的 4 个象限中均有分布($\delta^{34}S$ 值较高，$\Delta^{33}S$ 变化较大)。由原位硫同位素分析可知 SMTZ 处黄铁矿是 OSR 和 AOM 两个过程的混合产物，通过两端元混合模型可知 AOM 成因黄铁矿与 OSR 成因黄铁矿具有截然不同的多硫同位素特征，因此多硫同位素可作为一项潜在的区分 OSR 和 AOM 过程的有效手段。

(9)通过对比研究区沉积物中黄铁矿铁同位素($\delta^{56}Fe$)和沉积物的黄铁矿化程度，发现二者存在一定的正相关关系，并且黄铁矿 $\delta^{56}Fe$ 的最高值出现在沉积物的 SMTZ 处，说明了黄铁矿 $\delta^{56}Fe$ 值受到了硫酸盐还原过程中(包括 OSR 和 AOM) $H_2S$ 含量的影响。当沉积物 $H_2S$ 含量较低时，黄铁矿形成过程发生较大的铁同位素分馏，形成 $\delta^{56}Fe$ 值较低的黄铁矿；当 $H_2S$ 含量升高时，大部分活性铁被等量转化成黄铁矿，因此黄铁矿继承了较高的 $\delta^{56}Fe$ 特征。因此，具有较高 $\delta^{56}Fe$ 特征的黄铁矿可作为示踪 AOM 过程一个新指标。

(10)南海北部水合物富集区沉积物中的自生石膏的矿物学与地球化学研究表明，沉积物中挑选出的石膏晶体具有原生性，石膏样品不是预处理过程中人为因素导致的产物，应该属于自生成因。石膏的形成受到了黄铁矿氧化作用的影响，海水硫酸盐和黄铁矿均是石膏的重要硫源，并且浅部黄铁矿的氧化作用比深部的更为强烈。通过黄铁矿与石膏的生长关系，推断冷泉系统处于动态变化过程，存在阶段式渗漏，黄铁矿可能形成于甲烷渗漏的较强阶段，石膏则形成于渗漏强度减弱的阶段。因此自生石膏可以指示水合物藏演化过程中 SMTZ 的波动。

(11)通过精细矿物学观察和测试，在南海北部冷泉区沉积物中发现了单质硫颗粒的存在。单质硫的多硫同位素分析结果显示大部分单质硫比同层位黄铁矿具有更高的 $\delta^{34}S$ 组成，且与冷泉碳酸盐岩的分布较为一致，说明了单质硫的形成与 AOM 过程密切相关，为 AOM 过程中产生的硫化氢受到厌氧氧化的产物。因此，利用单质硫的分布和同位素组成可用来还原沉积物中 SMTZ 的位置及其变迁演化。

# 参考文献


陈多福, 陈先沛, 陈光谦. 2002. 冷泉流体沉积碳酸盐岩的地质地球化学特征. 沉积学报, 20: 34-40.

陈多福, 黄永样, 冯东, 等. 2005. 南海北部冷泉碳酸盐岩和石化微生物细菌及地质意义. 矿物岩石地球化学通报, 24(3): 185-189.

陈忠, 杨华平. 2008. 南海东沙西南海域冷泉碳酸盐岩特征及其意义. 现代地质, 22(3): 382-389.

陈忠, 颜文, 陈木宏, 等. 2006. 南海北部大陆坡冷泉碳酸盐结核的发现：海底天然气渗漏活动的新证据. 科学通报, 51(9): 1065-1072.

陈忠, 颜文, 陈木宏, 等. 2007a. 南沙海槽表层沉积自生石膏-黄铁矿组合的成因及其对天然气渗漏的指示意义. 海洋地质与第四纪地质, 27(2): 91-100.

陈忠, 黄奇瑜, 颜文, 等. 2007b. 南海西沙海槽的碳酸盐结壳及其对甲烷冷泉活动的指示意义. 热带海洋学报, 26(2): 26-33.

冯东, 陈多福, 苏正, 等. 2005. 海底天然气渗漏系统微生物作用及冷泉碳酸盐岩的特征. 现代地质, 19(1): 26-32.

葛璐, 蒋少涌, 杨涛, 等. 2009. 南海北部神狐海区冷泉碳酸盐岩的地球化学特征. 矿物学报, (S1): 370.

葛璐, 蒋少涌, 杨涛, 等. 2011. 南海北部神狐海域冷泉碳酸盐烟囱的甘油醚类生物标志化合物及其碳同位素组成. 科学通报, 56(14): 1124-1131.

何家雄, 施小斌, 夏斌, 等. 2007. 南海北部边缘盆地油气勘探现状与深水油气资源前景. 地球科学进展, 22(3): 261-270.

何家雄, 姚永坚, 刘海龄, 等. 2008. 南海北部边缘盆地天然气成因类型及气源构成特点. 中国地质, 35(5): 1007-1016.

何家雄, 吴文海, 祝有海, 等. 2010. 南海北部边缘盆地油气成因及运聚规律与勘探方向. 天然气地球科学, 21(1): 7-17.

何家雄, 马文宏, 祝有海, 等. 2011. 南海北部边缘盆地天然气成因类型及运聚规律与勘探新领域. 海洋地质前沿, 27(4): 1-10.

何家雄, 陈胜红, 马文宏, 等. 2012. 南海东北部珠江口盆地成生演化与油气运聚成藏规律. 中国地质, 39(1): 106-118.

何永胜，胡东平，朱传卫. 2015. 地球科学中铁同位素研究进展. 地学前缘, 22: 54-71.

黄永样, Suess E, 吴能友, 2008. 南海北部陆坡甲烷和天然气水合物地质——中德合作 SO-177 航次成果专报. 北京: 地质出版社.

梁金强, 付少英, 陈芳, 等. 2017. 南海东北部陆坡海底甲烷渗漏及水合物成藏特征. 天然气地球科学, 28(5): 1-10.

林杞, 王家生, 卜庆涛, 等. 2014. 海洋沉积物中自生黄铁矿研究的体视镜挑选与铬还原处理方法对比——来自南海北部陆坡 Site 4B 站位的研究. 沉积学报, 32(6): 1052-1059.

林杞, 王家生, 付少英, 等. 2015. 南海北部沉积物中单质硫颗粒的发现及意义. 中国科学: 地球科学, 45: 1747-1756.

刘昭蜀. 2002. 南海地质. 北京: 科学出版社.

陆红锋, 刘坚, 陈芳, 等. 2005. 南海台西南区碳酸盐岩矿物学和稳定同位素组成特征——天然气水合物存在的主要证据之一. 地学前缘, 12(3): 268-276.

陆红锋, 陈芳, 刘坚, 等. 2006. 南海北部神狐海区的自生碳酸盐岩烟囱——海底富烃流体活动的记录. 地质论评, 52(3): 352-357.

陆红锋, 陈芳, 刘坚, 等. 2010. 南海东北部甲烷成因碳酸盐岩的矿物学及同位素组成(英文). 海洋地质与第四纪地质, 30(2): 51-59.

濮巍, 赵葵东, 凌洪飞, 等. 2004. 新一代高精度高灵敏度的表面热电离质谱仪（Triton TI）的 Nd 同位素测定. 地球学报, 25(2): 271-274.

尚久靖, 沙志彬, 梁金强, 等. 2013. 南海北部陆坡某海域浅层气的声学特征及其对水合物勘探的指示意义. 海洋地质前沿, 29(10): 23-30.

史春潇，雷怀彦，赵晶，等. 2014. 南海北部九龙甲烷礁邻区沉积物层中垂向细菌群落结构特征研究. 沉积学报，32: 1072-1082.

苏丕波，雷怀彦，梁金强，等. 2010. 神狐海域气源特征及其对天然气水合物成藏的指示意义. 天然气工业，(10)：103-108.

苏丕波，梁金强，沙志彬，等. 2014. 神狐深水海域天然气水合物成藏的气源条件. 西南石油大学学报(自然科学版)，36(2)：1-8.

苏新，陈芳，于兴河，等. 2005. 南海陆坡中新世以来沉积物特性与气体水合物分布初探. 现代地质，19(1)：1-13.

苏新，陈芳，陆红锋，等. 2008. 南海北部深海甲烷冷泉自生碳酸盐岩显微结构特征与流体活动关系初探. 现代地质，22(3)：376-381.

孙启良，吴时国，陈端新，等. 2014. 南海北部深水盆地流体活动系统及其成藏意义. 地球物理学报，57(12)：4052-4062.

佟宏鹏，冯东，陈多福. 2012. 南海北部冷泉碳酸盐岩的矿物、岩石及地球化学研究进展. 热带海洋学报，31(5)：45-56.

王家生，Suess E，Rickert D. 2003. 东北太平洋天然气水合物伴生沉积物中自生石膏矿物. 中国科学：D辑，33：433-441.

王天天. 2016. 上白垩统黑色页岩和大洋红层的Fe同位素特征及其古海洋学和古气候学意义. 北京：中国地质大学(北京).

邬黛黛，吴能友，叶瑛，等. 2009. 南海北部陆坡九龙甲烷礁冷泉碳酸盐岩沉积岩石学特征. 热带海洋学报，28(3)：74-81.

吴丽芳，雷怀彦，欧文佳，等. 2014. 南海北部柱状沉积物中黄铁矿的分布特征和形貌研究. 应用海洋学学报，33：21-28.

吴庐山，杨胜雄，梁金强，等. 2013. 南海北部神狐海域沉积物中孔隙水硫酸盐梯度变化特征及其对天然气水合物的指示意义. 中国科学：地球科学，43：339-350.

吴能友，杨胜雄，王宏斌，等. 2009. 南海北部陆坡神狐海域天然气水合物成藏的流体运移体系. 地球物理学报，52(6)：1641-1650.

吴时国，张光学，郭常升，等. 2004. 东沙海区天然气水合物形成及分布的地质因素. 石油学报，25(4)：7-12.

谢蕾. 2012. 南海北部神狐-东沙海域浅表层沉积物中自生黄铁矿及其水合物指示意义. 武汉：中国地质大学(武汉).

杨克红，初凤友，赵建如，等. 2008. 南海北部冷泉碳酸盐岩层状结构及其地质意义. 海洋地质与第四纪地质，28(5)：11-16.

杨克红，初凤友，赵建如，等. 2009. 南海北部冷泉碳酸盐岩矿物微形貌及其意义探讨. 矿物学报，29(3)：345-352.

杨力，刘斌，徐梦婕，等. 2018. 南海北部琼东南海域活动冷泉特征及形成模式. 地球物理学报，61(7)：2905-2914.

杨木壮，沙志彬，梁金强，等. 2011. 南海东北部陆坡区天然气水合物成矿作用. 现代地质，25(2)：340-348.

杨涛，蒋少涌，葛璐，等. 2006. 南海北部陆坡西沙海槽XS-01站位沉积物孔隙水的地球化学特征及其对天然气水合物的指示意义. 第四纪研究，26(3)：442-448.

杨涛，蒋少涌，葛璐，等. 2009. 南海北部神狐海域浅表层沉积物中孔隙水的地球化学特征及其对天然气水合物的指示意义. 科学通报，20：3231-3240.

杨文光，谢昕，郑洪波，等. 2012. 南海北部陆坡高速堆积体沉积物稀土元素特征及其物源意义. 矿物岩石，32(1)：74-81.

于晓果，韩喜球，李宏亮，等. 2008. 南海东沙东北部甲烷缺氧氧化作用的生物标志化合物及其碳同位素组成. 海洋学报，30(3)：77-84.

翟光明. 1996. 中国石油地质志(卷16)：沿海大陆架及毗邻海域油气区. 北京：石油工业出版社.

张劼，雷怀彦，欧文佳，等. 2014. 南海北部陆坡973-4柱沉积物中硫酸盐——甲烷转换带(SMTZ)研究及其对水合物的指示意义. 天然气地球科学，25：1811-1820.

张美，孙晓明，徐莉，等. 2011. 南海台西南盆地自生管状黄铁矿中纳米级石墨碳的发现及其天然气水合物的示踪意义. 科学通报，56(21)：1756-1762.

赵斌，刘胜旋，李丽青，等. 2018. 南海冷泉分布特征及油气地质意义. 海洋地质前沿，34(10)：32-43.

赵铁虎，张训华，冯京. 2010. 海底油气渗漏浅表层声学探测技术. 海洋地质与第四纪地质，30(6)：149-156.

朱赖民，高志友，尹观，等. 2007. 南海表层沉积物的稀土和微量元素的丰度及其空间变化. 岩石学报，23(11)：2963-2980.

Abrams M A. 2005. Significance of hydrocarbon seepage relative to petroleum generation and entrapment. Marine and Petroleum Geology, 22: 457-477.

Aharon P, Fu B. 2000. Microbial sulfate reduction rates and sulfur and oxygen isotope fractionations at oil and gas seeps in deepwater Gulf of Mexico. Geochimica et Cosmochimica Acta, 64: 233-246.

Aharon P, Fu B. 2003. Sulfur and oxygen isotopes of coeval sulfate-sulfide in pore fluids of cold seep sediments with sharp redox gradients. Chemical Geology, 195(1): 201-218.

Alibo D S, Nozaki Y. 2000. Dissolved rare earth elements in the South China Sea: Geochemical characterization of the water masses.

Journal of Geophysical Research: Oceans, 105(C12): 28771-28783.

Aloisi G, Pierre C, Rouchy J M, et al. 2000. Methane-related authigenic carbonates of eastern Mediterranean Sea mud volcanoes and their possible relation to gas hydrate destabilisation. Earth and Planetary Science Letters, 184: 321-338.

Aloisi G, Bouloubassi I, Heijs S K, et al. 2002. $CH_4$-consuming microorganisms and the formation of carbonate crusts at cold seeps. Earth and Planetary Science Letters, 203(1): 195-203.

Alperin M J, Reeburgh W S, Whiticar M J. 1988. Carbon and hydrogen isotope fractionation resulting from anaerobic methane oxidation. Global Biogeochemical Cycles, 2(3): 279-288.

An Y, Wu F, Xiang Y, et al. 2014. High-precision Mg isotope analyses of low-Mg rocks by MC-ICP-MS. Chemical Geology, 390: 9-21.

Anovitz L M, Essene E J. 1987. Phase equilibria in the system $CaCO_3$-$MgCO_3$-$FeCO_3$. Journal of Petrology, 28(2): 389-415.

Antler G, Turchyn A V, Rennie V, et al. 2013. Coupled sulfur and oxygen isotope insight into bacterial sulfate reduction in the natural environment. Geochimica et Cosmochimica Acta, 118: 98-117.

Antler G, Turchyn A V, Herut B, et al. 2014. Sulfur and oxygen isotope tracing of sulfate driven anaerobic methane oxidation in estuarine sediments. Estuarine, Coastal and Shelf Science, 142: 4-11.

Archer C, Vance D. 2006. Coupled Fe and S isotope evidence for Archean microbial Fe(Ⅲ) and sulfate reduction. Geology, 34(3): 153.

Azmy K, Lavoie D, Wang Z, et al. 2013. Magnesium-isotope and REE compositions of Lower Ordovician carbonates from eastern Laurentia: Implications for the origin of dolomites and limestones. Chemical Geology, 356: 64-75.

Bahr A, Pape T, Abegg F, et al. 2010. Authigenic carbonates from the eastern Black Sea as an archive for shallow gas hydrate dynamics-Results from the combination of CT imaging with mineralogical and stable isotope analyses. Marine and Petroleum Geology, 27(9): 1819-1829.

Balci N, Shanks W C, Mayer B, et al. 2007. Oxygen and sulfur isotope systematics of sulfate produced by bacterial and abiotic oxidation of pyrite. Geochimica et Cosmochimica Acta, 71(15): 3796-3811.

Banfield J F, Welch S A, Zhang H, et al. 2000. Aggregation-based crystal growth and microstructure development in natural iron oxyhydroxide biomineralization products. Science, 289(5480): 751-754.

Bau M. 1991. Rare-earth element mobility during hydrothermal and metamorphic fluid-rock interaction and the significance of the oxidation state of europium. Chemical Geology, 93: 219-230.

Bau M, Dulski P. 1996. Distribution of yttrium and rare-earth elements in the Penge and Kuruman iron formations, Transvaal Supergroup, South Africa. Precambrian Research, 79: 37-55.

Bau M, Dulski P. 1999. Comparing yttrium and rare earths in hydrothermal fluids from the Mid-Atlantic Ridge: Implications for Y and REE behavior during near-vent mixing and for the Y/Horatio of Proterozoic seawater. Chemical Geology, 155(1-2): 77-90.

Bayon G, Birot D, Ruffine L, et al. 2011. Evidence for intense REE scavenging at cold seeps from the Niger Delta margin. Earth and Planetary Science Letters, 312(3-4): 443-452.

Beal E J, House C H, Orphan V J. 2009. Manganese- and iron-dependent marine methane oxidation. Science, 325: 184-187.

Beard B L. 1999. Iron isotope biosignatures. Science, 285(5435): 1889-1892.

Beard B L, Johnson C M. 2004. Fe isotope variations in the modern and ancient earth and other planetary bodies. Reviews in Mineralogy and Geochemistry, 55: 319-357.

Beard B L, Johnson C M, Skulan J L, et al. 2003a. Application of Fe isotopes to tracing the geochemical and biological cycling of Fe. Chemical Geology, 195(1-4): 87-117.

Beard B L, Johnson C M, Von Damm K L, et al. 2003b. Iron isotope constraints on Fe cycling and mass balance in oxygenated earth oceans. Geology, 31: 629-632.

Beard B L, Handler R M, Scherer M M, et al. 2010. Iron isotope fractionation between aqueous ferrous iron and goethite. Earth and Planetary Science Letters, 295(1-2): 241-250.

Becker E L, Lee R W, Macko S A, et al. 2010. Stable carbon and nitrogen isotope compositions of hydrocarbon-seep bivalves on the Gulf of Mexico lower continental slope. Deep Sea Research Part Ⅱ: Topical Studies in Oceanography, 57: 1957-1964.

Becker E L, Cordes E E, Macko SA, et al. 2013. Using stable isotope compositions of animal tissues to infer trophic interactions in Gulf of Mexico Lower Slope seep communities. PLOS ONE, 8: 1-16.

Becker E L, Cordes E E, Macko S A, et al. 2014. Spatial patterns of tissue stable isotope contents give insight into the nutritional sources for seep communities on the Gulf of Mexico lower slope. Marine Ecology Progress Series, 498: 133-145.

Bennett R H, Fischer K M, Lavoie D L, et al. 1989. Porometry and fabric of marine clay and carbonate sediments: Determinants of permeability. Marine Geology, 89 (1-2) : 127-152.

Bergquist D C, Williams F M, Fisher C R. 2000. Longevity record for deep-sea invertebrate. Nature, 403: 499, 500.

Berner R A. 1970. Sedimentary pyrite formation. American Journal of Science, 268: 1-23.

Berner R A. 1980. Early Diagenesis-A Theoretical Approach. Princeton: Princeton University Press.

Berner R A. 1984. Sedimentary pyrite formation: An update. Geochimica et Cosmochimica Acta, 48: 605-615.

Bian X, Yang T, Lin A, et al. 2015. Rapid and high-precision measurement of sulfur isotope and sulfur concentration in sediment pore water by multi-collector inductively coupled plasma mass spectrometry. Talanta, 132: 8-14.

Bian Y, Feng D, Roberts H H, et al. 2013. Tracing the evolution of seep fluids from authigenic carbonates: Green Canyon, Northern Gulf of Mexico. Marine and Petroleum Geology, 44: 71-81.

Birgel D, Elvert M, Han X, et al. 2008. $^{13}C$-depleted biphytanic diacids as tracers of past anaerobic oxidation of methane. Organic Geochemistry, 39 (1) : 152-156.

Birgel D, Feng D, Roberts H H, et al. 2011. Changing redox conditions at cold seeps as revealed by authigenic carbonates from Alaminos Canyon, northern Gulf of Mexico. Chemical Geology, 285: 82-96.

Boetius A. 2005. Microfauna-macrofauna interaction in the seafloor: Lessons from the Tubeworm. PLoS Biology, 3 (3) : e102.

Boetius A, Suess E. 2004. Hydrate Ridge: A natural laboratory for the study of microbial life fueled by methane from near-surface gas hydrates. Chemical Geology, 205: 291-310.

Boetius A, Wenzhöfer F. 2013. Seafloor oxygen consumption fuelled by methane fromcold seeps. Nature Geoscience, 6 (9) : 725-734.

Boetius A, Ravenschlag K, Schubert C J, et al. 2020. A marine microbial consortium apparently mediating anaerobic oxidation of methane. Nature, 407: 623-626.

Bohrmann G, Greinert J, Suess E, et al. 1998. Authigenic carbonates from the Cascadia subduction zone and their relation to gas hydrate stability. Geology, 26: 647-650.

Bolou-Bi E B, Poszwa A, Leyval C, et al. 2010. Experimental determination of magnesium isotope fractionation during higher plant growth. Geochimica et Cosmochimica Acta, 74 (9) : 2523-2537.

Borowski W S. 2004. A review of methane and gas hydrates in the dynamic, stratified system of the Blake Ridge region, offshore southeastern North America. Chemical Geology, 205: 311-346.

Borowski W S, Paull C K, Ussler III W. 1996. Marine pore-water sulfate profiles indicate in situ methane flux from underlying gas hydrate. Geology, 24: 655-658.

Borowski W S, Paull C K, Ussler III W. 1999. Global and local variations of interstitial sulfate gradients in deep-water, continental margin sediments: Sensitivity to underlying methane and gas hydrates. Marine Geology, 159 (1-4) : 131-154.

Borowski W S, Hoehler T M, Alperin M J, et al. 2000. Significance of anaerobic methane oxidation in methane-rich sediments overlying the Blake Ridge and Carolina Rise. Proceedings of ODP Scientific Results, 164: 87-99.

Borowski W S, Rodriguez N M, Paull C K, et al. 2013. Are $^{34}S$-enriched authigenic sulfide minerals a proxy for elevated methane flux and gas hydrates in the geologic record? Marine Petroleum Geology, 43: 381-395.

Böttcher M E, Brumsack H J, Dürselen C D. 2007. The isotopic composition of modern seawater sulfate: I. Coastal waters with special regard to the North Sea. Journal of Marine Systems, 67 (1-2) : 73-82.

Böttcher M E, Voss M, Schulz-Bull D, et al. 2010. Environmental changes in the Pearl River Estuary (China) as reflected by light stable isotopes and organic contaminants. Journal of Marine Systems, 82: S43-S53.

Bottrell S H, Newton R J. 2006. Reconstruction of changes in global sulfur cycling from marine sulfate isotopes. Earth Science

Reviews, 75 (1-4): 59-83.

Boyce A J, Fallick A E, Fletcher T J, et al. 1994. Detailed sulphur isotope studies of Lower Palaeozoic-hosted pyrite below the giant Navan Zn + Pb Mine, Ireland: Evidence of mass transport of crustal S to a sediment-hosted deposit. Mineral Magazine, 58A: 107, 108.

Brenot A, Cloquet C, Vigier N, et al. 2008. Magnesium isotope systematics of the lithologically varied Moselle river basin, France. Geochimica et Cosmochimica Acta, 72 (20): 5070-5089.

Briskin M, Schreiber B C. 1978. Authigenic gypsum in marine sediments. Marine Geology, 28 (1-2): 37-49.

Brumsack H J, Gieskes J M. 1983. Interstitial water trace metal chemistry of laminated sediments from the Gulf of California Mexico. Marine Chemistry, 14 (1): 89-106.

Brumsack H J, Zuleger E. 1992. Boron and boron isotopes in pore waters from ODP-Leg 127, Sea of Japan. Earth and Planetary Science Letters, 113 (3): 427-433.

Bullen T D, White A F, Childs C W, et al. 2001. Demonstration of significant abiotic iron isotope fractionation in nature. Geology, 29: 699-702.

Burne R V, Moore L S. 1987. Microbialites, organosedimentary deposits of benthic microbial communities. Palaios, 2 (3): 241-254.

Burton E A. 1993. Controls on marine carbonate cement mineralogy: Review and reassessment. Chemical Geology, 105: 163-179.

Butler I B, Böttcher M E, Rickard D, et al. 2004. Sulfur isotope partitioning during experimental formation of pyrite via the polysulfide and hydrogen sulfide pathways: Implications for the interpretation of sedimentary and hydrothermal pyrite isotope records. Earth and Planetary Science Letters, 228 (3-4): 495-509.

Butler I B, Archer C, Vance D, et al. 2005. Fe isotope fractionation on FeS formation in ambient aqueous solution. Earth and Planetary Science Letters, 236 (1-2): 430-442.

Campbell K A. 2006. Hydrocarbon seep and hydrothermal vent paleoenvironments and paleontology: Past developments and future research directions. Palaeogeography, Palaeoclimatology, Palaeoecology, 232: 362-407.

Campbell K A, Farmer J D, des Marais D. 2002. Ancient hydrocarbon seeps from the Mesozoic convergent margin of California: Carbonate geochemistry, fluids and palaeoenvironments. Geofluids, 2 (2): 63-94.

Campbell K A, Francis D A, Collins M, et al. 2008. Hydrocarbon seep-carbonates of a Miocene forearc (East Coast Basin): North Island, New Zealand. Sedimentary Geology, 204: 83-105.

Campbell K A, Nelson C S, Alfaro A C, et al. 2010. Geological imprint of methane seepage on the seabed and biota of the convergent Hikurangi Margin, New Zealand: Box core and grab carbonate results. Marine Geology, 272 (1-4): 285-306.

Canfield D E. 2001. Isotope fractionation by natural populations of sulfate-reducing bacteria. Geochimica et Cosmochimica Acta, 65 (7): 1117-1124.

Canfield D E, Thamdrup B. 1994. The production of $^{34}$S-depleted sulfide during bacterial disproportionation of elemental sulfur. Science, 266: 1973-1975.

Canfield D E, Thamdrup B. 1996. Fate of elemental sulfur in an intertidal sediment. FEMS Microbiology Ecology, 19: 95-103.

Canfield D E, Thamdrup B. 2009. Towards a consistent classification scheme for geochemical environments, or, why we wish the term 'suboxic' would go away. Geobiology, 7: 385-392.

Canfield D E, Raiswell R, Bottrell S. 1992. The reactivity of sedimentary iron minerals toward sulfide. American Journal of Science, 292: 659-683.

Canfield D E, Poulton S W, Narbonne G M. 2007. Late-Neoproterozoic deep-ocean oxygenation and the rise of animal life. Science, 315 (5808): 92-95.

Canfield D E, Farquhar J, Zerkle A L. 2010. High isotope fractionations during sulfate reduction in a low-sulfate euxinic ocean analog. Geology, 38: 415-418.

Cangemi M, Di Leonardo R, Bellanca A, et al. 2010. Geochemistry and mineralogy of sediments and authigenic carbonates from the Malta Plateau, Strait of Sicily (Central Mediterranean): Relationships with mud/fluid release from a mud volcano system. Chemical Geology, 276: 294-308.

Chang V T C, Williams R J P, Makishima A, et al. 2004. Mg and Ca isotope fractionation during $CaCO_3$ biomineralisation. Biochemical and Biophysical Research Communications, 323(1): 79-85.

Chatterjee S, Dickens G R, Bhatnagar G, et al. 2011. Pore water sulfate, alkalinity, and carbon isotope profiles in shallow sediment above marine gas hydrate systems: A numerical modeling perspective. Journal of Geophysical Research: Solid Earth (1978-2012): 116.

Chen D, Huang Y, Yuan X, et al. 2005. Seep carbonates and preserved methane oxidizing archaea and sulfate reducing bacteria fossils suggest recent gas venting on the seafloor in the Northeastern South China Sea. Marine and Petroleum Geology, 22(5): 613-621.

Chen D, Su Z, Cathles L M. 2006. Types of gas hydrates in marine environments and their thermodynamic characteristics. Terrestrial Atmospheric and Oceanic Sciences, 17 (4): 723-737.

Chen D, Liu Q, Zhang Z, et al. 2007. Biogenic fabrics in seep carbonates from an active gas vent site in Green Canyon Block 238, Gulf of Mexico. Marine and Petroleum Geology 24: 313-320.

Chen L, Li X, Li J, et al. 2015. Extreme variation of sulfur isotopic compositions in pyrite from the Qiuling sediment-hosted gold deposit, West Qinling orogen, central China: An in situ SIMS study with implications for the source of sulfur. Mineralium Deposita, 50(6): 643-656.

Cherniak D J. 1998. REE diffusion in calcite. Earth and Planetary Science Letters, 160(3-4): 273-287.

Childress J J, Fisher C R, Brooks J M, et al. 1986. A methanotrophic marine molluscan (*bivalvia mytilidae*) symbiosis: Mussels fueled by gas. Science, 233: 1306-1308.

Chow N, Morad S, Al-Aasm I S. 2000. Origin of authigenic Mn-Fe carbonates and pore-water evolution in marine sediments: Evidence from Cenozoic Strata of the Arctic Ocean and Norwegian-Greenland Sea (ODP LEG 151). Journal of Sedimentary Research, 70: 682-699.

Claypool G E. 2004. Ventilation of marine sediments indicated by depth profiles of pore water sulfate and $\delta^{34}S$//The geochemical society special publications (Vol. 9). Elsevier: Amsterdam: 59-65.

Claypool G E, Kaplan I R. 1974. The origin and distribution of methane in marine sediments//Kaplan I R. Natural Gases in Marine Sediments. New York: Plenum: 99-139.

Consolaro C, Rasmussen T L, Panieri G, et al. 2015. Carbon isotope ($\delta^{13}C$) excursions suggest times of major methane release during the last 14 kyr in Fram Strait, the deep-water gateway to the Arctic. Climate of Past, 11: 669-685.

Conti S, Fontana D, Lucente C C. 2008. Authigenic seep-carbonates cementing coarse-grained deposits in a fan-delta depositional system (middle Miocene, Marnoso-arenacea Formation, central Italy). Sedimentology, 55: 471-486.

Conway N M, Kennicutt M C, Van Dover C L. 1994. Stable isotopes in the study of marine chemosynthetic-based ecosystem//Lajtha K, Michener R. Methods in Ecology: Stable Isotopes in Ecology and Environmental Science. London: Blackwell Scientific: 158-186.

Cordes E E, Bergquist D C, Shea K, et al. 2003. Hydrogen sulphide demand of long-lived vestimentiferan tube worm aggregations modifies the chemical environment at deep-sea hydrocarbon seeps. Ecology Letters, 6(3): 212-219.

Cordes E E, Bergquist C, Fisher C R. 2009. Macro-ecology of Gulf of Mexico cold seeps. Annual Review of Marine Science, 1: 143-168.

Crosby H A, Roden E E, Johnson C M, et al. 2007. The mechanisms of iron isotope fractionation produced during dissimilatory Fe(Ⅲ) reduction by Shewanella putrefaciens and Geobacter sulfurreducens. Geobiology, 5(2): 169-189.

Dalnegro, Ungaretti L. 1971. Refinement of the crystal structure of aragonite. American Mineralogist, 56: 768-772.

Dattagupta S, Arthur M A, Fisher C R. 2008. Modification of sediment geochemistry by the hydrocarbon seep tubeworm Lamellibrachia luymesi: A combined empirical and modeling approach. Geochimica et Cosmochimica Acta, 72: 2298-2315.

Dauphas N, Roskosz M, Alp E E, et al. 2012. A general moment NRIXS approach to the determination of equilibrium Fe isotopic fractionation factors: Application to goethite and jarosite. Geochimica et Cosmochimica Acta, 94: 254-275.

de Lange G J, Brumsack H J. 1998. The occurrence of gas hydrates in eastern Mediterranean mud dome structures as indicated by pore-water composition. Gas Hydrates: Relevance to World Margin Stability and Climate Change. Geological Society, Special Publications, 137: 167-175.

de Villiers S, Dickson J A D, Ellam R M. 2005. The composition of the continental river weathering flux deduced from seawater Mg isotopes. Chemical Geology, 216 (1-2): 133-142.

de Yoreo J J, Gilbert P U, Sommerdijk N A, et al. 2015. Crystallization by particle attachment in synthetic, biogenic, and geologic environments. Science, 349 (6247): 1-42.

Deelman J C. 2011. Low-temperature formation of dolomite and magnesite (Version 2.3). http://www.jcdeelman.demon.nl/dolomite/bookprospectus.html.

DeLong E F. 2000. Resolving a methane mystery. Nature, 407: 577-579.

Deusner C, Holler T, Arnold G L, et al. 2014. Sulfur and oxygen isotope fractionation during sulfate reduction coupled to anaerobic oxidation of methane is dependent on methane concentration. Earth and Planetary Science Letters, 399: 61-73.

Deyhle A, Kopf A, Eisenhauer A. 2001. Boron systematics of authigenic carbonates: A new approach to identify fluid processes in accretionary prisms. Earth and Planetary Science Letters, 187 (1-2): 191-205.

Dickens G R. 2001. Sulfate profiles and barium fronts in sediment on the Blake Ridge: Present and past methane fluxes through a large gas hydrate reservoir. Geochimica et Cosmochimica Acta, 65 (4): 529-543.

Dickens G R, O'Neil J R, Rea D K, et al. 1995. Dissociation of oceanic methane hydrate as a cause of the carbon isotope excursion at the end of the Paleocene. Paleoceanography, 10: 965-971.

Dijkstra N, Slomp C P, Behrends T. 2016. Vivianite is a key sink for phosphorus in sediments of the landsort deep, an intermittently anoxic deep basin in the Baltic Sea. Chemical Geology, 438: 58-72.

Ding H, Yao S, Chen J. 2014. Authigenic pyrite formation and re-oxidation as an indicator of an unsteady-state redox sedimentary environment: Evidence from the intertidal mangrove sediments of Hainan Island, China. Continental Shelf Research, 78: 85-99.

Drake H, Astrom M, Tullborg E L, et al. 2013. Variability of sulphur isotope ratios in pyrite and dissolved sulphate in granitoid fractures down to 1km depth-Evidence for widespread activity of sulphur reducing bacteria. Geochimica et Cosmochimica Acta, 102: 143-161.

Duperron S. 2010. The diversity of deep-sea mussels and their bacterial symbioses//Kiel S. The Vent and Seep Biota. Topics in Geobiology. Heidelberg: Springer: 137-167.

Dymond J, Suess E, Lyle M.1992. Barium in deep-sea sediment: A geochemical proxy for paleoproductivity. Paleoceanography, 7: 163-181.

Egeberg P K. 2000. Hydrates associated with fluid flow above salt diapirs (Site 996). Gas Hydrate Sampling on the Blake Ridge and Carolina Rise.//Paull C K, Matsumoto R, Wallace P J, et al. Proceedings ODP Scientific Results, 164. College Station, TX: Ocean Drilling Program: 219-228.

Egeberg P K, Dickens G R.1999. Thermodynamic and pore water halogen constraints on gas hydrate distribution at ODP Site 997 (Blake Ridge). Chemical Geology, 153 (1-4): 53-79.

Egger M, Rasigraf O, Sapart C J, et al. 2015. Iron-mediated anaerobic oxidation of methane in brackish coastal sediments. Environmental Science & Technology, 49 (1): 277-283.

Elderfield H, Sholkovitz E T. 1987. Rare earth elements in the pore waters of reducing nearshore sediments. Earth and Planetary Science Letters, 82 (3-4): 280-288.

Elderfeld H, Whitfeld M, Burton J D, et al. 1988. The oceanic chemistry of the rare-earth elements. Philosophical Transactions of the Royal Society of London Series A, 325:105-126

Elzinga E J, Reeder R J, Withers S H, et al. 2002. EXAFS study of rare-earth element coordination in calcite. Geochimica et Cosmochimica Acta, 66: 2875-2885

Farkaš J, Böhm F, Wallmann K, et al. 2007. Calcium isotope record of Phanerozoic oceans: Implications for chemical evolution of seawater and its causative mechanisms. Geochimica et Cosmochimica Acta, 71 (21): 5117-5134.

Farquhar J, Wing B A. 2003. Multiple sulfur isotopes and the evolution of the atmosphere. Earth and Planetary Science Letters,

213(1-2): 1-13.

Farquhar J, Cliff J, Zerkle A L, et al. 2013. Pathways for Neoarchean pyrite formation constrained by mass-independent sulfur isotopes. Proceedings of the National Academy of Sciences, 110(44): 17638-17643.

Farquhar J, Peters M, Johnston D T, et al. 2007. Isotopic evidence for Mesoarchaean anoxia and changing atmospheric sulphur chemistry. Nature, 449(7163): 706-709.

Fehn U, Lu Z, Tomaru H. 2006. Data report: $^{129}$I/I ratios and halogen concentrations in pore water of Hydrate Ridge and their relevance for the origin of gas hydrates: A progress report//Bohrmann G, Tréhu A M, Torres M E, et al. Proceedings Ocean Drilling Program Scientific Results, 204. College Station, TX: Ocean Drilling Program: 1-25.

Fehr M A, Andersson P S, Hålenius U, et al. 2008. Iron isotope variations in Holocene sediments of the Gotland Deep, Baltic Sea. Geochimica et Cosmochimica Acta, 72(3): 807-826.

Fehr M A, Andersson P S, Hålenius U, et al. 2010. Iron enrichments and Fe isotopic compositions of surface sediments from the Gotland Deep, Baltic Sea. Chemical Geology, 277(3-4): 310-322.

Feng D, Roberts H H. 2010. Initial results of comparing cold-seep carbonates from mussel- and tubeworm-associated environments at Atwater Valley lease block 340, northern Gulf of Mexico. Deep Sea Research Part II: Topical Studies in Oceanography, 57: 2030-2039.

Feng D, Roberts H H. 2011. Geochemical characteristics of the barite deposits at cold seeps from the northern Gulf of Mexico continental slope. Earth and Planetary Science Letters, 309: 89-99.

Feng D, Chen D. 2015. Authigenic carbonates from an active cold seep of the northern South China Sea: New insights into fluid sources and past seepage activity. Deep Sea Research Part Ⅱ: Topical Studies in Oceanography, 122: 74-83.

Feng D, Chen D F, Qi L, et al. 2008. Petrographic and geochemical characterization of seep carbonate from Alaminos Canyon, Gulf of Mexico, Chinese Science. Bulletin, 53(11): 1716-1724.

Feng D, Chen D, Peckmann J. 2009a. Rare earth elements in seep carbonates as tracers of variable redox conditions at ancient hydrocarbon seeps. Terra Nova, 21: 49-56.

Feng D, Chen D, Roberts H. 2009b. Petrographic and geochemical characterization of seep carbonate from Bush Hill (GC 185) gas vent and hydrate site of the Gulf of Mexico. Marine and Petroleum Geology, 26: 1190-1198.

Feng D, Chen D, Peckmann J, et al. 2010a. Authigenic carbonates frommethane seeps of the northern Congo fan: Microbial formation mechanism. Marine and Petroleum Geology, 27(4): 748-756.

Feng D, Roberts H H, Cheng H, et al. 2010b. U/Th dating of cold-seep carbonates: An initial comparison. Deep Sea Research Part Ⅱ: Topical Studies in Oceanography, 57(21): 2055-2060.

Feng D, Cordes E E, Roberts H H, et al. 2013a. A comparative study of authigenic carbonates from mussel and tubeworm environments: Implications for discriminating the effects of tubeworms. Deep Sea Research Part Ⅰ: Oceanographic Research Papers, 75: 110-118.

Feng D, Lin Z, Bian Y, et al. 2013b. Rare earth elements of seep carbonates: Indication for redox variations and microbiological processes at modern seep sites. Journal of Asian Earth Sciences, 65: 27-33.

Feng D, Roberts H H, Joye S B, et al. 2014. Formation of low-magnesium calcite at cold seeps in an aragonite sea. Terra Nova, 26: 150-156.

Feng D, Cheng M, Kiel S, et al. 2015. Using Bathymodiolus tissue stable carbon, nitrogen and sulfur isotopes to infer biogeochemical process at a cold seep in the South China Sea. Deep Sea Research Part Ⅰ: Oceanographic Research Papers, 104: 52-59.

Feng D, Qiu J W, Hu Y, et al. 2018. Cold seep systems in the South China Sea: An overview. Journal of Asian Earth Sciences, 168: 3-16.

Fernandes M M, Stumpf T, Rabung T, et al. 2008. Incorporation of trivalent actinides into calcite: A time resolved laser fluorescence spectroscopy (TRLFS) study. Geochimica et Cosmochimica Acta, 72(2): 464-474.

Ferrini V, Fayek M, De Vito C, et al. 2010. Extreme sulphur isotope fractionation in the deep Cretaceous biosphere. Journal of the

Geological Society, 167 (5) : 1009-1018.

Fischer D, Sahling H, Nöthen K, et al. 2012. Interaction between hydrocarbon seepage, chemosynthetic communities, and bottom water redox at cold seeps of the Makran accretionary prism: Insights from habitat-specific pore water sampling and modeling. Biogeosciences, 9: 2013-2031.

Fischer D, Mogollón J M, Strasser M, et al. 2013. Subduction zone earthquake as potential trigger of submarine hydrocarbon seepage. Nature Geoscience, 6 (8) : 647-651.

Fisher C R, Urcuyo I A, Simpkins M A, et al. 1997. Life in the slow lane: Growth and longevity of cold-seep vestimentiferans. Marine Ecology, 18: 83-94.

Fontanier C, Koho K A, Goñi-Urriza M S, et al. 2014. Benthic foraminifera from the deep-water Niger delta (Gulf of Guinea): Assessing present-day and past activity of hydrate pockmarks. Deep Sea Research Part I: Oceanographic Research Papers, 94: 87-106.

Formolo M J, Lyons T W. 2013. Sulfur biogeochemistry of cold seeps in the Green Canyon region of the Gulf of Mexico. Geochimica et Cosmochimica Acta, 119: 264-285.

Forsberg C F, Locat J. 2005. Mineralogical and microstructural development of the sediments on the Mid-Norwegian margin//Ormen Lange-an Integrated Study for Safe Field Development in the Storegga Submarine Area. Amsterdam: Elsevier.

Fouke B W, Reeder R J. 1992. Surface structural controls on dolomite composition: Evidence from sectoral zoning. Geochimica et Cosmochimica Acta, 56 (11) : 4015-4024.

Frierdich A J, Beard B L, Reddy T R, et al. 2014. Iron isotope fractionation between aqueous Fe(Ⅱ) and goethite revisited: New insights based on a multi-direction approach to equilibrium and isotopic exchange rate modification. Geochimica et Cosmochimica Acta, 139: 383-398.

Froelich P N, Klinkhammer G P, Bender M L, et al. 1979. Early oxidation of organic matter in pelagic sediments of the eastern equatorial Atlantic: Suboxic diagenesis. Geochimica et Cosmochimica Acta, 43: 1075-1090.

Fu B, Aharon P, Byerly G, et al. 1994. Barite chimneys on the Gulf of Mexico slope: Initial report on their petrography and geochemistry. Geo-Marine Letters, 14: 81-87.

Galy A, Bar-Matthews M, Halicz L, et al. 2002. Mg isotopic composition of carbonate: Insight from speleothem formation. Earth and Planetary Science Letters, 201 (1) : 105-115.

Galy A, Yoffe O, Janney P E, et al. 2003. Magnesium isotope heterogeneity of the isotopic standard SRM980 and new reference materials for magnesium-isotope-ratio measurements. Journal of Analytical Atomic Spectrometry, 18: 1352-1356.

Gartman A, Luther III G W. 2013. Comparison of pyrite ($FeS_2$) synthesis mechanisms to reproduce natural $FeS_2$ nanoparticles found at hydrothermal vents. Geochimica et Cosmochimica Acta, 120: 447-458

Ge L, Jiang S Y. 2013. Sr isotopic compositions of cold seep carbonates from the South China Sea and the Panoche Hills (California USA) and their significance in palaeooceanography. Journal of Asian Earth Science, 65: 34-41.

Ge L, Jiang S Y, Swennen R, et al. 2010. Chemical environment of cold seep carbonate formation on the northern continental slope of South China Sea: Evidence from trace and rare earth element geochemistry. Marine Geology, 27: 21-30.

Gebauer D, Cölfen H. 2011. Prenucleation clusters and non-classical nucleation. Nano Today, 6: 564-584.

Gebauer D, Völkel A, Cölfen H. 2008. Stable prenucleation calcium carbonate clusters. Science, 322: 1819-1822.

Geske A, Goldstein R H, Mavromatis V, et al. 2015a. The magnesium isotope ($\delta^{26}$Mg) signature of dolomites. Geochimica et Cosmochimica Acta, 149: 131-151.

Geske A, Lokier S, Dietzel M, et al. 2015b. Magnesium isotope composition of sabkha porewater and related (sub-) recent stoichiometric dolomites, Abu Dhabi (UAE). Chemical Geology, 393: 112-124.

Gingele F, Dahmke A. 1994. Discrete barite particles and barium as tracers of paleoproductivity in South Atlantic sediments. Paleoceanography, 9: 151-168.

Goldhaber M B, Kaplan I R.1980. Mechanisms of sulfur incorporation and isotope fractionation during early diagenesis in sediments of the gulf of California. Marine Chemistry, 9 (2) : 95-143.

Goldsmith J R, Graf D L. 1958. Relation between lattice constants and composition of the Ca-Mg carbonates. American Mineralogist, 43: 84-101.

Goldsmith J R, Graf D L, Heard H C. 1961. Lattice constants of the calcium-magnesium carbonates. American Mineralogist, 46: 453-457.

Gong S, Hu Y, Li N, et al. 2018a. Environmental controls on sulfur isotopic composition of sulfide minerals in seep carbonates from the South China Sea. Journal of Asian Earth Sciences, 168: 96-105.

Gong S, Peng Y, Bao H, et al. 2018b. Triple sulfur isotope relationships during sulfate-driven anaerobic oxidation of methane. Earth and Planetary Science Letters, 504: 13-20.

Gontharet S, Pierre C, Blanc-Valleron M M, et al. 2007. Nature and origin of diagenetic carbonate crusts and concretions from mud volcanoes and pockmarks of the Nile deep-sea fan (eastern Mediterranean Sea). Deep Sea Research Part Ⅱ: Topical Studies in Oceanography, 54(11-13): 1292-1311.

González F J, Somoza L, León R, et al. 2012. Ferromanganese nodules and micro-hardgrounds associated with the Cadiz Contourite Channel (NE Atlantic): Palaeoenvironmental records of fluid venting and bottom currents. Chemical Geology, 310-311: 56-78.

Graf D L. 1961. Crystallographic tables for the rhombohedral carbonates. American Mineralogist, 46: 1283-1316.

Greinert J, Derkachev A. 2004. Glendonites and methane-derived Mg-calcites in the Sea of Okhotsk, Eastern Siberia: Implications of a venting-related ikaite/glendonite formation. Marine Geology, 204: 129-144.

Greinert J, Bohrmann G, Suess E. 2001. Gas hydrate-associated carbonates and methane-venting at Hydrate Ridge: classification distribution and origin of authigenic lithologies//Paull C K, Dillon P W. Natural gas hydrates: Occurrence, distribution, and detection. Geophysical Monograph: 99-113.

Greinert J, Bohrmann G, Elvert M. 2002. Stromatolitic fabric of authigenic carbonate crusts: result of anaerobic methane oxidation at cold seeps in 4850m water depth. International Journal of Earth Sciences, 91: 698-711.

Guilbaud R, Butler I B, Ellam R M, et al. 2010. Fe isotope exchange between Fe(Ⅱ)aq and nanoparticulate mackinawite ($FeS_m$) during nanoparticle growth. Earth and Planetary Science Letters, 300(1-2): 174-183.

Guilbaud R, Butler I B, Ellam R M. 2011a. Abiotic pyrite formation produces a large Fe isotope fractionation. Science, 332(6037): 1548-1551.

Guilbaud R, Butler I B, Ellam R M, et al. 2011b. Experimental determination of the equilibrium Fe isotope fractionation between $Fe^{2+}_{aq}$ and $FeS_m$ (mackinawite) at 25 and 2℃ Geochimica et Cosmochimica Acta, 75(10): 2721-2734.

Gunderson S H, Wenk H R. 1981. Heterogeneous microstructures in oolitic carbonates. American Mineralogist, 66: 789-800.

Gussone N, Eisenhauer A, Heuser A, et al. 2003. Model for kinetic effects on calcium isotope fractionation ($\delta^{44}Ca$) in inorganic aragonite and cultured planktonic foraminifera. Geochimica et Cosmochimica Acta, 67(7): 1375-1382.

Haas A, Peckmann J, Elvert M, et al. 2010. Patterns of carbonate authigenesis at the Kouilou pockmarks on the Congo deep-sea fan. Marine Geology, 268(1-4): 129-136.

Habicht K S, Canfield D E. 2001. Isotope fractionation by sulfate-reducing natural populations and the isotopic composition of sulfide in marine sediments. Geology, 29: 555-558.

Hinrichs K U, Hayes J M, Bach W, et al. 2006. Biological formation of ethane and propane in the deep marine subsurface. PNAS, 103: 14684-14689.

Halbach P, Holzbecher E, Reichel T, et al. 2004. Migration of the sulphate-methane reaction zone in marine sediments of the Sea of Marmara-can this mechanism be tectonically induced? Chemical Geology, 205: 73-82.

Haley B A, Klinkhammer G P, McManus J. 2004. Rare earth elements in pore waters of marine sediments. Geochimica et Cosmochimica Acta, 68: 1265-1279.

Han X Q, Suess E, Sahling H, et al. 2004. Fluid venting activity on the Costa Rica margin: new Results from authigenic carbonates. International Journal of Earth Science, 93(4): 596-611.

Han X Q, Suess E, Huang Y Y, et al. 2008. Jiulong methane reef: Microbial mediation of seep carbonates in the South China Sea. Marine Geology, 249(3-4): 243-256.

Han X Q, Yang K H, Huang Y Y. 2013. Origin and nature of cold seep in northeastern Dongsha area the South China Sea: Evidence from chimney-like seep carbonates. Chinese Science Bulletin, 58: 1865-1873.

Han X Q, Suess E, Liebetrau V, et al. 2014. Past methane release events and environmental conditions at the upper continental slope of the South China Sea: Constraints from seep carbonates. International. Journal Earth Science, 103: 1873-1887.

Hardie L A. 1987. Dolomitization: A critical view of some current views. Journal of Sedimentary Petrology, 57: 166-183.

Hardie L A. 1996. Secular variation in seawater chemistry: An explanation for the coupled secular variation in the mineralogies of marine limestones and potash evaporites over the past 600 my. Geology, 24: 279-283.

Hathway J C, Degens E T. 1969. Methane-derived marine carbonates of Pleistocene Age. Science, 165: 690-692.

Heeschen K U, Collier R W, de Angelis M A, et al. 2005. Methane sources, distributions, and fluxes from cold vent sites at Hydrate Ridge, Cascadia Margin. Global Biogeochemical Cycles, 19: 1-19.

Henderson P. 1984. General geochemical properties and abundances of the rare earth elements//Henderson P. Developments in Geochemistry, Amsterdam: Elsevier.

Henrichs S M, Reeburgh W S. 1987. Anaerobic mineralization of marine sediment organic matter: Rates and the role of anaerobic processes in the oceanic carbon economy. Geomicrobiology Journal, 5(3-4): 191-237.

Hensen C, Zabel M, Pfeifer K, et al. 2003. Control of sulfate pore-water profiles by sedimentary events and the significance of anaerobic oxidation of methane for the burial of sulfur in marine sediments. Geochimica et Cosmochimica Acta, 67: 2631-2647.

Hesse R, 2003. Pore water anomalies of submarine gas-hydrate zones as tool to assesse hydrate bundance and distribution in the subsurface: What have we learned in the past decade. Earth-Science Reviews, 61(1-2): 149-179.

Higgins J A, Schrag D P. 2010. Constraining magnesium cycling in marine sediments using magnesium isotopes. Geochimica et Cosmochimica Acta, 74(17): 5039-5053.

Himmler T, Bach W, Bohrmann G, et al. 2010. Rare earth elements in authigenic methane-seep carboantes as tracers for fluid composition during early diagenesis. Chemical Geology, 277(1-2): 126-136.

Himmler T, Haley B A, Torres M E, et al. 2013. Rare earth element geochemistry in cold-seep pore waters of Hydrate Ridge, northeast Pacific Ocean. Geo-Marine Letters, 33(5): 369-379.

Hinrichs K, Boetius A. 2002. The anaerobic oxidation of methane: New insights in microbial ecology and biogeochemistry. Ocean Margin Systems: 457-477.

Hiruta A, Snyder G T, Tomaru H, et al. 2009. Geochemical constraints for the formation and dissociation of gas hydrate in an area of high methane flux, eastern margin of the Japan Sea. Earth and Planetary Science Letters, 279: 326-339.

Holmkvist L, Ferdelman T G, Jørgensen B B. 2011a. A cryptic sulfur cycle driven by iron in the methane zone of marine sediment (Aarhus Bay, Denmark). Geochimica et Cosmochimica Acta, 75(12): 3581-3599.

Holmkvist L, Kamyshny Jr A, Vogt C, et al. 2011b. Sulfate reduction below the sulfate-methane transition in Black Sea sediments. Deep Sea Research Part Ⅰ: Oceanographic Research Papers, 58(5): 493-504.

Hong W L, Torres M E, Kim J H, et al. 2014. Towards quantifying the reaction network around the sulfate-methane-transition-zone in the Ulleung Basin, East Sea with a kinetic modeling approach. Geochimica et Cosmochimica Acta, 140: 127-141.

Horita J. 2014. Oxygen and carbon isotope fractionation in the system dolomite-water-$CO_2$ to elevated temperatures. Geochimica et Cosmochimica Acta, 129: 111-124.

Hovland M, Judd A G. 1988. Seabed Pockmarks and Seepages: Impact on Geology, Biology, and the Marine Environment. London: Graham & Trotman.

Hu Y, Feng D, Peckmann J, et al. 2014. New insights into cerium anomalies and mechanisms of trace metal enrichment in authigenic carbonate from hydrocarbon seeps. Chemical Geology, 381: 55-66.

Hu Y, Feng D, Liang Q, et al. 2015. Impact of anaerobic oxidation of methane on the geochemical cycle of redox-sensitive elements at cold-seep sites of the northern South China Sea. Deep Sea Research Part Ⅱ: Topical Studies in Oceanography, 122: 84-94.

Hu Y, Chen L, Feng D, et al. 2017. Geochemical record of methane seepage in authigenic carbonates and surrounding host sediments: A case study from the South China Sea. Journal of Asian Earth Sciences, 138: 51-61.

Huang C Y, Chien C W, Zhao M, et al. 2006. Geological study of active cold seeps in the syn-collision accretionary prism kaoping slope off SW Taiwan. Terrestrial, Atmospheric and Oceanic Science, 17(4): 679-702.

Huerta-Diaz M A, Morse J W. 1990. A quantitative method for determination of trace metal concentrations in sedimentary pyrite. Marine Chemistry, 29: 119-144.

Ijiri A, Inagaki F, Kubo Y, et al. 2018. Deep-biosphere methane production stimulated by geofluids in the Nankai accretionary complex. Science Advances, 4(6): 1-15.

Immenhauser A, Buhl D, Richter D, et al. 2010. Magnesium-isotope fractionation during low-Mg calcite precipitation in a limestone cave-Field study and experiments. Geochimica et Cosmochimica Acta, 74: 4346-4364.

Iversen N, Jørgensen B B. 1993. Diffusion coefficients of sulfate and methane in marine sediments: Influence of porosity. Geochimica et Cosmochimica Acta, 57: 571-578.

Jahren A H, Conrad C P, Aren N C, et al. 2005. A plate tectonic mechanism for methane hydrate release along subduction zones. Earth and Planetary Science Letters, 236: 691-704.

Jacobson A D, Zhang Z, Lundstrom C, et al. 2010. Behavior of Mg isotopes during dedolomitization in the Madison Aquifer, South Dakota. Earth and Planetary Science Letters, 297(3-4): 446-452.

James R H, Palmer M R. 2000. Marine geochemical cycles of the alkali elements and boron: The role of sediments. Geochimica et Cosmochimica Acta, 64: 3111-3122.

Jiang G Q, Kennedy M J, Christie-Blick N. 2003. Stable isotopic evidence for methane seeps in Neoproterozoic postglacial cap carbonates. Nature, 426(6968): 822-826.

Jilbert T, Slomp C P. 2013. Iron and manganese shuttles control the formation of authigenic phosphorus minerals in the euxinic basins of the Baltic Sea. Geochimica et Cosmochimica Acta, 107: 155-169.

Johnson C M, Beard B L. 2005. Biogeochemical cycling of iron isotopes. Science, 309: 1025-1027.

Johnson C M, Beard B L, Roden E E. 2008. The iron isotope fingerprints of redox and biogeochemical cycling in modern and ancient earth. Annual Review of Earth and Planetary Sciences, 36: 457-493.

Johnston D T. 2011. Multiple sulfur isotopes and the evolution of Earth's surface sulfur cycle. Earth-Science Reviews, 106(1-2): 161-183.

Johnston D T, Wing B A, Farquhar J, et al. 2005. Active microbial sulfur disproportionation in the Mesoproterozoic. Science, 310: 1477-1479.

Johnston D T, Poulton S W, Fralick P W, et al. 2006. Evolution of the oceanic sulfur cycle at the end of the Paleoproterozoic. Geochimica et Cosmochimica Acta, 70(23): 5723-5739.

Johnston D T, Farquhar J, Canfield D E. 2007. Sulfur isotope insights into microbial sulfate reduction: When microbes meet models. Geochimica et Cosmochimica Acta, 71(16): 3929-3947.

Jørgensen B B. 1982. Mineralization of organic matter in the sea bed-The role of sulphate reduction. Nature, 296: 643-645.

Jørgensen B B, Böttcher M E, Lüschen H, et al. 2004. Anaerobic methane oxidation and a deep $H_2S$ sink generate isotopically heavy sulfides in Black Sea sediments. Geochimica et Cosmochimica Acta, 68(9): 2095-2118.

Joye S B. 2020. The Geology and Biogeochemistry of Hydrocarbon Seeps//Annual Review of Earth and Planetary Sciences, (48): 205-231.

Joye S B, Boetius A, Orcutt B N, et al. 2004. The anaerobic oxidation of methane and sulfate reduction in sediments from Gulf of Mexico cold seeps. Chemical Geology, 205: 219-238.

Joye S B, Bowles M W, Samarkin V A, et al. 2010. Biogeochemical signatures and microbial activity of different cold seep habitats along the Gulf of Mexico lower slope. Deep Sea Research Part Ⅱ: Topical Studies in Oceanography, 57:1990-2001.

Judd A A G, Hovland M. 2007. Seabed fluid flow: The impact of geology, biology and the marine environment. Cambridge: Cambridge University Press.

Judd A A G, Hovland M, Dimitrov L, et al. 2002. The geological methane budget at Continental Margins and its influence on climate change. Geofluids, 2(2):109-126.

Kaczmarek S E, Gregg J M, Bish D L, et al. 2017. Dolomite, very high-magnesium calcite, and microbes-Implications for the microbial model of dolomitization. SEPM Special Publication, 109: 1-14.

Kahn L M, Silver E A, Orange D, et al. 1996. Surficial evidence of fluid expulsion from the Costa Rica accretionary prism. Geophysical Research Letters, 23 (8) :887-890.

Kamyshny A, Ferdelman T G. 2010. Dynamics of zerovalent sulfur species including polysulfides at seep sites on intertidal sand flats (Wadden Sea North Sea). Marine Chemistry, 121: 17-26.

Kaplan I R, Rittenberg S C. 1964. Microbiological fractionation of sulphur isotopes. Journal of General Microbiology, 34: 195-212.

Kasten S, Nöthen K, Hensen C, et al. 2012. Gas hydrate decomposition recorded by authigenic barite at pockmark sites of the northern Congo Fan. Geo-Marine Letters, 32: 515-524.

Kennedy M J, Christie-Blick N, Sohl L E, 2001. Are proterozoic cap carbonates and isotopic excursions a record of gas hydrate destabilization following earth's coldest intervals? Geology, 29 (5) : 443-446.

Kennett J P, Cannariato K G, Hendy I L, et al. 2000. Carbon isotope evidence for methane hydrate instability during Quaternary interstadials. Science, 288: 128-133.

Kim J H, Torres M E, Haley B A, et al. 2012. The efect of diagenesis and fuid migration on rare earth element distribution in pore fuids of the northern Cascadia accretionary margin. Chemical Geology, 291: 152-165.

Kim J H, Torres M E, Hong W L, et al. 2013. Pore fluid chemistry from the Second Gas Hydrate Drilling Expedition in the Ulleung Basin 133 (UBGH2): Source, mechanisms and consequences of fluid freshening in the central part of the Ulleung Basin, East Sea. Marine and Petroleum Geology, 47: 99-112.

Knittel K, Boetius A. 2009. Anaerobic oxidation of methane: Progress with an unknown process. Annual Review of Microbiology, 63: 311-334.

Kocherla M. 2013. Authigenic Gypsum in Gas-Hydrate Associated Sediments from the East Coast of India (Bay of Bengal). Acta Geologica Sinica-English Edition, 87 (3) : 749-760.

Krylov A, Khlystov O, Zemskaya T, et al. 2008. First discovery and formation process of authigenic siderite from gas hydrate-bearing mud volcanoes in fresh water: Lake Baikal, eastern Siberia. Geophysical Research Letters, 35: L05405.

Kulm L D, Suess E. 1990. Relationship between carbonate deposits and fluid venting: Oregon accretionary prism. Journal of Geophysical Research: Solid Earth, 95 (B6) : 8899-8915.

Lakshtanov L Z, Stipp S L S. 2004. Experimental study of europium (Ⅲ) coprecipitation with calcite. Geochimica et Cosmochimica Acta, 68 (4) : 819-827.

Larsson A K, Christy A G. 2008. On twinning and microstructures in calcite and dolomite. American Mineralogist, 93: 103-113.

Leavitt W D, Halevy I, Bradley A S, et al. 2013. Influence of sulfate reduction rates on the Phanerozoic sulfur isotope record. Proceedings of the National Academy of Sciences of the United States of America, 110: 11244-11249.

Lee J H, Byrne R H. 1993. Complexation of trivalent rare earth elements (Ce, Eu, Gd, Tb, Yb) by carbonate ions. Geochimica et Cosmochimica Acta, 57 (2) : 295-302.

Leloup J, Fossing H, Kohls K, et al. 2009. Sulfate-reducing bacteria in marine sediment (Aarhus Bay, Denmark): Abundance and diversity related to geochemical zonation. Environ mental Microbiology, 11: 1278-1291.

Lemaitre N, Bayon G, Ondréas H, et al. 2014. Trace element behaviour at cold seeps and the potential export of dissolved iron to the ocean. Earth and Planetary Science Letters, 404: 376-388.

Levin L A. 2005. Ecology of cold seep sediments: Interactions of fauna with flow, chemistry and microbes. Oceanography and Marine Biology: An Annual Review, 43: 1-46.

Li N, Feng D, Chen L Y, et al. 2016. Using sediment geochemistry to infer temporal variation of methane flux at a cold seep in the South China Sea. Marine and Petroleum Geology, 77: 835-845.

Li W, Chakraborty S, Beard B L, et al. 2012. Magnesium isotope fractionation during precipitation of inorganic calcite under laboratory conditions. Earth and Planetary Science Letters, 333-334: 304-316.

Li W, Beard B L, Li C, et al. 2015. Experimental calibration of Mg isotope fractionation between dolomite and aqueous solution and its geological implications. Geochimica et Cosmochimica Acta, 157: 164-181.

Liang Q, Hu Y, Feng, D et al. 2017. Authigenic carbonates from newly discovered active cold seeps on the northwestern slope of the South China Sea: Constraints on fluid sources, formation environments, and seepage dynamics. Deep Sea Research Part Ⅰ: Oceanographic Research Papers, 124: 31-41.

Lichtschlag A, Kamyshny A, Ferdelman T G, et al. 2013. Intermediate sulfur oxidation state compounds in the euxinic surface sediments of the Dvurechenskii mud volcano (Black Sea). Geochimica et Cosmochimica Acta, 105: 130-145.

Lim Y C, Lin S, Yang T F, et al. 2011. Variations of methane induced pyrite formation in the accretionary wedge sediments offshore southwestern Taiwan. Marine and Petroleum Geology, 28: 1829-1837.

Lin Q, Wang J, Fu S, et al. 2015. Elemental sulfur in northern South China Sea sediments and its significance. Science China Earth Sciences, 58(12): 2271-2278.

Lin Q, Wang J, Algeo T J, et al. 2016a. Enhanced framboidal pyrite formation related to anaerobic oxidation of methane in the sulfate-methane transition zone of the northern South China Sea. Marine Geology, 379: 100-108.

Lin Q, Wang J, Taladay K, et al. 2016b. Coupled pyrite concentration and sulfur isotopic insight into the paleo sulfate-methane transition zone (SMTZ) in the northern South China Sea. Journal of Asian Earth Sciences, 115: 547-556.

Lin Q, Wang J, Algeo T J, et al. 2016c. Formation mechanism of authigenic gypsum in marine methane hydrate settings: Evidence from the northern South China Sea. Deep Sea Research Part I: Oceanographic Research Papers, 115: 210-220.

Lin S L, Lim Y C, Liu C S. 2007. Formosa ridge, a cold seep with densely populated chemosynthetic community in the passive margin, Southwest of Taiwan. Geochimca et Cosmochimca Acta, 71(15): 582.

Lin Z, Sun X, Lu Y, et al. 2016a. Stable isotope patterns of coexisting pyrite and gypsum indicating variable methane flow at a seep site of the Shenhu area South China Sea. Journal of Asian Earth Sciences, 123: 213-223.

Lin Z, Sun X, Peckmann J, et al. 2016b. How sulfate-driven anaerobic oxidation of methane affects the sulfur isotopic composition of pyrite: A SIMS study from the South China Sea. Chemical Geology, 440: 26-41.

Lin Z, Sun X, Lu Y, et al. 2017a. The enrichment of heavy iron isotopes in authigenic pyrite as a possible indicator of sulfate-driven anaerobic oxidation of methane: Insights from the South China Sea. Chemical Geology, 449: 15-29.

Lin Z, Sun X, Strauss H, et al. 2017b. Multiple sulfur isotope constraints on sulfate-driven anaerobic oxidation of methane: Evidence from authigenic pyrite in seepage areas of the South China Sea. Geochimica et Cosmochimica Acta, 211: 153-173.

Lin Z, Sun X, Lu Y, et al. 2018a. Iron isotope constraints on diagenetic iron cycling in the Taixinan seepage area South China Sea. Journal of Asian Earth Sciences., 168: 112-124.

Lin Z, Sun X, Strauss H, et al. 2018b. Multiple sulfur isotopic evidence for the origin of elemental sulfur in an iron-dominated gas hydrate-bearing sedimentary environment. Marine Geology, 403: 271-284.

Liu C, Ye Y, Meng Q, et al. 2012. The characteristics of gas hydrates recovered from Shenhu Area in the South China Sea. Marine Geology, 307: 22-27.

Liu J, Pellerin A, Izon G, et al. 2020. The multiple sulphur isotope fingerprint of a sub-seafloor oxidative sulphur cycle driven by iron. Earth and Planetary Science Letters, 536(116165): 1-10.

Liu K, Wu L, Couture R, et al. 2015. Iron isotope fractionation in sediments of an oligotrophic freshwater lake. Earth and Planetary Science Letters, 423: 164-172.

Lovley D R. 1997. Microbial Fe (Ⅲ) reduction in subsurface environments. FEMS Microbiology Reviews, 20(3-4): 305-313.

Lu Y, Sun X, Lin Z, et al. 2015. Cold seep status archived in authigenic carbonates: Mineralogical and isotopic evidence from Northern South China Sea. Deep Sea Research Part I: Oceanographic Research Papers, 122: 95-105.

Lu Y, Liu Y, Sun X, et al. 2017. Intensity of methane seepage reflected by relative enrichment of heavy magnesium isotopes in authigenic carbonates: A case study from the South China Sea. Deep Sea Research Part I: Oceanographic Research Papers, 129: 10-21.

Lu Y, Sun X, Xu H, et al. 2018. Formation of dolomite catalyzed by sulfate-driven anaerobic oxidation of methane: Mineralogical and geochemical evidence from the northern South China Sea. American Mineralogist, 103: 720-734.

Luff R, Wallmann K. 2003. Fluid flow, methane fluxes, carbonate precipitation and biogeochemical turnover in gas hydrate-bearing sediments at Hydrate Ridge, Cascadia Margin: Numerical modeling and mass balances. Geochimica et Cosmochimica Acta, 67: 3403-3421.

Luff R, Wallmann K, Aloisi G. 2004. Numerical modeling of carbonate crust formation at cold vent sites: Significance for fluid and methane budgets and chemosynthetic biological communities. Earth and Planetary Science Letters, 221: 337-353.

Luo Y R, Byrne R H. 2004. Carbonate complexation of yttrium and the rare earth elements in natural waters. Geochimica et Cosmochimica Acta, 68 (4): 691-699.

Luque F J, Rodas M. 1999. Constraints on graphite crystallinity in some Spanish fluid deposited occurrences from different geologic settings. Mineralium Deposita, 34: 215-219.

Luque F J, Pasteris J D, Wopenka B, et al. 1998. Natural fluid-deposited graphite: Mineralogical characteristics and mechanisms of formation. American Journal of Science, 298: 471-498.

Luque F J, Ortega L, Barrenechea J F, et al. 2009. Deposition of highly crystalline graphite from moderate-temperature fluids. Geology, 37: 275-278.

Luther G W. 1991. Pyrite synthesis via polysulfide compounds. Geochimica et Cosmochimica Acta, 55 (10): 2839-2849.

Macavoy S E, Carney R S, Morgan E, et al. 2008. Stable isotope variation among the mussel *Bathymodiolus childressi* and associated heterotrophic fauna at four cold-seep communities in the Gulf of Mexico. Journal of Shellfish Research, 27: 147-151.

Macdonald I R, Guinasso N L, Reilly J F, et al. 1990. Gulf of Mexico hydrocarbon seep communities: VI. Patterns in community structure and habitat. Geo-Marine Letters, 10: 244-252.

Magalhaes V H, Pinheiro L M, Ivanov M K, et al. 2012. Formation processes of methane-derived authigenic carbonates from the Gulf of Cadiz. Sedimentary Geology, 243: 155-168.

Malinverno A, Pohlman J W. 2011. Modeling sulfate reduction in methane hydrate-bearing continental margin sediments: Does a sulfate-methane transition require anaerobic oxidation of methane? Geochemistry Geophysics Geosystems, 12 (7): Q07006.

Malinovsky D, Stenberg A, Rodushkin I, et al. 2003. Performance of high resolution MC-ICP-MS for Fe isotope ratio measurements in sedimentary geological materials. Journal of Analytical Atomic Spectrometry, 18 (7): 687-695.

Malone M J, Claypool G, Martin J B, et al. 2002. Variable methane fluxes in shallow marine systems over geologic time: The composition and origin of pore waters and authigenic carbonates on the New Jersey shelf. Marine Geology, 189: 175-196.

Mangalo M, Meckenstock R U, Stichler W, et al. 2007. Stable isotope fractionation during bacterial sulfate reduction is controlled by reoxidation of intermediates. Geochimica et Cosmochimica Acta, 71: 4161-4171.

Manheim F T. 1967. Evidence for submarine discharge of water on the Atlantic continental slope of the southern United States, and suggestions for further search. Transactions of the New York Academy of Sciences, Series Ⅱ, 29: 839-853.

Manheim F T, Chan K M. 1974. Interstitial waters of Black Sea sediments: New data and review// Degens E T, Ross D A. The Black Sea-Geology, Chemistry and Biology. American Association of Petroleum Geologists Memoirs, Tulsa, OK, 20: 155-180.

Manheim F T, Schug D M. 1978. Interstitial waters of Black Sea cores//Ross D A, Neprochnov Y P, et al. Initial Reports on Deep Sea Drilling Project 42 (Ⅱ). US Government Printing Office, Washington, DC: 637- 651.

Mansour A S, Sassen R. 2011. Mineralogical and stable isotopic characterization of authigenic carbonate from a hydrocarbon seep site, Gulf of Mexico slope: Possible relation to crude oil degradation. Marine Geology, 281 (1-4): 59-69.

Markgraf S A, Reeder R J, 1985. High-temperature structure refinements of calcite and magnesite. American Mineralogist, 70(5-6): 590-600.

Martens C S, Albert D B, Alperin M J. 1999. Stable isotope tracing of anaerobic methane oxidation in the gassy sediments of Eckernförde Bay, German Baltic Sea. American Journal of Science, 299: 589-610.

Martin R A, Nesbitt E A, Campbell K A. 2007. Carbon stable isotopic composition of benthic foraminifera from Pliocene cold methane seeps, Cascadia accretionary margin. Palaeogeography, Palaeoclimatology, Palaeoecology, 246 (2-4): 260-277.

März C, Hoffmann J, Bleil U, et al. 2008. Diagenetic changes of magnetic and geochemical signals by anaerobic methane oxidation in sediments of the Zambezi deep-sea fan (SW Indian Ocean). Marine Geology, 255: 118-130.

Mavromatis V, Schmidt M, Botz R, et al. 2012. Experimental quantification of the effect of Mg on calcite-aqueous fluid oxygen isotope fractionation. Chemical Geology, 310: 97-105.

Mavromatis V, Gautier Q, Bosc O, et al. 2013. Kinetics of Mg partition and Mg stable isotope fractionation during its incorporation in calcite. Geochimica et Cosmochimica Acta, 114: 188-203.

Mavromatis V, Meister P, Oelkers E H. 2014. Using stable Mg isotopes to distinguish dolomite formation mechanisms: A case study from the Peru Margin. Chemical Geology, 385: 84-91.

Mazumdar A, Peketi A, Joao H, et al. 2012. Sulfidization in a shallow coastal depositional setting: Diagenetic and palaeoclimatic implications. Chemical Geology, 322-323: 68-78.

Mazzini A, Svensen H, Hovland M, et al. 2006. Comparison and implications from strikingly different authigenic carbonates in a Nyegga complex pockmark, G11, Norwegian Sea. Marine Geology, 231 (1-4): 89-102.

Mcanena A. 2011. The reactivity and isotopic fractionation of Fe-bearing minerals during sulfidation: An experimental approach. Newcastle: Newcastle University: 1-244.

McLennan S. 1989. Rare earth elements in sedimentary rocks: Influence of provenance and sedimentary processes. Reviews in Mineralogy and Geochemistry, 21: 169-200.

McManus J, Berelson W M, Klinkhammer G P, et al. 1998. Geochemistry of barium in marine sediments: Implications for its use as a paleoproxy. Geochimica et Cosmochimica Acta, 62: 3453-3473.

Michaelis W, Seifert R, Nauhaus K, et al. 2002. Microbial reefs in the Black Sea fueled by anaerobic oxidation of methane. Science, 297 (5583): 1013-1015.

Milkov A V. 2005. Molecular and stable isotope compositions of natural gas hydrates: A revised global dataset and basic interpretations in the context of geological settings. Organic Geochemistry, 36: 681-702.

Milucka J, Ferdelman T G, Polerecky L, et al. 2012. Zero-valent sulphur is a key intermediate in marine methane oxidation. Nature, 491 (7425): 541-546.

Miser D E, Swinnea J S, Steinfink H. 1987. TEM observations and X-ray crystal-structure refinement of a twinned dolomite with a modulated microstructure. American Mineralogist, 72: 188-193.

Momma K, Izumi F. 2011. VESTA 3 for three-dimensional visualization of crystal, volumetric and morphology data. Journal of Applied Crystallography, 44 (6): 1272-1276.

Moore T S, Murray R W, Kurtz A C, et al. 2004. Anaerobic methane oxidation and the formation of dolomite. Earth and Planetary Science Letters, 229: 141-154.

Morley C K. 2002. A tectonic model for the Tertiary evolution of strike-slip faults and rift basins in SE Asia. Tectonophysics, 347 (4): 189-215.

Naehr T H, Rodriguez N M, Bohrmann G, et al. 2000. Methane derived authigenic carbonates associated with gas hydrate decomposition and fluid venting above the Blake Ridge Diapir//Paull C K, Matsumoto R, Wallace P J, et al. Proceedings of the Ocean Drilling Program, Scientific Results, 164: 285-300.

Naehr T H, Eichhubl P, Orphan V J, et al. 2007. Authigenic carbonate formation at hydrocarbon seeps in continental margin sediments: A comparative study. Deep Sea Research Part Ⅱ: Topical Studies in Oceanography, 54 (11-13): 1268-1291.

Nakayama N, Ashi J, Tsunogai U, et al. 2010. Sources of pore water in a Tanegashima mud volcano inferred from chemical and stable isotopic studies. Geochemical Journal, 44: 561-569.

Nellist P D. 2011. The principles of STEM imaging//Scanning Transmission Electron Microscopy. New York : Springer.

Neretin L N, Böttcher M E, Jørgensen B B, et al. 2004. Pyritization processes and greigite formation in the advancing sulfidization front in the Upper Pleistocene sediments of the Black Sea. Geochimica et Cosmochimica Acta, 68 (9): 2081-2093.

Nesbitt E A, Martin R A, Campbell K A. 2013. New records of Oligocene diffuse hydrocarbon seeps, northern Cascadia margin. Palaeogeography, Palaeoclimatology, Palaeoecology, 390: 116-129.

Nielsen M H, Aloni S, de Yoreo J J. 2014a. In situ TEM imaging of $CaCO_3$ nucleation reveals coexistence of direct and indirect pathways. Science, 345: 1158-1162.

Nielsen M H, Li D, Zhang H, et al. 2014b. Investigating processes of nanocrystal formation and transformation via liquid cell TEM. Microscopy and Microanalysis, 20: 425-436.

Niemann H, Lösekann T, de Beer D, et al. 2006. Novel microbial communities of the Haakon Mosby mud volcano and their role as a methane sink. Nature, 443: 854-858

Niewöhner C, Hensen C, Kasten S, et al. 1998. Deep sulfate reduction completely mediated by anaerobic methane oxidation in sediments of the upwelling area off Namibia. Geochimica et Cosmochimica Acta, 62: 455-464.

Nissenbaum A. 1984. Methane derived organic matter and carbonates. Organic Geochemistry, 5 (4) : 187-192.

Nordeng S H, Sibley D F. 1994. Dolomite stoichiometry and Ostwald's Step Rule. Geochimica et Cosmochimica Acta, 58: 191-196.

Norði K A, Thamdrup B, Schubert C J. 2013. Anaerobic oxidation of methane in an iron-rich Danish freshwater lake sediment. Limnology and Oceanography, 58: 546-554.

Nothdurft L D, Webb G E, Kamber B S. 2004. Rare earth element geochemistry of Late Devonian reefal carbonates, Canning Basin, Western Australia: Confirmation of a seawater REE proxy in ancient limestones. Geochimica et Cosmochimica Acta, 68 (2) : 263-283.

Nöthen K, Kasten S. 2011. Reconstructing changes in seep activity by means of pore water and solid phase Sr/Ca and Mg/Ca ratios in pockmark sediments of the Northern Congo Fan. Marine Geology, 287: 1-13.

Novikova S A, Shnyukov Y F, Sokol E V, et al. 2015. A methane-derived carbonate build-up at a cold seep on the Crimean slope, north-western Black Sea. Marine Geology, 363: 160-173.

Nozaki Y, Zhang J, Amakawa H. 1997. The fractionation between Y and Ho in the marine environment. Earth and Planetary Science Letters, 148 (1-2) : 329-340.

Nyman S L, Nelson C S. 2011. The place of tubular concretions in hydrocarbon cold seep systems: Late Miocene Urenui Formation, Taranaki Basin, New Zealand. AAPG Bulletin, 95 (9) : 1495-1524.

Nyman S L, Nelson C S, Campbell K A. 2010. Miocene tubular concretions in East Coast Basin, New Zealand: analogue for the subsurface plumbing of cold seeps. Marine Geology, 272 (1-4) : 319-336.

Oremland R S, Whiticar M J, Strohmaier F E, et al. 1988. Bacterial ethane formation from reduced, ethylated sulfur compounds in anoxic sediments. Geochimica et Cosmochimica Acta, 52: 1895-1904.

Ono S, Wing B, Johnston D, et al. 2006. Mass-dependent fractionation of quadruple stable sulfur isotope system as a new tracer of sulfur biogeochemical cycles. Geochimica et Cosmochimica Acta, 70 (9) : 2238-2252.

Orphan V J, Ussler B, Naehr T H, et al. 2004. Geological, geochemical, and microbiological heterogeneity of the seafloor around methane vents in the Eel River Basin, offshore California. Chemical Geology, 205: 265-289.

Paquette J, Reeder R J. 1995. Relationship between surface structure, growth mechanism, and trace element incorporation in calcite. Geochimica et Cosmochimica Acta, 59 (4) : 735-749.

Parkes R J, Cragg B A, Bale S J, et al. 1994. Deep bacterial biosphere in Pacific Ocean sediments. Nature, 371 (6496) : 410-413.

Pasteris J D. 1999. Causes of the uniformly high crystallinity of graphite in large epigenetic deposits. Journal of Metamorphic Geology, 17: 779-787.

Pasteris J D, Chou I M. 1998. Fluid-deposited graphitic inclusions in quartz: Comparison between KTB (German continental deep-drilling) core samples and artificially re-equilibrated natural inclusions. Geochimica et Cosmochimica Acta, 62: 109-122.

Paull C K, HeckerB R, Commeau R P, et al. 1984. Biological communities at the Florida escarpment resemble hydrothermal vent taxa. Science, 226 (4677) : 965-967.

Paull C K, Jull A J T, Toolin L J, et al. 1985. Stable isotope evidence forchemosynthesis in an abyssal seep community. Nature, 317: 709-711.

Pierre C, Rouchy J M. 2004. Isotopic compositions of diagenetic dolomites in the Tortonian marls of the western Mediterranean margins: Evidence of past gas hydrate formation and dissociation. Chemical Geology, 205: 469-484.

Peckmann J, Thiel V. 2004. Carbon cycling at ancient methane-seeps. Chemical Geology, 205 (3-4) : 443-467.

Peckmann J, Thiel V, Michaelis W, et al. 1999a. Cold seep deposits of Beauvoisin (Oxfordian; southeastern France) and Marmorito

(Miocene; northern Italy): Microbially induced authigenic carbonates. International Journal of Earth Sciences, 88: 60-75.

Peckmann J, Walliser O H, Riegel W, et al. 1999b. Signatures of hydrocarbon venting Middle Devonian carbonate mound (Hollard Mound) at the Hamar Laghdad (Antiatlas, Morocco). Facies, 40: 281-296.

Peckmann J, Reimer A, Luth U, et al. 2001. Methane-derived carbonates and authigenic pyrite from the northwestern Black Sea. Marine Geology, 177: 129-150.

Peckmann J, Goedert J L, Thiel V, et al. 2002. A comprehensive approach to the study of methane-seep deposits from the Lincoln Creek Formation, western Washington State, USA. Sedimentology, 49: 855-873.

Peketi A, Mazumdar A, Joshi R K, et al. 2012. Tracing the Paleo sulfate-methane transition zones and $H_2S$ seepage events in marine sediments: An application of C-S-Mo systematics. Geochemistry Geophysics Geosystems, 13(10): 1-11.

Pellerin A, Bui T H, Rough M, et al. 2015. Mass-dependent sulfur isotope fractionation during reoxidative sulfur cycling: A case study from Mangrove Lake, Bermuda. Geochimica et Cosmochimica Acta, 149: 152-164.

Pen R L, Banfield J F. 1998. Imperfect oriented attachment: Dislocation generation in defect-free nanocrystals. Science, 281: 969-971.

Penn R L, Banfield J F. 1998. Oriented attachment and growth, twinning, polytypism, and formation of metastable phases: Insights from nanocrystalline $TiO_2$. American Mineralogist, 83(9-10): 1077-1082.

Perry E A, Gieskes J M, Lawrence J R. 1976. Mg, Ca and $^{18}O/^{16}O$ exchange in the sediment-pore water system Hole 149, DSDP. Geochimica et Cosmochimica Acta, 40: 413-423.

Philippot P, van Zuilen M, Lepot K, et al. 2007. Early Archaean microorganisms preferred elemental sulfur, not sulfate. Science, 317: 1534-1537.

Pierre C. 2017. Origin of the authigenic gypsum and pyrite from active methane seeps of the southwest African Margin. Chemical Geology, 449: 158-164.

Pierre C, Blanc-Valleron M, Demange J, et al. 2012. Authigenic carbonates from active methane seeps offshore southwest Africa. Geo-Marine Letters, 32(5): 501-513.

Pierre C, Rouchy J M, Blanc-Valleron M M, et al. 2015. Methanogenesis and clay minerals diagenesis during the formation of dolomite nodules from the Tortonian marls of southern Spain. Marine and Petroleum Geology, 66: 606-615.

Pierre C, Blanc-Valleron M-M, Caquineau S, et al. 2016. Mineralogical, geochemical and isotopic characterization of authigenic carbonates from the methane-bearing sediments of the Bering Sea continental margin (IODP Expedition 323, Sites U1343-U1345). Deep Sea Research Part Ⅱ: Topical Studies in Oceanography, (125-126): 133-144.

Pierre C, Bayon G, Blanc-Valleron M M, et al. 2014. Authigenic carbonates related to active seepage of methane-rich hot brines at the Cheops mud volcano, Menes caldera (Nile deep-sea fan, eastern Mediterranean Sea). Geo-Marine Letters, 34: 253-267.

Pierre F D, Clari P, Natalicchio M, et al. 2014. Flocculent layers and bacterial mats in the mudstone interbeds of the Primary Lower Gypsum unit (Tertiary Piedmont Basin, NW Italy): Archives of palaeoenvironmental changes during the Messinian salinity crisis. Marine Geology, 355: 71-87.

Pimentel C, Pina C M. 2014. The formation of the dolomite-analogue norsethite: Reaction pathway and cation ordering. Geochimica et Cosmochimica Acta, 142: 217-223.

Pinilla C, Blanchard M, Balan E, et al. 2015. Equilibrium magnesium isotope fractionation between aqueous $Mg^{2+}$ and carbonate minerals: Insights from path integral molecular dynamics. Geochimica et Cosmochimica Acta, 163: 126-139.

Pirlet H, Wehrmann L M, Brunner B, et al. 2010. Diagenetic formation of gypsum and dolomite in a cold-water coral mound in the Porcupine Seabight, off Ireland. Sedmentology, 57: 786-805.

Pohlman J W, Bauer J E, Waite W F, et al. 2011. Methane hydrate-bearing seeps as a source of aged dissolved organic carbon to the oceans. Nature Geoscience, 4(1): 37-41.

Polyakov V B, Mineev S D. 2000. The use of Mössbauer spectroscopy in stable isotope geochemistry. Geochimica et Cosmochimica Acta, 64(5): 849-865.

Pokrovsky B G, Mavromatis V, Pokrovsky O S. 2011. Co-variation of Mg and C isotopes in late Precambrian carbonates of the

Siberian Platform: A new tool for tracing the change in weathering regime? Chemical Geology, 290(1-2): 67-74.

Poulton S W, Canfield D E. 2005. Development of a sequential extraction procedure for iron: Implications for iron partitioning in continentally derived particulates. Chemical Geology, 214(3-4): 209-221.

Poulton S W, Krom M D, Raiswell R A. 2004. revised scheme for the reactivity of iron (oxyhydr) oxide minerals towards dissolved sulfide. Geochimica et Cosmochimica Acta, 68(18): 3703-3715.

Price F T, Shieh Y N. 1979. Fractionation of sulfur isotopes during laboratory synthesis of pyrite at low temperatures. Chemical Geology, 27(3): 245-253.

Quigley D, Freeman C L, Harding J H, et al. 2011. Sampling the structure of calcium carbonate nanoparticles with metadynamics. The Journal of Chemical Physics, 134: 044703.

Ra K, Kitagawa H, Shiraiwa Y. 2010. Mg isotopes in chlorophyll-a and coccoliths of cultured coccolithophores (*Emiliania huxleyi*) by MC-ICP-MS. Marine Chemistry, 122(1-4): 130-137.

Raiswell R, Canfield D E. 1998. Sources of iron for pyrite formation in marine. American Journal of Science, 298: 219-245.

Raiswell R, Canfield D E. 2012. The iron biogeochemical cycle past and present. Geochemical Perspectives, 1: 1-220.

Raiteri P, Gale J D. 2010. Water is the key to nonclassical nucleation of amorphous calcium carbonate. Journal of the American Chemical Society, 132: 17623-17634.

Rathburn A E, Pérez M E, Martin J B, et al. 2003. Relationships between the distribution and stable isotopic composition of living benthonic foraminifera and cold methane seep biogeochemistry in Monterey Bay, California. Geochemistry, Geophysics, Geosystems, 4(12): 1-28.

Raz S, Weiner S, Addadi L. 2000. Formation of high-magnesian calcites via an amorphous precursor phase: Possible biological implications. Advanced Materials, 12(1): 38-42.

Reeburgh W S. 1976. Methane Consumption in Cariaco Trench Waters and Sediments. Earth and Planetary Science Letters, 28: 337-344.

Reeder R J. 1981. Electron optical investigation of sedimentary dolomites. Contributions to Mineralogy and Petrology, 76: 148-157.

Reeder R J. 1983. Carbonates: mineralogy and chemistry. De Gruyter: Mineralogical Society of America Washington: 1-399.

Reeder R J. 2000. Constraints on cation order in calcium-rich sedimentary dolomite. Aquatic Geochemistry, 6: 213-226.

Reeder R J, Wenk H R. 1979. Microstructures in low temperature dolomites. Geophysical Research Letters, 6(2): 77-80.

Rees C E. 1973. A steady-state model for sulphur isotope fractionation in bacterial reduction processes. Geochimica et Cosmochimica Acta, 37(5): 1141-1162.

Rees C E, Jenkins W J, Monster J. 1978. The sulphur isotopic composition of ocean water sulphate. Geochimica et Cosmochimica Acta, 42(4): 377-381.

Reitz A, Pape T, Haeckel M, et al. 2011. Sources of fluids and gases expelled at cold seeps offshore Georgia eastern Black Sea. Geochimica et Cosmochimica Acta, 75: 3250-3268.

Reksten K. 1990. Superstructures in calcite. American Mineralogist, 75(7-8): 807-812.

Rice C A, Tuttle M L, Reynolds R L. 1993. The analysis of forms of sulfur in ancient sediments and sedimentary rocks: Comments and cautions. Chemical Geology, 107(1): 83-95.

Rickard D. 1975. Kinetics and mechanism of pyrite formation at low temperatures. American Journal of Science, 275: 636-652.

Rickard D. 1997. Kinetics of pyrite formation by the $H_2S$ oxidation of Fe (Ⅱ) monosulfide in aqueous solutions between 25 and 125°C: The rate equation. Geochim Cosmochim Acta, 61: 115-134.

Rickard D. 2014. The Sedimentary Sulfur System: Biogeochemistry and Evolution Through Time//Holland H D, Turekian K K. Treatise on Geochemistry. Second Edition, Amsterdam: Elsevier: 267-326.

Rickard D. 2015. Pyrite: A Natural History of fool's Gold. Oxford: Oxford University Press: 87-116.

Rickard D, Luther G III. 1997. Kinetics of pyrite formation by the $H_2S$ oxidation of Fe (Ⅱ) monosulfide in aqueous solutions between 25 and 125℃: The mechanism. Geochimica et Cosmochimica Acta, 61: 135-147.

Rickard D, Morse J W. 2005. Acid volatile sulfide (AVS). Marine Chemistry, 97(3-4): 141-197.

Rickard D, Luther G W. 2007. Chemistry of iron sulfides. Chemical Reviews, 107(2): 514-562.

Riedinger N, Formolo M J, Lyons T W, et al. 2014. An inorganic geochemical argument for coupled anaerobic oxidation of methane and iron reduction in marine sediments. Geobiology, 12: 172-181.

Rimstidt J D, Balog A, Webb J. 1998. Distribution of trace elements between carbonate minerals and aqueous solutions. Geochimica et Cosmochimica Acta, 62(11): 1851-1863.

Ritger S, Carson B, Suess E. 1987. Methane-derived authigenic carbonates formed by subduction-induced pore-water expulsion along the Oregon/Washington margin. Geological Society of America Bulletin, 98(2): 147-156.

Roberts H H, Aharon P. 1994. Hydrocarbon-derived carbonate buildups of the northern Gulf of Mexico continental slope: A review of submersible investigations. Geo-Marine Letters, 14: 135-148.

Roberts H H, Carney R S. 1997. Evidence of episodic fluid, gas, and sediment venting on the northern Gulf of Mexico continental slope. Economic Geology, 92 (7-8): 863-879.

Roberts H H, Hardage B A, Shedd W W, et al. 2006. Seafloor reflectivity-an important seismic property for interpreting fluid/gas expulsion geology and the presence of gas hydrate. The Leading Edge, 25: 620-628.

Roberts H H, Feng D, Joye S B. 2010. Cold-seep carbonates of the middle and lower continental slope, northern Gulf of Mexico. Deep-Sea Research Part II-Topical Studies in Oceanography, 57: 2040-2054.

Rodrigues C F, Hilario A, Cunha M R. 2013. Chemosymbiotic species from the Gulf of Cadiz (NE Atlantic): Distribution, life styles and nutritional patterns. Biogeosciences, 10: 2569-2581.

Rodriguez N M, Paull C K, Borowski W S. 2020. Zonation of authigenic carbonates within gas hydrate-bearing sedimentary sections on the Blake Ridge: Offshore southeastern north America in Gas Hydrate Sampling on the Blake Ridge and Carolina Rise. //Paull C K, Matsumoto R, Wallace P J, et al. Proceedings of Ocean Drilling Program Scientific Results, 164. College Station, TX (Ocean Drilling Program), 164: 301-312.

Rollion-Bard C, Saulnier S, Vigier N, et al. 2016. Variability in magnesium, carbon and oxygen isotope compositions of brachiopod shells: Implications for paleoceanographic studies. Chemical Geology, 423: 49-60.

Rongemaille E, Bayon G, Pierre C, et al. 2011. Rare earth elements in cold seep carbonates from the Niger delta. Chemical Geology, 286: 196-206.

Rossel E E, Elvert M, Ramette A, et al. 2011. Factors controlling the distribution of anaerobic methanotrophic communities in marine environments: Evidence from intact polar membrane lipids. Geochimica et Cosmochimica Acta, 75: 164-184.

Rouxel O, Shanksiii W, Bach W, et al. 2008. Integrated Fe- and S-isotope study of seafloor hydrothermal vents at East Pacific Rise 9-10°N. Chemical Geology, 252(3-4): 214-227.

Rudnicki M D, Elderfield H, Spiro B. 2001. Fractionation of sulfur isotopes during bacterial sulfate reduction in deep ocean sediments at elevated temperatures. Geochimica et Cosmochimica Acta, 65: 777-789.

Ruff S E, Arnds J, Knittel K, et al. 2013. Microbial Communities of Deep-Sea Methane Seeps at Hikurangi Continental Margin (New Zealand). Plos One, 8(9): 1-16.

Ruffine L, Germain Y, Polonia A, et al. 2015. Pore water geochemistry at two seismogenic areas in the sea of marmara. Geochemistry, Geophysics, Geosystems, 16(7): 2038-2057.

Sackett W M. 1978. Carbon and hydrogen isotope effects during the thermocatalytic production of hydrocarbons in laboratory simulation experiments. Geochimica et Cosmochimica Acta, 42(6): 571-580.

Saenger C, Wang Z. 2014. Magnesium isotope fractionation in biogenic and abiogenic carbonates: Implications for paleoenvironmental proxies. Quaternary Science Reviews, 90: 1-21.

Saito S, Goldberg D. 2001. Compaction and dewatering processes of the oceanic sediments in the Costa Rica and Barbados subduction zones: Estimates from in situ physical property measurements. Earth and Planetary Science Letters, 191(3-4): 283-293.

Sassen R, Roberts H H, Carney R, et al. 2004. Free hydrocarbon gas, gas hydrate, and authigenic minerals in chemosynthetic communities of the northern Gulf of Mexico continental slope: Relation to microbial processes. Chemical Geology, 205(3-4):

195-217.

Sato H, Hayashi K, Ogawa Y, et al. 2012. Geochemistry of deep sea sediments at cold seep sites in the Nankai Trough: Insights into the effect of anaerobic oxidation of methane. Marine Geology, 323-325: 47-55.

Savard M M, Beauchamp B, Veizer J. 1996. Significance of aragonite cements around Cretaceous marine methane seeps. Journal of Sedimentary Research, 66: 430-438.

Scheiderich K, Zerkle A L, Helz G R, et al. 2010. Molybdenum isotope, multiple sulfur isotope, and redox-sensitive element behavior in early Pleistocene Mediterranean sapropels. Chemical Geology, 279(3-4): 134-144.

Schippers A, Sand W. 1999. Bacterial leaching of metal sulfides proceeds by two indirect mechanisms via thiosulfate or via polysulfides and sulfur. Applied Environmental Microbiology, 65: 319-321.

Schippers A, Jørgensen B B. 2001. Oxidation of pyrite and iron sulfide by manganese dioxide in marine sediments. Geochimica et Cosmochimica Acta, 65: 915-922.

Scholz F, Severmann S, Mcmanus J, et al. 2014a. Beyond the Black Sea paradigm: The sedimentary fingerprint of an open-marine iron shuttle. Geochimica et Cosmochimica Acta, 127: 368-380.

Scholz F, Severmann S, Mcmanus J, et al. 2014b. On the isotope composition of reactive iron in marine sediments: Redox shuttle versus early diagenesis. Chemical Geology, 389: 48-59.

Schott J, Mavromatis V, Fujii T, et al. 2016. The control of carbonate mineral Mg isotope composition by aqueous speciation: Theoretical and experimental modeling. Chemical Geology, 445: 120-134.

Schubel K A, Elbert D C, Veblen D R. 2000. Incommensurate c-domain superstructures in calcian dolomite from the Latemar buildup, Dolomites, Northern Italy. American Mineralogist, 85: 858-862.

Schulz H D. 2006. Quantification of early diagenesis: Dissolved constituents in pore water and signals in the solid phase//Schulz H D, Zabel M. Marine Geochemistry, Berlin: Springer: 73-124.

Segarra K E A, Comerford C, Slaughter J, et al. 2013. Impact of electron acceptor availability on the anaerobic oxidation of methane in coastal freshwater and brackish wetland sediments. Geochimica et Cosmochimica Acta, 115: 15-30.

Severmann S, Johnson C M, Beard B L, et al. 2006. The effect of early diagenesis on the Fe isotope compositions of porewaters and authigenic minerals in continental margin sediments. Geochimica et Cosmochimica Acta, 70(8): 2006-2022.

Severmann S, Lyons T W, Anbar A, et al. 2008. Modern iron isotope perspective on the benthic iron shuttle and the redox evolution of ancient oceans. Geology, 36(6): 487.

Shen Z, Konishi H, Brown P E, et al. 2013. STEM investigation of exsolution lamellae and “c” reflections in Ca-rich dolomite from the Platteville Formation, western Wisconsin. American Mineralogist, 98: 760-766.

Shen Z, Liu Y, Brown P E, et al. 2014. Modeling the effect of dissolved hydrogen sulfide on $Mg^{2+}$-water complex on dolomite {104} surfaces. The Journal of Physical Chemistry C, 118: 15, 715, 716, 722.

Shirokova L S, Mavromatis V, Bundeleva I A P, et al. 2013. Using Mg isotopes to trace cyanobacterially mediated magnesium carbonate precipitation in alkaline lakes. Aquatic Geochemistry, 19(1): 1-24.

Sholkovitz E R, Piepgras D J, Jacobsen S T. 1989. The pore water chemistry of rare earth elements in Buzzards Bay sediments. Geochimica et Cosmochimica Acta, 53: 2847-2856.

Siedenberg K, Strauss H, Littke R. 2016. Multiple sulfur isotopes ($\delta^{34}S$, $\Delta^{33}S$) and trace elements (Mo, U, V) reveal changing palaeoenvironments in the mid-Carboniferous Chokier Formation, Belgium. Chemical Geology, 441: 47-62.

Sim M S, Bosak T, Ono S. 2011a. Large sulfur isotope fractionation does not require disproportionation. Science, 333(6038): 74-77.

Sim M S, Ono S, Donovan K, et al. 2011b. Effect of electron donors on the fractionation of sulfur isotopes by a marine *Desulfovibrio* sp. Geochimica et Cosmochimica Acta, 75: 4244-4259.

Sivan O, Adler M, Pearson A, et al. 2011. Geochemical evidence for iron-mediated anaerobic oxidation of methane. Limnology and Oceanography, 56: 1536-1544.

Sivan O, Antler G, Turchyn A V, et al. 2014. Iron oxides stimulate sulfate-driven anaerobic methane oxidation in seeps. Proceedings of the National Academy of Sciences of the United States of America, 111(40): E4139-E4147.

Skulan J L, Beard B L, Johnson C M. 2002. Kinetic and equilibrium Fe isotope fractionation between aqueous Fe(Ⅲ) and hematite. Geochimica et Cosmochimica Acta, 66(17): 2995-3015.

Smrzka D, Feng D, Himmler T, et al. 2020. Trace elements in methane-seep carbonates: Potentials, limitations, and perspectives. Earth-Science Reviews 208, 103263: 1-24.

Snyder G T, Hiruta A, Matsumoto R, et al. 2007. Pore water profiles and authigenic mineralization in shallow marine sediments above the methane-charged system on Umitaka Spur, Japan Sea. Deep Sea Research Part II: Topical Studies in Oceanography 54: 1216-1239.

Sørensen K B, Canfield D E. 2004. Annual fluctuations in sulfur isotope fractionation in the water column of a euxinic marine basin. Geochimica et Cosmochimica Acta, 68(3): 503-515.

Stakes D S, Orange D, Paduan J B, et al. 1999. Cold-seeps and authigenic carbonate formation in Monterey Bay, California. Marine Geology, 159(1-4): 93-109.

Strandmann P A E P V, Burton K W, James R H, et al. 2008. The influence of weathering processes on riverine magnesium isotopes in a basaltic terrain. Earth and Planetary Science Letters, 276: 187-197.

Strauss H, Bast R, Cording A, et al. 2012. Sulphur diagenesis in the sediments of the Kiel Bight, SW Baltic Sea as reflected by multiple stable sulphur isotopes. Isotopes in Environmental and Health Studies, 48(1): 166-179.

Suess E. 2005. RV SONNE Cruise Report SO 177, Sino-German Cooperative Project, South China Sea Continental Margin: Geological Methane Budget and Environmental Effects of Methane Emissions and Gas hydrates. Kiel: IFM-GEOMAR: 1-159.

Suess E. 2014. Marine cold seeps and their manifestations: Geological control, biogeochemical criteria and environmental conditions. International Journal of Earth Sciences, 103(7): 1889-1916.

Suess E. 2018. Marine cold seeps: Background and recent advances// Wilkes H. Hydrocarbons, Oils and Lipids: Diversity, Origin, Chemistry and Fate, Berlin: Springer: 747-767.

Suess E, Torres M E, Bohrmann G, et al. 1999. Gas hydrate destabilization: Enhanced dewatering, benthic material turnover and large methane plumes at the cascadia convergent margin. Earth and Planetary. Science Letters, 170(1-2): 1-15.

Sun Z, Wei H, Zhang X, et al. 2015. A unique Fe-rich carbonate chimney associated with cold seeps in the Northern Okinawa Trough, East China Sea. Deep Sea Research Part I: Oceanographic Research Papers, 95: 37-53.

Sundquist E T, Visser K. 2003. The geologic history of the carbon cycle//Schlesinger W H, Holland H D, Turekian K K. Treatise on Geochemistry, Vol. 8: The Oceans and Marine Geochemistry, Boston: Elsevier: 425-472.

Takeuchi R, Matsumoto R, Ogihara S, et al. 2007. Methane-induced dolomite "chimneys" on the Kuroshima Knoll, Ryukyu islands, Japan. Journal of Geochemical Exploration, 95(1-3): 16-28.

Tanaka K, Takahashi Y, Shimizu H. 2009. Determination of the host phase of rare earth elements in natural carbonate using X-ray absorption near-edge structure. Geochemical Journal, 43(3): 143-149.

Taylor K G, Macquaker J. 2011. Iron minerals in marine sediments record chemical environments. Elements, 7: 113-118.

Teichert B M A, Luppold F W. 2013. Glendonites from an Early Jurassic methane seep-Climate or methane indicators? Palaeogeography, Palaeoclimatology, Palaeoecology, 390: 81-93.

Teichert B M A, Bohrmann G, Suess E. 2005. Chemoherms on Hydrate Ridge-Unique microbially-mediated carbonate build-ups growing into the water column. Palaeogeography, Palaeoclimatology, Palaeoecology, 227(1-3): 67-85.

Terakado Y, Masuda A. 1988. The coprecipitation of rare-earth elements with calcite and aragonite. Chemical Geology, 69(1-2): 103-110.

Thamdrup B, Finster K, Hansen J W, et al. 1993. Bacterial disproportionation of elemental sulfur coupled to chemical reduction of iron or manganese. Applied Environmental Microbiology, 59: 101-108.

Tipper E T, Galy A, Gaillardet J, et al. 2006. The magnesium isotope budget of the modern ocean: Constraints from riverine magnesium isotope ratios. Earth and Planetary Science Letters, 250: 241-253.

Tomaru H, Lu Z L, Snyder G T, et al. 2007. Origin and age of pore waters in an actively venting gas hydrate field near Sado Island, Japan Sea: Interpretation of halogen and $I^{129}$ distributions. Chemical Geology, 236(3-4): 350-366.

Tong H P, Chen D F. 2012. First discovery and characterizations of late Cretaceous seep carbonates from Xigaze in Tibet, China. Chinese Science Bulletin, 57: 4363-4372.

Tong H P, Feng D, Cheng H, et al. 2013. Authigenic carbonates from seeps on the northern continental slope of the South China Sea: New insights into fluid sources and geochronology. Marine and Petroleum Geology, 43: 260-271.

Torres M E, Brumsack H J, Bohrmann G, et al. 1996. Barite fronts in continental margin sediments: A new look at barium mobilization in the zone of sulfate reduction and formation of heavy barites in diagenetic fronts. Chemical Geology, 127: 125-139.

Torres M E, Wallmann K, Trehu A M, et al. 2004. Gas hydrate growth, methane transport, and chloride enrichment at the southern summit of Hydrate Ridge, Cascadia margin off Oregon. Earth and Planetary Science Letters, 226 (1-2): 225-241.

Torres M E, Collett T S, Rose K K, et al. 2011. Pore fluid geochemistry from the Mount Elbert gas hydrate stratigraphic test well, Alaska North Slope. Marine and Petroleum Geology, 28 (2): 332-342.

Tostevin R, Turchyn A V, Farquhar J, et al. 2014. Multiple sulfur isotope constraints on the modern sulfur cycle. Earth and Planetary Science Letters, 396: 14-21.

Tran T H, Kato K, Wada H, et al. 2014. Processes involved in calcite and aragonite precipitation during carbonate chimney formation on Conical Seamount, Mariana Forearc: Evidence from geochemistry and carbon, oxygen, and strontium isotopes. Journal of Geochemical Exploration, 137: 55-64.

Tréhu A M, Torres M E, Moore G F, et al. 1999. Temporal and spatial evolution of a gas hydrate bearing accretionary ridge on the Oregon continental margin. Geology, 27: 939-942.

Treude T, Niggemann J, Kallmeyer J, et al. 2005. Anaerobic oxidation of methane and sulfate reduction along the Chilean continental margin. Geochimica et Cosmochimica Acta, 69 (11): 2767-2779.

Treude T, Krause S, Maltby J, et al. 2014. Sulfate reduction and methane oxidation activity below the sulfate-methane transition zone in Alaskan Beaufort Sea continental margin sediments: Implications for deep sulfur cycling. Geochimica et Cosmochimica Acta, 144: 217-237.

Tsipursky S J, Buseck P R. 1993. Structure of magnesian calcite from sea urchins. American Mineralogist, 78: 775-781.

Tucker M E. 1993. Carbonate diagenesis and sequence stratigraphy// Wright V P. Sedimentology review 1. Oxford: Blackwell Scientific Publications: 51-72.

Turekian K K, Wedepohl K H. 1961. Distribution of the elements in some major units of the earth's crust. Geological society of America Bulletin, 72 (2): 175-192.

Ussler III W, Paull C K. 2008. Rates of anaerobic oxidation of methane and authigenic carbonate mineralization in methane-rich deep-sea sediments inferred from models and geochemical profiles. Earth and Planetary Science Letters, 266: 271-287.

Valentine D L. 2002. Biogeochemistry and microbial ecology of methane oxidation in anoxic environments: A review. Antonie Van Leeuwenhoek International Journal of General and Molecular Microbiology, 81: 271-282.

Valentine D L, Reeburgh W S. 2000. New perspectives on anaerobic methane oxidation. Environmental Microbiology, 2 (5): 477-484.

van Kranendonk M J, Webb G E, Kamber B S. 2003. Geological and trace element evidence for a marine sedimentary environment of deposition and biogenicity of 3.45 Ga stromatolitic carbonates in the Pilbara Craton, and support for a reducing Archaean ocean. Geobiology, 1 (2): 91-108.

van Tendeloo G, Wenk H R, Gronsky R. 1985. Modulated structures in calcian dolomite: A study by electron microscopy. Physics and Chemistry of Minerals, 12: 333-341.

Vanneste H, Kelly-Gerreyn B A, Connelly D P, et al. 2011. Spatial variation in fluid flow and geochemical fluxes across the sediment-seawater interface at the Carlos Ribeiro mud volcano (Gulf of Cadiz). Geochimica et Cosmochimica Acta, 75: 1124-1144.

Vanneste H, Kastner M, James R H, et al. 2012. Authigenic carbonates from the Darwin Mud Volcano, Gulf of Cadiz: a record of palaeo-seepage of hydrocarbon bearing fluids. Chemical Geology, 300: 24-39.

Vetter R D, Fry B. 1998. Sulfur contents and sulfur isotope compositions of thiotrophic symbioses in bivalve mollusks and vestimentiferan worms. Marine Biology, 132: 453-460.

von Breymann M T, Emeis K, Camerlenghi A. 1990. Geochemistry of sediments from the Peru upwelling area, results from Sites 680, 685 and 688//Suess E, von Huene R, et al. Proceedings of the Ocean Drilling Program, Scientific Results, Vol. 112. ODP (Ocean Drill. Prog.), College Station, Texas: 491-504.

von Breymann M T, Brumsack H, Emeis K. 1992. Depositional and diagenetic behavior of barium in the Japan Sea// Pisciotto K, Ingle J C, von Breymann M T, et al. Proceedings of the Ocean Drilling Program, Scientific Results, Vol. 128. ODP (Ocean Drill. Prog.), College Station, Texas: 651-665.

Wallace A F, Hedges L O, Fernandez-Martinez A, et al. 2013. Microscopic evidence for liquid-liquid separation in supersaturated $CaCO_3$ solutions. Science, 34: 885-889.

Walter B F, Immenhauser A, Geske A, et al. 2015. Exploration of hydrothermal carbonate magnesium isotope signatures as tracers for continental fluid aquifers, Schwarzwald mining district, SW Germany. Chemical Geology, 400: 87-105.

Wang J, Suess E, Rickert D. 2004. Authigenic gypsum found in gas hydrate associated sediments from Hydrate Ridge, the eastern North Pacific. Science China Earth Science, 47: 280-288.

Wang J, Jiang G, Xiao S, et al. 2008. Carbon isotope evidence for widespread methane seeps in the ca. 635 Ma doushantuo cap carbonate in south China. Geology, 36(5): 347-350.

Wang S, Xu L, Zhao Z W, et al. 2012. Arsenic retention and remobilization in muddy sediments with high iron and sulfur contents from a heavily contaminated estuary in China. Chemical Geology, 314: 57-65.

Wang S, Yan W, Magalhães V H, et al. 2013. Factors influencing methane-derived authigenic carbonate formation at cold seep from southwestern Dongsha area in the northern South China Sea. Environmental Earth Sciences, 71: 2087-2094.

Wang S, Yan W, Chen Z, et al. 2014a. Rare earth elements in cold seep carbonates from the southwestern Dongsha area northern South China Sea. Marine and petroleum geology, 57: 482-493.

Wang S, Zhang N, Chen H, et al. 2014b. The surface sediment types and their rare earth element characteristics from the continental shelf of the northern South China Sea. Continental Shelf Research, 88: 185-202.

Wang X, Li N, Feng D, et al. 2018. Using geochemical characteristics of sediment to infer methane seepage dynamics: A case study from Haima cold seeps of the South China Sea. Journal of Asian Earth Sciences, 168: 137-144.

Warren J. 2000. Dolomite: Occurrence, evolution and economically important associations. Earth Science Reviews, 52(1-3): 1-81.

Webb G E, Kamber B S. 2000. Rare earth elements in Holocene reefal microbialites: A new shallow seawater proxy. Geochimica et Cosmochimica Acta, 64(9): 1557-1565.

Wefer G, Heinze P M, Berger W H. 1994. Clues to ancient methane release. Nature, 369: 82.

Wellsbury P, Mather I, Parkes R J. 2002. Geomicrobiology of deep, low organic carbon sediments in the Woodlark Basin, Pacific Ocean. FEMS Microbiology Ecology, 42(1): 59-70.

Wenk H R, Zhang F. 1985. Coherent transformations in calcian dolomites. Geology, 13: 457-460.

Wenk H R, Meisheng H, Lindsey T, et al. 1991. Superstructures in ankerite and calcite. Physics and Chemistry of Minerals, 17: 527-539.

Whiticar M J. 1999. Carbon and hydrogen isotope systematics of bacterial formation and oxidation of methane. Chemical Geology, 161: 291-314.

Whiticar M J, Faber E, Schoell M J G E C A. 1986. Biogenic methane formation in marine and freshwater environments: $CO_2$ reduction vs. acetate fermentation-isotope evidence. Geochimica et Cosmochimica Acta, 50(5): 693-709.

Wilkin R T, Barnes H L, Brantley S L. 1996. The size distribution of framboidal pyrite in modern sediments: An indicator of redox conditions. Geochimica et Cosmochimica Acta, 60(20): 3897-3912.

Williams L B, Hervig R L, Wieser M E, et al. 2001. The influence of organic matter on the boron isotope geochemistry of the gulf coast sedimentary basin, USA. Chemical Geology, 174(4): 445-461.

Wimpenny J, Burton K W, James R H, et al. 2011. The behaviour of magnesium and its isotopes during glacial weathering in an ancient shield terrain in West Greenland. Earth and Planetary Science Letters, 304 (1-2) : 260-269.

Wolf S E, Leiterer J, Kappl M, et al. 2008. Early homogenous amorphous precursor stages of calcium carbonate and subsequent crystal growth in levitated droplets. Journal of the American Chemical Society, 130: 12342-12347.

Wolfe A L, Stewart B W, Capo R C, et al. 2016. Iron isotope investigation of hydrothermal and sedimentary pyrite and their aqueous dissolution products. Chemical Geology, 427: 73-82.

Wombacher F, Eisenhauer A, Böhm F, et al. 2011. Magnesium stable isotope fractionation in marine biogenic calcite and aragonite. Geochimica et Cosmochimica Acta, 75 (19) : 5797-5818.

Wortmann U G, Chernyavsky B M. 2001. The significance of isotope specific diffusion coefficients for reaction-transport models of sulfate reduction in marine sediments. Geochimica et Cosmochimica Acta, 75 (11) : 3046-3056.

Xie F, Wu Q, Wang L, et al. 2019. Passive continental margin basins and the controls on the formation of evaporites: A case study of the Gulf of Mexico Basin. Carbonates and Evaporites, 34 (2) : 405-418.

Yamanaka T, Mizota C, Maki Y, et al. 2000. Sulfur isotope composition of soft tissues of deep-sea mussels, *Bathymodiolus* spp., in Japanese waters. Benthos Research, 55: 63-68.

Yang K, Chu F, Zhu Z, et al. 2018. Formation of methane-derived carbonates during the last glacial period on the northern slope of the South China Sea. Journal of Asian Earth Sciences, 168: 173-185.

Yang S X, Zhang M, Liang J. 2015. Preliminary results of China's third gas hydrate drilling expedition: A critical step from discovery to development in the South China Sea. Fire in the Ice: Methane Hydrate Newsletter, 15 (2) : 1-5.

Yang T, Jiang S Y, Yang J H, et al. 2008. Dissolved inorganic carbon（DIC）and its carbon isotopic composition in sediment pore waters from the Shenhu area northern South China Sea. Journal of Oceanography, 64 (2) : 303-310.

Yao W, Millero F J. 1996. Oxidation of hydrogen sulfide by hydrous Fe (Ⅲ) oxides in seawater. Marine Chemistry, 52 (1) : 1-16.

Ye H, Yang T, Zhu G, et al. 2015. An object-oriented diagnostic model for the quantification of porewater geochemistry in marine sediments. Journal of Earth Science, 26: 648-660.

Yeh H W. 1980. D/H ratios and late stage dehydration of shales during burial. Geochimica et Cosmochimica Acta, 44: 341-352.

You C F, Chan L H, Spivack A J, et al. 1995. Lithium, Boron, and their isotopes in sediments and pore waters of Ocean Drilling Program Site-808, Nankai Trough -Implications for fluid expulsion in accretionary prisms. Geology, 23 (1) : 37-40.

Young E D, Galy A. 2004. The Isotope Geochemistry and Cosmochemistry of Magnesium//Johnson C M, Beard B L, Albarede F. Geochemistry of non-traditional stable isotopes. Mineralogical Society of America Chantilly.

Young E D, Ash R D, Galy A, et al. 2002. Mg isotope heterogeneity in the Allende meteorite measured by UV laser ablation-MC-ICPMS and comparisons with O isotopes. Geochimica et Cosmochimica Acta, 66 (4) : 683-698.

Zabel M, Schulz H D. 2001. Importance of submarine landslides for non-steady state conditions in pore water systems-lower Zaire（Congo）deep-sea fan. Marine Geology, 176: 87-99.

Zerkle A L, Kamyshny A, Kump L R, F et al. 2010. Sulfur cycling in a stratified euxinic lake with moderately high sulfate: Constraints from quadruple S isotopes. Geochimica et Cosmochimica Acta, 74: 4953-4970.

Zhang F, Xu H, Konishi H, et al. 2010. A relationship between d104 value and composition in the calcite-disordered dolomite solid-solution series. American Mineralogist, 95: 1650-1656.

Zhang F, Xu H, Konishi H, et al. 2012. Dissolved sulfide-catalyzed precipitation of disordered dolomite: Implications for the formation mechanism of sedimentary dolomite. Geochimica et Cosmochimica Acta, 97: 148-165.

Zhang G J, Zhang X L, Li D D, et al. 2015. Widespread shoaling of sulfidic waters linked to the end-Guadalupian（Permian）mass extinction. Geology, 43: 1091-1093.

Zhang G J, Zhang X L, Hu D P, et al. 2017. Redox chemistry changes in the Panthalassic Ocean linked to the end-Permian mass extinction and delayed Early Triassic biotic recovery. Proceedings of the National Academy of Sciences of the United States of America, 114 (8) : 1806-1810.

Zhang G X, Yang S X, Zhang M, et al. 2014. GMGS2 Expedition investigates rick and complex gas hydrate environment in the South China Sea. Fire Ice, 14: 1-5.

Zhang G X, Liang J Q, Lu J A, et al. 2015. Geological features, controlling factors and potential prospects of the gas hydrate occurrence in the east part of the Pearl River Mouth Basin, South China Sea. Marine and Petroleum Geology, 67: 356-367.

Zhang J, Amakawa H, Nozaki Y. 1994. The comparative behaviors of yttrium and lanthanides in the seawater of the North Pacific. Geophysical Research Letters, 21 (24) : 2677-2680.

Zhang M, Konishi H, Xu H, et al. 2014. Morphology and formation mechanism of pyrite induced by the anaerobic oxidation of methane from the continental slope of the NE South China Sea. Journal of Asian Earth Sciences, 92: 293-301.

Zhong S, Mucci A. 1995. Partitioning of rare earth elements (REEs) between calcite and seawater solutions at 25℃ and 1atm, and high dissolved REE concentrations. Geochimica et Cosmochimica Acta, 59: 443-453.

Zhu W, Huang B, Mi L, et al. 2009. Geochemistry, origin, and deep-water exploration potential of natural gases in the Pearl River Mouth and Qiongdongnan Basins, South China Sea. AAPG Bulletin, 93 (6) : 741-761.

Zhu Y, Huang Y, Matsumoto R, et al. 2003. Geochemical and stable isotopic compositions of pore fluids and authigenic siderite concretions from Site 1146, ODP Leg 184: Implications for gas hydrate//Prell W L, Wang P, Blum P, et al. Proceedings ODP Scientific Results, 184. College Station, TX: Ocean Drilling Program, 184: 1-15.

Zopfi J, Ferdelman T G, Fossing H. 2004. Distribution and fate of sulfur intermediates-sulfite, tetrathionate, thiosulfate, and elemental sulphur-in marine sediments. In Sulfur Biogeochemistry-Past and Present. The Geological Society of America, Colorado: 1-205.

Zopfi J, Böttcher M E, Jørgensen B B. 2008. Biogeochemistry of sulfur and iron in Thioploca-colonized surface sediments in the upwelling area off central Chile. Geochimica et Cosmochimica Acta, 72 (3) : 827-843.